D1707514

LA MALINCHE
Raíz de México

JUAN MIRALLES

LA MALINCHE

Raíz de México

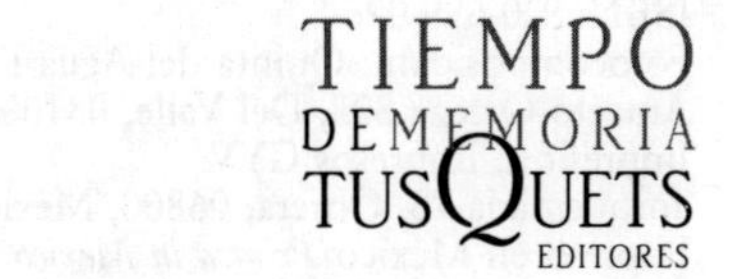

1ª edición en México: octubre de 2004
2ª edición en México: mayo de 2005

Diseño de la colección: Lluís Clotet y Ramón Úbeda

Campeche 280-301 y 302, Hipódromo-Condesa, 06100, México, D.F.
Tel. 5574-6379 Fax 5584-1335
ISBN: 970-699-096-8
Fotocomposición: Quinta del Agua Ediciones, S.A. de C.V.
Aniceto Ortega 822, Del Valle, 03100, México, D.F.
Impresión: Impresos GYV
Torquemada 78, Obrera, 06800, México, D.F.
Impreso en México/*Printed in Mexico*

Índice

A Francisco Luis Yturbe y Bosch-Labrús,
gran genealogista y amigo

A Eliana, mi esposa

A Gonzalo y Sebastián, mis hijos

Advertencia preliminar

Este libro versa sobre una mujer que se encontró en el ojo mismo del huracán en ese proceso traumático que fue la Conquista. Un choque de proporciones inmensas, a resultas del cual, una vez superado el enfrentamiento armado se echaron los cimientos de lo que sería una nueva sociedad sustentada sobre bases distintas. A través de España las ideas del Renacimiento penetrarían en el conjunto de grupos indígenas para aglutinarlos en el nuevo país que hoy día es México. Entre los miles de participantes de ambos bandos que se vieron involucrados en ese brutal choque de culturas también hubo mujeres, evidentemente, pero siempre relegadas a una actuación secundaria. Como personaje protagónico de primera fila la única figura femenina es ella: Malintzin, Marina, Malinche o La Malinche. Su nombre, según épocas y enfoques ideológicos, se ha visto asociado al concepto de traición, de allí que se acuñara el vocablo malinchismo, asociado con el menosprecio por lo propio y la preferencia por lo extranjero. ¿La Malinche traidora?, ¿pero a quién traicionó? La entidad geopolítica que llamamos México todavía no existía; y totonacas, tlaxcaltecas, huejotzincas, chalcas, y todos los que hicieron causa común en esa gran alianza orquestada por Cortés para sacudirse el yugo opresor de los mexica, a la que no tardarían en sumarse los texcocanos… ¿Los consideraríamos también traidores? El caso es que la Historia no ha dicho la última palabra, y la actuación de esa mujer parece encontrarse sujeta a un proceso de revisión histórica, del que dan prueba las diversas obras de reciente aparición que versan sobre ella, tanto ensayos serios como relatos que no van más allá de la ficción. Para una aproximación al personaje el primer inconveniente reside en la falta de datos; este libro se apoya en la escasa información disponible, y el intento de llegar a La Malinche se realizará situándonos en su circunstancia, recogiendo las opiniones de aquellos que la trataron directamente o estuvieron muy próximos a ella, y consignando los hechos en los que participó. Se trata de sacar de bambalinas al personaje para situarlo en un primer plano a la luz de los reflectores, viendo la Conquista desde su óptica, la de una esclava y protagonista central, ya que a través de su voz llegan a nosotros los parlamentos de los personajes indígenas envueltos en el drama. Durante un periodo cercano a los siete años vivió al lado de Cortés, como su propia sombra, era sus ojos y sus oídos. Todo lo que sabemos pasó por ella. Hemos reconstruido su vida a a partir de la información disponible. Esta es su historia.

El náufrago de Yucatán

La nao capitana se adentró en el brazo de mar que separa Cozumel de tierra firme. A ambos lados se divisaba una línea delgada de un verde esmeralda que refulgía bajo el sol. Eran las copas de los árboles que apenas se distinguían; y tierra adentro nada, ninguna altura. Tierras muy llanas. El mar en calma. Era la calma que seguía a la tormenta. La noche anterior la flota había sido sorprendida por una borrasca que la zarandeó en grande; pero ahora, al abrigo de la isla que protegía del viento, el agua estaba como un espejo. Una transparencia que permitía ver el fondo a treinta o cuarenta brazas de profundidad. A distintos niveles se distinguían peces en lento deslizarse por las aguas. Desde el puente Hernán Cortés, un hombre de treinta y cuatro años, miraba alternativamente a ambos lados, escudriñando el horizonte en busca de sus naves que comenzaban a reagruparse. Le faltaban dos, pero el piloto mayor Antón de Alaminos, le daba seguridades, diciéndole que no tenía que preocuparse, los navíos se encontraban en buenas manos, los mejores pilotos del Nuevo Mundo. Respondía por ellos: Camacho de Triana, Sopuerta, el Manquillo, conocedores de esas aguas. Ya aparecerían.

Aunque navegaban a regular distancia de la costa, era indudable que su avance sería seguido por innumerables observadores para quienes la presencia de esas casas flotantes no constituiría ninguna sorpresa; era la tercera vez que aparecían por allí. No era el azar el que había llevado a Cortés a esos litorales, sino que venía en busca de algún náufrago español para servirse de él como intérprete y conocer los secretos de la tierra. El conocimiento de que había españoles en el área databa de dos años atrás, cuando en 1517 un rico hacendado de Cuba llamado Francisco Hernández de Córdoba organizó una expedición destinada a dirigirse a la isla de la Guanaja con el objetivo de capturar indios para ponerlos a trabajar como esclavos. Y no se sabe si sería por obra del azar o porque el piloto que lo guió tenía ya alguna noticia de la tierra; el caso es que de pronto se vieron frente a una costa diferente a todo lo que hasta entonces habían encontrado en las islas del Caribe y Panamá: construcciones de piedra que alcanzaban a distinguirse desde los navíos, y mujeres vestidas como las moras de Granada. Aquello era una novedad estupenda. Bernal Díaz del Castillo, un joven soldado que participaba en la expedición, señala que una vez que dejaron atrás el cabo de San Antón en la isla de Cuba fueron sorprendidos por una tormenta que duró dos días con sus noches; y cuando abonanzó, pasados veintiún días desde que habían abandonado el puerto, una mañana estaban frente a esa tierra. Según ese relato, los vientos y corrientes los desviaron de su ruta y los condujeron hasta ese paraje. Eso ocurrió el cuatro de marzo de 1517. Largaron el ancla, y de la playa partieron diez canoas que llegaron hasta los navíos. Los indios subieron a bordo, fueron obsequiados con collares de cuentas de colores, y luego de mirarlo todo se retiraron. Al día siguiente retornaron, y por señas, el que parecía ser el cacique los invitó a bajar diciéndoles algo que a sus oídos sonó como «cones cotoche», lo que ellos interpretaron como invitación a sus casas. Bien armados, y siempre en guardia, una partida bajó a tierra, encaminándose por donde el cacique les indicaba; pero de pronto éste comenzó a dar voces y fueron atacados por indios que se encontraban al acecho. En la refriega quince soldados resultaron heridos, pero consiguieron rechazar a los atacantes, haciéndose fuertes en un adoratorio junto a un grupo de casas. Mientras estaban ocupados en la acción el padre Alonso González, capellán de la expedición, encontró allí unas joyuelas de oro de las que se apropió. Vista la mala acogida que les dispensaron resolvieron tornar a la seguridad de las naves, llevando consigo a dos jóvenes que capturaron con el propósito de servirse de ellos como intérpretes cuando aprendiesen español; más tarde se les nombró Julianillo y Melchorejo.

Por la errónea pronunciación de la frase «cones cotoche», al lugar le quedó el nombre de Cabo Catoche, nos dice Bernal. [Muchos años después este soldado consignaría por escrito sus memorias en *Historia verdadera de la conquista de la Nueva España*, un relato en tono muy vivo, que alcanza por momentos puntos de gran intensidad. La calidad de la obra, y la circunstancia de que el autor participó en los hechos que narra hacen que sea éste el texto más leído sobre la Conquista; sin embargo, presenta el inconveniente de haber sido escrito a más de treinta años de ocurridos los hechos que reseña, por lo cual no es de extrañar que incurra en numerosos olvidos y tergiversaciones.][1*]

La vista del oro y demás joyuelas traídas por el padre González entusiasmaron al gobernador Diego Velásquez, quien sin pensarlo dos veces se dio a la tarea de organizar una nueva expedición de cuatro navíos al mando de su sobrino Juan de Grijalva, quien al año siguiente, navegaría por esa costa, arribando a Cozumel el 3 de mayo de 1518, festividad de la Santa Cruz, por lo cual impusieron a la isla el nombre de Santa Cruz de Puerta Latina. El piloto guía fue Alaminos, quien volvía por tercera ocasión, esta vez conduciendo a Cortés; y como conocedor de esas aguas fue directo a la isla porque ofrecía un mejor fondeadero que la cercana tierra firme. Cuando se aproximaron lo suficiente pudieron distinguir un navío que se encontraba al ancla, al que pronto identificaron como el *San Sebastián* de Pedro de Alvarado. Éste se encontraba familiarizado con la isla por haber participado en el viaje anterior de Grijalva a bordo del mismo bergantín. La flota llegó y largó anclas a su lado; faltaba un navío, pero el piloto mayor tranquilizó a Cortés señalándole que lo más probable era que la tormenta lo hubiese desviado hacia un fondeadero donde un viento contrario lo tendría retenido. Además había ocurrido un suceso que parecía buen augurio: durante la travesía la yegua de Juan Núñez Sedeño había parido un potrillo.

El desembarco en Cozumel debió ocurrir entre el 15 y el 20 de febrero de 1519, según a qué fuente nos atengamos, en Playa de San Juan, el primer punto donde Cortés puso pie en tierras mexicanas. [Un monumento inaugurado en 1962 por Jacqueline Kennedy señala que tal fue el lugar del desembarco. Subsiste el monumento, agrietado ya por el salitre y semioculto por dos ho-

* Las notas correspondientes a cada capítulo se encuentran en el apartado de notas, situado en los Apéndices, págs. 329-384 (*N. del E.*).

teles construidos en fecha posterior. Aunque no exista constancia histórica de que el desembarco hubiera tenido lugar precisamente allí, la lógica lleva a suponerlo, pues se trata del mejor fondeadero en la cara abrigada de la isla. En la banda opuesta, la que mira al Caribe, el oleaje bate con fuerza.]

Cortés, por medio de Melchorejo, contactó a unos indios mercaderes que decían conocer el lugar donde se encontraban unos náufragos españoles, y les entregó una carta dirigida a ellos invitándolos a unírsele. Convenció a los mercaderes para que aceptasen el encargo dándoles una regular cantidad de cuentas de colores para que pagasen un rescate a los caciques que los tuviesen como esclavos, ofreciéndoles que una vez cumplida la misión serían recompensados con largueza. El conocimiento de la existencia de náufragos españoles en esa tierra se tuvo a través de Melchorejo, quien lo dio a conocer cuando, pasados unos meses, hubo aprendido el suficiente español para darse a entender.[2] El año anterior, 1518, durante la recalada que hicieron en la isla cuando vinieron con Grijalva se llevaron la sorpresa de que una joven mujer se acercó a ellos; se trataba de una india de Jamaica quien, según contó, llevaba allí cerca dos años. Había llegado en la canoa que conducía a su marido y a otros pescadores que desviados por las corrientes y el mal tiempo fueron arrojados a la isla. Los de Cozumel habían matado a los hombres y a ella la habían reducido a la esclavitud. Y como la presencia española en Jamaica databa de años atrás, la mujer se encontraba familiarizada con españoles, por lo que al verlos se aproximó, y a través de expedicionarios que tenían algún conocimiento de la lengua de Jamaica pudo establecerse un diálogo mínimo, el suficiente para dar a conocer su historia. Cuando Grijalva partió la mujer pidió que no la dejasen allí, por lo que resulta extraño que ella, quien tenía conocimientos de la lengua maya, no fuese en el viaje siguiente con Cortés;[3] pudo haber sido una precursora de Malintzin.

Luego de una espera de varios días, cuando Cortés desesperaba ya de obtener resultados, apareció una canoa en la que venía el náufrago Jerónimo de Aguilar, a quien en un primer momento tomaron por indio. Andrés de Tapia, quien fue el primero con quien habló, refiere la escena del encuentro en los términos siguientes: al ver que se acercaba una canoa procedente de tierra firme, él y otros «gentileshombres» fueron a esperarla; ya en la playa bajaron de ella tres individuos desnudos

> «tapadas sus vergüenzas, atados los cabellos atrás, como mujeres, e sus arcos e flechas en las manos, e les hicimos señas de que no oviesen miedo, y el uno de ellos se adelantó, e los dos mostraron haber miedo, y querer huir a su bajel, e el uno les habló en lengua que no entendimos, e se vino hacia nosotros, diciendo en nuestro castellano: –¿Sois cristianos e cuyos vasallos?»

Bernal, en cambio, asevera que sus primeras palabras fueron «Dios y Santa María», pronunciadas en un español malísimo. Conducido ante Cortés, Jerónimo de Aguilar contó su historia: llevaba allí más de siete años y era oriundo de Ecija, ese caluroso pueblo conocido como la caldera de Andalucía; los hechos se remontaban a la época en que en Panamá estallaron las pasiones entre Diego Nicuesa y Vasco Núñez de Balboa. Para informar al virrey gobernador de Las Antillas, que era Diego Colón, de lo que allí estaba ocurriendo, partió una carabela rumbo a Santo Domingo, donde éste residía, la cual iba al mando de un tal Valdivia. La carabela encalló en unos bajos y naufragó en las proximidades de Jamaica. Los que iban a bordo, una veintena entre hombres y mujeres, subieron al batel, y sin agua ni provisiones anduvieron a la deriva durante trece o catorce días. Murieron siete u ocho, hasta que la corriente los arrojó a esa costa. Valdivia y otros cuatro terminaron en la piedra de los sacrificios. Aguilar y otros cinco lograron escapar, aunque, según su decir, sólo sobrevivían él y un marinero de Palos llamado Gonzalo Guerrero. Al recibo de la carta de Cortés, Aguilar solicitó licencia a su amo para ir al encuentro de los suyos, y éste se la otorgó gracias al copioso rescate de cuentas de colores. Partió luego en busca de Gonzalo Guerrero, pero éste, quien ya tenía la vida resuelta, casado y con tres hijos, optó por quedarse. Jerónimo de Aguilar no parece haber sido hombre de grandes alientos, limitándose a sobrevivir. Estuvo esclavizado por unos caciques que no veían más allá de sus narices, y lo tuvieron empleado en el acarreo de agua y de leña, en lugar de obtener de él toda la información acerca de la Europa del Renacimiento. Un desperdicio inmenso. Y esa arribada fortuita, que pudo haber marcado el encuentro de dos mundos, pasó inadvertida, sin repercusiones, atribuible a la escasa capacidad tanto de Aguilar y sus compañeros como de los jefezuelos locales. Y algo a considerar es que Melchorejo, quien proporcionó la noticia de la existencia de los náufragos, fue apresado en Cabo Catoche, mientras que Aguilar se encontraba en un lugar impreciso entre el actual Cancún y Akumal, y dada la gran distancia entre ambos puntos se desprende que la presencia de esos españoles era un hecho ampliamente divulgado en la zona. Y pese a lo conocido que era, un suceso de tal magnitud nunca llegó a oídos de Motecuhzoma, lo cual nos indica lo ajeno que se encontraba sobre lo que ocurría en esa parte de Yucatán, al igual que, al menos en los últimos siete años, ningún *pochteca* , los mercaderes de la época, había aparecido por la región. Esta última circunstancia puede servirnos de indicador acerca del alcance de las rutas comerciales.

Puesto que Cortés ya tenía al intérprete que necesitaba, nada lo retenía en Cozumel por lo que levaron anclas. Pronto encontraron el navío faltante que se encontraba retenido en una cala por vientos contrarios que le dificultaban la salida. El punto de destino sería la desembocadura del Grijalva, un río que recibía ese nombre por haber recalado en él la expedición de Juan de Grijalva en mayo del año anterior, fecha en que los indios dispensaron a éste y a sus expedicionarios una acogida amistosa. Sin embargo, en esta ocasión ocurrió todo lo contrario. Fueron recibidos con hostilidad y hubieron de desembarcar abriéndose paso en medio de una lluvia de flechas. En la margen izquierda de la desembocadura, en el llano de Centla, el 25 de marzo de 1519, tuvo lugar una batalla en la que los españoles resultaron victoriosos. Fue el primer combate librado por Cortés; y también la primera batalla en la que participaron los caballos; ante la vista de esos monstruos –pues los indios tomaban como un solo ser a caballo y jinete–, el pánico cundió en sus filas y huyeron en desorden. La victoria de Centla fue tan resonante que, incluso, años más tarde, surgiría la leyenda de que allí había ocurrido un hecho sobrenatural: la aparición del apóstol Santiago, pues de otra manera no se explicaba cómo unos pocos centenares de españoles pudieran haber triunfado frente a tantos miles. Hechas las paces, Cortés fundó allí una ciudad, a la que en memoria de su triunfo impuso el nombre de Santa María de la Victoria (primera que fundaría en suelo mexicano, y a la que nunca regresó; por tanto, nada extraño que no prosperase y todo quedara en escrituras.) A manera de símbolo de que allí se había fundado una ciudad se plantó una cruz de grandes dimensiones. Y eso fue todo.

Llegó el Domingo de Ramos, y el mercedario fray Bartolomé de Olmedo, junto con el padre Juan Díaz –los clérigos que acompañaban la expedición–, vistió sus ornamentos para oficiar la liturgia del día. Al pie de una cruz se improvisó un altar y fray Bartolomé, que era gran cantor, hizo resonar su voz mientras los soldados con ramos en las manos daban vueltas en la procesión, ante la mirada atónita de los indios que presenciaban el acto. Terminado éste, como ya nada los retenía en el lugar, iniciaron los preparativos para dirigirse a ese mítico Colhúa, donde al decir de los caciques, abundaba el oro. Y éstos, al darse cuenta de que los españoles no traían mujeres para que los atendiesen, les obsequiaron veinte esclavas; acto continuo, fray Bartolomé de Olmedo predicó a éstas un sermón sobre los rudimentos de la fe y procedió a bautizarlas. Sus palabras fueron puntualmente traducidas por Jerónimo de Aguilar, y por boca de éste las mujeres se enteraron de que todo lo creado era obra de Dios y que los buenos irían al cielo y los malos caerían de cabeza al infierno, donde arderían por toda la eternidad. También por Aguilar supieron que por aquella agua que les había caído sobre sus cabezas habían pasado a ser cristianas y cambiado de nombre. Una de ellas se enteró de que había pasado a llamarse Marina. Cuando Cortés las distribuyó entre sus capitanes ella fue asignada a Alonso Hernández Puertocarrero, primo del conde de Medellín, uno de los personajes de monta en el ejército.

El Capitán de los hombres blancos y barbados dio una orden y Marina advirtió que todos se ponían en movimiento. Dieron comienzo los preparativos para la partida. Por una rampa de madera se hacían subir rodando a los navíos las barricas llenas de agua y una larga fila de indios llegaba trayendo cestos con tortillas, pescado asado y guajolotes guisados, las gallinas de la tierra o gallipavos. [Es curioso que existiendo en el norte de España el urogallo, ave que también hace el abanico con las plumas de la cola y guarda alguna semejanza con el guajolote, hayan llamado a éstos gallipavos en lugar de urogallos.] A continuación las mujeres tuvieron oportunidad de presenciar cómo los caballos, esa especie de venados gigantes, eran subidos a bordo. Los hacían saltar al agua para que llegaran nadando al costado de los navíos, donde les colocaban unas cinchas bajo la barriga y, acto seguido, varios hombres accionaran una pluma para izarlos. Impresionaba ver cómo se revolvían en el aire agitando las patas. A bordo, buena parte de las cubiertas estaba ocupada por pesebres y manojos de hierba. Los caballos tenían prioridad, por lo que las mujeres debieron instalarse como pudieron. Marina y sus compañeras subieron a bordo cargando comales y metates, los utensilios de su trabajo. Las habían dado para que se ocupasen de hacer tortillas –como apunta un cronista– y no por sus atractivos físicos.[4] Ése es el momento en que Marina, la india esclava de Tabasco, entra en la Historia: abordando un navío y portando un metate.

Desplegaron velas. Lentamente, los navíos se separaron de la tierra y adentrándose en la mar ganaron el viento. ¡Las casas flotantes se movían! ¿Pero qué era lo que las hacía andar? La esclava cayó en cuenta de que eran las velas. No podría ser otra cosa. Eran esas inmensas alas las que las impulsaban; aunque resultaba extraño que no las batiesen como los pájaros. Las mujeres dejaban atrás su mundo (¿maridos?, ¿hijos?). Para ellas daba comienzo una aventura enteramente nueva. Las embargaba una mezcla de terror y fascinación; sobre todo, cuando al coronar el lomo de una ola el navío cabeceaba, tenían entonces una sensación desconocida que les oprimía el estómago. Sentían la necesidad de asirse a un madero o a lo que tuvieran más a la mano para mantener el equilibrio. Algunas se marearon. Seguían un curso paralelo a la costa, sin alejarse demasiado de ella, por lo que alcanzaban a distinguir a hombres, mujeres y niños que observaban la escena y que caminaban y corrían a lo largo de la playa durante largos trechos para no perderse el espectáculo. Vivían una especie de encantamiento... ¡Ah, si sólo hubiera alguien que les explicara los secretos de lo que estaban viviendo! Pero a una esclava no se le daban explicaciones. Habían venido a servir y eso era todo; aunque era tal la aglomeración dentro de los navíos, entre hombres y caballos, que la posibilidad de que molieran maíz e hicieran tortillas estaba totalmente fuera de lugar. Se comían frías las provisiones embarcadas, acompañadas de tortillas duras. Y como en esas condiciones nadie les señalaba algún trabajo, disfrutaban de asueto. Para muchas el primero que habrían tenido en su vida. Por el momento iban en condición de pasajeras. Nunca hubieran imaginado que un día irían surcando las olas.

Marina y sus compañeras, encogidas como iban, escuchaban a los hombres en aquel idioma desconocido, aunque alguna idea tenían de lo que se decía merced a que Jerónimo de Aguilar, aquel hombre que les explicó el significado del agua con que les mojó las cabezas el hombre santo, al que todos reverenciaban, ocasionalmente algo les contaba. Por lo pronto, la única tarea que se les asignaba era la de romper en los metates los granos de maíz que los mozos de espuelas colocaban en una batea para que comiesen los caballos. Era interesante ver cómo comían, dando de pronto grandes resoplidos, mientras ella se mantenían atentas para cuidar que no las pisaran. La presencia de esos seres imponía, aunque a pesar del temor que inspiraban ejercían una gran atracción, sobre todo cuando con el labio superior removían el grano molido y en un instante dejaban limpia la batea. A continuación se les daba de beber. Era impresionante la cantidad de agua que sorbían. Bebían hasta saciarse. Para ellos no había límite.

«¡Sierra de San Martín!» El anuncio motivó que las miradas de los hombres se dirigieran hacia donde apuntaba el marinero. Se trataba apenas de un punto blanco que sobresalía tierra adentro, por encima de las nubes. Y los expedicionarios que participaron en el viaje de Grijalva explicaban a quienes venían por primera vez que aquello era el cono de una montaña que debía ser altísima (el Pico de Orizaba), pues a pesar de estar situada en los trópicos se encontraba cubierta de nieve; y según dijeron, se llamaba así por haber sido San Martín, un joven soldado, el primero en avistarla. Marina y sus compañeras dirigieron la vista hacia donde miraban los hombres, pero no acertaron a comprender qué era lo que tanto les llamaba la atención. En todo caso, la circunstancia de que aquella figura diminuta que tenían adelante fuese la cumbre de un monte, y que éste estuviese cubierto de nieve, era algo que escapaba a su comprensión. Como procedentes de la zona de Tabasco sólo conocían el clima del trópico y, por lo mismo, no tenían la más remota idea de lo que podría ser la nieve. [Durante muchos años, en los días de navegación a vela, antes de que tuviesen a la vista el litoral, al aparecer en el horizonte la cumbre del Pico de Orizaba los pilotos se orientaban por él para encontrar la entrada a Veracruz.]

«¡Río de Banderas!», apuntaron los veteranos del viaje de Grijalva al llegar a la desembocadura del Jamapa. Porque fue en ese punto donde los llamaron desde tierra haciéndoles señas con mantas puestas en la punta de pértigas, por lo que un grupo bajó a tierra. Fueron muy bien acogidos y disfrutaron de una comida suculenta, a base de pescado asado, guisos condimentados y frutas; se intercambiaron todo tipo de cortesías, muchas risas, pero no hicieron progreso alguno en enterarse acerca de lo que habría tierra adentro. Pagaron la hospitalidad con cuentas de colores que fueron correspondidas con joyuelas de bajo valor y volvieron a los navíos para proseguir la navegación. Marina y sus compañeras alcanzaban a distinguir a la gente que hacía señas y saludaba desde la playa. Ellas, encogidas cada cual en el rincón en que había logrado acomodarse, escuchaban discutir animadamente a los hombres en ese idioma extraño del que no entendían una palabra. De pronto éstos prorrumpieron en grandes voces y al apuntar hacia una isleta anunciaron: «¡Isla de Sacrificios!». Allí habían hecho un descubrimiento escalofriante: los primeros expedicionarios que pusieron pie en ella se dirigieron a una torre parecida a un templete, en cuyo interior encontraron los cuerpos de dos muchachos sacrificados, con el pecho abierto, a quienes les habían sacado los corazones que aparecían ofrendados a un animal de piedra con aspecto de león, con la lengua de fuera, con un hueco en el lomo [la descripción corresponde puntualmente con el *Océlotl-Cuauhxicalli*, la pieza que se encuentra en la Sala Mexica del Museo de Antropología e Historia].[5] La escena sugería a unos un rito satánico y a otros que se trataba de algo más, pues a los cuerpos ya les faltaban algunos miembros. Podía tratarse de antropófagos. Un anticipo de lo que les esperaba tierra adentro.[6]

En horas de la tarde del Jueves Santo, que ese año cayó en 21 de abril, los navíos largaron anclas en el que parecía ser el punto de destino: el arenal de Chalchiuhcuecan. Era allí donde

Grijalva se había detenido para «rescatar» (así se designaba el intercambio de baratijas por oro). Debido a que restaban pocas horas de luz, por órdenes del Capitán el desembarco se había postergado para el día siguiente. A lo largo de la noche se estuvieron escuchando voces de indios que se acercaban al costado de los navíos; llamaban, pero no se les comprendía. Al alba, con el mar en calma, dio comienzo el desembarco. Muy pronto los indios de servicio cubanos y los esclavos negros se dieron a la tarea de alzar cobertizos techados de palma, dándose prisa para que estuviesen a punto antes de que el sol comenzase a pegar de lleno. Eran las únicas construcciones en aquella playa desierta que muy pronto comenzó a llenarse de indios que acudían atraídos por la novedad. Se aproximaban sin recelo, pues varios de ellos conservaban muy fresco el recuerdo del contacto ocurrido el año anterior, el XIII *tochtli* (1518), cuando Grijalva arribara con sus cuatro navíos. Pero en aquel encuentro nada se adelantó en lo que se refiere al conocimiento recíproco, ya que todo se limitó al lenguaje de las señas.

Fueron tantos los días que allí pasaron que los indios reconocieron a algunos de los venidos en aquel viaje, extrañándose de no ver a Grijalva. Su llegada no constituía sorpresa alguna, pues eran esperados. En realidad eran esperados desde antes, pues en cuanto llegó a oídos de Motecuhzoma la noticia de la aparición de las naves de Hernández de Córdoba, éste encargó a sus gobernadores que estuviesen vigilantes por si volvían a aparecer esos hombres para averiguar quiénes eran. Ello explica que al ver las naves de Grijalva frente a la desembocadura del Jamapa les hiciesen señales llamándolos.[7] En esta ocasión, al igual que en la anterior, el recibimiento fue amable, pero no se entendían. Se encendieron fuegos; las mujeres se acomodaron en torno a ellos e iniciaron las tareas de cocinar. Mientras tanto, aumentaba el número de curiosos que se aproximaban. En esta ocasión, además del arribo de los hombres blancos y barbados estaba la novedad de los caballos. Jerónimo de Aguilar iba de un lado a otro hablándoles en maya, pero no tenía caso. No lograba hacerse entender y tampoco comprendía una sola palabra de lo que le decían. Allí se hablaba otro idioma. Era la confusión de Babel. El único recurso que tenían era el de gesticular e intentar comunicarse por señas.

Así transcurría el día, cuando un joven soldado, Andrés de Tapia, advirtió que una de las esclavas que traían de Tabasco, mientras torteaba, conversaba animadamente con un corro de mujeres locales, contándoles las peripecias del viaje. Al advertirlo, llamó a Jerónimo de Aguilar y éste se dirigió a ella en maya, a lo que ésta le respondió con toda naturalidad, dándole a conocer lo que aquellas decían. ¡La comunicación era posible! Sin pérdida de tiempo la condujo con Cortés, y ante él le expuso el descubrimiento que acababa de realizar: esa mujer entendía lo que allí se hablaba y era capaz de trasmitirlo a Aguilar.[8] Se trataba de una doble traducción; la esclava traducía del náhuatl al maya, y éste lo vertía al español. Cortés comenzó a preguntar; quería saber dónde se encontraba y quién era el gobernante de esa tierra. La respuesta no tardó en llegarle: la zona donde se hallaban se llamaba Chalchiuhcuecan y eso formaba parte de los dominios de un señor lejano, cuya ciudad se encontraba en el interior a muchas jornadas de distancia. El pasmo de los indios al escucharla sería inmenso: ¡una diosa que habla nuestro idioma![9] A partir de ese momento Marina quedó apartada del metate para permanecer al lado de Cortés, lo mismo que Aguilar. La tabasqueña sería la llave que desvelaría los secretos de México.

La llave de México

En el arenal estaba ella, en medio de una muchedumbre de españoles e indios, como pieza central del drama que iba a escenificarse. Le correspondería comunicar dos mundos que hasta ese momento se ignoraban. Sería en esos momentos cuando cobraría conciencia de que era importante. Pero, ¿cómo serían los comienzos balbucientes de esas primeras traducciones? Las crónicas refieren que se entabló el diálogo entre ella y Aguilar, que así, sin más, comenzaron a hablar sin interrupción. Pero tal supuesto se hace sin demasiada reflexión, pues no hay que perder de vista que Marina hablaba el maya chontal de Tabasco, el cual tiene diferencias dialectales importantes con el maya de Yucatán que era manejado por Aguilar. Las dificultades pueden equipararse a las de un español tratando de comunicarse con un italiano o un portugués. A fuerza de repeticiones y de buscar palabras comunes se consigue entablar diálogo, pero a un nivel elemental. Por ello, es de suponerse que en un primer momento la conversación sería sobre cuestiones básicas. Los españoles demandarían agua, a lo que Aguilar diría «a'al», y la esclava lo vertería al náhuatl diciendo «atl»: agua. Eran vocablos sobre cosas esenciales, acompañados de gestos y ademanes. Una comunicación mínima, pero comunicación al fin de cuentas. Sabemos que Marina era una mujer muy desenvuelta, por lo que nada extrañaría que desde el primer día comenzase a aprender palabras, para muy pronto poseer un vocabulario mínimo de español. Por otro lado, Jerónimo de Aguilar aparece como una figura tan gris, que nada extraño es que algunas crónicas indígenas omitan la doble traducción y su presencia pase inadvertida, llegando al extremo de que omitan mencionarlo. En unas, ella aparece hablando en español desde un principio, aunque no se precise dónde pudo aprenderlo.[1] Otro punto a considerar es preguntarse que tan fluido estaría su náhuatl, pues aunque era su lengua materna, desconocemos si en Tabasco, en sus días de esclava, tendría oportunidad de practicarlo.

Aparecieron en el campo español dos dignatarios acompañados de un nutrido séquito de servidores: se trataba de Teuhtlile y Cuitlalpítoc, mayordomos de Motecuhzoma, enviados por éste para dar el parabién al señor Quetzalcóatl, si es que era él quien regresaba.[2] La aparición de los enviados de Motecuhzoma marca el gran momento de la esclava, aunque siempre subsistirá la duda acerca de los términos exactos en que quedó recogido el diálogo. Cuando los embajadores inquirieron si era el señor Quetzalcóatl a quien tenían enfrente, ¿cómo lo dijo ella?, ¿cuáles fueron exactamente sus palabras? No lo sabemos. Lo que nos ha llegado es la versión trasmitida a Cortés por Jerónimo de Aguilar. Independientemente de lo que les haya dicho, y de lo que los dignatarios le hayan preguntado, esta actuación es de la máxima importancia. Fue mucho lo que allí estuvo en juego. Por principio de cuentas, los arrogantes emisarios, que provenían de una sociedad machista, hubieron de tratar en pie de igualdad con una mujer que, por añadidura, provenía de la casta más baja: una esclava. Y sería ésta quien les daría a conocer cosas extraordinarias. Conocemos el discurso de Cortés, pues es el mismo que ya había expuesto en Cozumel y Tabasco:

> «era enviado por el monarca más poderoso de la tierra, quien dolido de ver lo engañados que los traían los ídolos le había dado el encargo de sacarlos de su error; deberían adorar al único Dios verdadero que está en los cielos, suprimir los sacrificios humanos, abandonar la práctica de comer carne humana, y abstenerse de practicar la sodomía; además deberían jurar obediencia a ese monarca y pagar el tributo que le correspondía».

Ésas, a grandes rasgos, eran las líneas maestras de un proyecto para el nuevo país que tenía en mente. No se requiere de mucha imaginación para representarnos de qué magnitud sería la confusión de los emisarios de Motecuhzoma al escuchar eso.

Todo el orden social se les venía abajo. Era el universo que se colapsaba. Y ese mensaje apocalíptico llegaba por boca de una esclava.

Las crónicas indígenas nos trasmiten los diálogos de ese primer encuentro. Por un lado los enviados de Motecuhzoma que, para salir de dudas, preguntaban si se trataba del dios Quetzalcóatl que estaba de retorno; y por otro Cortés, hablándoles de ese lejano emperador en cuyo nombre llegaba, y del misterio de la Trinidad: Dios que es uno y trino, que padeció muerte de cruz y resucitó. Eso dicen las crónicas. Pero hay que leerlas con todo cuidado, pues fueron escritas en fecha muy posterior, cuando ya se conocía el desenlace de la historia. Lo menos que puede decirse es que ofrecen un relato muy elaborado. Los diálogos debieron haber sido considerablemente más elementales. Sería con el paso de los días, cuando a fuerza de mucho porfiar en las traducciones, con las palabras que la esclava iba incorporando, resultaría posible trasmitir a Cortés la noticia de que era esperado y que se le confundía con el señor Quetzalcóatl. También es altamente probable que fuera entonces cuando saliera a relucir el nombre de Motecuhzoma, pues de acuerdo con la información disponible, nunca antes se había oído hablar ni de él ni de Tenochtitlan. Si nos asomamos al diario de viaje de Grijalva, advertiremos que éste se retiró del arenal sin enterarse en lo más mínimo de lo que pudiera existir tierra adentro.[3]

La legión de sirvientes traídos por los mayordomos de Motecuhzoma transformó en un santiamén el lugar, levantando cabañas más confortables y de mejor aspecto, a la par que una muchedumbre de mujeres se ocupaba de cocinar para los recién llegados, quienes con muy buen apetito descubrían las exquisiteces de la gastronomía indígena, una cocina muy distinta a todo lo conocido hasta ese momento. Y eso que entre ellos se contaban algunos que habían visto mucho mundo: veteranos de las guerras de Italia, portugueses, algún francés, un alemán, griegos y algunos marineros que en sus navegaciones llegaron a la misma Constantinopla. Para muchos de ellos, después de haber pasado largos periodos dando tumbos por Panamá y Las Antillas, sobreviviendo con unas comidas mal sazonadas, el banquete que ahora se les ofrecía era como volver a la vida. Atrás quedaba la dieta insípida de Cuba. El maíz ya lo habían conocido en las islas, pero hasta ese momento sólo lo habían comido en forma de mazorcas asadas o cocidas. Descubrían la variedad de las tortillas, los tamales, el atole, el pozole y demás platillos de la cocina de los pueblos del México prehispánico.

El campamento bullía de actividad, y era un constante ir y venir de visitantes que todo lo miraban asombrados. A los indios los intrigaba sobremanera los acales, esas casas flotantes en que habían llegado, y que parecían tener alas. No acertaban a entender cómo estaban hechas. Marina y sus compañeras se habían hecho la misma pregunta, pero no tardaron en comprender que la materia de que aquello estaba hecho provenía de los árboles; la pregunta pendiente de respuesta era: ¿cómo convirtieron los árboles en tablas? En el mundo indígena la metalurgia del hierro estaba en un estado incipiente y, por lo mismo, al carecer de serruchos se encontraban imposibilitados para trabajar la madera y hacer tablazón. Allí mismo, en el arenal, cuando comenzaron a levantar chozas, antes de la llegada de los enviados de Motecuhzoma, la esclava pudo observar cómo los carpinteros que venían en la flota emplearon su herramienta para hacer algunas mesas y bancos. Entonces comprendió el secreto. Esos hombres poseían cosas que ella nunca había imaginado. Y no sólo era ella la sorprendida, pues había tantas novedades que ni los altos dignatarios se explicaban. Como carecían de palabras para poder describirlas a su soberano, en el campo aparecieron unos dibujantes que en unos lienzos extendidos sobre un bastidor iban representándolo todo: el rostro de Cortés, el de sus capitanes, los navíos, los caballos, los perros, la artillería. Cuando un dibujante comenzó a figurarla, la esclava comprendió que era importante.

La mujer que posó ya no vestía andrajos. De alguna parte había surgido el huipil floreado con el que en ese momento cubría su cuerpo. Colgados al cuello llevaba collares de cuentas de colores con los que sus nuevos amos gratificaban sus servicios. En la cabeza lucía guirnaldas de flores que le habían colocado las mujeres que peinaron sus cabellos. En muy poco tiempo, casi de un día para otro había pasado del metate a situarse en el centro de toda la actividad. Todo pasaba por ella. Pero la comunicación no sería fácil. Faltaba fluidez en el diálogo, lo que era no sólo atribuible a las diferencias dialectales entre el maya hablado por Aguilar y el de ella, sino también a que estaban de por medio las dificultades de éste con el español, ya que a fuerza de los años que no lo hablaba lo tenía muy oxidado y las palabras no le venían con facilidad, al grado de que en ocasiones Cortés y los suyos no lograban entenderlo al primer intento. Acerca del deterioro de su idioma disponemos del testimonio de Bernal, quien da cuenta de que las primeras palabras que le escucharon decir fueron en un pésimo español. Pero esa dificultad iría subsanándose con el paso de los días, conforme recobraba el idioma. Por su parte, Marina también se veía en serios aprietos cuando no alcanzaba a entender lo que tenía que traducir, sobre todo, al tener que hablar de Dios, pues ése era un concepto desconocido en el mundo indígena. Dioses había muchos. Casi cada actividad estaba bajo la tutela de una deidad. Con todo, el concepto de un dios único, autor de la Creación, les era ajeno. Y además resultaba que ese dios único en realidad eran tres, que era todopoderoso pero incapaz de desclavarse de la Cruz. Jerónimo de Aguilar debía esforzarse mucho para hacerle entender tales conceptos para que luego pudiese traducirlos. Traducía, y los emisarios de Motecuhzoma se miraban confundidos. ¿De qué les hablaba? Punto por punto tenía que repetirles algo que tampoco ella alcanzaría a comprender del todo; aunque salía del paso diciendo que las cosas eran así porque el Capitán lo afirmaba. Si era él quien lo decía ya no había nada que discutir. Era así y nada más.

La vida en el campamento comenzaba desde hora muy temprana. Al alba todos estaban en pie. Era ya entrado el mes de mayo y los calores comenzaban a sentirse. El sol pegaba de lleno y había que aprovechar el fresco de la mañana para hacer muchas de las cosas que sería penoso dejar para más tarde. Se principiaba por el acarreo del agua para beber. Era mucha gente y el río quedaba lejos. La columna de porteadores cargando tinajas era larga. Se trataba de aplacar la sed de algo más de cuatrocientos soldados, a los que se agregaban marinería, indios cubanos, esclavos negros y mujeres de servicio. Había que proveer el agua para cocinar y, sobre todo, para dar de beber a los dieciséis caballos, cada uno de los cuales tomaba el equivalente a lo requerido por diez hombres. Y ellos tenían prioridad. La fila de indios trayéndoles hierba era muy larga y en la mayoría de lo casos era desechada, pues cortaban todo tipo de hojas sin atinar a discernir cuáles eran las que los animales comían. Y no era posible soltarlos para que pastasen libremente, pues en el arenal sólo crecían algunas cactáceas y plantas rastreras no aptas como forraje. Los mozos de espuelas se internaban tierra adentro indicando qué hierbas servían como pastura. Siguiendo la costumbre de Las Antillas, los españoles daban de comer maíz a los caballos. El grano, seco y duro, era entregado a las mujeres, quienes se encargaban de triturarlo en los metates para luego colocarlo en artesas donde los animales lo comían. Era todo un espectáculo para los indios observar a aquellos venados gigantes. *Castilan mázatl*, decían por lo bajo en su lengua, sin tener la certeza de que estaban en lo correcto al llamarlos así; pero como no tenían otro punto de referencia, continuaban nombrándolos *venados de Castilla*.[4]

Evidentemente los barbudos eran seres sobrenaturales. Pero esta vez, su Capitán, a diferencia de los del año anterior, que no mostraron especial interés por conocer lo que habría en el interior del país, expresó el propósito de dirigirse a Tenochtitlan para visitar a Motecuhzoma. Los mayordomos escuchaban petrificados ¿Cómo podría permitírselo sin licencia de su señor? Volvían la mirada hacia Marina tratando de cerciorarse de haber comprendido correctamente, pero ella dejaba caer sus palabras sin admitir réplica: «Este dios irá a visitar al señor Motecuhzoma».

Teuhtlile y Cuitlalpítoc se ausentaron para traer la respuesta de su señor. Mientras tanto, el campamento bullía de animación. Era mucha la gente de los alrededores que se acercaba para ver esa estupenda novedad. Aquello parecía una feria. A prudente distancia, desde donde les era permitido, los espectadores –hombres, mujeres y niños– observaban cómo comían los caballos. A la caída de la tarde, en cuanto el sol declinaba y amainaba el calor, tenía lugar el gran espectáculo cuando los jinetes galopaban por la playa y escaramuceaban en escuadrón. A los mozos de espuelas, cuando enfrenaban a los caballos, les preguntaban si eso que les ponían en el hocico era para evitar que se comiesen a la gente. Y Marina, en el centro de todo, era la única que tenía respuestas para sus preguntas. La talla de la esclava había crecido mucho en apenas unas semanas: de mujer vilipendiada y humillada pasaba a ocupar el peldaño más alto. Vestía con elegancia, pues eran muchos los obsequios con que la agasajaban. Además era rica; su nuevo amo Cortés la recompensaba con largueza obsequiándole cuentas de vidrio. Tenía collares de todos colores que despertaban la admiración. Y algo muy importante: poseía un espejo. Por primera vez pudo saber cómo era. Es cierto que alguna idea tenía cuando veía su rostro reflejado en el agua, pero no era lo mismo, ahora podía contemplarse con detalle. En un principio lo miraba con aprensión, pues aquello la sobrecogía. Parecía cosa de magia, pero pronto se había acostumbrado. Era cosa de los hombres blancos que traían tantas novedades. A pesar de que los mayordomos de Motecuhzoma permanecían ausentes, el Capitán la quería a su lado pues constantemente interrogaba a indios que parecían ser personas de distinción. Preguntaba muchas cosas: quería saber todo acerca de lo que había en el interior del país, explicaba que sólo existía un dios verdadero, decía que él venía enviado por el monarca más poderoso de la tierra. El mensaje era siempre el mismo, por lo que Marina traducía con mayor fluidez, e incluso se dio el caso de que en un momento en que Aguilar no estaba a la mano, ella pudo dirigirse a Cortés hablándole en frases cortas, empleando las pocas palabras que sabía. Aquello aumentó la consideración en que era tenida.

A los pocos días Teuhtlile estuvo de regreso trayendo consigo un presente muy rico enviado por su soberano, en el que destacaban dos grandes ruedas cubiertas, una de lámina de oro y la otra de plata. Había además otras joyas de menos valor. Marina tradujo las palabras del mayordomo diciendo que ese obsequio lo enviaba deseándole buen viaje de retorno, a lo que Cortés replicó que iría a visitarlo. Teuhtlile pensó que no había sido bien comprendido, pero la esclava lo cortó tajante. Habría visita. Podemos adivinar la confusión del dignatario, al escuchar que un mandato de su señor era contradicho y, sobre todo, por una mujer. Es posible que se tratase de una diosa, como algunos pensaban. De todas formas, éste se retiró llevándose consigo a todos los sirvientes.

Durante los días que siguieron el campamento lucía desolado. Ningún indio de los alrededores se aproximaba cumpliendo con las instrucciones dadas por Teuhtlile. Sin embargo, no se vivía un clima de tranquilidad; algo flotaba en el ambiente. Los servicios de la esclava eran escasamente solicitados por el Capitán, pues éste parecía tener la atención ocupada por otros asuntos. Los soldados formaban corros y discutían entre ellos, algunas veces airadamente. Por lo que ella alcanzó a percibir y lo que le explicó Aguilar, el tema que se debatía era retornar a Cuba o quedarse. Puertocarrero, su antiguo amo, iba de choza en choza dialogando con los hombres. En la mano llevaba uno de esos papeles que hablan. Ella ya los había visto cuando se encontraba junto al Capitán; éste dictaba y un hombre sentado a su lado mojaba una pluma de ganso en un líquido negro, trazaba unos rasgos y el papel hablaba. [Es improbable que ella conociese de qué se trataba, pues en el mundo indígena la escritura era asunto del dominio de una elite.] Los hombres discutieron mucho, hasta que parecieron haber alcanzado un acuerdo. Se agruparon todos en torno a Cortés y éste les dirigió unas palabras. La escena revestía un aire de solemnidad, nadie más hablaba y los esclavos africanos e indios de servicio cubanos presenciaban el acto en silencio. Marina preguntó y Aguilar sólo le dijo que fundaban una ciudad. Tanto ella como sus compañeras y demás personal de servicio asistían sin saberlo al acto fundacional de la Villa Rica de la Vera Cruz de Archidona. Una ciudad que sólo existía en escrituras y que constituyó una argucia legal de Cortés para sacudirse la autoridad de Diego Velásquez, pues una vez fundada la ciudad se procedió a elegir alcaldes y regidores, y ante éstos, renunció al cargo de Capitán General y Justicia Mayor, yendo a encerrarse en su choza a continuación. El recién nombrado cabildo deliberó y sin pensarlo mucho, fueron a buscar a Cortés para pedirle que aceptara los cargos a los que acababa de renunciar. Aceptó. La diferencia radicaba en que ahora era el Capitán General y Justicia Mayor designado por las legítimas autoridades de una villa, a la usanza de España. Un vuelco político que pasó inadvertido para el personal de servicio. Seguían mandando los mismos.

Con la partida de Teuhtlile comenzaron a merodear por las afueras de la recién constituida villa unos indios de aspecto muy distinto. Éstos, conforme iban cobrando confianza se acercaban cada vez más. Parecían con deseos de comunicar algo, pero no terminaban de decidirse a dar el paso definitivo. Finalmente, un grupo pequeño se acercó. Comenzaron a hablar pero no conseguían hacerse entender. Bernal los llama los «lope luzio», diciendo que ésa era su manera de saludar, y que traían el labio inferior colgando por tener incrustado en él un bezote, lo que les daba un aspecto desagradable. Marina se acercó a ellos y no tardó en encontrar a varios que hablaban náhuatl. Eran totonacas, y explicaron que llevaban varios días merodeando a distancia, sin atreverse a aproximarse por temor a los mexicas, pero una vez que éstos se retiraron les quedó el campo libre. El propósito de su venida era trasmitir un saludo de su cacique, quien los invitaba a que fuesen a visitarlo en su ciudad, la cual -según dijeron- no se encontraba lejos. Justo en ese momento retornaron Alaminos y Montejo con la noticia de haber encontrado un mejor fondeadero; se encontraba situado un poco más al norte y como la ciudad de los totonacas venía de camino, se impartió la orden de marcha y sin pérdida de tiempo se pusieron en movimiento. Atrás dejaron la Villa Rica, consistente en unos endebles cobertizos cuya memoria sería borrada por el primer norte que soplara. Los navíos también levaron anclas y desplegaron velas para dirigirse al fondeadero que ofrecía mayor abrigo. Aunque avanzaban a lo largo de la playa pronto perdieron de vista a los navíos, pues éstos debieron internarse mar adentro para buscar el viento. Caminaron durante todo el día hasta llegar a un río que tuvieron que vadear auxiliándose con canoas facilitadas por los totonacas para transportar la impedimenta. Los caballos cruzaron a nado y a poco de andar, cuando ya oscurecía se detuvieron para pernoctar en un caserío donde abundaba un árbol de gran fronda y gruesas ramas que la esclava explicó que se llamaba *póchotl*, pero al que los españoles comenzaron a llamar ceiba, que era como lo conocían en las islas.

Al día siguiente, a poco andar llegaron a Zempoala, la ciudad de los totonacas. Una población de casas muy blancas que relucían al sol de lo bien encaladas que estaban. Salió a su encuentro un individuo que llamó poderosamente la atención a Marina por lo gordo que era, tanto que tenía dificultades para moverse. Ése era Quahutlaebana, el cacique de los totonacas, al que los españoles llamaron Cacique Gordo, remoquete con el que entraría a la Historia.[5] Trajeron unas banquetas hechas de otate con asiento de cuero, que ocuparon Cortés y sus capitanes. El cacique depositó su humanidad en un banco hecho de un tronco macizo de madera. Marina y Aguilar se situaron a los lados de Cortés, atentos para traducir. El cacique, que tomó a los españoles por unos justicieros que venían a liberar la tierra de los abusos de Motecuhzoma, comenzó a referir las desgracias de su nación. La conversación transcurría con extrema lentitud, pues sus palabras debían ser traducidas del totonaco al náhuatl por uno de sus hombres para que Marina las vertiese al maya y a su vez Aguilar lo hiciese al español. La esclava se enteró de cosas novedosas. Volvía a escuchar el nombre de ese señor tan poderoso a quien todos temían y, según refirió el cacique, habitaba en una ciudad llamada Tenochtitlan, muy protegida y de difícil acceso porque se encontraba en medio de una laguna y sólo se podía llegar a ella por tres calzadas. La esclava observaba el interés con que Cortés seguía las descripciones, pidiendo más y más informes sobre todo lo que encontraría en el interior. A veces algo no quedaba claro y se hacía repetir las cosas. Pero aún así, no siempre quedaba convencido de lo que se le decía. Cuando era él quien hablaba ella traducía con rapidez, anticipándose a las palabras de Aguilar, pues el mensaje era siempre el mismo: «hay un solo Dios, uno y trino; murió y resucitó; y él era enviado por el monarca más poderoso de la tierra». Con una mezcla de curiosidad y asombro los totonacas la observaban mientras hablaba: una señora tan elegante y que sabía tantas cosas.

Los totonacas resultaron ser unos anfitriones gentiles que los agasajaron con lo mejor que tenían; pero luego de dos días de descanso Cortés ordenó ponerse en camino para alcanzar el fondeadero al que se había ordenado que se trasladasen los navíos. Emprendieron la marcha, esta vez con acompañamiento de un grupo nutrido de habitantes de Zempoala. Al segundo día, mediada la mañana, llegaron al fondeadero. Estaba vacío. Marina pudo ver la contrariedad del Capitán quien no daba crédito a lo que ocurría. Por los días transcurridos era tiempo más que suficiente para que los navíos hubiesen llegado. El clima era benigno, de manera que se excluía la posibilidad de que se hubiesen topado con algún temporal en la travesía. Cortés, que se encontraba preocupado –aunque procuraba disimular–, preguntaba a unos soldados que tomaron parte en el viaje exploratorio si estaban seguros de que ése era el fondeadero, si no sería el caso de que se hubiesen confundido y estuviera más adelante. Pero no había lugar a dudas, aquel era el sitio: una rada en forma de media luna, rematada al norte por una pequeña elevación frente a la cual, mar adentro, a cosa de doscientos metros, se alza una roca aislada, de regulares dimensiones, que le da abrigo. Allí el oleaje rompe fuerte; en cambio, en la playa, las olas mueren mansas. Para disipar cualquier duda de que se tratase de un equívoco, los soldados que habían participado en su localización le mostraron vestigios de su recalada. ¿Y si la flota se le hubiera desertado, regresándose a Cuba? Ése fue un comentario que hicieron unos soldados a espaldas suyas y del cual él aparentó no darse por enterado. En efecto, el tiempo era más que suficiente para que hubiesen llegado. Pero de pronto la voz de un soldado que había subido a una altura para otear el horizonte puso fin a sus cuitas. En la lejanía se distinguía una vela. Pronto apareció una segunda; y luego otra, y otra más, hasta que pasado un rato eran diez las que estaban a la vista. No faltaba ninguna. Cortés respiró tranquilo.

A unos centenares de metros, sobre unas alturas se encontraba Quiahuiztlan, un poblado totonaca hacia el que se encaminó Cortés seguido de un grupo de capitanes y soldados. Luego de examinar el terreno, vio desde lo alto que esa ensenada en forma de media luna ofrecía un relativo abrigo frente a los vientos, pues unos centenares de metros mar adentro se encontraba la roca que la protegía de los embates del mar, y a la que sin que sepa por qué alguien comenzó a llamar El Turrón. La posición le pareció que sería mejor asiento para la Villa Rica, que hasta ese momento sólo existía en escrituras. Los caciques se mostraban amistosos y además no opusieron reparo a que los españoles se instalasen como vecinos.

Hasta allí llegó transportado en andas el Cacique Gordo, quien se sumó al grupo de notables que comenzaron a externar sus cuitas por las depredaciones que sufrían a manos de los mexicas, a la vez que informaban de la situación que encontraría cuando se adentrase en el país. Ante todos los caciques allí congregados, Cortés exponía el mensaje de que era portador, mismo que ya había expuesto en Zempoala: existía un solo Dios y a él lo enviaba un poderoso monarca dolido de lo engañados que los tenían los ídolos. Como se trataba de un discurso que ya le era conocido, la esclava lo repetía con fluidez.

Estaban en esas pláticas cuando los caciques sufrieron un sobresalto ante la aparición de cinco dignatarios mexicas que, arrogantes, pasaron de largo frente a los españoles sin dignarse volver el rostro para mirarlos. Marina averiguó que se trataba de los temidos recaudadores de impuestos y así lo hizo saber a Cortés. Éstos reprendieron a los caciques por haber recibido a esos extranjeros sin licencia de Motecuhzoma. Como castigo por esa acción exigieron que les entregasen al punto veinte jóvenes para ser sacrificados. Cortés ordenó que los apresaran, que no tuviesen miedo, pues ahí estaba él para defenderlos. En cuanto Aguilar le trasmitió el mensaje, Marina en tono muy firme se dirigió a los caciques conminándolos para que así lo hicieran. Ellos vacilaron pero ella, en tono que no admitía contradicción, repitió el mandato. Era una orden. El Cacique Gordo lo comprendió así y a una indicación suya sus hombres se abalanzaron sobre los mexicas, atándolos de pies y manos. A uno que se resistía lo molieron a palos. Por medio de esa acción tan simple la nación totonaca quedó liberada. Llegó la noche y, mientras los totonacas celebraban su liberación, Cortés hizo que trajesen a uno de los dignatarios. Cuando lo tuvo delante comenzó a interrogarlo por medio de los intérpretes, preguntándole qué le había pasado. El hombre no podía dar crédito a lo que se le preguntaba y miró hacia Marina preguntando cómo era eso, ya que ella misma trasmitió la orden. La esclava miró a Cortés y sin inmutarse repitió la pregunta; si el Capitán lo hacía él sabría por qué preguntaba. Ella se limitaba a cumplir órdenes. En tono conciliatorio Cortés dijo que se trataba de un malentendido, que él sólo quería ser amigo de Motecuhzoma y que por eso iría a visitarlo. Luego que se le hubo dado de comer y beber, dispuso que en una barca fuese desembarcado en una playa fuera de la zona totonaca. A la noche siguiente repitió la acción con los restantes. El doble juego de Cortés fue secundado a la perfección por Marina, quien habló con firmeza con los dignatarios y supo fingir todo lo que fue necesario. Mediante esa acción se sustrajo a los totonacas de la obediencia de Motecuhzoma. En ese primer paso su actuación fue relevante.[6] El Cacique Gordo y los caciques de Quiahuiztlan y poblados totonacas de los alrededores no las tenían todas consigo. Una vez pasada la euforia inicial al deshacerse de los recaudadores de impuestos, comenzaron a sentirse temerosos por las consecuencias del paso dado. Temían que todos los poderes de Motecuhzoma cayesen sobre ellos. Pero Cortés, con semblante alegre y despreocupado, les hizo ver que allí estaban él y sus compañeros para defenderlos. No obstante, para gozar de su protección deberían prestar juramento de vasallaje al rey de España. Fue necesario explicar primero a Marina qué cosa era eso, para que cuando lo hubiese comprendido lo hiciese saber a los caciques los cuales, uno a uno, juraron ante el notario Diego de Godoy, quien redactó la escritura correspondiente.

Tiempo después, la esclava veía cómo daban inicio los trabajos de construcción. A un par de centenares de metros de la playa, sobre una colina de baja altura comenzó a limpiarse la maleza. Se trazaron luego unas líneas a cordel y a continuación se comenzaron a cavar cimientos. Le extrañó que Cortés, despojándose del jubón, empuñara pico y pala para cavar. Siendo el jefe y teniendo a sus órdenes a todos los soldados, esclavos y sirvientes, ¿cómo se tomaba ese trabajo cuando otros podían hacerlo por él? Preguntó, pero todo lo que pudo entender es que allí se comenzaba a construir una ciudad. Con todo, lo de Cortés con el torso desnudo, cavando y sudando como cualquier esclavo, no le quedó claro. Y hubo otras cosas que de momento no alcanzaba a entender. Ocurría que Cortés había llegado para quedarse, y para dejar clara su decisión resolvió edificar allí una ciudad con casas de cal y canto. No se trataba de una nueva fundación, sino de que sencillamente la Villa Rica –que ya existía en escrituras– se mudaba de asiento.[7] Y para evitar que los hidalgos se negaran a empuñar la herramienta para un trabajo manual –lo que iría en desdoro de su condición– él, quien era hijodalgo reconocido, puso el ejemplo. El paso siguiente sería enviar procuradores a España, puesto que desde el momento en que se fundó la Villa Rica quedó rota la relación con Velásquez. Era preciso que en la Corte estuviesen al corriente de lo que ocurría.

Algo estaba sucediendo. Eso lo intuyó Marina al advertir que ya no eran requeridos sus servicios de intérprete. Con anterioridad el Capitán la quería a su lado a todo momento; y por esas fechas los días pasaban y no era llamada. Se aproximó a la entrada de la choza de éste para hacerse visible y pudo verlo sentado frente a una mesa donde con una pluma de ganso en la mano hacía trazos sobre el papel. Cuando él advirtió su presencia con un ademán tranquilo movió la mano indicándole que podía retirarse. No se le debía molestar, eso fue lo que le entendió al maestresala, aunque no por lo que le dijo de viva voz sino por los gestos. No se le necesitaba. En aquellos momentos en que Cortés se encontraba encerrado escribiendo veía cómo su antiguo amo, Puertocarrero, en compañía de otros hombres iba por los alojamientos de los soldados para hablar con ellos y mostrarles unos papeles. Se formaban grupos y discutían. Por unos días dejaron de lado el juego y luego de mucho discutir se sentaron a escribir. En realidad era uno el que redactaba, pero los que se encontraban a su lado leían lo escrito y opinaban. Así nacería la «Carta del Cabildo». Cortés, por su lado, pasaría ocho días con sus noches escribiendo la que sería su primera «Carta de Relación».[8] Por ignorarse el paradero de esta carta, se le ha dado la denominación de «Primera relación» a la «Carta del Cabildo», la que viene a suplir el texto desaparecido. Esta última dedica un espacio amplio a describir de manera pormenorizada las circunstancias en que Jerónimo de Aguilar se incorporó a la expedición. El caso se consideraba providencial, destacando que cuando ya desesperaban de que apareciese alguno de los náufragos y habían subido a los navíos para partir, de pronto cambió el tiempo y comenzó a soplar un viento contrario acompañado de fuertes aguaceros, por lo que hubieron de bajar nuevamente a tierra. Y al día siguiente, mediada la mañana, apareció Aguilar. Eso se tuvo «por muy gran misterio y milagro de Dios».[9] Pero lo realmente pasmoso es que se pasa en silencio la participación de Marina. Queda por explicar de qué artes se valdría Aguilar, que sólo hablaba maya, para comunicarse con los mexicas, de lengua náhuatl. La omisión obliga a reflexionar un poco. Habría que buscar la probable explicación no en que se intentara dejarla de lado, sino en que su presencia todavía no terminaba de afianzarse. La «Relación» está fechada el 10 de julio de 1519, cuando a pesar de que habían transcurrido ya algo más de dos meses y medio de aquel Viernes Santo en que salió a relucir su capacidad de intérprete, lo más probable fuera que el mecanismo de la doble traducción todavía no resultase fluido. Por ello, dado el nivel mínimo de comunicación entre ambos intérpretes, es probable que los soldados, que recibían toda la información de labios de Aguilar, no valoraran debidamente la participación de ella en esa primera etapa. Con el paso del tiempo, conforme aprendía el español, su figura se afianzaría hasta ocupar un papel central. Hemos escuchado esos parlamentos tan elaborados con los enviados de Motecuhzoma, pero sin lugar a dudas debieron haber sido mucho más elementales. No olvidemos que la crónica que los recoge fue escrita unos cuarenta años después. Y otra cosa que llama la atención en ese documento es que no aparece mencionado Motecuhzoma. Cuando remitan el tesoro a España lo harán acompañándolo de una lista de inventario, pero sin decir de quién lo obtuvieron.

Julio, en el trópico mexicano, suele ser un mes lluvioso, cae en medio de la estación cuyo ciclo, en años normales, suele ir de mayo a septiembre. Estaban pues en medio de la canícula: mucho calor en el día, luego llovía y refrescaba, salía el sol y de nuevo un calor sofocante. Un baño de vapor. Aquellas noches en que llovía, recostada en una hamaca, Marina escuchaba el golpear del agua sobre el techado de palma, mientras en la oscuridad brillaba el punto rojo del tabaco que fumaba. Un lujo que podía permitirse, ya que era agasajada en todos los lugares por donde pasaban. Ya en Tabasco los españoles habían advertido que allí también se fumaba, al igual que en Cuba y en La Española, si bien hasta ese momento ellos no se habían aficionado a hacerlo.[10] Los esclavos negros pronto comenzaron a consumirlo y cuando se les preguntaba por qué lo hacían, no sabían explicarlo. Decían simplemente que no podían dejar de hacerlo, que era agradable. En cuanto eso se conoció en España la Inquisición tomó cartas en el asunto, pues aquello de arrojar humo por boca y nariz podía tener alguna relación infernal; pero al no encontrar indicios de eso se olvidaron del asunto. Cosas de indios y negros.

La lluvia resultaba una bendición, pues además de refrescar el ambiente ahuyentaba a los mosquitos, sobre todo a los jejenes, esos diminutos insectos que caían en bandadas y picaban sin tregua llevando a la gente a la desesperación. Desde la comodidad de su hamaca, mientras lanzaba volutas de humo al aire, la esclava oía el bullicio de la choza vecina donde un grupo de hombres sentado en torno a una mesa se encontraba entregado al juego, ese pasatiempo interminable al que dedicaban horas enteras. Era cosa de esparcimiento, eso estaba claro, pero en nada se parecía a los juegos en que entretenían el ocio su amo y demás caciques en el lejano Tabasco. En esos hombres era una cosa que los absorbía por completo. Había momentos de gran excitación en que prorrumpían en gritos, bebían sorbos de vino –esa bebida que a todos gustaba– que los animaba aún más. Ella ya la conocía, alguien le dio a probar unos sorbos y la encontró buena; además producía un cierto bienestar. Era la bebida de la alegría. El cacao era bueno, pero no ocasionaba euforia. Los hombres jugaban un juego de naipes entonces en boga llamado «A la primera». La esclava sólo percibía que tenían entre las manos unos trozos, al parecer de papel de amate, en que aparecían dibujadas unas figuras coloreadas, y que todos se cuidaban de que los demás no se enterasen de lo que aparecía en sus naipes. Cuando alguno ganaba lanzaba un grito de alegría abalanzándose a recoger unas rondanas de metal que se encontraban sobre la mesa. Éstas le llamaron la atención desde el primer momento: las había de plata y de cobre –eran las más frecuentes–; y alguna vez había visto alguna de oro. Esas rondanas cambiaban de mano con frecuencia, y debían ser importantes, pues todos querían poseerlas. Al encontrarse cerca del Capitán había observado cómo éste en ocasiones entregaba algunas a hombres que se acercaban a hablar con él. Y los que las recibían se iban muy contentos. Parecía que tuvieran un poder especial. A fuerza de ver cómo eran deseadas comprendió que serían como los granos de cacao que servían para adquirir cosas. Eso debería ser, pues hasta ese momento no había visto que los españoles intercambiasen granos de cacao. A ella, por su condición de esclava, nunca le correspondió poseer granos de esa semilla. [Un cronista llamó al cacao el árbol de la moneda.][11] El oro la intrigaba, había visto que sus amos y otros caciques en Tabasco portaban pulseras, collares y otras joyuelas de ese metal, pero sin concederle alguna importancia especial. Las llevaban porque eran bonitas únicamente. Y no podían compararse con los collares de cuentas que ahora ella poseía, ¡éstos sí que eran un tesoro! Extraño que los españoles prefiriesen el oro. Algo debería tener que ella no alcanzaba a comprender.

En los atardeceres, cuando declinaba el sol y hacía menos calor, si sus servicios no eran requeridos por el Capitán la esclava se acercaba al fondeadero. Comenzaba a soplar una brisa refrescante y era agradable caminar por el borde del agua con los pies descalzos. A esa hora la playa estaba convertida en un paseo. Las naves al ancla se balanceaban suavemente. Algún marinero tiraba el chinchorro al agua en el intento de realizar la última captura del día, mientras que otros, sentados en el suelo, remendaban redes. Algunos hombres que trabajaban en lo alto del cerro, en la construcción de la fortaleza, bajaban a la playa para darse un chapuzón. Los pelícanos volaban a ras del agua y bandadas de pájaros emprendían el vuelo en busca del nido. A prudente distancia, desde lo alto, había siempre una multitud de gente atraída por la novedad de los navíos. Por lo general no se atrevían a acercarse demasiado. Estaban un buen rato y luego se iban, pero siempre eran multitud. Unos se marchaban y otros llegaban, de todos los poblados de los alrededores; y los había que procedían de tierra adentro. Todo era tan novedoso que no se querían perder el espectáculo. Ahí estaban las casas flotantes. En un corral se encontraban los caballos y era interesante ver cómo los bañaban antes de darles la última ración de grano del día. Algún animal, luego de bañado y secado se arrojaba al suelo y con las patas en el aire se restregaba en la tierra. Marina iba por la playa acompañada por Juan Ortega, un niño de doce años (el único llegado con los conquistadores, quien venía con su padre, un soldado veterano de las guerras de Italia, y había recibido el encargo de Cortés de darse prisa en aprender el idioma).[12] Paseaban mientras hablaban, seguidos a corta distancia por varios hombres que tenían el encargo de Cortés de custodiarla para evitar que pudiese ocurrirle algo. Ella comenzaba a estar consciente de su propia valía. Un joven soldado jugaba con un mastín negro, le arrojaba un palo y el animal iba a buscarlo y lo traía de regreso. Los perros llamaban mucho la atención, sobre todo cuando ladraban. La robustez del mastín español imponía, máxime por desconocer de qué especie de animales se trataba. La figura de Marina destacaba en aquella playa, vestida con una túnica que le llegaba a los tobillos. Las miradas de los indios se posaban en ella, quien era la única persona que podría explicarles tantas cosas; pero se inhibían para hablarle. De improviso alguna mujer se separaba del grupo y se acercaba a ella para entregarle algún obsequio: una cesta de frutas, una cazuela con un guisado. El caso era escuchar algunas palabras de ella. Eran tantas las preguntas que querían hacerle. Aunque no se atrevían. La veían demasiado elevada.

Un día ocurrió algo que sobresaltó al campamento: intentaron robar un navío. El propósito de los implicados era huir a Cuba para informar a Diego Velásquez de que, saltando por encima de su autoridad, enviarían procuradores para tratar directamente con el Emperador. La acción, planeada por un grupo de incondicionales suyos, se frustró cuando uno de los implicados, arrepintiéndose a último momento denunció a sus compañeros. A la esclava le llamó la atención que entre los detenidos se encontrase el padre Juan Díaz, uno de los dos hombres santos que venían en la expedición, y ante quien antes todos se arrodillaban, al igual que frente al padre Olmedo. Cargados de cadenas, encerrados en la bodega de un navío, sudaban los calores del trópico. Allí permanecerían hasta que Cortés resolviese lo que haría con ellos. Mientras tanto, continuaban los trabajos de construcción de la Villa Rica y poco a poco iban cobrando cuerpo los muros de la fortaleza, la iglesia y la alhóndiga donde se guardarían el grano y las demás provisiones. Esos muros de piedra constituían una advertencia para los indecisos: habían llegado para quedarse. No habría retorno a Cuba. La villa española iba cobrando cuerpo vecina a Quiahuiztlan, cuyos pobladores desde el umbral de sus casas veían cómo se trabajaba a pleno rayo del sol en el rigor del verano. Entre ambas comunidades había poco trato a causa de la barrera del idioma, pues Marina sólo podía comunicarse con los contados totonacas que hablaban náhuatl. En cambio, Juan Ortega –u Orteguilla, como lo llamaban– pasaba mucho tiempo entre ellos. Y luego de las semanas –y más tarde de los meses–, con esa facilidad que los niños tienen para los idiomas, asombraba ver lo mucho que había progresado. Por las tardes la playa se animaba y venía a ser lugar de encuentro de ambas comunidades; los totonacas y los moradores de poblados vecinos se aproximaban para ver las naves al ancla. Algunos traían algo para los caballos, a manera de pago para verlos de cerca. Los caballerangos retiraban los obsequios –algún guajolote, cestas de tortillas, mazorcas de maíz– y les permitían aproximarse. Algún valiente les tocaba la frente mientras un caballerango sujetaba al animal por la brida. La playa estaba convertida en un paseo. Los jóvenes soldados y marineros que habían trabajado en las obras de construcción se daban un chapuzón y salían del mar con las barbas chorreando agua. A las mujeres les llamaban la atención las barbas, así como el torso velludo; y les causaba extrañeza el pelo en el pubis. Los hombres les indicaban por señas que se acercasen y ellas se cubrían la boca riendo y seguían de largo. Marina, por su lado, estaba en el centro de un grupo de jóvenes soldados que se aproximaban a ella para preguntarle cosas. Unos le mostraban un jarro de agua y por señas le pedían que les indicase cómo se decía en náhuatl. «Atl», respondía. Y ella registraba cuando ellos lo repetían en español: «atl: agua». Luego, mostrándoles los dedos de la mano extendidos los iban pasando uno a uno mientras contaba: «ome, ce, chicome, nahui, macuil: uno, dos, tres, cuatro, cinco». Con Aguilar conversaba largamente y a través suyo conocía cómo eran las cosas de España, aunque hacía tanto tiempo que éste la había dejado atrás que ya la tenía olvidada. En cambio, lo que sí tenía muy presente eran sus días de esclavo. Sobre eso tenían amplio tema de conversación, comparando cómo habían sido las vidas de ambos en los días de esclavitud, quién había recibido peores tratos. Un diálogo propio de esclavos.

Por su parte, Orteguilla, quien era un niño muy desenvuelto, pronto se relacionó con algunos jovencitos de su edad. En su compañía se internaba por Quiahuiztlan. Una de las cosas que más le habían llamado la atención era el juego de pelota. Aquello sí que era una novedad estupenda y con frecuencia se acercaba para ver cómo los jovencitos eran adiestrados por jugadores adultos que fungían como instructores. El juego se practicaba en un espacio rectangular, alargado, con gradas en la parte superior para acomodar a los espectadores. En la pared había una rueda de piedra con un agujero en el centro. Se jugaba con una pelota muy saltarina, hecha de una resina llamada *uli*, a la que debía hacerse pasar por el agujero. Y si aquello parecía casi un imposible, para volverlo todavía más difícil, los jugadores debían golpear la pelota únicamente con la cadera. En una ocasión Malintzin y un grupo de jóvenes soldados fueron conducidos por Orteguilla para presenciar una sesión de adiestramiento. Algunos intentaron participar, pero no hubo caso. No consiguieron pegarle a la pelota siquiera. Es de suponerse que ante algo tan inusitado los totonacas ofrecerían algún espectáculo a Cortés y sus capitanes. Aunque si lo hicieron no parece que los hayan impresionado mayormente, pues ni éste ni Bernal o algún otro de los soldados cronistas le dedica una sola línea. Hoy día el juego de pelota, situado en la parte baja de la ladera del cerro, razonablemente restaurado, está a la vista de todo visitante que quiera acercarse. En la parte más alta se encuentran unos monumentos rectangulares de gran tamaño que constituyen los monumentos funerarios de las familias principales. Desde allí se disfruta de una visión panorámica de las ensenadas vecinas y del estero que desagua antes de la Villa Rica. La línea del horizonte se ve a mucha distancia. Aquella visión debió darle a la esclava una idea de lo ancho que era el mar.

Estando reunidos en Zempoala, Quauhtlaebana y demás caciques, por voz de Marina recibieron el mandato de Cortés: debían destruir sus ídolos. Éstos no podían dar crédito a lo que se les pedía. Era imposible acceder a esa petición. No abandonarían a sus dioses. Así le pidieron que se lo hiciese saber a Cortés. Ella se mantuvo firme: debían destruirlos; eran cosas malas y, además, el Capitán lo ordenaba. Un sudor frío recorrió el espinazo del gordo Quauhtlaebana y demás caciques que escuchaban angustiados. No podían hacer eso. Cortés permanecía impasible. La esclava reiteró el mandato. No tenían alternativa. Cuando apresaron a los recaudadores de impuestos rompieron con Motecuhzoma. No había marcha atrás. Además, el rey de España no consentía que sus súbitos fuesen idólatras, y ellos habían prestado juramento de vasallaje. Y, al fin de cuentas, ahí estaba él para defenderlos. Los caciques deliberaron. Estaban sobrecogidos de terror. El dilema era terrible: o aceptaban destruir sus dioses o quedarían a merced de la represalia de Motecuhzoma. Cuando intentaban dialogar con Cortés y pedían a Marina que le hiciese ver que sus dioses eran buenos, que eran ellos quienes les aseguraban las buenas cosechas, ésta se mantenía firme. No tenía caso discutir, el Capitán lo tenía decidido, debían destruirlos y si no lo hacían los españoles se encargarían de hacerlo. Los caciques volvieron a conferenciar entre sí y ante la gravedad de la situación resolvieron que no destruirían sus ídolos, pero también que si eran otros quienes lo hicieran ellos no intervendrían para impedirlo. Marina trasmitió ese acuerdo. Luego, a una orden de Cortés cincuenta soldados subieron a la pirámide y comenzaron a rodar ídolos gradas abajo. La destrucción era sistemática, los pesados marros de los herreros daban contra ellos hasta dejarlos convertidos en grava menuda. Los totonacas tuvieron un respiro de alivio al constatar que no ocurría nada: el cielo permanecía impasible, no se apagó el sol y tampoco se desencadenó una lluvia de rayos y truenos. A continuación, los españoles comenzaron a rascar las costras de sangre seca e hicieron que los totonacas encalaran la pirámide, y en cuanto ésta lució toda blanca, colocaron en lo alto la Cruz y un cuadro de la Virgen. Así de rápido fue el cambio. Zempoala rompió con el pasado. Vino luego un principio de catequesis. El padre Olmedo comenzó a enseñarles a rezar el Padre Nuestro y el Ave María. Marina traducía con fluidez pues le eran conocidas esas oraciones a fuerza de haberlas repetido en ocasiones anteriores. Y hasta es posible que haya sido en latín, pues en aquella época los aldeanos en España las decían en esa lengua aunque no la comprendieran. [Algo similar ocurría antes del Concilio Vaticano II, cuando los monaguillos que ayudaban a la misa respondían en latín al sacerdote.]

Hubo bautizos. A la antigua esclava le correspondió explicar el significado de aquello –al menos hasta donde ella lo había llegado a entender– y les participó que con el agua que les mojaría sus cabezas recibirían un nuevo nombre y podrían ir al Cielo. A la primera catequista de México le correspondió asegurarse de que cada uno de los bautizados hubiese entendido su nombre y lo repitiese varias veces para que no lo olvidase. Y así, sin más trámite, se dio a Zempoala como ganada para la fe de Cristo. Por lo pronto ya se les había prohibido que practicasen sacrificios humanos, con lo cual implícitamente quedaba desterrada la antropofagia. Y como el travestismo era muy ostensible, ya que con el mayor desenfado deambulaban jovencitos vestidos de mujer, se les dijo que aquello era cosa mala. A Marina le causó extrañeza esa costumbre, pues no la había visto en Tabasco, al menos no tan abiertamente como entre los totonacas.

¡Se ha hundido un navío! El mensaje lo trajeron con las primeras luces del alba; Cortés saltó de su camastro, se vistió de prisa y se encaminó al fondeadero. Cuando llegó ya había un grupo en la playa. El navío se había hundido durante la noche y, según explicaban el maestre y el marinero que dormían a bordo, nada pudo hacerse. Cuando se percataron de lo que ocurría ya era tarde. Como se encontraba al ancla en aguas poco profundas, el casco quedó sentado en el fondo arenoso, sobresaliendo el castillo de popa y los mástiles. La cubierta, a ras de agua, resultaba visible con el reflujo de las olas. Marina llegó para enterarse de lo ocurrido y pudo ver cómo Cortés daba órdenes. En la bodega del navío se encontraban artículos que era preciso rescatar. Además, había que recuperar una pieza de artillería, el ancla, velamen y otras piezas de hierro que serían aprovechables. Se discutía. Por el momento no pudo saber de qué se trataba, aunque por algo que pudo entenderle al niño parecía que existían dudas acerca de la causa del hundimiento. Había quienes pensaban que pudo haber sido provocado. A últimas horas de la tarde los marineros que habían estado achicando dándole a las bombas no advirtieron nada anormal. Sacaban la misma cantidad de agua que otros días, al igual que ocurría con los demás navíos. El piloto insistía en que la embarcación se encontraba ya muy comida por la broma a causa del tiempo que llevaba sin navegar. [Aunque parezca sorprendente, la bomba de pistones es un artilugio que parece haberse adelantado a su tiempo en varias centurias; su invención se atribuye a Ctesibo, quien vivió en Alejandría a mediados del siglo III, A. C. En la Nueva España fueron esenciales para extraer el agua de las minas de plata.] Cortés se retiró seguido de un grupo de sus más allegados, mientras unos marineros procedían a sacar del navío todo lo recuperable. En la playa se encendieron algunos fuegos mientras las compañeras de Marina se entregaban a la tarea de moler la masa en los metates y hacer tortillas para dar de comer a los hombres que se acomodaban a su alrededor. El sol comenzaba a alzarse en el horizonte con unos rayos tan hirientes que no se le podía mirar de frente. Se anunciaba un día caluroso. Unos marineros con el agua hasta la cintura probaban suerte lanzando al agua las atarrayas. Sobre la arena arrojaban los pescados que no interesaban por su pequeñez o por no ser comestibles, mientras sobre ellos revoloteaban en círculo las gaviotas, graznando; algún soldado se entretenía arrojándoles al aire una pescadilla para que tratasen de atraparla al vuelo.

Hundimiento de las naves

Se encontraba Cortés sentado en medio de un grupo de incondicionales cuando se presentaron varios maestres para informar sobre la inspección realizada a los navíos. Eran un riesgo para la navegación. A causa de los meses que llevaban al ancla se encontraban comidos por la broma y no se hallaban en condiciones para navegar. Hacían agua y en cualquier momento podrían irse a fondo, como ya había ocurrido antes con uno. La decisión fue que se les varara en la playa para que fueran desguazados y se sacara de ellos todo lo aprovechable. Partieron los maestres a cumplir su cometido y Marina, quien los había seguido hasta la playa, pudo constatar la gran tensión con la que la orden era llevada a cabo. Eran muchos los soldados que murmuraban, pues se pensaba que los maestres dieron ese parecer porque Cortés les había untado la mano. Aparentemente, algunos navíos sí estaban en posibilidad de navegar. Su destrucción los aislaba de Cuba, de España y del mundo entero. La única posibilidad era la de marchar hacia adelante. El Capitán no les dejaba otra alternativa que la de vencer o morir. La esclava intuyó, sin necesidad de que alguien se lo dijera, que muy pronto estarían dirigiéndose a ese legendario reino de Motecuhzoma, del que tantas cosas oía hablar. Parecía una aventura peligrosa, pero había adquirido una fe ciega en lo que el Capitán decía. Además, la alternativa en su caso era regresar a su vida anterior.[1]

Después, la mujer advirtió que se aprontaba la partida de uno de los tres navíos que aún se mantenían a flote. Los marineros subían a bordo barricas de agua, pescado seco y otros mantenimientos. Unos hombres colocaron cuidadosamente en cajas las piezas del presente que había traído Teuhtlile y, según parecía, en un papel registraban lo que se subía a bordo. Puertocarrero, su amo nominal, andaba muy activo. Por lo que alcanzó a entender, figuraba entre los que partían. Poca oportunidad había tenido para atenderlo, pues en cuanto fue entregada a él embarcaron, y durante la travesía venían tan hacinados en los navíos que ella se limitó a venir encogida en un rincón al igual que sus compañeras. El reducido espacio no permitía muchos desplazamientos, además de que con el balance del navío tenían que moverse con cuidado por el riesgo de ir de cabeza al agua. El mismo día que llegaron al arenal, a las pocas horas de haber desembarcado la encontraron conversando con otras mujeres y fue entonces cuando la llevaron frente al Capitán, y a partir de ese momento no hubo oportunidad de estar a solas con su amo. Por Aguilar y por lo que alcanzó a entender de Orteguilla, los que partían emprendían un viaje muy largo: volvían a España. Para llegar allá deberían navegar muchos días sin ver tierra. El mar era muy ancho. Llegado el momento de la partida el navío levó anclas, se desplegaron velas. Todo el ejército, con Cortés a la cabeza, se había reunido en la playa para ver la salida. La víspera, en un momento en que Puertocarrero se cruzó con ella, éste le adelantó a través de Aguilar que se ausentaría; pero llegado el momento de la partida subió a bordo sin despedirse. Surgían muchos encargos de última hora de soldados que se acercaban a él para confiarle algo. El navío pasó un largo rato sin moverse con las velas que colgaban flácidas, hasta que sopló una brisa suave que comenzó a hincharlas. La embarcación comenzó a moverse y desde tierra los que quedaban despedían a los que partían moviendo los brazos. Ella envió un saludo a Puertocarrero, quien agitó el brazo sosteniendo el sombrero en señal de despedida. No pudo saber si era una despedida para ella o para todos. Luego de un tiempo que se hizo interminable el navío se perdió de vista en el horizonte.

Una mañana el campamento amaneció conmocionado. Era día de hacer justicia. Los que intentaron apoderarse del navío habían sido juzgados y hallados culpables. Las sentencias se dictaron de acuerdo con el grado de culpabilidad de cada uno. Marina pudo ver desde lejos cómo a dos los ataron a un poste y los flagelaron por turnos hasta que les brotó sangre de la espalda. A un tercero le amputaron de un hachazo los dedos de un pie y a dos los ahorcaron. El padre Juan Díaz, según se enteró más tarde, salió bien librado por ser hombre santo; pero tuvo el encargo de confesar a los que habían de morir. Y allí estuvo con un crucifijo entre las manos orando por ellos mientras agitaban las piernas en las últimas convulsiones de la agonía.

Cortés volvió a la caída de la tarde. Luego de firmar las sentencias de muerte y entregarlas a Gonzalo de Sandoval para que se encargase de ejecutarlas, había montado a caballo en compañía de otros jinetes para alejarse. Según alcanzó a entender la esclava eso fue para evitar que a último momento algunos capitanes pudiesen interceder por los sentenciados. Un aire lúgubre se respiraba en el campamento. El mensaje había calado hondo. Ahora todos sabían hasta qué extremo el Capitán tenía la mano dura. No vacilaba en dictar sentencias de muerte. En una choza, Gonzalo de Umbría, el piloto mutilado, era asistido por unos compañeros que con unos vendajes trataban de contener el sangrado. Cuando por la noche Marina se acercó al lugar de las ejecuciones pudo observar cómo a la luz de la luna los cuerpos de los ahorcados, Juan Escudero y Diego Cermeño, se balanceaban a impulsos de una leve brisa. Estuvo contemplándolos un rato hasta que de pronto se desató un fuerte aguacero que la hizo apresurarse para ponerse a cubierto. Los cuerpos de los ahorcados quedaron bajo la lluvia.

Pasados unos días, Cortés convocó a Quauhtlebana y demás caciques para anunciarles su próxima marcha al interior, dándoles a conocer que Juan de Escalante, su hombre de confianza, quedaría con ellos al mando de una guarnición de poco más de un centenar de hombres con el fin de concluir la fortaleza de piedra que se estaba construyendo. Esos hombres permanecerían allí para protegerlos de Motecuhzoma. Por eso deberían acatar lo que Escalante les ordenase y mantener bien abastecido el campamento para que nunca faltase la comida. Pidió además que le facilitasen un contingente de hombres de armas, así como el número suficiente de porteadores para que llevasen a cuestas el fardaje y tiraran de la artillería. Al seleccionarse a los guerreros los españoles tuvieron cuidado de que entre ellos figurara un número adecuado de individuos principales. Marina, interrogándolos, sirvió de ayuda para cerciorarse de que efectivamente eran individuos de alta condición y no esclavos los que integraban el contingente. La intención solapada de Cortés era que al propio tiempo sirviesen de rehenes para garantizar la seguridad de Escalante y los que con él quedaban. El ejército se trasladó a Zempoala y cuando parecía que ya se iniciaba la marcha, de improviso llegó un mensaje de Juan de Escalante que debió ser importante, pues al punto Cortés desapareció haciéndose acompañar por medio centenar de soldados. Su ausencia significó unos días de asueto para la esclava, que los disfrutó siendo siempre muy agasajada por los notables y sus esposas quienes no cesaron de hacerle obsequios y ofrecerle los mejores guisos. El resto del tiempo lo pasaría tumbada en la hamaca o conversando con Aguilar, Orteguilla y los soldados que la rodeaban, enseñándoles algunas voces en náhuatl. [*Hamaca* es voz taína. Los españoles la encontraron en Las Antillas, introduciéndola en México, donde rápidamente se generalizó su uso, sobre todo en zonas tropicales.] Dos o tres días después Cortés reapareció, lo que para ella significó el fin de la vacación. Con él venían cuatro hombres a los que no recordaba haber visto antes. Más tarde, conversando con Jerónimo de Aguilar se enteraría de lo ocurrido. Sucedió que por la costa apareció un barco que ignorando todas las señales que se le hicieron para que fondease en la Villa Rica se siguió de frente. Escalante galopó a lo largo de la playa llevando sobre los hombros una capa grana que ondeaba al viento. Estaba seguro de que lo habían visto del navío, pero prefirieron ignorarlo. Al ser notificado, Cortés sin pérdida de tiempo se dirigió a la Villa Rica, donde su subordinado le informó que el navío había largado anclas en un paraje situado a tres leguas. Y hacia allá se dirigieron. Se mantuvieron al acecho y cuando bajaron del navío cuatro hombres enseguida les pusieron la mano encima. Por ellos se enteraron de que era gente de Francisco Álvarez Pineda, un capitán de Francisco de Garay, gobernador de Jamaica, que había establecido un poblado en la desembocadura del Pánuco y que ahora los enviaba a tomar posesión de la tierra. Garay había obtenido autorización de la Corona para poblar la zona del río de San Pedro y San Pablo (se desconoce de qué río se trataría). Cortés concedió la máxima importancia a este hecho, decidiendo ocuparse de ello en persona. Antes de internarse en el país quería dejar asegurado que otro no se le fuera a meter en las tierras en que incursionaba.[2] Por el relato que le hicieron, Marina quedó enterada de lo que eran Jamaica e islas del Caribe, de las diferencias existentes entre españoles, y de que Cortés no era el jefe supremo de todos los que incursionaban por el Nuevo Mundo.

Llegó el día de la partida. Cortés se despidió del Cacique Gordo y muy temprano, cuando apenas alboreaba iniciaron la marcha para aprovechar el fresco de la mañana. Era el 16 de agosto de 1519, pero la fecha resultaba indiferente para Marina, pues para los esclavos todos los días eran iguales. No conocía el cómputo del tiempo, eso era algo reservado al dominio de sacerdotes y caciques. La columna se puso en marcha. La componían dieciséis españoles a caballo y trescientos de a pie. Detrás avanzaba el contingente de guerreros totonacas, que serían alrededor de seiscientos, al mando de Teuch, Mamexi y Tamalli, caudillos con quienes más adelante ella tendría trato frecuente. El contingente de porteadores encargados de llevar el fardaje y arrastrar la artillería estaba compuesto por varios centenares, entre indios cubanos, esclavos africanos y tamemes aportados por los totonacas. Cerraba la marcha el conjunto de mujeres formado por sus antiguas compañeras tabasqueñas, a las que se habían agregado esclavas locales. Se adentraron por senderos que discurrían por terreno llano. La gente se acercaba para verlos pasar pues tenían noticia anticipada de que se aproximaban. Además, estaba previsto que les tuviesen abastecimiento de agua y comida. La intendencia funcionaba. El único contratiempo era la lluvia que no les faltaba todos los días. Sin embargo, no por ello interrumpían la marcha. Y a la lluvia seguían los grandes calores que trae la evaporación. La esclava caminaba de prisa, procurando mantenerse al paso con el caballo de Cortés, pues éste con frecuencia hacía preguntas a los intérpretes. Le interesaba todo; hasta los nombres de los pájaros quería conocer. En un descampado vieron venados que pastaban sin inquietarse demasiado por su presencia. Pedro de Alvarado como caballista consumado que era, puso su yegua al galope y trató de alancear uno. Estuvo a punto de alcanzarlo pero falló. Y así continuaban la marcha. Ocasionalmente veían bandadas de loros y guacamayos que alzaban el vuelo. Estos pájaros llamaron mucho la atención en España cuando al retorno de su viaje Colón llevó algunos para mostrarlos a los reyes, pero para los expedicionarios ya no eran novedad, pues estaban acostumbrados a verlos en Cuba, La Española y Panamá. En los puntos en que recibían víveres les entregaban guajolotes; también les daban unas aves negras, más pequeñas y ruidosas, que cocinadas eran sabrosas y que algunos decían que sabían a perdiz. Marina les dijo que eran chachalacas. Avanzaban sin sobresaltos. La gente que los veía pasar los miraba extrañada, pero parecía amistosa. El mayor inconveniente era que había llovido durante días y el camino se encontraba lodoso, dificultando la marcha. La mujer resbalaba, pero mantenía el paso. Varios días caminaron de esa guisa hasta que de pronto alcanzaron los cerros que se distinguían a distancia y comenzaron a subir. El paisaje cambió. Pasaban por bosques de pinos resinosos y aromáticos de los que colgaban tiras de heno a manera de guirnaldas. La temperatura comenzó a refrescar y por las noches hacía frío. Llegaron a Jalapan, un poblado pequeño en la falda del Macuiltepec. La mujer explicó que *macuil* quería decir cinco y *tépec* montaña. Era por tanto el cerro de las cinco cumbres. Y de pronto, en una falda de la montaña tuvo a la vista la sierra de San Martín (el Pico de Orizaba), aquella montaña que había divisado desde el navío sobresaliendo por encima de las nubes. Era un cono perfecto, blanco en su parte superior. Algunos soldados tuvieron expresiones de alegría, motivadas por la añoranza. Hacía años que no veían la nieve. «Sierra Morena», decían unos; «Gredos», apuntaban otros, «el Guadarrama». Un recuerdo de la España que habían dejado años atrás. Marina preguntó qué era aquello blanco. «Nieve», le dijeron. Pero como mujer del trópico no alcanzó a comprender de qué le hablaban. ¡La nieve! Nunca había oído hablar de ella. Más tarde, cuando continuaron avanzando y sopló un viento proveniente de la montaña, al sentir de pronto un frío que la hizo estremecerse, tuvo una primera aproximación de lo que eso era. Con todo, aquello de que al mismo tiempo fuera agua no alcanzaba a comprenderlo, pensó que seguramente habría entendido mal. Cuando dejaron atrás el Macuiltepec, Marina oyó comentar que se había extraviado el potrillo de la yegua de Núñez Sedeño.[3] A ella le llamaba la atención verlo siempre pegado junto a la madre; pero el animal crecía, tenía los seis meses cumplidos y había llegado el tiempo del destete. Comenzaba ya a comer hierba, por lo que cada vez más se separaba de ella. Era una lástima que lo dejaran atrás, aunque ya estaba en edad de valerse por sí mismo. Lo encontrarían dos años más tarde pastando en medio de un grupo de venados. Resultó un buen caballo de silla.

La columna continuó la marcha cruzando por algunos pasos de montaña, hasta que de pronto descendieron a la meseta. El paisaje cambió por completo. En lugar de bosques de pinos y árboles frondosos deambulaban por un paraje desolado donde sólo crecían nopales, magueyes y otras cactáceas. Faltaba el agua y avanzaban un tanto al azar porque era territorio desconocido para los totonacas. Un día fueron en una dirección, al siguiente desandaron y luego avanzaron zigzagueando. Se movían en las proximidades de la sierra de San Martín que les enviaba ráfagas heladas. Pasaron a lo largo del Cofre de Perote y bordearon lagunas de agua salobre. Sufrieron frío, hambre y sed. Iban mal preparados para afrontar esa situación. Algunos soldados se protegían con mantas que obtuvieron en los poblados donde pasaron, hechas de pieles de conejos, de zorros y otros animales. Sin embargo la mayoría iba desprotegida, especialmente las mujeres de servicio y los porteadores de la impedimenta. Marina iba bien calzada y con unas mantas que le habían echado encima, pero aún así tiritaba. Por primera vez sentía lo que era el frío. No se parecía al que estaba acostumbrada en Tabasco, cuando soplaban los vientos del norte. Un atardecer la situación empeoró cuando en campo abierto fueron sorprendidos por una intensa granizada. El granizo golpeaba con fuerza pues tenía el tamaño de cerezas. Cuando amaneció el campo estaba blanco. Dos indios de Cuba ya no se levantaron. Murieron de frío. Siguieron moviéndose al azar, en un paraje hostil carente de agua, donde la única vegetación la constituían cactáceas. Tunas fue lo único que consiguieron llevarse a la boca. Finalmente se internaron por un camino que conducía a través de un terreno más amable. Volvieron a reaparecer los bosques de coníferas, y toparon con hombres que los acogían amigablemente, indicándoles el camino a su ciudad. A poco andar llegaron a Zautla. Venían rotos de hambre y cansancio. Si encontrándose en aquellas condiciones en que apenas podían tenerse en pie hubiesen sido atacados, el desenlace hubiera sido fácil de imaginar. Pero los de Zautla salieron a recibirlos en actitud amistosa, hasta echaron una mano a los más fatigados. La población estaba gobernada por

Olíntetl, un individuo tan obeso y de carnes tan fofas que constantemente se le estremecían a causa de un tic nervioso; los españoles lo apodaron «el Temblador». Este personaje, que aventajaba en corpulencia al Cacique Gordo de Zempoala, escasamente podía moverse si no era apoyándose en los hombros de dos mancebos. Olíntetl se encontraba desconcertado, pues había recibido noticia de la llegada de los extranjeros a último momento y disponía de muy escasa información. En vista de ello, las presentaciones corrieron a cargo de Marina. Como el mensaje que Cortés venía dando en las poblaciones por donde pasaban era siempre el mismo, no necesitaba aguardar a la intermediación de Aguilar. Y siendo mujer desenfadada, con toda soltura comenzó a hablar. Olíntetl y los demás principales escuchaban pasmados cosas tan novedosas que salían de la boca de aquella mujer que les hablaba en su idioma; y que además lo hacía con tanta seguridad. En una sociedad machista como la indígena, resultaba inconcebible que una mujer pudiera situarse en plan de igualdad con los mandatarios, incluso pasando por encima de ellos. Además, no apreciaban la intermediación de Aguilar, que les pasaba inadvertida, por lo que pensaban que ella era quien hablaba directamente con el jefe de los hombres blancos. Por tanto, diosa debería ser.

Olíntetl se mostraba inseguro, no sabía el terreno que pisaba. Además de que resultaban vagas las indicaciones recibidas de los agentes de Motecuhzoma, desconocía hasta qué punto estaban autorizadas. Por eso temía dar un paso en falso que desatara las iras del autócrata de Tenochtitlan. Eran demasiadas preguntas y carecía de respuestas para afrontarlas. A través de Marina, Cortés lo interrogaba. De esa forma fue redondeando el conocimiento del poder de Motecuhzoma: cuántos miles de hombres podía poner en el campo de batalla, lo inexpugnable que era Tenochtitlan por encontrarse en medio de una laguna. Cuando le fue preguntado si era vasallo suyo, el confundido cacique respondió con otra pregunta: «¿Pero es que hay alguien que no sea vasallo de Motecuhzoma?».

Allí estaba dicho todo: Motecuhzoma era considerado señor del universo.[4] La esclava se encargó de contradecirlo, haciéndole ver que los recién llegados venían enviados por un soberano más poderoso aún, a quien todos debían obediencia. El mundo de «el Temblador» se cimbraba. Ella se encargó de aumentar todavía más su turbación al enfatizar que también Motecuhzoma debía obedecer sus mandatos.

Fue en Zautla donde los españoles tuvieron un anticipo de lo que era un *Tzompantli*: centenares de calaveras agujereadas por las sienes y atravesadas por unas varas, colocadas sobre unas columnas y formando un verdadero edificio. La esclava demandó a Olíntetl el significado de aquel osario. Así supieron que se trataba de los cráneos de los sacrificados. Su carne era comida, pero las calaveras se conservaban en ese lugar. Apurado a preguntas, el cacique no supo dar una respuesta satisfactoria a por qué las ensartaban de esa manera. Era lo acostumbrado. Cortés le hizo llegar el mensaje de que el poderoso monarca que él representaba tenía prohibido que se sacrificasen seres humanos y que se comiese su carne. Olíntetl escuchó el mensaje sin saber qué replicar. Estaba confundido.[5]

Los aliados totonacas contribuían a minar la fe del cacique al referir cómo los hombres blancos habían destruido sus dioses y no había ocurrido nada; y que por otro lado les habían hecho una revelación muy importante: existía un dios único, que era el verdadero, había una vida después de la muerte, donde los buenos serían premiados y los malos serían arrojados a las llamas adonde arderían para siempre. Además, esos hombres barbados apresaron a los colectores de impuestos de Motecuhzoma librándolos de su tiranía. Por eso los totonacas ya eran hombres libres. El mastín de un soldado ladraba mucho de noche, era un animal robusto de aspecto fiero. Cuando los de Zautla preguntaban intrigados si era tigre o león, los totonacas decían que lo traían para comerse a los enemigos, que era tan veloz que ninguno se escapaba.

Los días en Zautla transcurrían plácidos. Después de las privaciones y trabajos pasados, constituían un bien ganado descanso para recuperar fuerzas. La comida, además de abundante, era riquísima; y podían comer todo lo que quisieran. Las mujeres ponían especial cuidado en atender a Marina, a quien agasajaban con los mejores platillos que sabían preparar. ¡Qué comida tan distinta a la de los días de esclava! Ni siquiera imaginaba que existieran esos platillos. Y podía disfrutar de baños de vapor en el *temascal*, algo totalmente novedoso para ella, que comenzaba a conocer la comodidad. La ciudad era muy bonita. Se ubicaba en una sierra rodeada de bosques muy verdes, de pinos y oyameles, cuya fragancia flotaba en el aire junto a los trinos de los pájaros. Había muchas aves, sobre todo en las últimas horas de la tarde, cuando llenaban el ambiente con sus cantos antes de retirarse a sus nidos. Los soldados se ocupaban de comer y dormir lo más que podían. Se trataba de recuperarse. Hasta los caballos llegaron tambaleándose, al límite de sus fuerzas luego de los días del malpaís, donde no pudieron comer ni beber. Pero en la nueva situación, además de pastar a sus anchas, comían todo el grano de maíz que se les daba quebrado. Muchos lo traían espontáneamente para no perderse la oportunidad de verlos comer. Y se repetía la escena de indios trayendo para ellos guajolotes, mismos que los españoles tomaban asegurando que se los darían más tarde. Ése era el panorama para la esclava, siempre agasajada por las mujeres que le daban ropa muy limpia y le traían guirnaldas de flores. Aunque su reposo se veía interrumpido a menudo, cuando le avisaban que el Capitán la necesitaba. Los de los poblados aledaños se acercaban para conocer a esos extraños hombres. Traían obsequios y los invitaban a que fuesen a visitarlos. Conversaban extensamente con Marina y ésta, a través de ellos, iba obteniendo datos que comunicaba a Cortés, quien de esa manera iba redondeando el conocimiento sobre Tlaxcala, esa tierra de la que ya venía oyendo hablar: sabía que eran enemigos declarados de Motecuhzoma, con quien sostenían guerra permanente; por ello decidió pasar por su territorio. Esperaba ganarlos como aliados. Resolvió enviarles un mensaje anticipándoles su visita, para lo cual se redactó una carta. Aunque era evidente que no la podrían leer, se acordó enviarla porque se pensaba que comprenderían que se trataba de cosa de mensajería. Para llevarla eligió a dos totonacas que por tener aire de personas principales podrían expresar cumplidamente el mensaje del que serían portadores. Marina les explicó con detenimiento el significado de las palabras escritas en el papel y se los hizo repetir hasta estar segura de que lo habían entendido. Y para que no fuesen con las manos vacías, se les entregó para que llevasen como presente un sombrero de Flandes y una ballesta.

Cortés tuvo intención de plantar una cruz, tal como lo había venido haciendo en los lugares por donde pasaban. Con todo, fray Bartolomé de Olmedo lo hizo desistir haciéndole ver que no los sentía preparados y que podrían cometer un desacato con ella. Uno de los caciques, llamado Tenamaxcuícuitl, esto es Piedra Pintada, insistió mucho en invitarlos a conocer su señorío. Y como éste venía de paso para dirigirse a Tlaxcala, Cortés aceptó y al quinto día de reposo se pusieron en camino. Cinco días fue todo el descanso que permitió a sus soldados. Al momento de la partida Marina indicó a Olíntetl que estaba obligado a proporcionar un contingente de guerreros y de mujeres de servicio para que los atendieran. Al igual que antes en Zempoala, Cortés indicó a la mujer que tuviese cuidado de que no le colocasen esclavos en el contingente, pues quería que los hombres fuesen personas de calidad, para que a más de guerreros fungiesen como rehenes. Y con el ejército aumentado se despidieron de Zautla, población a la que nunca retornarían.

La marcha era un paseo. El camino discurría por áreas pobladas. Había casas a todo lo largo del trayecto. A los lados se congregaban hombres, mujeres y niños, aguardando su paso. A la cabeza de la columna marchaba Cortés con Aguilar y Marina a su lado. Junto a ellos iban Tenamaxcuícuitl y numerosos notables. El grupo se movía conversando con animación, pues en cuanto vieron los del lugar que Marina hablaba su lengua no cesaban en hacerle preguntas. Tenían la creencia de que ella lo sabía todo. Muy lejos estaban de imaginar que cinco meses atrás la gran dama con quien alternaban en esos momentos era una esclava doblada sobre el metate, desempeñando las labores más viles. Marina, mujer desenvuelta, disfrutaba de la consideración con que era tenida y mantenía a los notables en su ignorancia, sin aclararles su origen. Una losa de silencio encubría su pasado. De sus acompañantes en la expedición, nadie aparte de ella hablaba náhuatl. Sus antiguas compañeras de servidumbre, dobladas bajo el peso de los metates, caminaban en silencio. Con inmensa seguridad en sí misma, la tabasqueña imponía su fuerte personalidad a caciques y notables, quienes dependían por entero de ella para comunicarse con el jefe de los hombres blancos. Era como si flotara, pues estaba muy consciente de que ocupaba el centro del escenario, en medio de dos mundos: sin ella no habría comunicación posible. Además resultaba gratificante que individuos de alcurnia tuvieran con ella tales deferencias. En el mundo que había quedado atrás todo fueron vilipendios, pero había observado que también las mujeres de clase alta, aquellas que poseían esclavos y esclavas, a su vez se encontraban en un plano de inferioridad frente a sus maridos. El mundo estaba hecho para que los hombres lo gobernasen; pero en esos parajes de la sierra poblana ella era el centro de todo. Las órdenes de Cortés llegaban por boca de ella. Y en cada ocasión en que se agregaban al grupo caciques recién llegados, a una indicación de éste repetía el discurso de costumbre. Por su lado, el padre Olmedo andaba muy atento en que no dejase de lado el mensaje evangélico, y cada vez que venía al caso la hacía repetir el Pater Noster y el Ave María. Quería estar seguro de que los recitara correctamente. Y ante el asombro de quienes presenciaban el progreso de la caravana, llegaron a Ixtacamaxtitlan, el pueblo de Piedra Pintada.[6] Había sido una caminata de corta duración.

En medio de una muchedumbre que ya los aguardaba, entraron al poblado. La noticia de la aparición de esos hombres blancos y barbados, montados en venados gigantes, tan veloces que en un instante alcanzaban al corredor más raudo, era cosa que nadie quería perderse. Tenamaxcuícuitl había enviado instrucciones por anticipado y ya tenían preparada la comida para un número tan nutrido de visitantes; a Cortés, Aguilar, Marina y miembros destacados del ejército les preparó alojamiento en su propia mansión, mientras que al grueso de la fuerza se la distribuyó por las mejores casas de la población. Había muchas flores y árboles de tupido follaje. El aire estaba lleno de los trinos de los pájaros. Ixtacamaxtitlan era un lugar que invitaba al reposo, lo cual resultaba gratificante para el ejército, pues no terminaban de reponerse de las fatigas pasadas. Los caballos, como siempre, llamaban poderosamente la atención. Allí también eran muchos los que les traían maíz para ganarse el derecho de verlos comer. Aguardaron tres días a los emisarios enviados a Tlaxcala. A la esclava le vino bien el descanso para terminar de sanar de las ampollas de los pies.

Los caciques instaban a Marina para que convenciese a Cortés de que el mejor camino para ir a Tenochtitlan era pasando por

Cholula; pero Teuch, el totonaca, sostenía que era mejor por Tlaxcala. Prevaleció la opinión de este último y antes de partir Cortés pidió a Tenamaxcuícuitl que le facilitase un contingente de guerreros, a lo que éste accedió proporcionándole trescientos hombres y algunas mujeres para que preparasen la comida. Cristóbal de Olid, quien era el maestre de campo –el comandante militar–, convocó a los jefes de los tres contingentes (Zempoala, Zautla e Ixtacamaxtitlan) y a través de la esclava comenzó a impartirles instrucciones acerca del orden de marcha y de cómo deberían actuar en caso de ser atacados. La mujer hacía las funciones de jefe de estado mayor; si ella faltara no habría comunicación posible con los aliados. Acompañados por Tenamaxcuícuitl y un grupo de caciques, Cortés y su tropa dejaron atrás la zona poblada, encaminándose por un sendero hasta que de pronto toparon con una muralla que cerraba el paso. Era un muro de piedra de estado y medio de alto (cerca de tres metros) y cerraba por completo el valle. La entrada era estrecha y curvada en forma de ese, de manera que resultaba fácilmente defendible. No obstante, aquella formidable obra se encontraba abandonada, solitaria, en medio de ese paraje. El silencio sólo era roto por el viento que silbaba al colarse por los intersticios de las piedras –colocadas cuidadosamente unas sobre otras, sin ningún tipo de argamasa que las uniese– y por las carreras de las lagartijas al revolver la hojarasca. Largo rato estuvieron contemplando aquella muralla abandonada. Algunos soldados subieron a la parte superior. Se trataba de un parapeto de unos veinte pies de ancho, lo que permitía defenderla con ventaja.[7] Marina, por indicaciones de Cortés, comenzó a preguntar a Tenamaxcuícuitl por su origen y su objetivo. Éste repuso que marcaba el lindero entre su territorio y Tlaxcala, que estaba allí por las guerras frecuentes que sostenían. No obstante, apurado por las preguntas, no supo decir quién la había construido. Los demás caciques tampoco supieron aclarar la situación. La muralla había estado allí desde que tenían memoria. Los soldados que subieron al parapeto dijeron que desde arriba no se divisaba ningún ser humano. Estaba completamente abandonada. Además, resultaba muy fácil de rodear, lo cual agregaba más interrogantes al misterio. Recelando una celada, algunos soldados cruzaron y exploraron los alrededores para regresar confirmando que no habían visto a nadie. Cortés resolvió ya no perder más tiempo en vista de que el día avanzaba y dejando sin aclarar el misterio de la muralla ordenó proseguir la marcha. Se despidió de Piedra Pintada y demás caciques y el ejército comenzó a trasponer la puerta. Iniciaron la marcha a tambor batiente para anunciar su visita.

Tomaron por un camino que serpenteaba a través de unos valles de pinares muy frondosos. En el primer recodo encontraron una serie de hilos de los que colgaban trozos de papel que, a manera de telaraña, atravesaban el camino de lado a lado. A la vista de ello numerosos guerreros quedaron lívidos. La esclava averiguó que era cosa de brujería. Se trataba de un sortilegio de los hechiceros de Motecuhzoma para impedirles el paso. Los españoles sonrieron al enterarse y un soldado avanzó resuelto, rompiendo los hilos con el pecho. Los totonacas contribuyeron a animar a los indecisos haciéndoles ver que esa magia no podía contra los hombres blancos. Habían destruido sus ídolos y no ocurrió nada. Prosiguieron la marcha, pues todavía quedaba mucho por andar. Los ecos del redoble del tambor y las notas del pífano resonaban por los valles. Caminaron en formación hasta las primeras horas de la tarde. Y entonces, al remontar una cuesta, descubrieron que había ocurrido un percance: dos caballos muertos, degollados con un tajo en el cuello. A su lado los jinetes se recuperaban de la caída. Apenas se habían internado en tierras de los que habrían de ser sus amigos y ya habían perdido dos monturas. Sucedió que los jinetes que avanzaban como exploradores avistaron a una treintena de indios, quienes al verlos retrocedieron rápidamente. Y en lugar de aguardar la llegada de Marina para que les explicase quiénes eran y a lo que iban, los jinetes picaron espuelas para alcanzarlos. Los indios, sin intimidarse por la presencia de aquellos extraños seres a los que veían por primera vez, dejaron de correr y plantando cara los recibieron a golpe de macana. Esa actitud tomó por sorpresa a los españoles y allí quedaron los dos caballos, uno de los cuales era el de Olid. Los demás jinetes alancearon a los otomíes, matándolos a todos. Mal comienzo. No tardaron en aparecer escuadrones de guerreros. Parecía que Tlaxcala entera estuviese en armas. Reinaba la confusión. Marina se adelantó para hablar a los de las primeras filas y alzando la voz les decía que venían en son de paz, que buscaban su amistad; pero en medio de la gritería no fue escuchada. Al parecer, la confusión de los tlaxcaltecas se producía porque estaban enterados de que Cortés se dirigía a Tenochtitlan para entrevistarse con Motecuhzoma y veían en las filas de los españoles a los guerreros de Ixtacamaxtitlan que eran enemigos suyos. Se combatió hasta el oscurecer, hora en que los tlaxcaltecas se retiraron sin haber logrado capturar vivo a uno solo de los españoles ni de sus aliados. No tenían por costumbre pelear de noche. Cortés ordenó replegarse a un caserío vecino en lo alto de una loma y allí se hicieron fuertes. En ese momento llegaron dos de los totonacas enviados como emisarios desde Zautla, a quienes acompañaba una delegación de tlaxcaltecas. Marina fue llamada a traducir. No era asunto fácil entenderlos, pues mientras los primeros, presa de gran agitación referían cómo habían conseguido escapar y con ello salvado las vidas, los segundos venían a disculparse diciendo que la muerte de los caballos había sido obra de otomíes, unos bárbaros al servicio de Tlaxcala sobre los que se tenía escaso control. En todo caso venían a manifestar su amistad y ofrecían reparar el daño pagando por los caballos. El mensaje era contradictorio, pues a corta distancia continuaban escuchando gritos de guerra. Era todo tan confuso que Cortés hizo que se repitiera el diálogo, pero nada se aclaró. Unos hablaban de paz y por otro lado le hacían la guerra. Por más que Marina se esforzó, haciendo ver la falta de congruencia entre lo que se decía y lo que se hacía, no logró esclarecer la situación. En cambio, utilizando todas sus dotes de persuasión les hizo ver que los blancos lo único que buscaban era su amistad, e hizo intervenir a los jefes militares totonacas para que refiriesen cómo los liberó del yugo de Motecuhzoma. Los notables tlaxcaltecas la escuchaban impresionados al ver lo mucho que sabía esa mujer. Cómo era posible que los blancos hablasen por boca de ella: ¿una diosa?, ¿adivina?, ¿hechicera?

Los tlaxcaltecas se retiraron a llevar el mensaje. Malintzin recibió el encargo de trasmitir instrucciones a los jefes de los hombres de armas aliados acerca de las disposiciones que deberían observarse para pasar la noche. Aunque se sabía que en el mundo indígena no se acostumbraba el combate nocturno, se extremaron precauciones: aparte de poner centinelas, debían tener escuchas muy cerca del campo contrario para que viniesen corriendo a dar la alarma en caso necesario. En el campo español hubo mucho ajetreo. Unos se aplicaban sobre las heridas el unto sacado del cadáver de un indio gordo y sobre ellas acercaban la hoja de las espadas calentadas al rojo vivo. Y mientras se curaban se discutía con viveza. En un principio la esclava no comprendió de qué se trataba; pero luego, por alguna que otra palabra que ya sabía y por algo que le dijeron Aguilar y el niño, pudo darse cuenta de que había una profunda división de pareceres. Algunos expresaban en voz alta que lo único sensato sería darse la media vuelta y regresar a la costa, pues si ésa era la acogida dispensada por los que esperaban tener por amigos, ya podrían imaginar cómo sería cuando tuviesen que enfrentar los poderes de Motecuhzoma. A corta distancia corría un arroyo de aguas muy frescas, por lo cual con las precauciones debidas pudieron llevar a abrevar a los caballos. Mucho se hablaba de los dos que habían perdido, lo cual redujo su número a catorce. Inevitablemente salía a cuento lo distinto que había sido en Centla, donde los indios huyeron despavoridos a la vista de los jinetes, tomándolos por centauros. Pero ahí había sido distinto: los otomíes habían plantado cara, lo cual era un anticipo de la calidad del enemigo que tendrían que afrontar al día siguiente. Un detalle que sorprendió por lo inesperado fue que la cena llegó andando en cuatro patas. De pronto comenzaron a aparecer esos perritos regordetes que los indios cebaban para comer. Al momento de la huida los llevaron consigo, pero luego en cuanto los soltaron volvieron a sus casas. Los españoles, que ya se habían hecho a la idea de quedarse sin cenar, los asaron. Tocó apenas de a bocado por cabeza.

Tlaxcala

Con las primeras luces del alba, cuando todavía brillaban las estrellas, comenzaron a oírse ruidos del campo contrario. Apagados por la distancia llegaban sonidos de toque de caracolas y gritos de guerra. Los escuchas puestos en avanzada llegaron corriendo para informar de los dispositivos de los tlaxcaltecas. Marina, con toda serenidad, refería paso a paso la situación a Cortés, Olid y demás capitanes. En cuanto el sol se alzó pudieron distinguir un horizonte de siluetas humanas en movimiento. Sería día de batalla. El maestre de campo daba las últimas instrucciones a los de a caballo: deberían actuar en escuadrón, nunca atacar en solitario, y a media rienda, caracoleando los caballos sólo contra los de las primeras filas, amagando con la lanza hacia el rostro, pero sin detenerse a clavarla, más que herirlos se buscaba hacerlos retroceder para que chocasen con las filas siguientes y se crease confusión. Deberían evitar internarse entre las filas enemigas para evitar que algún jinete quedase aislado y le echasen mano. La táctica sería siempre la misma: acometer, retroceder y bajo ningún motivo tratar de explotar el éxito obtenido. La artillería estaba en el centro, con todo a punto. La dirigirían los artilleros Mesa y Usagre, conocedores del oficio. Con ellos se encontraban otros veteranos fogueados en Italia, en la guerra contra los franceses. Los escopeteros tenían provisión suficiente de pólvora y balas, al igual que varios braseros dispuestos para encender las mechas. Los ballesteros muy a punto, con los pasos medidos para conocer el alcance de sus saetas. Los indios aliados casi cuadruplicaban a la fuerza española, y el problema era cómo encuadrarlos pues no hubo tiempo suficiente para familiarizarlos con los redobles de tambor y toques de pífano con los que se dirigía la maniobra. Ellos combatirían a su manera, con macana, aunque para los españoles se presentaba la dificultad de no confundirlos con el enemigo durante el combate, problema que no se presentaba para sus aliados, pues ellos sabían distinguir a los tlaxcaltecas por las horadaciones de las orejas y cortes del rostro.

En un esfuerzo de último momento para evitar la confrontación, Cortés resolvió enviar un mensaje con los prisioneros que habían tomado, siendo la esclava la encargada de explicarles que todo era un malentendido, que los españoles sólo venían a buscar su amistad, y que uniendo fuerzas podrían sacudirse para siempre la amenaza permanente de Motecuhzoma. Una y otra vez hubo de repetirles el mensaje hasta quedar convencida de que lo habían comprendido, y para que viesen lo bien que los españoles los trataban les echaron al cuello collares de cuentas de colores. Y así partieron, ricos. Pero el tiempo transcurría y no se produjo respuesta. El sol se había alzado y podían distinguir con toda claridad a los contingentes tlaxcaltecas que se acercaban en masa, atronando los aires con alaridos, toques de caracolas y silbidos. Los del campo contrario veían a los caballos que realizaban cortas evoluciones, seguidos de los perros que corrían tras ellos ladrando. La vista de esos extraños animales les causaba cierto resquemor y se detenían por momentos, pues la masa no tenía muy claro contra qué clase de enemigo iban a luchar. Los tlaxcaltecas avanzaron poco a poco. Cuando estuvieron a la distancia en que alcanzaban a verse las caras comenzaron a insultar a los de Ixtacamaxtitlan y Zautla, desafiándolos a que se atreviesen a pelear con ellos. Y éstos, que hablaban la misma lengua, les correspondieron con idénticos insultos. Marina, que contemplaba la escena, le informaba a Cortés lo que se decían. Se trataba de un ritual, pues en el mundo indígena antes de entrar en batalla se producía una sesión previa de «calentamiento», en la que ambos bandos intercambiaban injurias. Comenzaban desafiándose para luego subir el tono hasta decirse de todo. En cuanto alcanzaban el paroxismo estaban listos para pelear. La esclava fue instruida por Cortés, quien convencido ya de que la pelea era inevitable, resolvió que se les leyese el *Requerimiento.* El famoso *Requerimiento* era una humorada jurídica, pergeñada para tranquilizar la conciencia de Fernando el Católico, por la cual era preceptivo que antes de entrar en combate con indios se les hiciese saber del derecho que asistía a los reyes de España, a quienes el Papa les había hecho cesión de las tierras en el Nuevo Mundo, bajo condición de cristianizarlas. El texto del documento era largo y el escribano lo iba leyendo mientras Aguilar traducía. Marina tenía dificultad para comprender los conceptos, por lo que hubo de repetírselos varias veces. Cuando se estimó que los había entendido, Canillas, el tambor, comenzó a redoblar mientras Bejel, el del pífano, lo acompañaba con sus toques para llamar la atención de los indios. Corral sacudía la bandera señalando que se acercasen, que tenían algo que decirles, los indios comprendieron y un grupo reducido se adelantó unos pasos, y cuando estuvieron lo suficientemente cerca para poder oírse, se hizo el silencio y el escribano se adelantó y dio lectura al documento que tenía entre las manos. Detrás de él, resguardada por rodeleros, Malintzin iba diciendo lo que debía. Entre otras cosas les hizo saber que el Papa era el dueño del mundo y que estaban obligados a obedecerlo. También les hizo saber que eran indios, designación que ellos desconocían. Los tlaxcaltecas la escucharon desconcertados al ver que les hablaba en su idioma. Por lo demás, no entendieron mucho de lo que les decía. Cumplido su cometido, la esclava y sus acompañantes se reintegraron a sus filas y los tlaxcaltecas regresaron a su campo. Allí fueron interrogados para que explicasen lo que se les había dicho. Los movimientos de sus manos dejaron claro que no entendieron y que si algo comprendieron, el mensaje fue rechazado. La gritería se reanudó. El escribano expidió a Cortés la constancia de que habían sido «requeridos». Por tanto, si persistían en su actitud belicosa y había muertes la responsabilidad sería exclusivamente suya.[1]

Los tlaxcaltecas avanzaron paso a paso y después, cuando iniciaban la carrera, Marina escuchó un estampido seco. Un rayo partió del campo español, atronando los aires, y al punto los indios se detuvieron para retroceder unos pasos. Un hombre yacía en el suelo, con el pecho destrozado, sin que acertaran a comprender qué le había ocasionado la muerte. Estaba visto que los españoles dominaban el rayo. Mientras los tlaxcaltecas no salían de su estupor, los artilleros recargaban la pieza. Pasó un largo rato y volvieron a acercarse a la carrera en medio de una gran gritería. Esa vez no fue un rayo solo sino media docena de fogonazos que atronaron los aires al unísono, frenándolos. Retrocedieron desconcertados y a la vista quedaron los cuerpos de los caídos. Nadie se explicaba cómo podían matar a distancia. Retiraron a sus muertos y enseguida volvieron a la carga para ser recibidos por los fuegos de las piezas de artillería, a los que se unieron los de los escopeteros, quienes con las armas apoyadas en las horquillas, en cuanto el enemigo estuvo a su alcance a una voz de mando acercaron las mechas produciéndose la descarga. Y como los tlaxcaltecas venían en filas compactas las balas no fallaban, pues si no acertaban a herir a quienes apuntaban daban a otros. En el suelo quedaron los muertos y muchos heridos que luego se incorporaban, viendo manar sangre de unas heridas cuya causa desconocían. Hubo confusión en el campo. Deliberaron los jefes y tomaron el acuerdo de lanzarse a fondo, dado que no eran muchos los que caían. Atacaron. En ese momento se desataron todas las furias del infierno. Nunca habían visto cosa igual. Rayos y centellas con ruido atronador llenaron el campo. La caballería entró en acción. Los jinetes acometieron en escuadrón, amagando a la cara con la lanza según lo ordenado, con lo cual se rompieron las filas y empezaron a chocar unos con otros. El mastín de Alonso de Lugo, ladrando y dando dentelladas a los fugitivos, contribuía a aumentar el caos.

Varias veces los tlaxcaltecas volvieron al ataque, hasta que finalmente consiguieron llegar a las filas, trabándose en combate con los indios aliados de Cortés. Allí todo se resolvía a golpe de macana en encuentros individuales, mientras los españoles seguían con la táctica acostumbrada. Como Cortés, montado a caballo, se había unido al escuadrón de jinetes, los servicios de Marina no se precisaban por lo que fue puesta a cubierto en la retaguardia. Con un flujo y reflujo la lucha se mantuvo durante el día; los españoles relativamente bien librados, procuraban mantener a distancia a los atacantes. Las piezas de artillería tomaban tiempo en cargarse, por lo que había intervalos prolongados entre disparo y disparo. Sin embargo, los ballesteros no cesaban de disparar sus saetas, que tenían mayor alcance que las flechas disparadas con arco. A la caída de la tarde el ataque comenzó a perder ímpetu y al aflojar los tlaxcaltecas los jinetes volvieron a una nueva cometida, poniéndolos en fuga. Cuando comenzó a oscurecer el repliegue fue general. Los tlaxcaltecas abandonaron el campo sin que pudiera saberse cuántas bajas tuvieron, pues recogieron a sus muertos. En el campo español, por un rápido conteo, pudo verse que no faltaba ningún hombre. Los tlaxcaltecas no habían tenido suerte en su intento por apresar a alguno para llevárselo vivo, como era costumbre en las guerras entre indios. Tampoco murió español alguno y no hubo herido grave. Con todo, en las filas de los aliados sí hubo muertos y heridos graves cuyo número no se pudo contabilizar. Al parecer, se llevaron vivo a más de uno.

En una pausa en los combates la esclava se aproximó a los artilleros Mesa y Usagre y pudo ver cómo cargaban un cañón. Le explicaron que primero se ponía la pólvora, que luego se apretaba con el escobillón y acto continuo se introducía la bala; y que después sólo restaba aproximar la mecha para que se produjese el disparo. La mujer quedó pensativa: ya conocía el secreto del trueno, mismo que no debía revelar.

Los españoles se hicieron fuertes en unos templos que había cerca. Allí se dispusieron a pasar la noche. Los prisioneros tlaxcaltecas fueron llevados ante Marina, quien los interrogó. Por ellos se supo que el capitán que comandó la acción se llamaba Xicoténcatl y que los otros jefes, por diferencias con él, no se emplearon a fondo, terminando por retirarse para permanecer como espectadores. La esclava razonaba con ellos haciéndoles ver la futilidad de oponerse a los españoles y reiterándoles que habían sido unos necios en enfrentarlos, ya que éstos sólo buscaban su amistad. Cuando tímidamente le preguntaban si eran hombres o dioses, ella en lenguaje críptico les respondía que eran los señores del trueno y el rayo. Fueron puestos en libertad para que llevasen el mensaje. Los días siguientes sólo ocurrieron escaramuzas, tiempo aprovechado por los españoles e indios aliados para realizar correrías por los alrededores para procurarse algo de comer. En los maizales había mazorcas tiernas.

Las disensiones en el campo tlaxcalteca eran patentes, pero Xicoténcatl no cejaba. Incapaz de asumir su impotencia volvió a la carga. Sabía que los caballos eran mortales y exhortaba a los suyos a no temerles y plantarles cara como habían hecho los otomíes el primer día. En cuanto el sol se alzó, Marina y Aguilar, quienes se encontraban junto a Cortés desde la altura de un templete donde éste tenía el puesto de mando, pudieron contemplar la llanura entera llena de hombres que avanzaban. Los guerreros eran fáciles de identificar por sus penachos. En el aire flameaban los estandartes. Entre ellos destacaba la grulla blanca, el emblema de Tizatlán. A través del interrogatorio de los prisioneros la esclava había conseguido averiguar que Tlaxcala estaba dividida en cuatro cabeceras gobernadas cada una por un señor diferente. Tizatlán era una de ellas y su cacique era Xicoténcatl, quien por ser ya anciano y ciego derivaba el mando en un hijo suyo con el mismo nombre. En esa ocasión se divisaba también el pendón de Chichimecatecutli, el otro adalid de Tlaxcala, en malos términos con el joven Xicoténcatl, pero que ese día unían fuerzas. Cortés estaba al tanto de la situación y sabía que dentro del señorío había fisuras. Por las indagaciones de la esclava estaba enterado de que los gobernantes se encontraban divididos: unos inclinados a continuar la lucha y otros a entenderse con los españoles, a quienes se tenía por invencibles. El combate que se avecinaba se preveía muy reñido, dado el número tan grande de oponentes que aparecía en el campo. La mujer pudo observar que fray Bartolomé de Olmedo y el padre Juan Díaz estuvieron muy activos escuchando confesiones y dando absoluciones. Por las conversaciones con fray Bartolomé, quien procuraba catequizarla en toda forma para que explicase debidamente la doctrina sin incurrir en alguna herejía, ella sabía que los que morían confesados iban al cielo. Allá fueron a dar los ahorcados en la Villa Rica, pues murieron confesados. Además, sabía que confesarse con fray Bartolomé o con el padre Juan Díaz era lo mismo, ya que las confesiones valían igual. Sin embargo, lo que no le quedaba claro era cómo a este último pudieron cargarlo de cadenas, siendo que tenía poder para abrir las puertas del Paraíso.[2]

La jornada se presentaba aciaga. Y al estar recibiendo órdenes los jefes de los contingentes indígenas, Teuch expresó con desaliento que ése sería el último día de su vida. La esclava, al escucharlo, le reprochó esa actitud derrotista indigna de un guerrero, que además podía contagiar a sus hombres. El totonaca recapacitó y avergonzado aseguró que combatiría como el mejor. Los soldados españoles que presenciaron la escena quedaron admirados del temple de la mujer, quien con toda serenidad trasmitía las órdenes según se le había indicado. A todos exhortaba a batirse valerosamente. Años más tarde, el joven soldado Bernal Díaz del Castillo al redactar su manuscrito evocaría esa escena; la recordaba valerosa ante el peligro, siempre serena y animosa: «Rara condición en mujer», escribiría.[3]

Comenzó la batalla. Los tlaxcaltecas atacaron y de nuevo la lluvia de rayos y truenos sembró el terror en sus filas. Algunos muy valerosos se rehacían, tenían presente la proeza de los otomíes quienes habían sido muy varones al demostrar que era posible matar a los caballos. Por eso trataban de emularlos. Así, en uno de los incidentes de los combates una yegua tropezó y vino a tierra malherida, precipitándose sobre ella un grupo de guerreros. La remataron de un tajo en el cuello y trataron de llevarse al jinete que se encontraba aturdido por las numerosas heridas. Ya lo alzaban en vilo, cuando sus compañeros al advertir lo ocurrido cargaron lanzándose en su socorro. Alancearon a unos y dispersaron a otros, logrando recuperar al herido. Luego cortaron la cincha para recuperar la silla lo mismo que la brida. La yegua quedó sobre el terreno, se trataba de la madre del potrillo perdido. El lesionado que más tarde fallecería de las heridas era Morón, un consumado caballista que la montaba ese día porque en un encuentro anterior su propietario Núñez Sedeño había quedado lastimado. Al ver su yegua muerta éste se lamentaba y la esclava que presenciaba la escena reflexionaba que debería sentirse afortunado, pues de haberla montado ese día el muerto sería él (más tarde los españoles se enterarían de que la yegua fue cortada en cuartos para ser mostrada en varios poblados y sus herraduras ofrecidas a Camaxtle, el dios de Tlaxcala).

Xicoténcatl se encontraba confundido. No tenía claro si combatía contra dioses o contra hombres. Para aclarar esa situación envió al campo español una numerosa comitiva portadora de un obsequio consistente en cuatro mujeres, unas docenas de guajolotes y canastas de tamales.[4] Los portadores fueron llevados ante Cortés. El que hacía cabeza del grupo dio su mensaje diciendo que ese presente lo enviaba Xicoténcatl, que si eran dioses fieros, tal cual aseguraban los de Zempoala, allí estaban esas mujeres para que las sacrificasen según su manera y comiesen su carne; que si ellos no lo habían hecho era por desconocer cuál sería su forma de sacrificar; y que en caso de ser hombres comiesen las aves y tamales. Cortés respondió por boca de Marina haciéndoles ver que ya les había mandado decir que venía en son de paz, que todo lo que quería era su amistad, que eran hombres pero tenían a Dios de su parte, que él los protegía y su religión prohibía los sacrificios y comer carne de humanos. Malintzin dijo a las cuatro mujeres que eran libres y que podían permanecer en el campo español, con lo cual les volvió el alma al cuerpo.

Se produjo un cese de hostilidades momentáneo. Ese día no se combatió y los españoles e indios aliados comieron las provisiones que les enviaron, cosa que pronto llegó a oídos de Xicoténcatl, quien así pudo salir de dudas y estar seguro de que eran hombres y no dioses a quienes enfrentaba. Mientras tanto, al amparo de la tregua, aquello era un permanente ir y venir de hombres que visitaban el campamento y luego de entregar la comida se asomaban a las chozas para contar cuántos se alojaban en cada una. A Teuch, el totonaca, como hombre experimentado en cosas de guerra, le pareció sospechosa esa actitud y así lo dijo a Malintzin, a quien por otro lado dos viejos le confiaron que Xicoténcatl estaba reuniendo un gran ejército para atacar. Juntos fueron ante Cortés para informarle lo que ocurría, por lo que éste ordenó detener a dos de los sospechosos, quienes acosados por las preguntas de ella incurrieron en contradicciones y no tardaron en confesar que continuaban trayendo comida para que los españoles se confiasen, que en las visitas que realizaban al campamento procuraban enterarse de cómo estaban organizados con miras al ataque planeado. Fueron llevados aparte y a continuación se detuvo a otros a quienes la esclava apuró con sus preguntas, diciéndoles que sus compañeros ya habían confesado señalándolos a ellos como espías. De este modo se llegó a la detención de cuarenta sospechosos. Por ellos se supo que el ataque estaba dispuesto para esa noche. Marina escuchó que Cortés ordenaba algo a sus hombres que no alcanzó a comprender. Luego vio horrorizada cómo les cortaban las manos a todos. Ése era el mensaje que enviaba a Xicoténcatl.[5]

Sucedió que los hechiceros vaticinaron que los españoles eran invencibles durante el día, pero que al oscurecer perdían las fuerzas. Con esa creencia Xicoténcatl reunió todos los hombres que tuvo disponibles y lanzó un ataque nocturno. Pero Cortés se hallaba prevenido. En cuanto los españoles los sintieron llegar los jinetes se lanzaron sobre ellos. Como el terreno era llano y era noche de luna, pronto dispersaron a los atacantes, haciéndolos huir en desorden. El intento fracasó por completo y, según escribe Bernal, él oyó decir que por andar dando augurios erróneos, dos de los hechiceros fueron sacrificados.[6]

Se produjo después una situación confusa: Xicoténcatl no se daba por vencido y proseguía con sus arrestos bélicos, pero por otra parte cada día era mayor la afluencia de personas que se presentaban trayendo como regalo cosas para comer. Según pudo enterarse Marina, todo obedecía a que los caciques de Tlaxcala habían deliberado y querían la paz, lo que habían hecho saber a Xicoténcatl, pero éste no compartía sus deseos. En ese estado de indefinición los tlaxcaltecas habían cesado sus ataques y Cortés había pasado a la ofensiva, incursionando en los poblados vecinos con los hombres de a caballo y los indios aliados. En su ausencia Malintzin quedaba en el campamento en compañía de una pequeña guardia que velaba por su seguridad. Eran días en que apenas veía a Cortés y sus servicios de traducción no eran requeridos. Pero no se encontraba ociosa; hasta ella llegaba cada vez más gente que quería conocerla. Existía confusión acerca de cuál era el papel que desempeñaba, pues no se sabía bien a bien si compartía el mando con el Capitán, si estaba a las órdenes de él o era ella quien mandaba. Una cosa tenían clara: que todo tenía que tratarse a través suyo. Pero, ¿quién era ella?, ¿de dónde provenía una mujer tan inteligente? Eso si era mujer y no una diosa, pues en cuanto a su verdadero ser persistía la confusión. Por su parte, en esos días Malintzin escuchaba a los que venían a verla y le contaban cosas. Era mucho lo que tendría para comunicarle al Capitán cuando éste tuviese tiempo para conversar con ella. En Tlaxcala no se sabía quién mandaba, pues mientras los caciques se inclinaban abiertamente por aceptar como amigo a Cortés, Xicoténcatl no daba su brazo a torcer. En ese estado de cosas frente al campamento español se habían levantado unos cobertizos techados de palma donde numerosas mujeres, enviadas por los señores partidarios de mantener un canal abierto para el diálogo, no cesaban de hacer tortillas y servir de comer a los españoles. Junto a ellas se movía una muchedumbre llegada de los poblados de los alrededores que venía a curiosear.

Marina escuchó una mañana, a eso de las diez, que Xicoténcatl acompañado por hasta cincuenta hombres, entre capitanes y notables, se acercaba para parlamentar. En cuanto Cortés recibió la nueva se preparó para recibirlo, disponiendo en la plataforma superior del templete una silla que le serviría de asiento, mientras que ella debería permanecer de pie a su lado, junto con Aguilar y algunos de sus capitanes y jefes de los indios aliados. En cuanto Xicoténcatl y los suyos llegaron frente a ellos, saludaron poniendo la mano en tierra y llevándosela luego a los labios para besarla, de acuerdo con la costumbre indígena. Según se pudo apreciar se trataba de un individuo alto, ancho de espaldas y bien hecho, de cara alargada y marcada por algunas cicatrices.[7] Cortés se limitó a responder con una inclinación de cabeza, permaneciendo sentado. Apenas comenzó a hablar el tlaxcalteca para justificarse Marina lo cortó tajante, reprochándole haberlo combatido, siendo el caso de que el Capitán sólo había venido buscando su amistad para establecer una alianza contra Motecuhzoma; por tanto, él era el único responsable por las muertes ocurridas. Quiso replicar Xicoténcatl pero la esclava lo atajó de nueva cuenta, dejándolo con la palabra en la boca. Él era el único culpable. Como disculpa adujo éste que los había confundido ver que en su compañía venían guerreros de poblaciones sujetas a Motecuhzoma, su mortal enemigo. Luego, como viera que no tenía caso insistir, hubo de tragarse su orgullo y limitarse a pedir a Cortés que visitase Tlaxcala.

A continuación llegaron emisarios de Motecuhzoma. La comitiva era numerosa y fue recibida por Cortés en el mismo templete donde antes había hecho lo mismo con Xicoténcatl. A su lado la esclava permanecía de pie, ataviada con sus mejores galas. Los altaneros mexicas quedaron desconcertados al tener que dar su mensaje a una mujer, que por muy alta que fuera no perdía su calidad de mujer. El lenguaje empleado por los embajadores resultaba desusado para ella. Ese hablar cortesano de vasallaje, tributos, pactos, era algo fuera del vocabulario manejado por una esclava encargada de menesteres domésticos. Con todo, día tras día iba aprendiendo mucho. Cada vez sabía más cosas, pero le tomaba tiempo asimilar para luego traducir lo que en ese momento le decían. Por ello disimulaba, guardaba silencio, lo que motivaba que los embajadores se sintiesen en una postura de inferioridad. El mensaje que traían era que su señor Motecuhzoma aceptaba pagar todos los años al Emperador el tributo que se le fijase en oro, plata, piedras preciosas, esclavos y cosas de algodón, pero a condición de que renunciara a viajar a Tenochtitlan.[8] La respuesta de Cortés fue tajante: no podía dejar de lado ese viaje porque así se lo había ordenado el Emperador; además, tenía cosas muy importantes que comunicarle que concernían a la salvación del alma. La esclava, lentamente, dejaba caer las palabras: «Habrá visita». Los embajadores, angustiados por no poder dar esa respuesta a su señor, temerosos de no haber sido bien interpretados, le pedían que repitiese el mensaje a Cortés. Ella guardaba silencio un momento para luego reiterar tajante: «Habrá visita». No poder franquear ese muro desconcertaba aún más a los enviados, quienes sacaban la impresión de que Marina se encontraba asociada a Cortés y que ella también tomaba decisiones. Por su parte, Cortés –dándose cuenta de que Motecuhzoma estaba derrotado de antemano– la dejaba hacer, consciente de que tenía en ella una eficaz colaboradora. Aunque no entendía el idioma, por las expresiones de los embajadores comprendía cómo eran dominados por esa mujer.

Los días pasaban. Marina todo lo veía desde el templete en que estaba instalado el puesto de mando. Ya no se combatía, pero se registraba mucha actividad. A menudo se recibían visitas de indios que tenían algo que decir y ella era llamada para extraer la máxima información posible. Todo lo que dijeran era importante. Se encontraba ya familiarizada con los escribanos Diego de Godoy y Pedro Hernández, quienes en unos papeles trazaban rasgos consignando lo que ella les decía: caminos, montañas, ríos, poblaciones, gente que las habitaba. Desde la plataforma superior gozaba en los días claros de la vista de dos montañas muy altas, coronadas de nieve, que ya había averiguado que se llamaban Popocatépetl e Iztaccíhuatl. En primer plano, dominando la llanura donde se habían escenificado los combates de los días pasados, se alzaba la montaña Matlalcueye (no podía imaginar que un día esta elevación se llamaría La Malinche en recuerdo suyo). Observó que entre los soldados se discutía. Según alcanzó a comprender se trataba de un grupo que apremiaba al Capitán para que regresasen por donde habían venido aprovechando el cese de hostilidades. La respuesta de Cortés fue que si así lo hicieran «hasta las piedras se volverían en contra suya». Los que tal cosa pedían eran hombres valerosos, pero según pudo apreciar la mujer, el Capitán era todavía más valeroso. El hombre más valeroso que había conocido.

Al día siguiente entrarían en Tlaxcala y eso los llenaba de expectación. Por su parte, la esclava les anticipaba que el nombre de la población derivaba de *tlaxcalli*, esos panes que comían y que tanto les gustaban. *Tlaxcalli*, les repetía; pero ellos insistían en llamarlos tortillas. A los españoles les causaba extrañeza que una ciudad pudiese llevar el nombre de una cosa de comer, pero según pudo averiguar Malintzin ello se debía a que era tierra en que abundaban las tortillas.

Muy de mañana comenzó el movimiento en el campo español. Con toda anticipación Marina estuvo lista, vistiendo sus mejores galas. Ya sabía que se trataba de una población muy grande donde había muchas cosas que ver. Eso ocurría el 23 de septiembre de 1519. Para ella la fecha carecía de sentido, pues desconocía el calendario de los españoles, aunque algo intuyó al darse cuenta de que los escribanos a la caída de la tarde consignaban en sus papeles los sucesos del día, quedando anotada la fecha. Antes, allá en Tabasco, todos los días eran iguales, desde tener que levantarse antes de la salida del sol para tirar el agua de la olla en que desde la víspera había puesto el maíz en remojo con un poco de cal, para comenzar a molerlo en el metate. El tambor comenzó a redoblar, convocando a todos a formación. El maestre de campo y los capitanes impartieron las órdenes sobre la manera en que deberían marchar: aunque se dirigían a una ciudad a la que habían sido invitados, al hacerlo se extremarían las precauciones para estar a salvo de cualquier sobresalto. Ella fue llamada para comunicar a los jefes de los contingentes de indios amigos el sitio que deberían ocupar en la columna y cómo actuar en caso de un ataque sorpresivo, encomendándoles mucho que no se apartaran de las órdenes recibidas. A lo largo de esos días, Canillas, el tambor, les había tocado los distintos redobles con que se acompañaba la marcha o se daba la alarma ante la inminencia de un ataque. Benito de Bejel les mostraba con la trompeta los toques con que se impartían esas mismas órdenes. Se realizaron algunas academias de toques para instruirlos, pero era altamente dudoso que hubiesen asimilado la instrucción en tan breve espacio de tiempo.

Desde hora temprana la columna comenzó a formarse. Los de a caballo, que encabezarían la marcha, en los días previos se habían dedicado a bruñir los petos y capacetes que ahora relucían como si fuesen de plata. Los perros, que ya intuían alguna novedad, llenaban los aires con sus ladridos. Cortés montó a caballo al frente de la columna y cuando volvió la cara para buscar a Marina encontró que ésta ya estaba a su lado. Junto a él estaban el padre Olmedo, Corral el abanderado y los que tocaban el tambor y el pífano, además de algunos notables tlaxcaltecas que les indicarían el camino. Llegó un jinete a galope corto para comunicar que los capitanes habían pasado lista y no faltaba nadie. A una señal dada por Cortés con el brazo, señalando hacia adelante, el tambor comenzó a redoblar y el pífano a sonar. Corral agitó la bandera y la columna se puso en movimiento. La fuerza española, jinetes y hombres de a pie, encabezaba la marcha; atrás venía el contingente de los aliados, los tamemes y esclavos negros que tiraban de la artillería y portaban el fardaje. Cerraban la marcha las mujeres de servicio. En realidad los guías estaban de sobra, pues a todo lo largo del trayecto había una muchedumbre de hombres, mujeres y niños aguardándolos, los que con mucha anticipación se habían situado a ambos lados del camino para no perderse el espectáculo. En un primer momento a los españoles les pasó inadvertida la admiración con que los espectadores contemplaban el paso de los cañones montados sobre ruedas. Ruedas de esa magnitud y con ese uso constituían una novedad extraordinaria. Nunca se había visto algo semejante. Era notorio el desahogo con que los portadores los arrastraban. Se podía transportar objetos pesados con un esfuerzo mínimo.

A la llegada a Tizatlán, por donde hicieron la entrada, estaban ya aguardándolos los caciques de las cuatro cabeceras que componían el señorío (Tizatlán, Ocotelulco, Tepetícpac y Quiahuiztlan), junto con una serie de notables y gran muchedumbre del pueblo bajo. Los españoles fueron acomodándose en cuadro en el espacio abierto, siempre vigilantes, los jinetes empuñando la lanza y los escopeteros y artilleros con las mechas encendidas y las piezas cargadas apuntadas hacia la multitud. Todo a punto, en el caso de una agresión la respuesta sería instantánea. Pero los caciques estaban por la paz. Frente a la casa palaciega de Xicoténcatl, en una especie de plazoleta, se encontraban Maxixcatzin, Citlalpopocatzin, Tlehuexolotzin y Xicoténcatl el joven. Tizatlán era la cabecera gobernada por Xicoténcatl padre, quien por haber enceguecido no había descendido los escalones, y aguardaba en el dintel de la puerta. El tambor continuó su redoble mientras los españoles iban formándose al frente y a los lados de la explanada, con los capitanes atentos a que no hubiese arqueros en las azoteas o gente armada en los alrededores. Una vez que tuvieron la seguridad de que no se preparaba una celada, Cortés desmontó, entregando el caballo a un mozo de espuelas. Los caciques se acercaron uno a uno para saludar a su manera, poniendo la mano derecha en el suelo para luego llevársela a los labios y besarla. Las presentaciones corrieron a cargo de la esclava, quien se situó a su lado.

El mensaje de bienvenida de los caciques era siempre el mismo. Para traducirlo, a Marina le bastaban las pocas palabras del mínimo vocabulario castellano que ya manejaba: «Que seáis bienvenidos», decía, sin necesidad de que Aguilar interviniese. Eso le imprimía agilidad al diálogo y además se prestaba a que los caciques tuviesen la impresión de que ella se comunicaba directamente con el Capitán Chalchíhuitl, primer apelativo con el que se dirigieron a Cortés, por ser el nombre de la piedra preciosa más valorada por ellos. Alvarado, por lo rubicundo, fue llamado Tonátiuh: el sol. El parlamento se extendía, pues los caciques al par que le daban la bienvenida exponían la consabida disculpa de que los había confundido el hecho de que con ellos venían guerreros de Ixtacamaxtitlan y Zautla, sujetos a los poderes de Motecuhzoma, su implacable enemigo. Saludaron todos los notables y a continuación Cortés se encaminó hacia donde se encontraba el viejo Xicoténcatl, quien demandó a la esclava que le describiese cómo eran los españoles, y para redondear el conocimiento pidió palpar el rostro de Cortés. Accedió éste y el viejo cacique fue reconociéndolo con las manos. La barba le llamó sobremanera la atención y tras palpársela una y otra vez le preguntó a Marina cómo era posible que la tuviera tan larga y espesa.

Afuera, en la plazoleta se hallaba congregada una multitud. Como ocurría por dondequiera que pasaban, los caballos constituían la gran novedad; aunque los perros también eran motivo de atracción y el uso de la rueda no dejaba de ser objeto de asombro. También los negros llamaban la atención; a éstos los nombraban *teocacatzacti* –divinos sucios– y preguntaban a Marina si eran hombres o dioses, y por qué eran de ese color.[9] Ella, que igualmente lo ignoraba, se limitaba a decir que eran distintos.

La esclava trasmitió las disculpas de los caciques por haberlos confundido con amigos de Motecuhzoma, y superado el malentendido expresaron que eran bienvenidos y que disfrutasen de la hospitalidad de Tlaxcala. Ella fue agasajada e incluso pusieron a su servicio a unas doncellas para que la atendiesen como correspondía a la gran señora que era. Con todo, para ella no había espacio para el ocio y los disfrutes, pues su lugar estaba junto al Capitán quien a cada momento requería de sus servicios.[10] Quería saberlo todo, y no cesaba de interrogar a caciques y notables. Supo así que la enemistad que sostenían con los mexicas venía de tres generaciones atrás, y que a pesar de que éstos tenían rodeado su territorio, ellos mantenían su independencia a toda costa, aunque eso les significara una serie de sacrificios y privaciones, como eran la dificultad para abastecerse de sal, de la cual carecían, y el tener que vestir con tejidos rústicos hechos de fibras de maguey y henequén, ya que el algodón no se cultivaba en su territorio. Pero todas esas privaciones las daban por buenas con tal de no estar bajo el dominio de Motecuhzoma. Vivían con las armas en la mano y ya en varias ocasiones habían rechazado las incursiones de los mexicas, que dejaron el campo cubierto de cadáveres y cautivos que fueron sacrificados ante Camaxtle. Se daba el caso de que Camaxtle, el dios de Tlaxcala, venía a ser la contraparte de Huitzilopochtli, el reverenciado en Tenochtitlan, y tenía la misma sed de sangre que sólo con sacrificios humanos se podía aplacar. El padre Olmedo, horrorizado por lo que escuchaba decir acerca de que sacaban entero el pellejo de los sacrificados para que otro lo vistiese, y que comían su carne, no desaprovechaba oportunidad para urgir a Marina con el fin de que les transmitiese aquello que él le había enseñado. Y ella repetía lo que tenía aprendido. La idea de que Dios era el autor de todo lo creado fue una revelación recibida con la máxima atención, lo mismo el que existieran un cielo y un infierno. En cuanto a que Camaxtle y sus demás dioses fuesen ídolos falsos que los tenían engañados, se trató de algo que no los tomó tan de sorpresa, pues los totonacas esparcían la novedad de que por donde quiera que pasaban esos visitantes derribaban a los ídolos y no ocurría nada.[11] Estaba visto que ese dios del que se les hablaba era más poderoso. Lo que no acertaban a comprender es si estaba vivo o muerto. Algunos pensaban en Quetzalcóatl, y preguntaban si no sería la misma cosa. Pero la mujer era enfática y con voz que rebosaba autoridad, más que instarlos, los urgía a destruirlos cuanto antes. Y por lo sorpresivo de la demanda los oyentes se encontraban en un estado de estupor. No sabían que sus dioses los tuvieran engañados; pero tampoco podían pasar por alto que los visitantes eran dueños del rayo y el trueno y que parecían invencibles. Además, esa señora que les hablaba sabía muchas cosas. Al sentirlos confundidos y pensativos Marina captaba el efecto que hacían sus palabras y endurecía su discurso. El ego de la antigua esclava vilipendiada se sentía potenciado; su ascenso en la escala social había sido vertiginoso. Todo se lo debía a su nuevo amo. Cortés la dejaba seguir adelante. Y como el discurso lo tenía bien aprendido, hablaba sin interrupción, por lo cual los caciques no alcanzaban a detectar que las instrucciones le llegaban por intermedio de Aguilar, quedando bajo la impresión de que era una gran cacica. Mientras se miraban unos a otros, sin saber qué decidir, Malintzin los urgía a pronunciarse cuanto antes. No podían ser amigos de los cristianos si seguían adorando ídolos. Por último, vacilantes, pidieron tiempo para reflexionar. Lo que se les demandaba era demasiado importante como para que lo decidiesen bruscamente. Estaban decididos a conversarlo entre ellos.

Cortés era todo actividad y Marina no disponía de un momento libre. No podía despegarse de su lado. Una de las primeras visitas que realizó fue al mercado, para ver cómo funcionaba, pues era el corazón de la vida económica de la ciudad. Para ella fue una novedad estupenda, pues nunca había visto nada parecido. Allí se podía comprar de todo y había una gran variedad de cosas de las que ella ni siquiera tenía noticia. Pero no se podía detener mirando ya que tenía que estar atenta a responder lo que se le preguntase. Recorrieron la población hasta conocerla toda. En un momento dado alcanzó a oír que el Capitán la comparaba con Granada, una ciudad que estaba en España. Con los notables el trato se volvía una sesión de preguntas y respuestas. Quería explicaciones de todo lo visto y solicitaba informes acerca de los señoríos vecinos, de Motecuhzoma y los territorios sujetos a su mandato. Los interpelados daban los informes y ella los hacía llegar a Cortés mientras los escribanos los anotaban. Todo interesaba, se quería trazar el mapa político de la manera más completa posible. Inesperadamente, para demostrar el valor de su nación, los caciques dieron a conocer que Tlaxcala en una época estuvo habitada por gigantes, pero que ya no existían porque sus antepasados los habían matado a todos. Para demostrar que era cierto lo que afirmaban, trajeron unos huesos que causaron el asombro de los españoles. Bernal Díaz del Castillo se midió con un fémur y vio que era de su misma estatura. Una historia extraña ésa de los gigantes. Marina nunca había escuchado cosa semejante, pero ahí estaban esos huesos. Cortés ordenó que se tomaran algunos de ellos como muestra para enviar a España.[12] [El francés Georges Cuvier (1769-1832) desarrolló una clasificación de los animales basada en la anatomía comparada, dando nacimiento a la paleontología. En 1842, el médico inglés sir Richard Owen, condiscípulo de Darwin, acuñó la palabra dinosaurio de las voces griegas *deinos* (terrible) y *sauros* (lagarto) que apareció en el informe que ese año dirigió a la British Association for the Advancement of Science.]

Al no existir en la lengua náhuatl el fonema que se representa con la letra erre, los caciques encontraron impronunciable el nombre de Cortés, de allí que para dirigirse a él hicieran un rodeo llamándolo el Capitán que acompaña a la señora Malintzin, vocablo que al ser escuchado por Bernal Díaz del Castillo, le sonó como «Malinche». Estamos aquí frente a una promoción social inmensa en la condición de Marina, quien de esclava pasa a tener un protagonismo muy importante ante los ojos de los indios, pues Cortés se convierte en su acompañante (su consorte, diríase). Un encumbramiento inmenso en un lapso de tiempo muy breve. Además, el hecho de que se le llame Malinche suena un poco raro, lo cual nos lleva a preguntarnos cuál fue realmente el nombre de esa mujer. A lo largo de la historia disponemos de varios: Marina, doña Marina, Malintzin, Malinalli, Tenépal, Malintzin Tenépal, La Malinche. Pero, ¿cuál es el verdadero?

La pregunta no resulta ociosa y vale la pena hacer un pequeño paréntesis para analizar la cuestión. Cortés, el hombre que estuvo más próximo a ella, a lo largo de la correspondencia dirigida al emperador, en las distintas ocasiones en que la menciona lo hace llamándola «la lengua » o «la india que me obsequiaron en Potonchan», y no será sino hasta la *Quinta relación*, escrita el 5 de septiembre de 1526, o sea, cuando habían transcurrido siete años y meses desde el día en que ella comenzara a servir como traductora, cuando la mencione por nombre: «Marina, la que yo siempre conmigo he traído».[13] Y ésa será la primera y única vez que lo haga. Es más, si por él fuera nunca nos habríamos enterado de que fue la madre de su hijo, don Martín. En ningún otro papel la menciona, así es que ya podemos ir anticipando que no estamos frente a la historia de un gran amor. A primera vista ese modo de proceder resulta extraño, pero tratándose de Cortés no debe sorprendernos. Tenemos el caso de fray Bartolomé de Olmedo, una de las contadísimas personas a quienes escuchaba, y que desempeñó un papel relevante cuando la expedición de Narváez, así como en otras ocasiones. Pues bien, a este hombre que vino a ser el iniciador de la conquista espiritual de México nunca lo menciona por su nombre, siempre es «el clérigo» o «el padre de la Merced». Sorprendente, sí; pero de ese modo era Cortés.

Escuchemos ahora a Andrés de Tapia, quien fue el primero en advertir que ella era bilingüe:

> «El marqués [Cortés] había repartido algunas de las veinte indias que dijimos que le dieron, entre ciertos caballeros, é dos de ellas estaban en la compañía do estaba el que esto escribe; é pasando ciertos indios, una dellas les habló, por manera que sabía dos lenguas, y nuestro español intérprete la entendió».

Ni siquiera la designa por nombre, ¡y vaya que la conoció muy bien! Es la india intérprete. No debe perderse de vista que eso lo escribía entre 1529 y 1551, y que no parece valorarla mucho. Otro que también la conoció muy bien fue Bernardino Vázquez de Tapia, quien de ella sólo dice lo siguiente:

«En fin, los vencimos y vivieron en paz y trajeron presentes y dieron la obediencia a Su Majestad; y en ciertas indias, que dieron de presente, dieron una que sabía la lengua de la Nueva España y la de la tierra de Yucatán, adonde había estado Jerónimo de Aguilar, el español que dije; y después que se entendieron, fueron los intérpretes para todo lo que se hizo.»

Tampoco parece apreciar demasiado su actuación. La deja en el anonimato. Si alguien estuvo especialmente próximo a ella después de Cortés, ése fue Jerónimo de Aguilar. ¿Y qué es lo que nos dice? En las dos únicas ocasiones en que se refiere a ella lo hace llamándola «Marina la lengua». Y Francisco de Aguilar, antiguo soldado que se metió a fraile dominico, quien la conoció bien, lo cuenta así: «que se llamó Marina, a la cual después pusieron Malinche».[14]

En cuanto a Bernal Díaz del Castillo, que la trató ampliamente y a quien podemos considerar como su biógrafo principal, esto es lo que dice:

«llamaban a Cortés Malinche; y así le nombraré de aquí adelante Malinche en todas las pláticas que tuviéramos con cualesquier indios, así desta provincia como de la ciudad de México, y no le nombraré Cortés sino en parte que convenga; y la causa de haberle puesto aqueste nombre es que, como doña Marina, nuestra lengua, estaba siempre en su compañía, especialmente cuando venían embajadores o pláticas de caciques, y ella lo declaraba en lengua mexicana, por esta causa le llamaban a Cortés el Capitán de Marina, y para ser más breve, le llamaron Malinche [...]. He querido traer esto a la memoria, aunque no había para qué, porque se entienda el nombre de Cortés de aquí adelante, que se dice Malinche».[15]

Observamos que al referirse a ella antepone siempre el tratamiento respetuoso de *doña*, el cual no tuvo ninguno de los conquistadores. Cortés incluso, a pesar de ser hidalgo por los cuatro costados, no lo tenía. Y algo que se detecta en Bernal es que parece desconocer el nombre que tuvo antes de bautizada, ya que nunca lo menciona. Es importante observar que Díaz del Castillo no es el único en señalar que los indios llamaban Malinche a Cortés. Tenemos el caso del cronista Gonzalo Fernández de Oviedo, quien aunque no puso los pies en México y a Cortés sólo lo trató por correspondencia, en cambio, desde su estratégico puesto de observación de Santo Domingo, donde residía, tuvo oportunidad de hablar largamente con numerosos conquistadores cuando éstos hacían escala en la isla. Este cronista refiere el caso de unos españoles que años después del viaje de Cortés a Las Hibueras, al preguntar a los indios por el camino a Acala, éstos respondieron «que los pondrían en el camino de Malinche. (Este nombre Malinche llamaban aquellos indios a Cortés, e decíanle así por respecto a una india que traía un tiempo consigo, que era lengua e se decía Marina)».[16] Sabemos que la primera vez que alguien la llame Malintzin ocurre en época muy temprana, en un texto escrito en 1528, siete años después de la Conquista, en momentos en que ella todavía estaba con vida (su deceso debió ocurrir hacia la segunda parte de ese año). El texto en cuestión es conocido como el *Anónimo de Tlatelolco*, por estar escrito en lengua náhuatl por un indígena de Tlatelolco que fue testigo de los hechos que relata.[17]

Don Lucas Alamán formula la propuesta siguiente: que el nombre de Malintzin es una corrupción del de Marina, dado que al no tener la lengua mexicana el fonema erre se utilizó en su lugar la ele, y de ahí que el nombre de Marina se transformara en Malina, al que agregada la terminación reverencial *tzin* resultó Malintzin. La hipótesis es plausible, aunque no sea de aceptación general. [En el náhuatl faltan igualmente los fonemas correspondientes a las consonantes *b*, *d*, *f*, *g*, y *s*.]

Cortés fue sometido a juicio de residencia, y en los interrogatorios de una veintena de soldados que la conocieron al referirse a ella lo hacen llamándola Marina o la india intérprete. Ninguno la llama Malinche. La primera vez que escuchamos este nombre referido a ella, en fuentes españolas, es en labios del oidor Alonso de Zorita, quien escribe:

«allá estaba el Capitán Malinche porque así llamaban a Cortés por la esclava que le habían dado en Yucatán que se llamaba Malinche y que como era intérprete teníanla en mucho y por ella llamaban a Cortés el Capitán Malinche como si dijesen de Marina porque así pusieron nombre a esta india».[18]

El oidor Zorita fue un juez de la Audiencia que residió en México diez años, en el periodo que va de 1556 a 1566; y aunque no llegó a conocerla, su testimonio es importante, pues trató a muchos conquistadores y a los hijos de Cortés, y dejó testimonio escrito sobre la época que le tocó vivir. Su libro es anterior al de fray Francisco de Aguilar, pues este último –que se hallaba impedido de escribir por la artritis tan severa que padeció– lo dictó a instancias de sus hermanos de hábito poco antes de morir, lo cual ocurrió en 1571, a los noventa y dos años de edad. Para entonces Malintzin llevaba más de cuarenta años de muerta. Queda establecido, pues, que hasta ese momento ella se llamó Marina para los españoles, habiendo sido tal el nombre que se le impuso en el bautizo, y que sería después de muerta cuando comenzaron a llamarla Malinche.

Fray Bartolomé de las Casas, quien estuvo en México en dos ocasiones y fue obispo de Chiapas, escribe: «hállase una india (que después se llamó Marina y los indios la llamaban Malinche).»[19] Fray Diego Durán, quien debió escribir su libro entre 1560 y 1580, la llama siempre Marina. Fernando Alvarado Tezozómoc, quien escribe en náhuatl y concluye su libro en 1598, la llama igualmente Marina. A finales del siglo XVI vemos que Diego Muñoz Camargo, hijo de conquistador y mujer noble tlaxcalteca, la llama Marina o Malintzin, lo cual viene a poner de manifiesto que en la última década del siglo XVI aún no se generalizaba el apelativo de Malinche. Por otra parte tenemos que el franciscano fray Juan de Torquemada, autor muy bien documentado, apunta que los indios llamaban Malinche a Cortés, mientras que al referirse a ella lo hacen indistintamente como Marina o Malintzin, pero nunca como Malinche; y esto lo dice hacia 1612, año en que debió de haber concluido su libro.[20] Otra hipótesis es la de que su nombre derivaba de Malinalli, nombre del duodécimo día del calendario mexica, que se utilizaba como nombre de persona, el cual al suprimir la sílaba final quedaría en Malinal, el que al recibir el agregado reverencial *tzin* quedaría convertido en Malinaltzin. Se trata sólo de una hipótesis.[21] Un autor indígena que escribió mucho en náhuatl fue Domingo Chimalpain, quien la llama Malintzin Tenépatl e incluso pone en labios de ella largos parlamentos al trasmitir los mandatos de Cortés. Con todo, existen dos reparos que oponer a este cronista: que en primer término es muy tardío, pues está escribiendo entrado ya el siglo XVII; y que, en segundo, no son convincentes las fuentes de donde deriva su información. Chimalpain nos resulta un personaje oscuro de quien sólo sabemos a través de sus escritos que era persona culta, muy probablemente educado en el colegio de la Santa Cruz de Tlatelolco, y que fungió como encargado de la custodia del templo de San Antonio Abad. A pesar de lo mucho que escribió no aporta más datos sobre sí mismo.[22]

Y damos un salto para situarnos al final del siglo XVIII y escuchar a Clavijero, quien apunta: «había una joven noble, bella, y de buen entendimiento nombrada Tenépal, natural de Painalla, pueblo de la provincia de Coatzacualco».[23] No es una fuente original, por lo que no puede tomarse como definitivo el dato de que Tenépal fuese su nombre náhuatl, pero como a todo lo largo de su libro (concluido en 1770) la llama siempre doña Marina, esto nos sirve para saber que cuando escribía aún no se había generalizado el apelativo de La Malinche. Luego de esta larga disertación, es posible llegar a dos conclusiones: la primera consiste en admitir que no es posible conocer cuál fue el nombre original de esa mujer. Como se ha visto, el de Malina o Malintzin deriva del que le fue impuesto en el bautizo; y la segunda, que originalmente el nombre de Malinche aparece referido más a Cortés que a ella. Y para rematar sobre este punto observamos que Bernal, su máximo biógrafo, a todo lo largo de su escrito nunca se refiere a ella como Malinche; que en cambio emplea este apelativo siempre que reproduce parlamentos de indios cuando se dirigen a Cortés. Un párrafo que resulta ilustrativo es el siguiente, cuando éste anda por el Golfo de Honduras y manda llamar a los caciques:

> «Y como tuvieron nueva de que era el Capitán Malinche, que así le llamaban, y sabían que había conquistado a México, luego

vinieron a su llamado y le trajeron presentes de bastimento. Y después que se hubieron juntado los caciques de cuatro pueblos más principales, Cortés les habló con doña Marina».[24]

El párrafo se explica por sí solo: Cortés es Malinche; ella es doña Marina. Una dualidad casi divina para la mente indígena.

En Tlaxcala la esclava recibió el encargo de negociar una alianza. Los caciques estaban predispuestos, pues en los españoles tendrían un aliado formidable frente a Motecuhzoma, máxime que ya éstos habían demostrado en el campo de batalla que eran invencibles. Pero el precio a pagar era alto: deberían renunciar a sus dioses y abrazar la religión cristiana. Por eso se rehusaron en un primer momento, pero a lo largo de las casi cuatro semanas que permanecieron los visitantes en la ciudad, las dotes de persuasión de Malintzin terminaron por surtir efecto. Además, su fe se encontraba ya vacilante ante todo lo que oían decir acerca de que esos extranjeros por dondequiera que pasaban derrocaban ídolos y no ocurría nada: su dios era más poderoso.[25] Y por otro lado estaba el mensaje ultraterreno que constituía una novedad, porque en el mundo indígena no aparecía claramente diferenciada la noción de bien y mal. Existía la creencia en un inframundo, pero el destino de las almas de los muertos aparecía más ligado a la forma de morir que a la conducta que hubiesen observado en vida. Así, por ejemplo, los guerreros acompañarían al sol en su curso y a las mujeres muertas de parto les aguardaría un destino glorioso. De este modo, el novedoso mensaje de la vida ultraterrena no caería en oídos sordos.[26]

Una vez pactada la alianza, los caciques opinaron que la mejor manera de consolidarla sería estableciendo vínculos de sangre. Al efecto presentaron a Cortés un grupo de doncellas, hijas suyas y de otros principales. Éste opuso el reparo de que para aceptarlas deberían bautizarse primero, pues a los cristianos no les era lícito tener relaciones con mujeres idólatras. A Marina le correspondió fungir como catequista durante varios días, en los momentos que Cortés la dejaba libre. El padre Olmedo supervisaba los progresos que hacían las catecúmenas, pues antes de bendecirlas con el agua quería cerciorarse de que al menos tuvieran una idea de lo que era el bautizo. Las jóvenes asediaban a Marina con todo género de preguntas acerca de cómo eran los españoles, pues se les veía como seres muy diferentes. Entre ellas figuraba una hija de Maxixcatzin, joven bella, a quien se dio el nombre de doña Elvira y que Cortés adjudicó a Juan Velázquez de León. A Pedro de Alvarado le correspondió una hija de Xicoténcatl, a quien se bautizó como doña Luisa, con la cual tendría dos hijos: don Diego y doña Leonor; esta última casaría con un primo del duque de Alburquerque. La conversión de los caciques parecía un hecho inevitable. Mientras se preparaba se tomaron los primeros pasos para remover al dios Camaxtle de su sitio y raspar las costras de sangre de su templo para plantar en él la cruz. No hubo demasiados lloros en el pueblo por Camaxtle. Estaba desprestigiado por su derrota en el campo de batalla.

Sucedió por aquellos días que un tlaxcalteca robó oro a un español, por lo que Cortés presentó la queja a los caciques. Éstos realizaron su pesquisa averiguando que el culpable había huido a Cholula. Fue traído y presentado ante el capitán español, para que lo castigase, pero rehusó hacerlo, diciendo que ellos deberían juzgarlo. Fue condenado a muerte y conducido a la plaza del mercado. En el trayecto un pregonero iba proclamando en voz alta la causa por la que había sido sentenciado. Malintzin iba traduciendo sus palabras a Cortés y a sus capitanes que se habían acercado para presenciar cómo funcionaba la justicia tlaxcalteca. El culpable fue subido a un tablado y allí, frente a todo el pueblo, el ejecutor se le acercó por la espalda y de un mazazo le destrozó el cráneo.[27]

Siguió el día en que tuvo lugar el bautizo de los caciques. Los padrinos, además de Cortés, fueron Pedro de Alvarado, Andrés de Tapia, Gonzalo de Sandoval y Cristóbal de Olid.[28] El bautizo del pueblo en masa quedó fijado para más tarde, cuando llegasen los misioneros que habrían de enseñarles la nueva religión. Marina se paseaba oronda entre la gente del pueblo llano que se encontraba desconcertada ante la nueva situación: Camaxtle había sido removido de su sitio y en su lugar tenían una cruz, pero no alcanzaban a comprender su significado; por eso esperaban que ella les prestase ayuda para comprender lo sucedido. Su respuesta fue que acatasen lo que el Capitán ordenaba: se habían terminado los sacrificios humanos, con lo cual tendrían propicio al nuevo dios, que era el verdadero, y para mostrarle devoción deberían tener la cruz muy adornada con flores. A un grupo de niños se les hacía repetir a coro el Ave María y el Pater Noster para que los memorizasen. Por el momento era todo lo que se podía hacer. Cholula envió embajadores a quienes ella interrogó, causándole extrañeza verlos vacilantes y sin respuestas para las preguntas que les hacía. No tardó demasiado en percatarse de que se trataba de individuos sin preparación, a quienes se quería hacer pasar como tales vistiéndolos con mantas finas y luciendo joyas costosas. Los tlaxcaltecas corroboraron el hecho, haciendo ver que se trataba de una burla. Cortés instruyó a la esclava para que les hablase con firmeza conminándolos a que enviasen embajadores de nivel adecuado, pues el encargo que traía de tan alto príncipe no podía confiarlo a individuos de tan baja extracción. El notario Diego de Godoy redactó un mandamiento que Marina les fue traduciendo, por el que se les daba a conocer quién era el emperador y los beneficios tan grandes que obtendrían al someterse a su vasallaje, conminándolos para que sin demora enviasen a personas de calidad. Les hizo repetir los términos de la carta, y cuando tuvo la certeza de que la habían memorizado, se las entregó urgiéndolos a que no se demorasen, porque de lo contrario «serían castigados conforme a justicia».[29] La respuesta no se hizo esperar, pues al día siguiente compareció un grupo de señores de Cholula aduciendo que si no habían venido antes era por no sentirse seguros a causa de la enemistad que tenían con los tlaxcaltecas. Fueron reprendidos por Cortés, pero como la amonestación les llegó por boca de Marina hubieron de agachar la cabeza y tragarse la humillación de que fuera una mujer quien lo hiciera.

Los cholultecas pedían que no se diese crédito a lo que afirmaban los de Tlaxcala, por tratarse de calumnias. La esclava les hizo ver que el Capitán les daba la oportunidad de demostrar que obraban de buena fe y tiempo tendrían de probarlo durante el desplazamiento que haría a su ciudad. Manifestaron su disposición a someterse como vasallos del rey de España, por lo que el escribano redactó la escritura correspondiente, misma que ella les explicó con todo detenimiento, a la par que les dio a conocer las penas en que incurrían quienes no hacían honor a su palabra. Una vez que manifestaron su conformidad se retiraron para prepararles el recibimiento. Y como estaba ya pactada la alianza con Tlaxcala, la partida quedó dispuesta para el día siguiente. Marina, un poco en el papel de hermana mayor y de madre, prohijó a doña Elvira, doña Ana y demás hijas de los caciques que partirían con el ejército y se encontraban desorientadas sin saber qué hacer. Como hijas de principales habían tenido una vida cómoda, por ello buscaban su amparo. Además, ella les podía dar consejos útiles para saber cómo tratar a los españoles. Estas jóvenes, lo mismo que otros notables y guerreros tlaxcaltecas que se habían integrado al ejército, cumplían la misión de auxiliares y hacían las veces de rehenes.

La marcha se inició muy de mañana, pues la jornada sería larga. Marina tomó su lugar a la cabeza de la columna, junto a Cortés y algunos notables que los acompañaban. Los jinetes mantenían los caballos al paso, ritmo de marcha que para ella no requería de gran esfuerzo como mujer hecha a la vida dura de la esclavitud. Atrás, en la rezaga, la progresión se hacía más dificultosa y la columna se iba espaciando, pues la mayoría de las mujeres no podían ir más de prisa ya que iban dobladas bajo el peso de ollas, metates y bastimentos. Caminaban por terreno llano y a cada paso encontraban pequeños poblados donde los habitantes se situaban a los lados del camino para verlos pasar. Se encontraban próximos a Cholula, pero como ya era muy avanzada la tarde y no quería entrar en la ciudad ya oscurecido, Cortés resolvió acampar junto a un arroyo. Pasaron la noche sin sobresaltos y al día siguiente, mediada la mañana, desde lejos comenzaron a distinguir las siluetas de numerosos templos. Sobresalía uno muy alto: era la pirámide dedicada al dios Quetzalcóatl.

A la entrada de la ciudad fueron recibidos por una comitiva de notables en la que figuraban algunos sacerdotes que los sahumaron como a dioses. De lo alto de los templos llegaba el sonido acompasado de los teponaxtles, acompañado de los silbidos de caracolas y toques de flautas que llenaban los aires. Ellos eran bienvenidos, pero no así el contingente de guerreros tlaxcaltecas que marchaba a los flancos de la columna. La esclava explicó a Cortés que aquellos hombres se oponían a permitirles la entrada pues temían que saqueasen la ciudad. Éste comprendió sus razones e hizo que el grueso de la fuerza se volviese, aunque retuvo un contingente cercano a los cinco mil hombres.

Matanza de Cholula

Estando en Cholula ocurrió que una mujer, atraída por la personalidad de Malintzin, concibió el proyecto de casarla con un hijo suyo. Al efecto comenzó a acercarse a ella y en cuanto sintió que estaban en confianza la urgió a que se refugiase en su casa para salvar la vida por la matanza que se avecinaba. Aquello interesó a la esclava, quien con la sagacidad que la distinguía comenzó a obtener toda la información posible, enterándose así de que la celada estaba programada para el día siguiente, que en las inmediaciones se encontraba una considerable fuerza de guerreros mexicas que se unirían a los de Cholula para el ataque. Ya las mujeres y niños comenzaban a abandonar la ciudad. Así, pretextando que debía recoger sus pertenencias, Marina dejó sola a la mujer y fue a prevenir a Cortés, quien ya tenía motivos para recelar, pues no lo visitaban señores principales y la comida era apenas lo justo. No tardaron los totonacas y tlaxcaltecas en informarle que había calles tapiadas y que en algunas se habían cavado grandes agujeros, disimulados con ramas, a manera de trampas para que cayesen los caballos y mancasen con los picos clavados en el fondo. Además, según se supo, esa mañana habían sacrificado unos niños para asegurarse la victoria. Cortés hizo detener a varios principales y los interrogó uno a uno a través de la esclava, quien los presionaba en el interrogatorio diciéndoles que otros ya los habían delatado. De este modo, al sentirse descubiertos, decían «éste es como nuestros dioses que todo lo saben; no hay por qué negarle cosa». Cuando Cortés conoció los pormenores de la celada resolvió adelantarse para ganarles la mano.

A la señal, dada por un disparo de escopeta, comenzó la matanza. Ésta tomó desprevenidos a los pobladores de la ciudad, quienes además se vieron sin jefes que los dirigieran ya que éstos se encontraban detenidos. La masacre se alargó durante cinco horas y, según datos del propio Cortés, participaron en ella junto a los españoles cinco mil tlaxcaltecas y cuatrocientos totonacas. La guarnición mexica que se encontraba en las inmediaciones no acudió al auxilio de los de Cholula. Los muertos llegaron a tres mil. La sangre estaba por todas partes. Aquella noche, mientras trataba de conciliar el sueño, es probable que la esclava reviviera los horrores de la masacre, aunque seguramente satisfecha de sí misma: había salvado su vida y la de los suyos, pues ¿quiénes, si no los de Cortés, eran los suyos?

Luego de la matanza Marina interrogó a los señores que se mantenía presos, preguntándoles por las razones que tuvieron para haber urdido esa celada. Ellos respondieron excusándose diciendo que todo había sido planeado por los agentes mexicas. La esclava les hizo saber que ya no tenían nada que temer y que el Capitán ordenaba que volviesen a la ciudad las mujeres y los niños, los que al día siguiente estuvieron de regreso. A continuación Cortés pasó a la habitación donde estaban confinados los embajadores mexica. Allí, a través de Malintzin les encargó hacer saber a Motecuhzoma que los cholulteca afirmaban que la celada se había urdido por instigación suya, lo cual le parecía una acción indigna de tan gran señor, quien por un lado los enviaba a ellos como embajadores y por otra intentaba matarlos por mano ajena, para que si algo fallaba quedara él libre de culpa. El mensaje trasmitido por la mujer fue enfático: pensaba buscarlo como amigo, pero visto lo ocurrido entraría en sus dominios en son de guerra. Los embajadores dijeron ser ajenos a ello y pidieron un plazo para aclarar esa situación y no perder la amistad. Partió uno de ellos, quien estuvo de regreso a los seis días con otros enviados trayendo consigo unos platos de oro, mantas finas y provisión abundante de guajolotes, maíz y cacao. En los sucesos conectados con la celada que se preparaba en Cholula Cortés concedió a Marina el crédito de haber sido quien descubrió la trama, y lo previno:

> «la lengua que yo tengo, que es una india de esta tierra, que hube en Potonchán, que es el río grande que ya en la primera relación a vuestra majestad hice memoria, le dijo otra natural de esta ciudad cómo muy cerca de allí estaba mucha gente

de Mutezuma junta, y que los de la ciudad tenían fuera sus mujeres e hijos y toda su ropa, y que había de dar sobre nosotros para nos matar a todos, y si ella se quería salvar que se fuese con ella, que ella la guarecería».

Años más tarde, su nieto Fernando Cortés, en la probanza de méritos y servicios de su abuela aducirá que ella con esa acción salvó la vida del ejército español e indios aliados.[1]

A la vista de Cholula estaban los volcanes. En primer termino el Iztaccíhuatl y en segundo, semioculto por éste, el Popocatépetl. Marina vio partir a un grupo de españoles que encabezados por Diego de Ordaz iban a averiguar su secreto. Al verlos de lejos algunos decían que les recordaba la Sierra Nevada, vista desde Granada. Pasados unos días, cuando estuvieron de regreso, alcanzó a escuchar cómo informaban al Capitán sobre lo que habían visto. Por lo que Malintzin pudo entender, arriba existía un agujero enorme que descendía a lo profundo donde había llamas y arrojaba al aire cosas ardientes; aunque por fuera, en lo alto del cono, había nieve y hielo. Para demostrar que habían llegado a la cumbre, Diego de Ordaz mostró a Cortés unos trozos de hielo que trajeron envueltos en una tela con mucha sal. Ella preguntó a Orteguilla qué era eso, a lo que éste le dijo que era agua dura.[2] Marina quedó pensativa. Aquello le parecía más bien una piedra transparente, lo que le hizo suponer que había comprendido mal. Cortés quería averiguar cuál era la ruta más conveniente para ir a Tenochtitlan, por lo que preguntó a los participantes en el ascenso. Ellos describieron el camino que habían seguido, complementando la información con los datos que obtuvieron de los indios. La mejor ruta parecía ser la que pasaba entre los volcanes. Desde la cima del Popocatépetl alcanzaron a divisar Tenochtitlan, situada en medio de la laguna, al igual que las ciudades ribereñas. Mientras los hombres estaban enfrascados en la conversación Marina se aproximó al lugar donde habían dejado el envoltorio, lo abrió con cuidado pero el hielo ya no estaba. Había desaparecido y los trapos estaban mojados.

La esclava acompañó a Cortés y a un grupo de soldados en el ascenso a la plataforma superior de la pirámide. Desde lo alto, paseando la vista alrededor, pudieron contemplar numerosas pirámides. Las había por docenas, pues Cholula era una ciudad santa a la cual afluían peregrinos de muchos lugares para adorar al dios Quetzalcóatl. Cortés, impresionado por lo que vio, escribiría al emperador: «certifico a vuestra alteza que yo conté desde una mezquita cuatrocientos treinta y tantas torres en la dicha ciudad y todas son de mezquitas». La cuenta está notoriamente exagerada, pero servirá para explicar más tarde el alto número de iglesias en Cholula, ya que se edificó una sobre cada pirámide y adoratorio, lo que daría pie a la leyenda de que había una para cada día del año. Nunca hubo tantas.

Una cosa que se echa de menos es que el conquistador no dedique una sola palabra a Quetzalcóatl. Por lo visto no lo impresionó; aunque en Cortés ello no es de extrañar, pues en sus escritos no menciona por nombre a ninguno de los antiguos dioses. Para él no eran sino demonios que los traían muy engañados y a los que había que borrar de la faz de la tierra sin que quedase memoria de ellos. En cuanto a Bernal, quien sí se preocupaba por recoger sus nombres y describirlos esto es lo que dice:

> «Tenía aquella ciudad en aquel tiempo tantas torres muy altas, que eran cúes y adoratorios donde estaban sus ídolos, especial el *cu* mayor, era de más altor que el de México, puesto que era muy suntuoso y alto el *cu* mexicano, y tenía otros patios para servicio de los cúes. Según entendimos, había allí un ídolo muy grande, el nombre de él no me acuerdo; mas entre ellos se tenía gran devoción y venían a sacrificarle y a tener como a manera de novenas, y le presentaban de las haciendas que tenían».[3]

Es una pena que no lo describa y que ni siquiera recuerde el nombre. Está visto que tampoco lo impresionó.

Otro a quien tampoco parece haberle causado mella es a Francisco de Aguilar, quien al respecto escribió: «En medio de aquella ciudad estaba hecho un edificio de adobes, todos puestos a mano, que parecían una gran sierra, y arriba dicen que había una torre o casa de sacrificios, la cual entonces estaba deshecha». Ése «dicen que estaba» indica que no se tomó la molestia de subir y que cita lo que escuchó decir a sus compañeros. Resulta interesante observar eso de que la caseta se encontraba deshecha, pues parece sugerir que el culto estaba extinto o en vías de estarlo.[4] Andrés de Tapia, otro que llevó registro escrito de los hechos, evocando recuerdos dice:

«en esta ciudad tienen por principal dios a un hombre que existió en tiempos pasados, y le llamaban Quezalquate, que según se dice fundó éste aquella ciudad y les mandaba que no matasen hombres, sino que al creador del sol y del cielo le hiciesen casas en donde le ofreciesen codornices y otras cosas de caza, y no se hiciesen mal unos a otros ni se quisiesen mal, y dizque que éste traía una vestidura blanca como túnica de fraile y encima una manta cubierta con cruces coloradas por ella.»[5]

Ya tiene nombre el ídolo: se llama Quetzalcóatl. Ahora bien, si fundimos ambas versiones y las leemos con todo cuidado, veremos que Aguilar nos habla de que la caseta de la plataforma superior se encontraba ya destruida (como si estuviera fuera de uso, diríamos) y Tapia con ese «dizque» traía una vestidura blanca parece estar hablando de oídas, dando a entender que cuando subió ya no la portaba o que, incluso, no llegó a verlo porque ya no estaba. En cuanto a la descripción de que fue un hombre, no concuerda con la efigie en que se le representa con figura humana y pico de pájaro. Por el lado de esos dos soldados que estuvieron presentes en la pirámide de Cholula ya no avanzamos más. Lo único que queda claro es que pese a la etimología de su nombre, todavía no se le asocia con la serpiente emplumada ni se le hace pasar por dios del viento.

A continuación viene Gómara, y esto es lo que dice:

«El pueblo de mayor religión de aquellas comarcas es Cholula y el santuario de los indios, donde todos iban en romería y a devociones, y por eso tenía tantos templos. El principal era el mejor y más alto de la Nueva España, donde subían a la capilla por ciento veinte gradas. El ídolo mayor de sus dioses lo llamaban Quetzalcóuatlh, dios del aire, que fue el fundador de la ciudad; virgen, como ellos dicen, y de grandísima penitencia; instituidor del ayuno, del sacar sangre de la lengua y orejas, y de que no sacrificasen más que codornices, palomas y cosas de caza. Nunca se vistió más que una ropa de algodón blanca, estrecha y larga, y encima una manta de cruces encarnadas».[6]

Éste es un relato aparecido en 1552; o sea, a los veintiún años de la Conquista. Proviene de la pluma de un autor que nunca puso los pies en México y que entre los varios informantes que tuvo al único que identifica por nombre es a Andrés de Tapia. Y con respecto a su informante advertimos que la descripción ha avanzado un poco al hacerlo dios del viento. En cambio, todavía no se le vincula con la serpiente emplumada y tampoco habla de la profecía en el sentido de que sería él quien un día retornaría. Eso vendrá más tarde. Llama también la atención que la lectura de Gómara no le haya servido a Bernal para recordar el nombre de Quetzalcóatl.[7]

Viene a continuación Motolinia, y esto es lo que cuenta: «A esta Cholula tenían por gran santuario como otra Roma, en la que había muchos templos del demonio; dijéronme que había más de trescientos y tantos. Yo la vi entera y muy torreada y llena de templos del demonio, pero no los conté».[8] Páginas más adelante dice:

«Había en todos los más de estos grandes patios otro templo, que después de levantada aquella cepa cuadrada, hecho su altar, cubríanlo con una pared redonda, alta y cubierta con su chapitel; éste era el dios del aire, del cual dijimos tener su principal silla en Chollollan, y en toda esta provincia había muchos de éstos. A este dios del aire llamaban en su lengua Quetzalcóatl, y decían que era hijo de aquel dios de la grande estatua y natural de Tollan, y que de allí había salido a edificar ciertas provincias adonde desapareció y siempre esperaban que había de volver; y cuando aparecieron los navíos del marqués del Valle don Hernando Cortés, que esta Nueva España conquistó, viéndolos venir a la vela de lejos, decían que ya venía su dios; y por las velas blancas y altas decían que traía por la mar teocallis; más cuando después desembarcaron decían que no era su dios sino que eran muchos dioses».[9]

Aquí ya aparece estructurada la profecía, aunque todavía no se le relaciona con la serpiente emplumada, a pesar de que tal es el significado de Quetzalcóatl.

Pasamos a fray Bernardino de Sahagún, quien consignó lo que le dijeron sus informantes, alumnos del Colegio de la Santa Cruz, quienes así describieron su aspecto:

«Quetzalcóatl fue estimado y tenido por dios y lo adoraban de tiempo antiguo en Tulla, y tenía un *cu* muy alto con muchas gradas, y muy angostas que no cabía un pie; y estaba siempre echada su estatua y cubierta de mantas, y la cara que tenía era muy fea, la cabeza larga y barbudo».[10]

Su aspecto nada tiene que ver con una serpiente emplumada.

Pero, volviendo a la estancia de Cortés en Cholula, hubo una reunión de señores cholultecas y tlaxcaltecas a quienes se buscaba reconciliar. La presidía Cortés y la esclava se sentó junto a él. Un escaño más atrás, entre ambos, se encontraba Aguilar. La cuestión no era fácil, pues se trataba de rencillas ancestrales por causas diversas. El asunto de la tierra era uno de los principales por carecer de fronteras bien definidas. También estaba de por medio la alianza de unos con Motecuhzoma, de quien los otros eran enemigos. Además, rendían culto a distintos dioses. No obstante, Camaxtle y Quetzalcóatl habían dejado de existir; Marina no cesaba de repetirles que en lo sucesivo pasaban a ser vasallos del rey de España y que éste no consentía que sus súbditos sacrificasen seres humanos. La fe era tema central. A los cholultecas, que tan seguros se sentían de la protección de Quetzalcóatl, les hizo ver que éste resultó impotente para defenderlos, tal como anteriormente ocurrió en Tlaxcala con Camaxtle. En lo sucesivo deberían rendir culto al único dios verdadero, el de los cristianos. Una y otra vez repetía el discurso, acallando las voces de los reticentes al decirles que, como en lo sucesivo serían cristianos y estarían bajo la protección de un solo rey –el de España–, debían ser amigos. Frente a Motecuhzoma no tenían nada que temer, pues allí estaba

Cortés, quien se encargaría de protegerlos. Llegó el momento en que los caciques se vieron carentes de argumentos y el escribano redactó un acta que les fue traducida. En ella se testimoniaba la defunción de sus antiguos dioses y quedaba asentada la voluntad de ambas naciones de pasar a ser súbditos del rey de España, a quien debían pagar tributo y bajo cuya protección quedaban. Los caciques observaron cómo era subida por las escalinatas de la pirámide una gran cruz de madera que fue colocada en la plataforma superior. Era tan grande que podía verse desde muy lejos.

Llegaron embajadores de Motecuhzoma, que no parecieron muy contentos al saber que el Capitán no cejaba en su propósito de acercarse a Tenochtitlan y que, además, para hacerlo tenía elegida la ruta que pasaba por Huejotzingo, un señorío que, al igual que Tlaxcala, vivía en pie de guerra, defendiéndose de los embates de los mexicas. Los embajadores aconsejaron otra ruta, pero Marina les hizo saber que ya era una decisión adoptada y que el Capitán nunca se volvía atrás.

Al día siguiente se pusieron en marcha y en horas de la tarde cruzaban por pueblos en territorio de Huejotzingo, aunque no se detuvieron en la población que era la cabecera. La entrada fue en medio de gran regocijo, pues con ellos venían los tlaxcaltecas, quienes ya habían adelantado el propósito que los llevaba a Tenochtitlan. Volaba por la tierra la noticia de que venían emisarios de un monarca lejano a quien todas las naciones debían obediencia. Marina, que marchaba a paso ligero junto al caballo de Cortés, atraía igualmente las miradas. Ya se tenía noticia de que con ellos venía una gran señora a través de la cual hablaban. Los de Huejotzingo saludaron y dieron la bienvenida cordial, pues los enemigos de su enemigo eran sus amigos. La india intérprete no hubo de esforzarse mucho para trasmitir el mensaje, pues los huejotzincas de antemano se encontraban favorablemente predispuestos para escuchar todo lo que les dijesen y cooperar en lo que estuviese a su alcance. Los atendieron lo mejor que pudieron y les obsequiaron algunas esclavas.

La partida estaba prevista para el día siguiente. Hasta donde Marina alcanzó a comprender, para sorpresa suya la ruta a seguir sería entre las dos montañas nevadas que tenían enfrente. ¡Por fin, la oportunidad de conocer la nieve! A muchos soldados les hacía ilusión volver a parajes nevados, pues llevaban muchos años sudando los calores del trópico. Ella no conocía otra cosa sino sudar todo el año, salvo cuando soplaba el norte y refrescaba. Eso era allá, en su lejano Tabasco que había quedado muy lejos, con una distancia de por medio que ella no tenía manera de evaluar. Y además, poco añoraba la vida que había dejado atrás. La esclavitud era una mala cosa. Ella, por su parte, desconocía si seguía siendo esclava; aunque cualquier cosa que fuese, su vida había experimentado un giro extraordinario. Hasta por diosa la tomaban. Por eso esperaba con emoción experimentar nuevas sensaciones y se preguntaba cómo sería el frío, si igual al que sintieron cuando vagaban en el páramo, cerca de la sierra de San Martín. «Más, mucho más», le decían algunos soldados con los que alcanzaba a comunicarse con las pocas palabras que había aprendido. Éstos le hablaban de que en Ávila, en invierno, al levantarse por la mañana, para lavarse la cara tenían que romper la capa de hielo que se había formado en la palangana. Unas matronas de la localidad facilitaron a Marina capas de pieles de marta y conejo que tenían el pelo hacia adentro para dar más calor. Sus antiguas compañeras de cautiverio también se vieron favorecidas con prendas de vestir, aunque no de tanto abrigo.

Al alba partieron de Huejotzingo. La salida fue a hora temprana porque el Capitán quería aprovechar la luz del día. El contingente había aumentado. Además de las esclavas se había sumado un número de guerreros que Cortés no se ocupó de precisar. Hacía frío, pues comenzaba noviembre. En cuanto salió el sol pudieron ver que la nieve de los volcanes tomaba un tono rosáceo; por lo que alcanzaban a distinguir había tanta que bajaba hasta el paso que separaba ambas montañas. Los que participaron en la ascensión al Popocatépetl señalaban ese punto y decían que por allí pasarían. Los jinetes recorrían la columna de la cabeza a la cola apresurando a los rezagados para que no se abriesen los intervalos. Había que mantener el ritmo de avance de la vanguardia. Para los de atrás resultaba más penoso por el fardaje que llevaban a cuestas y el remolque de la artillería: los *tepuzques*, como llamaban los indios a las piezas de campo. Además, las mujeres iban dobladas por el peso de ollas y metates. Pero había que mantener el ritmo de marcha. Cortés quería llegar arriba antes de que oscureciera. Huejotzingo quedó atrás y avanzaron entre sembradíos de maíz, y se adentraron en bosques de pinos comenzando lentamente la ascensión. Hubo unas pequeñas pausas para permitir a los caballos que pastasen un poco; no pasarían hambre pues traían grano suficiente para darles. El ascenso comenzaba a tornarse penoso, pues conforme avanzaban pisaban una arena suelta, negruzca, en la que se hundía el pie. Era lo que arrojaba el volcán. Y conforme ascendían más suelta se encontraba. Con la penumbra del crepúsculo los que iban en cabeza alcanzaron el punto que dividía los volcanes. [Tlamacas, donde hoy se encuentra la estela con el bajorrelieve que marca el paso, único monumento dedicado a Cortés y a sus hombres en todo México.] Allí se encendieron algunas hogueras. Había nieve en abundancia y las mujeres, por indicaciones que se les dio, comenzaron a recogerla en ollas para acercarlas al fuego y fundirla, de manera que los caballos pudiesen beber un poco. Pasaron una noche de mil demonios que se les hizo muy larga. El viento soplaba y apenas conseguían echar una cabezada. Pero al fin amaneció. La nieve se tiñó de rosa y comenzaron a sacudirse la que cubría las mantas bajo las cuales se protegieron en pequeños grupos para darse calor. Los capitanes pasaron lista a sus hombres y los jefes de los contingentes indígenas hicieron lo propio. No faltaba ninguno. Nadie murió de frío. Comenzó el descenso. Procuraban no resbalar por lo abrupto de unos senderos estrechos, algunos nunca antes transitados, por donde llevaban los caballos del diestro para evitar que pudieran resbalar y romperse una pata. Los portadores del fardaje y la artillería tenían infinitas dificultades para llevar su carga por esos vericuetos tan accidentados. Marina iba bien calzada, pero no por ello debía descuidarse y perder pie. Se sentía fatigada, mucho más de lo que hubiera esperado, una fatiga que experimentara desde la víspera, cuando comenzaron la ascensión, y que ella no sabía a qué atribuir, pues obviamente desconocía que en las alturas el aire se enrarece al escasear el oxígeno. Tampoco sus acompañantes lo sabían. Conforme fueron bajando se empezaron a sentir mejor. Era como si recobraran fuerzas. Además, el terreno se volvía menos difícil y podía caminarse sin embarazo. Según alcanzó ella a entender, el paso entre las montañas se efectuó sin tropiezo alguno, puesto que no hubo desbarrancados y no perdieron una sola pieza de artillería ni bulto alguno. Ya en terreno abierto Marina volvió la vista atrás y quedó admirada al contemplar las alturas por donde habían pasado. Reflexionaba pensando que a los españoles nada los detenía.

En lo llano comenzaron a cruzar por algunos maizales. La gente había salido a verlos y los guió a Tlalmanalco, adonde fueron acogidos por multitudes, pues los tlaxcaltecas y los huejotzincas tuvieron a su cargo anticipar la noticia. Cortés dice que

> «aunque llevaba conmigo más de cuatro mil indios entre los naturales de estas provincias de Tlascaltécal y Guasucingo [Huejotzingo], y Churultécatl y para todos muy cumplidamente [dieron] de comer, y en todas las posadas muy grandes fuegos y mucha leña, porque hacía muy gran frío a causa de estar cercado de las dos sierras, y ellas con mucha nieve».[11]

Fueron conducidos a una casona palaciega, donde hubo alojamiento para el contingente español, mientras que los cuatro mil indios aliados se acomodaron al aire libre donde pudieron. Hasta allí llegó una comitiva de notables en la que figuraba uno que decían que era hermano de Motecuhzoma. La conversación no debió de haber sido fácil, pues la encomienda que traían era pedir a Cortés que desistiese de continuar el viaje. A cambio de ello el gobernante mexica ofrecía pagar todos los años un tributo que sería entregado en la costa o en el sitio que el Capitán designara. Marina escuchó que corrían rumores de que Motecuhzoma en Tenochtitlan a diario consultaba a sus dioses Tezcatlipoca y Huitzilopochtli, y que éstos se mostraban disgustados por la visita de los extranjeros. Como excusas para hacerlo desistir, los emisarios decían que su señor no disponía de víveres suficientes para atender como era debido a un contingente tan numeroso. Argüían, igualmente, que como Tenochtitlan se encontraba en medio de una laguna existía el riesgo de que alguno de los españoles pudiese caer de la calzada y ahogarse. Recordaban también que Motecuhzoma tenía muchos leones, tigres y lagartos que podrían comérselos. Cortés y sus capitanes reían al escuchar aquellos mensajes. Marina, sin necesidad de que se le ordenase, se encargaba de decir a los embajadores que a los españoles no había nada que los detuviera. Ésa era la respuesta para su señor, quien debería aprestarse para recibir a los teules como correspondía.[12]

Al día siguiente partieron rumbo a Amecamecan, una población grande y de casas muy blancas que refulgían al sol cuando la vieron desde lo alto de la montaña. A la entrada eran aguardados por el señor local, los notables y los sacerdotes, con sus pebeteros encendidos, como acostumbraban, para sahumarlos con copal. A Marina le pedían que aclarase si eran hombres o dioses, pero ella prefería no responder a esa pregunta. Fueron bien atendidos y les obsequiaron cuarenta esclavas. Permanecieron dos días, dirigiéndose a continuación a un pueblo pequeño junto a la ribera del lago, que se adentraba en parte en el agua con casas construidas sobre pilotes.

Cortés mandó llamar a Malintzin para aleccionarla. Se tenía noticia de que venía un emisario de alto rango, y había razones para suponer que trataría de convencerlo para que desistiese de seguir adelante. Las instrucciones fueron tajantes. No habría lugar a la negociación o a mostrar indecisiones. La respuesta desde un primer momento debía ser un no rotundo. Marina alcanzó a ver cómo se acercaba una comitiva trayendo en andas a un personaje. En cuanto se aproximaron se detuvieron y de ellas descendió un hombre joven, de unos veinticinco años, vestido con muy ricas mantas. Delante de él unos servidores, con la cabeza baja, barrían el suelo que había de pisar. La voz corrió enseguida: era Cacama, señor de Texcoco y sobrino favorito de Motecuhzoma.[13] Cacama era de natural soberbio y quedó indeciso al ver que Cortés permanecía sentado en una silla. El recién llegado hizo el saludo ceremonial a lo que el español, con un ademán, le indicó que podía dirigirse a Marina. El texcocano no ocultó su desagrado al ver que tenía que tratar con una mujer, pero hubo de refrenar su disgusto e hizo una señal a sus servidores, quienes al momento depositaron en el suelo, sobre unas esteras, el presente que enviaba su tío: mantas muy ricas, obras de plumería y algunas joyas que valían más por su obra que por el peso del oro. Eso era a manera de tributo. Todos los años pagaría la cantidad que se le indicase. Y visto este acto de buena voluntad carecía ya de propósito continuar el viaje. Marina lo atajó cortante: «Habrá viaje». Cacama se desconcertó. No estaba acostumbrado a que una mujer lo contradijese.

Volvió la mirada hacia Cortés, pero éste se limitó a mover afirmativamente la cabeza, apoyando lo que la intérprete decía. Otra cosa que exasperaba al texcocano era que tlaxcaltecas, huejotzincas y totonacas, a quienes consideraba inferiores, presenciaran la escena. Persuadido de que no se comprendía lo que estaba ofreciendo, volvió a la carga insistiendo en los ofrecimientos que su tío hacía: pagar cargas de oro y aceptar eso que llamaban vasallaje al rey de España. Y también volvía a argüir que, dado lo numeroso que era el contingente, no podrían ser atendidos de manera adecuada, pues no habría mantenimientos suficientes. Por último insistía en el riesgo tan grande de que alguno pudiese caer a la laguna y ahogarse. Marina tenía muy claro que ese hombre se encontraba en una situación desconocida para él: contradicho por una mujer. Habituado siempre a dar órdenes y ser obedecido sin chistar, este príncipe a quien barrían el suelo que había de pisar no sabía cómo proceder. Su mundo se venía abajo.

¿Qué pensamientos cruzaban por la mente de Malintzin, la esclava? No lo sabemos; pero algo muy grande debía agitarse en su interior. Cacama era un representante máximo de la casta que la había humillado de por vida allá en Tabasco, sólo que éste era infinitamente más alto que sus antiguos amos, a quienes no transportaban en andas. Con mirada penetrante contemplaba cómo él se deshacía. Así se cobraba ella las humillaciones pasadas. El texcocano y los miembros de su séquito realizaron un último intento de persuasión, alegando la vergüenza que pasaría Motecuhzoma al no poderlos atender como él deseaba –más tarde Cortés, en carta al emperador, diría: «porfiaron mucho aquellos señores, y tanto, que no les quedaba sino decir que me defenderían el camino si todavía porfiase ir».[14] Cuando Cacama se dio la media vuelta y subió a sus andas, Marina comprendió que había contribuido a obtener una victoria importante para su amo. Éste le dirigía una sonrisa complaciente, como diciendo: «¡Bien hecho!». A la partida del príncipe texcocano se formaron corrillos entre los jefes de los contingentes de indios aliados, quienes comentaban admirados la manera como Malintzin había manejado la situación. Habría que ver qué explicación le iba a dar Cacama a su ilustre tío.

Y en olor de multitudes que flanqueaban la columna, Cortés al frente de su contingente se dirigió a Iztapalapa, población gobernada por Cuitláhuac, hermano de Motecuhzoma, la cual se encontraba una parte en tierra firme y la otra con las casas descansando sobre pilotes en la laguna. Cuitláhuac les dio la bienvenida, y luego de asegurarse de que no les faltarían provisiones los dejó con sus allegados mientras él se trasladaba a Tenochtitlan para informar. Malintzin acompañó a Cortés en el recorrido por la ciudad, en la cual lo más notable era la casa palaciega de Cuitláhuac, en medio de grandes jardines y muchos árboles con unas piscinas de agua dulce con escaleras cuyos peldaños descendían hasta el fondo.[15] Ese día se ultimaron los preparativos para la entrada en la ciudad. Al efecto, la esclava estuvo muy activa interrogando a todos, hombres y mujeres, acerca de las defensas de la ciudad y el número de cortaduras que encontrarían en la calzada. Era la más larga de las tres que la comunicaban con tierra firme, pero dado que entrarían por el oriente resultaba ser la que tenían más a la mano. Se sabía que retirando unas vigas podían ser cortados los puentes, por lo que se adoptaron providencias para no ser tomados por sorpresa. En canoas se había explorado parte de la calzada sin que se observasen indicios inquietantes. Malintzin, por su lado, estuvo cotejando las versiones que le daban por separado y tampoco detectó que se estuviese planeando una celada, al menos por el momento.

Tenochtitlan

Todavía estaba muy oscuro aquel 8 de noviembre de 1519, cuando el campamento cobró animación. Los españoles se disponían a tomar un desayuno fuerte, pues ya se sabía que la marcha sería larga y no volverían a comer sino hasta quedar instalados en Tenochtitlan. Las mujeres de servicio iban entre el contingente de indios aliados distribuyendo jarros de atole. Al comenzar a clarear el día, con la luz difusa del alba quedaron recortadas las siluetas de los volcanes, cuya nieve se coloreó de naranja bajo los primeros rayos del sol. Marina tuvo a su cargo impartir instrucciones muy precisas a unos corredores que debían ir a lo largo de la calzada comunicando que ésta debería quedar libre, ya que cualquiera que la obstaculizase sería muerto al momento.[1] Desde antes de que clareara se escuchaban voces de los ocupantes de las canoas que se aproximaban a la calzada para presenciar de cerca el espectáculo y a quienes los tlaxcaltecas ordenaban que se mantuviesen a distancia. En cuanto se tuvo noticia de que la vía se encontraba expedita, la columna se puso en movimiento. Abrían la marcha Benito de Bejel y Canillas, tocando el pífano y el tambor. Atrás de ellos iba el alférez Cristóbal del Corral, portando la bandera que agitaba al viento. Luego venía el pelotón de jinetes con Cortés a la cabeza. A continuación marchaban Marina, Aguilar y el padre Olmedo, ya que durante el trayecto no serían requeridos sus servicios de traducción. Luego desfilaban los hombres de espada y rodela, los escopeteros y ballesteros. En seguida avanzaban los esclavos negros, indios cubanos y tamemes que jalaban la artillería. Seguían los contingentes de tlaxcaltecas, huejotzincas y totonacas. Y cerraban la marcha, en el orden acostumbrado, las mujeres de servicio. El número de canoas deslizándose a ambos lados de la calzada era inmenso. Y cuando alguna se aproximaba demasiado los aliados indígenas le largaban una flecha como advertencia para que se alejase. El sol se había levantado incidiendo sobre las aguas parduscas de la laguna, lanzando un destello cegador por el costado derecho. Conforme avanzaban, lo que antes se distinguía al frente como algo más que un punto iba creciendo en tamaño, perfilándose como la silueta del templo mayor. También se hacían visibles otros edificios. Siempre a tambor batiente la columna progresaba por la calzada. La laguna era tan ancha que hubo momentos en que no alcanzaban a distinguir las márgenes. La mole del templo mayor se hacía cada vez más imponente y comenzaban a destacar los copetes de otros edificios. Pronto resultó claramente visible un parapeto: el baluarte de Xóloc situado en una isleta. En ella la calzada se ensanchaba para formar una especie de plazoleta en la que ya se distinguía una multitud de notables. Ése sería el lugar del encuentro.[2] Los españoles llegaron al sitio y al final de la doble fila formada por los notables alcanzaron a distinguir a Motecuhzoma, quien se aproximaba transportado en andas. Tras él se veía, como telón de fondo, la mole del Templo Mayor rematada por tres casetas. Junto a él se percibía algo que no se alcanzaba a distinguir bien, con innumerables esferas que no eran exactamente circulares, blanquecinas y que parecerían cráneos descarnados. La esclava pudo advertir cómo con el paso del cortejo el vistoso penacho de plumas de quetzal que portaba Motecuhzoma, al ondularse a cada paso que daba, producía reflejos iridiscentes. También observó que se cubría con una manta lujosa y que calzaba unas sandalias revestidas de lámina de oro. Conforme avanzaba el cortejo, los grandes señores que aguardaban en doble fila inclinaban a su paso la cabeza evitando mirarle a la cara. Todos iban descalzos y con unas mantas burdas que cubrían a las finas que traían debajo. En cuanto las andas fueron depositadas en tierra un grupo de servidores se adelantó y en actitud reverente, con la mirada siempre baja, comenzó a barrer el suelo y a depositar encima mantas, de manera que no pisase la tierra. Cortés se adelantó con el caballo y cuando tuvo enfrente a Motecuhzoma desmontó. Al punto un mozo de espuelas sujetó al animal por la brida y otro recibió la lanza que portaba. Marina, con presteza, se había situado a su lado. Motecuhzoma, Cacama y Cuitláhuac saludaron al unísono, poniendo la mano en tierra y llevándola a la boca a continuación. Cortés respondió con una leve inclinación de cabeza e intentó dar un abrazo a Motecuhzoma, cosa que el hermano y el sobrino evitaron reteniéndolo por el brazo, pero lo que no pudieron impedir fue que le echara al cuello un collar de cuentas de colores. Comenzaron los saludos en medio de un silencio absoluto, roto sólo por el piafar de los caballos y el golpear de sus cascos en el suelo. Motecuhzoma pronunció las palabras rituales de saludo: *Oticmihiouilti*, «séais bienvenidos». Malintzin, quien había mantenido la cabeza erguida mientras otros la inclinaban, lo miró fijamente a la cara. Sus ojos se cruzaron con los de él, quien le dirigió una mirada acerada; pero ella persistió en su actitud. Observó el cambio experimentado por Cacama, a quien allá en Chalco había visto llegar transportado en andas, con servidores que barrían el suelo que había de pisar. En esos momentos, en cambio, cubría su indumentaria lujosa con una burda manta de henequén, mantenía la cabeza baja e iba descalzo, mientras que ella iba calzada. Al *Huey Tlatoani*, el señor Motecuhzoma, aquel a quien nadie podía ver a la cara, ella lo miraba directamente. El hombre que tenía ante sus ojos era un individuo que andaría por los cuarenta años, de estatura algo más que mediana, delgado, de un color moreno claro, rostro alargado, con el cabello que le cubría hasta las orejas y con barbas ralas.[3]

Motecuhzoma inició su parlamento dirigiéndose a Cortés como «Malinche»; o sea, el señor Capitán que acompaña a la señora Malintzin. Aquí a la esclava le debió dar un vuelco el corazón, él era su acompañante y ella la figura central. Eso salía de boca del poderosísimo señor de tantos vasallos. La antigua acarreadora de agua y leña, servidora para todo lo que se ofreciera, en esos momentos se disponía entablar un diálogo de tú a tú con el *Huey Tlatoani*. En cuanto éste hubo concluido de dar la bienvenida, ella –que tenía bien aprendido el discurso oficial– comenzó a responder sin aguardar a que Aguilar terminase de traducir. Era el mismo de siempre. En ese momento llegó corriendo un servidor portando un collar de caracoles de oro que Motecuhzoma puso en el cuello de Cortés, para corresponder a su obsequio. A continuación, hasta doscientos señores, descalzos y con las mantas muy finas que vestían cubiertas con otras ordinarias, repetían:

Oticmihiouilti, al pasar frente a Cortés. Ella era la única mujer presente. Cuando concluyeron los saludos Motecuhzoma se dio la media vuelta, invitándolos a adentrarse en la ciudad. Como parte de un ritual, caminaba apoyándose en el brazo de Cacama, mientras Cuitláhuac ofrecía el suyo a Cortés. De ese modo ingresaron por la puerta sur del *Coatepantli*, la barda que rodeaba al recinto ceremonial y que recibía ese nombre por las serpientes labradas en la pared [*cóatl*, serpiente], para dirigirse al palacio de Axayácatl que se había reservado para alojarlos. Al trasponer la puerta lo primero que tuvieron a la vista fue el templo mayor. Quedaron absortos por lo que tenían frente a los ojos: los peldaños de la escalinata manchados por la sangre de los sacrificados de esa mañana, desde los superiores hasta los más bajos, pues arrojaban los cuerpos y caían dando tumbos hasta llegar al suelo. Al lado se alzaba el *Tzompantli*, esa espeluznante edificación consistente en unas columnas rectangulares separadas entre sí, en las cuales se hallaban varas con cráneos ensartados por las sienes: cinco por vara, cientos de varas, miles de cráneos. Hasta donde alcanzaba la vista todo eran calaveras que miraban con sus cuencas vacías, incluso en las columnas se encontraban cráneos labrados sobre la piedra. La vista de aquel osario gigantesco causó una impresión muy fuerte. Marina no supo responder cuando le preguntaron por su significado, pues en Tabasco no había nada parecido. Algún anticipo habían tenido en Zautla, pero aquello resultaba minúsculo frente a lo que ahora tenían a la vista. A más de uno le dio un vuelco el estómago al contemplar aquello e imaginar la posibilidad de que su propia cabeza pudiera terminar ensartada allí. Por su parte, la esclava no pareció especialmente impresionada. Y si lo estuvo no lo exteriorizó, o al menos las crónicas no lo registran. Frente a ellos se encontraba el palacio de Axayácatl (el padre de Motecuhzoma); un edificio que debió haber sido de muy grandes proporciones, pues fue suficiente para dar cabida a todo el ejército, auxiliares incluidos; se asentaba en el sitio donde hoy se alza el Nacional Monte de Piedad. Frente a él, en el lugar ocupado por Palacio Nacional, se hallaba el *Quauhquiáhuac*: el palacio de Motecuhzoma. Algo que llamó poderosamente la atención de los españoles fue que de la plataforma inferior del gran *teocalli* emergían unas gigantescas cabezas de serpiente talladas en piedra, con las fauces abiertas en las que sobresalían unos colmillos descomunales. Lo más sorprendente era que las sierpes tenían plumas. A petición de algunos soldados Malintzin preguntó qué era eso. «Quetzalcóatl», le dijeron. «Serpiente emplumada», tradujo ella. No entendieron de qué se trataba. Sin embargo, más de uno de los indios, y en especial sus compañeras de Tabasco, sintió un estremecimiento al ver aquello.

Los alimentos estaban dispuestos y luego que comieron les volvió el alma al cuerpo. A Marina le correspondió trasmitir a los capitanes indígenas las instrucciones del maestre de campo acerca de la forma como deberían instalar sus respectivos contingentes. Se apartó a las mujeres de servicio para evitar que a causa de ellas surgieran disputas. En esos momentos se anunció la llegada de Motecuhzoma, y la esclava se apresuró a ocupar su lugar junto a Cortés. Habló el *Huey Tlatoani* y dijo:

> «Muchos días ha que por nuestras escrituras tenemos de nuestros antepasados noticia que yo ni todos los que en esta tierra habitamos somos naturales de ella sino extranjeros, y venidos a ella de partes muy extrañas; y tenemos asimismo que a estas partes trajo nuestra generación un señor cuyos vasallos todos eran, el cual se volvió a su naturaleza, y después tornó a venir dende en mucho tiempo, y tanto, que ya estaban casados los que habían quedado con las mujeres naturales de la tierra y tenían mucha generación y hechos pueblos donde vivían, y queriéndolos llevar consigo, no quisieron ir ni menos recibirle por señor, y así se volvió; y siempre hemos tenido que los que de él descendiesen habían de venir a sojuzgar esta tierra y a nosotros como a sus vasallos; y según de la parte que vos decís que venís, que es a do sale el sol y las cosas que decís de ese gran señor o rey que acá os envió, creemos y tenemos por cierto, él sea nuestro señor natural, en especial que nos decís que tenía noticia de nosotros; y por tanto, vos sed cierto que os obedeceremos y tendremos por señor en lugar de ese gran señor que vos decís, y que en ello no habrá falta ni engaño alguno, y bien podéis en toda la tierra, digo que en la que en mi señorío poseo, mandar a vuestra voluntad, porque será obedecido y hecho; y todo lo que nosotros

> tenemos es para lo que vos de ello quisiéredes disponer. Y pues estáis en vuestra casa, holgad y descansad del trabajo del camino y guerras que habéis tenido, que muy bien sé todos los que se vos han ofrecido de Puntunchán acá, y bien sé que los de Zempoala y de Tlascaltécal os han dicho muchos males de mí. No creáis más de lo que por vuestro ojos veredes, en especial de aquellos que son mis enemigos, y hánseme rebelado con vuestra venida».

Estamos conscientes de lo fatigosa que habrá resultado la lectura de ese texto a causa de lo arcaico de su redacción, pero por la importancia fundamental que reviste optamos por conservarlo en la versión original que recoge las palabras textuales de Cortés, ya que, después de todo, si se lee con cuidado no ofrece dificultad para ser comprendido. Estamos aquí frente a una de las intervenciones capitales de la india intérprete. ¿Tradujo bien? No lo sabemos. Ella tradujo al maya chontal el parlamento de Motecuhzoma y Aguilar lo vertió al español para que más tarde, pasados once meses, Cortés lo consignara por escrito en la presentación que hizo al emperador, redactada, sin duda alguna, de la forma que mejor convino a sus intereses [el diálogo tuvo lugar el 8 de noviembre de 1519 y la *Segunda relación* tiene fecha del 20 de octubre de 1520]. La singular importancia de este parlamento radica en que es la primera ocasión en que se escucha hablar de la profecía. Y aquí cabe destacar un par de cosas, de lo más relevantes. Por principio de cuentas no se menciona a Quetzalcóatl. Se alude a un señor innominado, cuyos descendientes habrían de venir para sojuzgar la tierra. La única referencia es que han de venir de oriente, «do sale el sol». Y tampoco se habla de hombres blancos y barbados. Eso se agregaría después. La primera ocasión en que se escucha el nombre de Quetzalcóatl es en labios de Andrés de Tapia, cuando escaló a lo alto de la pirámide de Cholula y tuvo ocasión de verlo cara a cara: «este Quezalquate». Pero ya vimos que su descripción no coincide con la de un hombre con cabeza y pico de pájaro. En Sahagún leemos que cuando los capitanes de Motecuhzoma vieron los barcos:

«entraron en las canoas y comenzaron a remar hacia los navíos, y como llegaron junto a los navíos, y vieron los españoles, besaron todos las proas de las naos en señal de adoración, pensando que era el dios Quetzalcóatl que volvía,[4] al cual estaban ya esperando según parece en la historia de este dios».

Aquí la profecía aparece ya claramente estructurada, sólo que esta obra es posterior en unos veinte años a la de Motolinia. De acuerdo con Cortés, entonces, esto sería lo que Marina aseguró que Motecuhzoma dijo. Lo demás son añadidos de autores posteriores. Resulta interesante observar cómo se fue elaborando la historia. Al comienzo, como vemos, no existía serpiente emplumada.

La primera noche en el palacio de Axayácatl la esclava descansó recostada sobre un petate, a prudente distancia de Cortés, quien conferenciaba con sus capitanes, por lo que fueron innecesarios sus servicios de traducción. En cuanto oscureció la ciudad quedó sumida en tinieblas. La única luz visible era una hoguera encendida en lo alto del templo mayor. Muchos velaban. Había una guardia reforzada para prevenir cualquier sorpresa, aunque afuera todo era tranquilidad. No llegaban ruidos de la calle. Al parecer todos los habitantes de la ciudad dormían con un sueño profundo. Salió la luna y el *Tzompantli* se hizo visible bajo su luz; ofrecía un aspecto espectral con los miles de cráneos blanqueando bajo la tenue iluminación. Marina y un grupo de soldados contemplaban la escena sin decir palabra, sumidos en sus meditaciones. El silencio era interrumpido esporádicamente por alaridos y toques de caracolas provenientes de la plataforma superior del templo mayor, por parte de los sacerdotes que partían la noche con esos rituales. Así pasó esa primera noche y al alba comenzaron a oírse voces, gritos y llantos. Pese a que la claridad era escasa consiguieron distinguir a un grupo que forcejeaba llevando a rastras a un hombre al que obligaban a subir por la escalinata. Uno que iba por delante lo jalaba de los cabellos, otros lo sujetaban de los brazos y otro caminaba detrás pinchándolo con puntas de maguey. Llegó a la plataforma superior desfalleciente. Allí los tlamacazques lo sujetaron de espaldas sobre la piedra de los sacrificios, lo inmovilizaron tomándolo cada uno por una extremidad mientras que otro, con una soga, lo oprimía por el cuello. El que oficiaba como ejecutor dejó caer de un golpe el cuchillo sobre el pecho, extrayéndole el corazón que ofreció en dirección al oriente. Echaron a rodar el cuerpo del sacrificado que cayó dando tumbos, cruzándose con el que iría a continuación y casi a rastras era llevado hacia arriba. La operación se repitió hasta media docena de veces.

En cuanto fue de día y Cortés estimó que Motecuhzoma ya había desayunado y cumplido sus rituales religiosos matinales, le envió recado anunciándole que deseaba ir a verlo para pagarle la visita. Una vez que éste expresó su conformidad, se adoptó un dispositivo para estar prevenidos ante cualquier sobresalto. Con él irían Marina, Aguilar, el padre Olmedo y un grupo selecto de capitanes. En las afueras del *Quauhquiáhuac* estarían pequeños grupos de españoles que se ubicarían con la máxima discreción en lugares estratégicos. Dentro del palacio, con los caballos ensillados y enfrenados, los jinetes estarían en máxima alerta para entrar en acción en cuanto se diese una orden. Y tras ellos se disponía el resto de la fuerza española y los contingentes indígenas que saldrían en escuadrón. Las piezas de artillería estaban dispuestas en la azotea y los escopeteros tenían las armas prevenidas con las mechas encendidas. Cortés y sus capitanes iban con petos cubriéndoles el pecho y capacetes protegiendo las cabezas, con espada y dagas al cinto. En el centro marchaba Marina, vigilada con ojo atento por cuatro rodeleros, listos a cubrirla en caso de que les arrojasen flechas o piedras de lo alto de alguna construcción. Con el pequeño grupo iba también Juan Ortega, ese niño tan despierto que día a día realizaba notorios avances en el aprendizaje del náhuatl. Cuando pasaron por el *Tzompantli* alcanzaron a ver ensartados los cráneos de los sacrificados de esa mañana, todavía rezumando gotas de sangre.[5]

Llegaron a la puerta, donde fueron recibidos por unos mayordomos. Afuera quedaron vigilantes tres soldados y el resto fue introducido en palacio. Lo primero que les llamó la atención fue descubrir que en aquella corte no se veía una sola mujer y todos los hombres estaban descalzos, cubiertos con mantas burdas que ocultaban las más finas que vestían debajo. Motecuhzoma salió sonriente a su encuentro y los condujo a la sala donde tendría lugar la audiencia. A su paso todo el personal de palacio inclinaba la cabeza para evitar verle a la cara. Ocupó el asiento que le servía de trono e indicó a sus visitantes unos icpales donde podían acomodarse. Marina quedó de pie al centro, junto a Cortés, y luego de los saludos la charla retomó lo tratado la víspera. Motecuhzoma volvió a referirse a la noticia que ya tenía de que un día habrían de llegar hombres de oriente. Continuó diciendo que no deberían prestar oídos a todo lo que los totonacas y tlaxcaltecas contaban de él, «que si tenía las casas con paredes de oro, que si era un dios». Y llegado a ese punto, sonriente, se alzó la manta invitando a que tocasen su cuerpo para comprobar que era humano, de carne y hueso. Sonrieron todos. Marina por indicaciones de Cortés no lo sacó del engaño. Eran ellos los hombres a quienes esperaban.[6] Y en ese momento expresó que el Capitán tenía deseos de visitar el mercado de Tlatelolco del que tanto le habían hablado. Se despidieron en la inteligencia de que la visita tendría lugar a la mañana siguiente.

De regreso al palacio de Axayácatl cambiaron impresiones acerca de lo que habían visto. En especial, les llamó la atención que no había guardia en la puerta y que no hubiesen visto a nadie armado, ni en el *Quauhquiáhuac* ni por las calles. Cortés le pidió a la esclava que aclarase ese punto y ella, dándose maña, comenzó a hacerle conversación a los mayordomos y otras gentes de palacio que se acercaban para supervisar que se les atendiese adecuadamente. Fue así como pudo averiguar que al acceder Motecuhzoma al trono, como una forma de acrecentar su poder, dictaminó que los plebeyos no reunían las condiciones para servir adecuadamente en palacio, por lo que estableció que en lo venidero serían los nobles quienes prestarían ese servicio. A éstos, para marcar distancias, se les impuso la obligación de andar descalzos en su presencia y cubrir sus mantas ricas con unas de fibra ordinaria. Ello explicaba la transformación observada en Cacama, a quien de haberlo visto transportado en andas cuando fue a Chalco para entrevistarse con Cortés lo encontraron descalzo caminando al lado del *Huey Tlatoani*, al igual que los demás nobles. Otro punto establecido en el ceremonial era que cuando algún noble entraba a la sala de audiencia de Motecuhzoma debía hacerlo con la cabeza baja, sin mirarle a la cara, musitando por lo bajo: «Señor, mi señor, mi gran señor».[7] La defensa de Motecuhzoma consistía en que nadie podía mirarlo a la cara. Y el hecho de que ni en palacio ni por las calles de la ciudad se viera alguien armado, se debía a que la prohibición en ese sentido era muy estricta. Lo que Marina no consiguió averiguar fue el significado del *Tzompantli*; por qué ensartaban allí los cráneos hasta formar ese descomunal edificio de calaveras.

En un recorrido por el recinto del *teocalli* mayor descubrieron una figura de piedra que representaba un león con un agujero en el dorso –el *Océlotl-Cuauhxicalli*–, que algunos de los que habían venido con Grijalva aseguraron que era semejante al que habían encontrado en el templete de la Isla de Sacrificios. Y en otro edificio vieron algo que les llamó poderosamente la atención. De lejos no acertaban a darse cuenta si ese bulto era una representación de mujer, pero en cuanto estuvieron frente a él pudieron ver que se trataba de una espantosa figura en la que se trenzaban cuerpos de serpientes y calaveras humanas. Malintzin indagó qué deidad era aquella: «Coatlique», le dijeron.

Por la mañana se presentaron en el palacio de Axayácatl varios mayordomos de Motecuhzoma que venían a buscar a Cortés para acompañarlo en la visita al mercado de Tlatelolco. Éste montó a caballo en compañía de varios de sus capitanes y soldados. Marina, Aguilar y el padre Olmedo formaban parte del grupo. En medio de la multitud cruzaron por callejas tortuosas, tomando nota de todo lo que veían; a su vez ellos eran observados con inusitado interés. Al llegar al pie de la pirámide dos dignatarios se acercaron, ofreciendo a Cortés y a Marina sus brazos para que se apoyasen en ellos, dado lo empinado de la escalinata y que el templo de Tlatelolco tenía ciento trece peldaños, dos más que el Templo Mayor.[8] Cortés desestimó el ofrecimiento y Marina hizo lo mismo. La mujer subía de prisa procurando ocultar el esfuerzo que ello le significaba. Arriba los esperaba Motecuhzoma, quien los saludó preguntando si no los habría fatigado mucho la subida, a lo que la mujer se apresuró a responder que los españoles no se fatigaban con tan poca cosa. Motecuhzoma con el brazo extendido los invitó a disfrutar del estupendo panorama. Se veía toda la ciudad con sus templos, las calzadas que comunicaban con la tierra firme y el acueducto que abastecía de agua a la población. Los españoles estaban admirados de todo lo que se ofrecía a su vista. Abajo estaba la plaza del mercado donde se movía una ingente multitud, comprando y vendiendo. Marina escuchó decir a un soldado que había viajado mucho que aquella plaza muy bien podía compararse con la que vio en Constantinopla. Recorrió con la mirada los puestos donde se vendían comestibles hasta que reparó en un pequeño estrado donde había hombres y mujeres con una especie de yugo de madera sobre el cuello, al que tenían amarradas las muñecas. Era el mercado de esclavos. Algunos interesados los examinaban con atención para ver si no tenían algún defecto, pues los destinados al sacrificio debían encontrarse libres de toda mácula. Marina debió mirarlos con simpatía, doliéndose de su triste suerte.[9] Una llamada para que tradujese la sacaría de sus cavilaciones.

Llegada la noche Marina cambiaba impresiones con Orteguilla, como llamaban al niño con quien ya podía tener una comunicación más o menos fluida sirviéndose de las palabras que ella manejaba en español y del vocabulario náhuatl que él poseía. Un diálogo muy elemental, pero a fuerza de porfiar lograban entenderse, incrementando cada cual el conocimiento del idioma del otro. Hablaron acerca de que entre los capitanes y la tropa había inquietud y hasta temor. En esos corrillos se comentaba lo precario de su situación, ya que bastaría con que retirasen unas pocas vigas de los puentes para que quedasen incomunicados. Rumores. Los días iban transcurriendo y la atmósfera se enrarecía. Numerosos tlaxcaltecas se acercaban a Marina para comunicarle cosas que parecían extrañas y pedirle que las hiciese saber a Malinche. Peligraban. Los indicios no eran escasos. O bien eran los mayordomos encargados del suministro de los víveres los que cada día mostraban menos voluntad, o bien menudeaban los insultos que lanzaban los guerreros mexica contra los miembros del contingente aliado, señalando burlonamente el *Tzompantli* para indicar que pronto sus cabezas acabarían ensartadas allí. Según pudo entender la esclava, allá en la costa habían matado a varios españoles, entre ellos al que se encontraba al mando, aquel gallardo jinete a quien había visto galopar muchas veces. Por otro lado, sentía cómo los capitanes apremiaban a Cortés haciéndole ver el riesgo tan grande a que se hallaban expuestos. En cualquier momento podrían interrumpirles los suministros y quedarían atrapados en una ratonera. De hecho se encontraban por entero en manos de sus anfitriones. Luego de sopesar los argumentos que le eran presentados, Cortés decidió actuar: aprehendería a Motecuhzoma a la mañana siguiente. Justo a los seis días de haber entrado en la ciudad. Al parecer, el detonante que lo movió a actuar fue la noticia de las muertes ocurridas en la costa. El plan comenzó a discutirse con la mayor reserva, para evitar cualquier posible filtración que llegase a los indios. Ella, recostada en un rincón y sin comprender gran cosa los escuchaba discutir. Lo único que tenía claro es que al día siguiente habría acción; sabía que sería un movimiento arriesgado, pero ya había tenido oportunidad de ver a los españoles en situaciones comprometidas y salir airosos. La confianza que tenía en Cortés y sus hombres era muy grande.

A la mañana siguiente el operativo comenzó a prepararse con todo sigilo. Se trataba de dar la apariencia de normalidad para que el plan no fuera a filtrarse pues el factor sorpresa sería decisivo. De este modo, los mayordomos y portadores de víveres que entraron desde temprana hora nada extraño advirtieron. La gente comenzó a prepararse para el desayuno y los relevos en los turnos de vigilancia se hacían bajo la rutina acostumbrada. Los caballos fueron enfrenados y ensillados, aunque en ello no había nada raro ya que así pasaban la mayor parte del tiempo. Las órdenes comenzaron a darse. Orteguilla y unos soldados irían a anunciar la visita para que Motecuhzoma no fuera a recelar si notaba que se presentaban de improviso. Y en cuanto éstos estuvieron de retorno anunciando su aquiescencia, el dispositivo comenzó a ponerse en marcha. Con suma discreción algunos soldados salieron para apostarse en sitios estratégicos mientras Cortés, seguido de una veintena de hombres, entre capitanes y soldados escogidos, se ponía en movimiento. Aguilar y Marina formaban parte del grupo. Habían sido advertidos de que nadie debía externar nerviosismo. Y así el grupo con toda normalidad cruzó a lo largo del *Tzompantli* para presentarse en el *Quauhquiáhuac*. Conforme a lo esperado, no había a la entrada guardia ni nadie que les preguntase por el objeto de su visita. Antes de entrar Marina volvió la vista atrás y pudo advertir cómo en los puntos indicados iban apostándose españoles. El grupo entró, y aunque iban perfectamente armados eso no llamó la atención, pues se habían acostumbrado a verlos así. Se movían como Pedro por su casa, sin que nadie les pidiese que aguardasen, pues dentro de palacio nadie se movía si Motecuhzoma no lo ordenaba. Siguieron avanzando hasta que el gobernante salió a su encuentro. Los recibió sonriente, pues a pesar de que Motolinia nos dice que la etimología de su nombre era *señor sañudo*, Motecuhzoma tenía sentido del humor.[10] La conversación con esos recién llegados que le miraban directamente a la cara le daba la oportunidad de bromear y conversar con individuos que eran sus iguales. Con ese talante se inició la plática. Marina, sentada junto a él, trasmitió los saludos de Cortés agradeciendo su hospitalidad. A su vez, Motecuhzoma se disculpaba por no poder atenderlos como ellos se merecían y ofreció a Cortés una de sus hijas, así como otras jóvenes, hijas de principales, para sus capitanes. La conversación se alargaba en el terreno de la cortesía y no parecía llegar a ninguna parte, cuando de pronto el talante cambió bruscamente. A una indicación de Cortés la india intérprete adoptó un tono duro y dirigiéndose a Motecuhzoma en términos que nunca antes alguien había empleado hacia él, le reclamó por su doble actitud: cortesías por un lado y por otro, allá en la costa, según órdenes suyas se había atacado y dado muerte a varios españoles. Motecuhzoma se quedó de piedra. Miró a su alrededor y cayó en cuenta de que lo rodeaba un círculo de hombres vestidos de hierro, y con las manos en los pomos de espadas y dagas. Tras él se situó uno, puñal en mano, dispuesto a degollarlo al primer movimiento que hiciera. Marina le hizo saber que estaban perfectamente enterados de su doble juego. Ella había hablado con algunos señores desafectos y a través de ellos se habían filtrado informes. Sabían que los sacerdotes estaban en consulta constante con Huitzilopochtli y Tezcatlipoca, y que éstos pedían la muerte para los extranjeros. Hubo entonces voces. Al sentir que algo estaba ocurriendo la gente de palacio se aproximó, dispuesta a intervenir, pero Motecuhzoma los contuvo al sentir bajo la manta el frío de la hoja de una espada. Con rabia contenida los servidores se mantuvieron quietos a distancia, sin poder ir en auxilio de su señor. Cortés exhibió una carta y fue leyendo lo que en ella estaba escrito:

en Nautla, el gobernador puesto por Motecuhzoma había dado muerte a traición a Juan de Escalante y a cuatro soldados más; y eso se había hecho por órdenes suyas, lo que se sabía por confidentes que incluso dieron a conocer que a un soldado apellidado Argüello, que quedó malherido, lo traían para que lo viese, pero como murió en el trayecto le cortaron la cabeza y la llevaron para mostrársela. Argüello era un hombre de barba hirsuta y la cabeza ya se encontraba hinchada por el comienzo de la putrefacción. Motecuhzoma se horrorizó al verla ordenando que fuese ofrecida en un templo fuera de la ciudad.[11] El *Tlatoani* negó los cargos. Si habían ocurrido esas muertes eso fue sin conocimiento suyo. Se le echó en cara entonces la traición preparada en Cholula, la cual se preparaba por instigación suya, que de no haber sido descubierta a tiempo habrían acabado con todos. Motecuhzoma negó igualmente. Marina le contó cómo fue ella advertida a tiempo por la esposa de un principal, y cómo más tarde los propios cholultecas admitieron que actuaban así por indicaciones de los embajadores del *Tlatoani*. Éste aseguró no tener conocimiento del asunto y volviéndose hacia ella le preguntó cómo era posible que tuvieran conocimiento de lo que ocurría en la costa, siendo que hacía ya tanto tiempo que la habían dejado atrás. Ella repuso que todo lo sabían por ese papel mágico que pusieron ante sus ojos. Motecuhzoma quedó admirado ante aquel pliego que sin tener dibujos hablaba. Cortés pedía el castigo para los culpables, pues debía dar cuenta al emperador por las vidas de los caídos. Motecuhzoma respondió que haría traer al gobernador del área para que aclarase esas muertes. Para ello mandó llamar a dos de sus capitanes y cuando los tuvo delante se desprendió del sello real, que era una piedra circular que traía sujeta al brazo izquierdo, y dándosela les ordenó ir en busca de Cuauhpopoca (que así se llamaba el gobernador) y demás responsables para conducirlos a su presencia.[12] Con ellos partieron dos soldados españoles. Motecuhzoma consideró que con ello quedaba resuelto el incidente. Sin embargo, para su sorpresa, se enteró de que Cortés lo invitaba a acompañarlo al palacio de Axayácatl donde quedaría bajo su protección mientras regresaban los que partían en busca de Cuauhpopoca. Motecuhzoma quedó atónito ante lo que acababa de escuchar y volvió los ojos hacia Marina para que le aclarase si había comprendido bien. Ésta le reiteró el pedido. Era una invitación irrecusable. Motecuhzoma no podía dar crédito a lo que estaba ocurriendo y se negó en redondo: «No es la mía persona para estar presa», contestó. Marina le reiteró el pedido. Era una orden. Permanecería allí hasta que se aclarase la situación. Cortés le hizo saber que nada le faltaría, que seguiría gobernando desde su nuevo alojamiento, pero era inexcusable el que los acompañase. El *Tlatoani* intentó negociar ofreciendo como rehenes a una hija y dos hijos legítimos suyos. Marina ni siquiera se molestó en traducir la oferta. El tiempo pasaba y Motecuhzoma reiteraba su negativa; la esclava le hizo saber que los españoles no se detenían ante nada, y que a la menor provocación el grueso de la fuerza saldría en escuadrón del palacio de Axayácatl para pasar a cuchillo a toda la ciudad. Como habían transcurrido ya dos horas y la noticia de lo que allí estaba ocurriendo se esparciera por la calle, Juan Velázquez de León comenzó a dar voces proponiendo que allí mismo acabasen con él, y al tiempo que lo decía agitaba un puñal ante sus ojos. Velázquez de León era un hombrón corpulento, con una barba cerrada de un negro de ala de cuervo y una voz muy alta y gangosa; uno de esos hombres de acción que primero actúan y luego piensan. Atemorizado, Motecuhzoma pidió a Marina que le tradujese lo que alegaba ese hombre y ella le dijo: «Señor Motecuhzoma, lo que yo os aconsejo es que sin dilación y sin ruido alguno hagáis lo que se os pide».[13] Éste, viendo que el puñal de aquel hombre cada vez se movía más cerca de su cuello, con una indicación pidió que trajesen sus andas. Hubo consternación en palacio, pero Motecuhzoma la acalló expresando que iba por voluntad propia. A la salida se había juntado una muchedumbre enardecida, pero el *Tlatoani* ordenó a sus mayordomos que apaciguasen a los allí congregados y les ordenasen que se volvieran a sus casas. Con ello los ánimos se tranquilizaron. Marina avanzó silenciosa en medio de la multitud, meditando para sus adentros cómo la voluntad de ese hombre era obedecida por todos sin chistar mientras que ella, en cambio, había mantenido con él un intercambio de opiniones encontradas, tornando sumiso al temido señor de todo un imperio. Sin duda muchas cosas habían cambiado en poco tiempo. Su mundo ya era otro. Bajo fuerte guardia Motecuhzoma fue conducido a la habitación que le había sido asignada y en su compañía se permitió el ingreso de un reducido número de señores para que éstos viesen que quedaba bien instalado. Esa noche, desde la azotea del palacio de Axayácatl, Marina y numerosos soldados observaban la calle. No se escuchaban ruidos, la ciudad dormía tranquila.

Amaneció el que vendría a ser el primer día de Motecuhzoma en su nuevo estado. Seguía siendo el gobernante pero a una distancia de seis pasos se encontraba una docena de españoles formando un círculo de hierro, con espadas y dagas prontas a desenvainar, amenazando con matarlo al menor intento de fuga. El capitán a cargo de su vigilancia era Pedro de Alvarado. Para el despacho de sus asuntos se permitía el acceso a sus mayordomos y hombres de confianza, quienes deberían entrar solos o en pequeños grupos y sin acercarse demasiado, por lo que luego de musitar por lo bajo el ritual acostumbrado de «señor y gran señor», con la cabeza inclinada daban su mensaje, mismo que le trasladaba Marina. Respondía éste, también en voz apenas audible y era ella quien lo comunicaba. Así transcurría la audiencia. Todas las disposiciones de gobierno pasaban a través de ella, con lo cual Cortés estaba al tanto de todo. Luego de unos días llegó la noticia de que ya estaban de regreso los que habían ido en busca de Cuauhpopoca. Marina pudo ver a un hombre ricamente ataviado con un lucido penacho verde, quien por su alta jerarquía era conducido en andas. También en andas venía su hijo. Con ellos traían a quince guerreros que habían tenido parte en las muertes de los españoles. Los responsables fueron llevados ante Cortés y el interrogatorio corrió a cargo de Malintzin. Cuauhpopoca se mostró arrogante al ser interrogado por una mujer, manifestando con desdén que él había ordenado esas muertes. Y a la pregunta de si actuó por indicaciones de Motecuhzoma, reiteró que él y nadie más era el responsable. Cortés no se anduvo con contemplaciones y al punto lo sentenció a él, a su hijo y a los demás participantes en los hechos a morir en la hoguera. Sin pérdida de tiempo se clavaron diecisiete postes en una explanada del recinto ceremonial, y como leña se buscó utilizar macanas y varas tostadas que se guardaban en el *tlacochcalco* (la armería). Como medida precautoria, Cortés hizo colocar grilletes en las muñecas a Motecuhzoma, quien quedó anonadado al verse humillado de esa forma. A continuación, desde lo alto de la plataforma de un templo, dio la orden de que se cumpliera la sentencia. Ante la muchedumbre congregada Malintzin se dirigió al pueblo exponiendo las razones por las cuales habían sido sentenciados. Una vez atados al poste y al ver que se acercaba un soldado que portaba una tea encendida, Cuauhpopoca, su hijo y demás sentenciados prorrumpieron a grandes voces diciendo que habían actuado así por órdenes de Motecuhzoma. Cortés preguntó a Marina qué era lo que decían y cuando ésta se lo explicó, prefirió ignorarlo y dio la orden de seguir adelante. Al ser alcanzados por las llamas los gritos desgarradores de los sentenciados llenaron los aires mientras la multitud presenciaba la escena.

Al día siguiente todo amaneció como si nada hubiera ocurrido. Donde ardieron las hogueras había solo pequeños montones de ceniza que poco a poco el viento se encargó de esparcir por el recinto ceremonial. Tenochtitlan seguía igual que siempre. La vida continuaba. Marina corroboró lo que ya antes pensaba, que el Capitán sabía hacer las cosas. Estaba en esas cavilaciones cuando fue llamada por Cortés para que lo acompañase en el acto de retirarle los grilletes a Motecuhzoma. Éste se encontraba destrozado; se diría que en esos momentos lo que deseaba era morirse para no seguir sufriendo más humillaciones. Al momento de retirárselos advirtieron que sus servidores habían introducido unos pañuelos de algodón muy finos para que el hierro no rozase con su piel. Luego de liberarlo de los grilletes Cortés lo reprendió haciéndole saber cómo Cuauhpopoca y los suyos lo incriminaron, señalando que había sido suya la orden de matar a los españoles. Y luego de la reprimenda, ya en otro tono, le hizo saber que seguiría como gobernante, pero que tendría que acatar las disposiciones del rey de España; y que la primera consistía en que deberían prohibirse los sacrificios humanos y que, por ende, quedaría suprimida la antropofagia. En cuanto a lo demás, todo seguiría como antes. Mientras no se dispusiese otra cosa, los caciques encargados del gobierno de los pueblos continuarían desempeñando sus funciones. Además debería dar las órdenes necesarias para que no se interrumpiese el abasto de víveres a la ciudad. En materia de justicia, los jueces continuarían encargándose de ella y dictando sentencias, tal como era la costumbre. Dicho eso se retiró, dejando a Marina en su compañía. Motecuhzoma era un hombre destrozado, por lo que la compañía de una mujer le sirvió de consuelo. Largo rato permaneció ésta a su lado reconfortándolo. Entre otras cosas pudo haberle dicho que no estuviera triste, que seguiría siendo el rey. Y frente a ese hombre caído tal vez se haya maravillado de los giros que da la vida, ya que ella, una mujer que durante años desempeñó las tareas más viles, reconfortaba ahora al señor a quien tantos pueblos indios rendían pleitesía, aquel para quien barrían el suelo a su paso. De este modo ese hombre se veía consolado por una esclava que en otras circunstancias hubiera sido severamente castigada sólo por cometer el desacato de mirarlo a la cara. Marina hubiera querido pasar más tiempo al lado de Motecuhzoma, pues éste le contaba muchas cosas que a ella le interesaban, pero debía acudir adonde el Capitán la requería. En vista de los largos periodos que Motecuhzoma permanecía incomunicado, sin tener con quien hablar, rodeado siempre por ese estrecho cerco de hombres vestidos de hierro, con los cuales no tenía forma de entenderse, en una de las visitas que Cortés le hizo solicitó que le asignase a su servicio a Orteguilla, quien le serviría de paje e intérprete, dados los progresos tan grandes que éste había hecho en el aprendizaje del náhuatl. De este modo ese niño entró en la Historia con el sobrenombre de Orteguilla «el Paje». Se convertiría en los ojos y oídos de Motecuhzoma. En lo venidero estaría a su lado en todo momento, le serviría de recadero, manteniéndolo al tanto de lo que ocurría en el campo español. Y, por otro lado, informaría cumplidamente a Cortés de lo que los caciques trataban con el *Tlatoani*. Marina, bajo los dictados del padre Olmedo, no cejaba en los esfuerzos de persuadir a Motecuhzoma para que abjurase de sus dioses y se convirtiese al cristianismo. Éste respondía que ya sus mayordomos, Teuhtlile y Cuitlalpítoc, le habían hablado de los tres dioses, de la cruz y de aquel dios muerto que había resucitado. Eso le parecía muy bien, pero él prefería seguir en sus creencias. No obstante, la presión sobre él en ese sentido no cesaba, ya que se confiaba en que su conversión sería seguida por la del pueblo entero.

Misa en el Templo Mayor

Cortés, quien era partidario de la acción directa, hizo rodar gradas abajo a Huitzilopochtli y Tláloc. A continuación mandó limpiar las costras de sangre de las paredes y plantó una cruz en lo alto del Templo Mayor. Acto seguido, en una de las capillas convenientemente ventilada, encalada e iluminada, se colocó una imagen de la Virgen y en un santiamén aquello quedó convertido en un templo cristiano. En lo sucesivo allí se diría la misa. Andrés de Tapia, quien por mandato de Cortés fue el primero en penetrar en el recinto de los ídolos, referiría más tarde a Marina lo que había encontrado. La entrada de las casetas se encontraba tapada por una manta de cáñamo con muchas campanitas, la cual arrancó con la espada, penetrando la luz al recinto. Allí se vio cara a cara con Huitzilopochtli, y según le contó, éste tenía mucha sangre en la boca y en el cuerpo de «un gordor de tres dedos», y adornado con mucha pedrería.[1] Cortés, refiriéndose a lo que vio, escribió:

> «Los bultos y cuerpos de los ídolos en quien estas gentes creen, son de muy mayores estaturas que el cuerpo de un gran hombre. Son hechos de semillas y legumbres que ellos comen, molidas y mezcladas unas con otras, y amásanlas con sangre de corazones de cuerpos humanos, los cuales abren por los pechos, vivos, y les sacan el corazón, y de aquella sangre que sale de él, amasan aquella harina, y así hacen tanta cantidad cuanta basta para hacer aquellas estatuas grandes».

En contra de lo que nos propone por costumbre la arqueología tradicional, al representar el Templo Mayor rematado por dos casetas, Cortés en su escrito asegura que eran tres, divididas a su vez en su interior en varias capillas, «y puse en ellas imágenes de Nuestra Señora y de otros santos».[2] Bernal corrobora que fray Bartolomé de Olmedo celebró misa cantada asistido por el padre Juan Díaz, y que a partir de ese momento, día y noche, durante casi seis meses habría velas encendidas ante la Virgen y los santos. Por cierto que una de las novedades traídas por los españoles fue la vela; ello daba mucho que hablar, pues teniendo ellos algodón y cera no se les había ocurrido hacerlas. Eso constituía un gran adelanto, pues las teas de ocote con las que se alumbraban eran de duración efímera. Pero todavía no se extendía su uso porque las velas se hacían dentro del palacio de Axayácatl y no se divulgaba el secreto de su fabricación. Pasaría algún tiempo para que su empleo se generalizara.[3]

Es posible que Marina en más de una ocasión, cuando ascendía los ciento once peldaños para asistir a la misa también ofreciera una vela a la Virgen y escuchara las enseñanzas de fray Bartolomé de Olmedo, quien seguramente no desperdiciaba ocasión para adoctrinarla en el dogma, máxime cuando al verla conversar con las matronas de Tenochtitlan la consideraba como la persona idónea para la propagación de la fe, haciendo hincapié en que no debía engañarlas dejándolas en la creencia de que ella y los españoles eran una especie de semidioses, sino hacerles saber que por ser cristianos se encontraban bajo el amparo de la Providencia.

Cada vez que Malintzin ascendía a la pirámide procuraba pasar allí el mayor tiempo posible para disfrutar del panorama. Si el día era claro, por donde quiera que volviese la mirada había tantas cosas que ver. Hacia oriente se observaban los volcanes, el Popocatépetl y el Iztaccíhuatl, con las faldas cubiertas de nieve. Alcanzaba a distinguir el paso que los separaba y cobraba conciencia de que por allí había transitado. Recordaba la nieve: la primera vez en su vida en que vio caer una nevada y la sintió en carne propia. Ya que todo había quedado atrás, olvidaba el frío pasado y recordaba con agrado la experiencia. ¡Tantas cosas había experimentado en tan poco tiempo!, ¡y tantas más le quedaban por aprender! A lo lejos se veía también el templo de Tlatelolco, donde estaba la imagen de Tezcatlipoca, que todavía no había sido defenestrado, pero al que pronto le llegaría su turno. Luego estaba la plaza del mercado, donde se vendía gran variedad de cosas.

Sabía –aunque desde lo alto no alcanzaba a verlo porque lo impedían los templos y casas– que allí, ante la indiferencia general, había en esos momentos hombres, mujeres y niños sujetos con colleras, que aguardaban a que apareciese un comprador. Ya no los comprarían para matarlos, pues desde la captura de Motecuhzoma el Capitán había prohibido los sacrificios. Pero de todas formas sentía pena por ellos, le recordaban cuando fue vendida. Y por donde quiera que volviese la vista había algo que atrapaba la atención: el acueducto del que bebía la ciudad; el número inmenso de canoas que se deslizaban por los canales y la laguna. A lo lejos se alcanzaba a distinguir Iztapalapa. Más allá quedaba Chalco, que no alcanzaba a verse por la distancia: una tierra por donde habían pasado y de donde traían el maíz para el abasto de la población. Algo que no comprendía era por qué el Capitán no había ordenado demoler el *tzompantli*. Es cierto que con el paso de los días se había acostumbrado a verlo, pero de todas maneras resultaba una visión deprimente. Fray Bartolomé de Olmedo comentó que si ese gigantesco osario fuese como un recordatorio de la muerte estaría bien, pero pensó que las razones serían otras: ¿trofeos acaso? Nunca se sabrá. Si Malintzin lo averiguó, nadie se ocupó de consignarlo. Llamaba poderosamente la atención que entre los miles de cráneos allí ensartados se descubrieran varios en cuyos dientes incisivos se apreciaban incrustaciones de piedras verdes a manera de adorno. La esclava fue a verlos adonde le indicaron que se encontraban, y explicó a quienes la rodeaban que eso lo hacían para embellecerse. Ya en una ocasión, allá en su tierra, ella había tenido oportunidad de ver a uno que lucía piedras de colores en la dentadura. Era individuo importante. Unos soldados que andaban contando los cráneos estimaron que allí había ciento treinta y seis mil. Pero se trataba sólo de una conjetura, pues no podían tener la certeza de cuántos realmente se encontraban en el interior de ese inmenso osario.[4]

Con frecuencia se acercaban a Marina soldados para preguntarle cómo se decía tal o cual cosa en náhuatl y las preguntas le resultaban útiles pues a su vez ella ampliaba su vocabulario de español; de este modo, no pasaba día sin que aumentase el número de palabras en su vocabulario. Entre los soldados con los que convivía con mayor frecuencia se encontraba Juan Pérez Arteaga, quien no perdía ocasión para preguntarle por nombres de cosas. De entre todos era el que más progresos hacía en el aprendizaje del idioma, exceptuando a Orteguilla, quien con la facilidad con que los niños aprenden otras lenguas, empezó a hablar nahuatl con fluidez. La cotidianidad comenzaba a ser más distendida, aunque sin bajar la guardia, los españoles vivían entregados a esparcimientos. Había llegado algún oro como pago de tributos y comenzaban a jugárselo a los dados y a las cartas. Un soldado hizo unos naipes con el parche de un tambor. Por las noches, cuando Marina pasaba frente al cuerpo de guardia, veía a los que velaban entregados al juego, profiriendo los que ganaban ruidosas exclamaciones de alegría. El oro lo habían cortado en pequeños lingotes que cambiaban constantemente de manos. Entre las muchas joyas que le habían regalado ella poseía algunas de oro. Eran bonitas, es cierto, pero no terminaba de comprender por qué los españoles lo preferían de tal manera, despreciando en cambio las cuentas de colores. Para Marina no había demasiado tiempo para esparcimientos. Le hubiera gustado recorrer la ciudad a sus anchas, pero sólo podía andar por ella cuando el Capitán salía y tenía que acompañarlo. Por lo demás el día se le iba casi entero sirviendo de intérprete. Llegaba gente de todas partes y ella era la encargada de traducir lo que decían. Unas veces era Cortés quien preguntaba y otras los escribanos, quienes con una pluma de ganso trazaban signos sobre el papel, registrando las respuestas que ella les trasmitía. Estaba visto que todo les interesaba. Querían saber sobre ríos, montañas, minas, y si hacia poniente existía otro mar; pronto se sabría que así era.

En la sesión matutina en la que Motecuhzoma recibía en audiencia a sus mayordomos llegó el informe de que algo estaba ocurriendo en Texcoco. Marina escuchó con atención y fue enseguida a contárselo a Cortés. Se trataba de que Cacama andaba promoviendo un movimiento para deponer a su tío, aduciendo que éste era un pelele entregado por completo en manos de los españoles. Ulteriores datos ampliaron la información quedando al descubierto que en Texcoco ya no se acataba la autoridad de Motecuhzoma. Cortés quiso marchar contra ese conato de rebelión, pero el gobernante mexica lo convenció de que dejase el asunto en sus manos; él podría resolverlo. Mandó llamar a unos capitanes a quienes impartió las instrucciones del caso, diciéndoles a quiénes deberían contactar en Texcoco. Partieron y pocos días más tarde estaban de regreso trayendo a Cacama y otros involucrados en la conjura. Los habían sorprendido cuando estaban reunidos en una casona en la ribera del lago, y antes de que sus partidarios se diesen cuenta y pudiesen reaccionar los subieron a unas canoas y los trajeron a Tenochtitlan. Malintzin se halló presente en los interrogatorios. Motecuhzoma los interrogó por separado y puso en libertad a los que estimó que no tenían otra responsabilidad que la de haber asistido a la reunión. En cuanto a Cacama, como era de natural arrogante, se insolentó frente a su tío, por lo que éste determinó su prisión. Se le sujetó con una gruesa cadena traída ex profeso de un navío de la Villa Rica. Algunos de los conjurados se habían librado de ser aprehendidos, Cuitláhuac entre otros. Al quedar acéfalo el gobierno de Texcoco Motecuhzoma propuso para el cargo a uno de los hermanos de Cacama, Cuicuitzcatzin, quien se encontraba refugiado en Tenochtitlan bajo su amparo. Cortés a través de Marina sometió a un largo interrogatorio al candidato. Luego que estuvo convencido de que era el adecuado comenzó un curso intensivo de preparación. En primerísimo lugar estaba la prohibición de los sacrificios humanos y la consecuente supresión de la antropofagia. Se le hizo saber a Cuicuitzcatzin que gobernaría como representante del rey de España, quien no toleraba que sus súbditos fuesen idólatras. Por tanto, Marina tuvo a su cargo darle unas nociones de cristianismo: hubo la Creación y el primer hombre y la primera mujer se llamaron Adán y Eva. También se le informó que había un cielo y un infierno, y sin más se le despachó. A partir de ese momento la colaboración de Motecuhzoma se volvió más abierta; sentía el gusto por el poder, aunque fuese ahora un gobernante subordinado, pero Cortés procuraba hacerle más llevadera esa situación frente a sus súbditos. Debían guardarse las formas y, comenzando por los españoles, todos debían extremar las cortesías hacia él. Para ello se elaboró un protocolo que imponía a los soldados, incluidos sus guardianes, la obligación de hacerle una reverencia y descubrirse al saludarlo (una cortesía novedosa, ya que los indios no se cubrían la cabeza). Y en lo que atañe a gobernar los territorios distantes, era a Motecuhzoma a quien correspondía tomar las decisiones. En todo caso, colaboraba abiertamente con Cortés, a quien incluso daba consejos sobre la forma en que debería gobernarse a sus súbditos. Mano dura: ésa era su receta. A través de Orteguilla, tenía un medio de comunicarse con los españoles del cuerpo de guardia, los cuales seguían sin separarse de él, ni de día ni de noche. Incluso estaban presentes a la hora en que tomaba el baño de vapor en el temascal (eso lo sabemos porque los que fueron testigos dejaron constancia escrita).[5] Sin embargo, para el despacho de asuntos más graves era imprescindible la presencia de Marina, quien durante horas permanecía intentando explicar a Cortés o a los escribanos ideas que tampoco ella alcanzaba a entender del todo. En una mesa tenían extendido un largo mapa dibujado por órdenes de Motecuhzoma. En él aparecía representado todo el litoral del Golfo, pues se quería averiguar si existía algún puerto abrigado. Por otra parte, no faltaba día en que la mujer tuviera que interrogar a individuos que venían de lugares distantes para presentar sus respetos, o simplemente como enviados de caciques que querían enterarse de lo que estaba ocurriendo en Tenochtitlan. El diálogo no siempre resultaba fácil. Ella se daba cuenta entonces de que los indios eran parecidos entre sí y distintos a los españoles, pero que también eran diferentes: entre otras cosas, no hablaban igual y no tenían los mismos dioses.

En uno de sus recorridos por palacio la mujer descubrió que Cacama ya no se encontraba solo, que habían venido a hacerle compañía cuatro hombres más que compartían con él la cadena. Entre ellos alcanzó a reconocer a Cuitláhuac. Ocurría, por otra parte, que algunos caciques que venían a presentar sus respetos a Cortés de pronto comenzaban a plantearle asuntos relativos al gobierno de sus regiones. Marina, quien estaba bien aleccionada, al momento los interrumpía diciéndoles que el asunto debían tratarlo con Motecuhzoma, porque él era el soberano y sólo a él debían obedecer, pues así lo disponía el rey de España.[6] Se diría que Motecuhzoma estaba consciente de que los cambios ocurridos eran irreversibles y procuraba adaptarse a su nueva situación, pues seguía siendo él quien mandaba a los suyos, o al menos Cortés lo sostenía en el cargo para que mantuviese controlado a su pueblo. Los españoles resultaban insuficientes para gobernar un territorio tan extenso, suponiendo que intentara designar un alcalde para cada pueblo, y Cortés lo tenía muy claro. La situación funcionaba. El país estaba tranquilo pero había desasosiego entre las castas de guerreros y sacerdotes, quienes tenían muy claro que no habría lugar para ellos en la nueva sociedad que se formaba. Cada vez que veían la cruz en lo alto del templo les hervía la sangre. Además, la prohibición de celebrar sacrificios humanos se mantenía, al menos en Tenochtitlan, donde los españoles ejercían el control.

Se construyeron cuatro bergantines, embarcaciones de fondo plano que navegaban tanto a vela como a remo, más pequeñas que en la que Malintzin viajó de Tabasco al arenal de Chalchiuhcuecan. Motecuhzoma quiso tener la experiencia de navegar en ellos y se le organizó una excursión. Aunque Cortés permaneció acuartelado en palacio, ella fue enviada como traductora y pudo disfrutar del paseo. Por la noche, cuando estuvieron de regreso, Motecuhzoma comentaba lo agradable del viaje. Le divirtió mucho ver cómo sus monteros y servidores, que iban en canoas, por más que se esforzaban en remar no conseguían dar alcance a los bergantines. Estuvo muy contento y se mostró dadivoso, obsequiando joyas y mantas a los soldados que lo acompañaron.

De la región de Coatzacoalcos llegaron emisarios del cacique Tuchintecla [¿sería Tuchintecuhtli?], quien invitaba a los españoles a que lo visitasen y se estableciesen en su territorio. A Marina le correspondió interrogarlos con detenimiento. Cuando se estimó que no se ocultaba nada detrás del ofrecimiento, Cortés resolvió enviar a Diego de Ordaz al frente de unos pilotos para sondear el río y examinar las posibilidades de ese lugar como puerto para navíos de mayor calado. La condición puesta por el cacique fue que los españoles serían bienvenidos siempre y cuando fuesen solos, pues no permitirían que los mexicas entrasen en su territorio. De una región llamada Chinantla, que se encontraba en Oaxaca, llegaron igualmente emisarios trayendo presentes e invitándolos igualmente a que visitasen su territorio. La condición era la misma, que los españoles fuesen solos. Cortés inmediatamente despachó a un pequeño grupo para que fuese a explorar la región (entre los enviados figuró Hernando de Barrientos, el soldado que a lo largo de la Conquista realizaría la proeza individual que más impresionó a Cortés).

El trabajo de Marina era pesado, pues eran muchas las cosas que tenía que atender. Estaba la diaria rutina de trasmitir órdenes a los jefes de los contingentes de indios aliados para que éstos mantuviesen la disciplina. Con el paso de los meses comenzaba a hacerse sentir el tedio en unos hombres jóvenes que se hallaban confinados en un área reducida. Se procuraba que no se hicieran muy visibles en la ciudad para evitar que estallasen rencores. Hasta ese momento no se habían suscitado riñas con el pueblo, pero se debía estar atento a posibles fuentes de conflicto. Las meretrices de Tlatelolco eran un riesgo en potencia. Entre los indios aliados circulaban historias acerca de su pericia en artes amatorias, lo que excitaba su imaginación: eran mujeres de andar desenfadado, con el rostro teñido de amarillo y que mascaban chicle. Por esta razón existía el riesgo de que se produjeran riñas o fuesen atacados si se aventuraban a ir solos por esa zona (según cronistas eran cuatrocientas mujeres las que ejercían la prostitución).[7] El hecho es que no aparece consignado que a lo largo de los casi seis meses de duración de la convivencia pacífica se hubieran suscitado reyertas entre los mexicas y los indios aliados de los españoles.

El paje Orteguilla, por el ascendiente que tenía con Motecuhzoma, era requerido por los soldados para que les sirviese de intermediario cuando querían pedirle algo. Bernal cuenta cómo a través de él logró que le concediese una audiencia, en la que le solicitó que le hiciese merced de facilitarle una joven, la cual le fue concedida. Y dice que más tarde cuidó que se bautizara, tomando el nombre de doña Francisca (pero no se casó con ella, ni dice si tuvieron algún hijo). Marina, situada como siempre en el centro del puesto de mando, era el filtro por donde todo se canalizaba: lo mismo las órdenes impartidas que el estudio de los proyectos destinados a preparar el terreno para unificar todos esos cacicazgos y señoríos en una gran nación, de la que ya había oído decir al Capitán que se llamaría Nueva España del Mar Océano. Por otro lado, debería estar muy atenta a la hora en que venían a acordar con Motecuhzoma sus mayordomos y magistrados, pues a través de éstos se sabía lo que se opinaba en el *Quauhquiáhuac*. Allí el clima no era del todo propicio, pues eran muchos los sacerdotes que instaban a la población a que se sacudiese de una vez por todas a los extranjeros. Aunque su palacio estaba a muy corta distancia de donde Motecuhzoma se encontraba confinado, no había querido volver a asomarse por allí, presumiblemente para evitar verse sometido a presiones por la teocracia. A partir del momento en que desactivó la conjura de Cacama había efectuado varias salidas: además del paseo en bergantín había realizado visitas a las casas de recreo que tenía, siempre bajo escolta, con una relativa libertad de movimientos. Pero por el *Quauhquiáhuac* no mostraba deseos de asomarse. En esos momentos se estaba cocinando algo verdaderamente importante, y ello era que como resultado del trabajo político realizado durante meses parecía que ya estaba madura la situación para que Motecuhzoma convocase a todos los caciques de sus dominios para prestar juramento de vasallaje a Carlos V. El tema no los tomaría enteramente por sorpresa, pues Cortés, por intermedio de Malintzin había sostenido largas conversaciones con varios de los más representativos. Ordaz volvió trayendo buenas nuevas de la tierra del cacique Tuchintecla. Habían sondeado el río y encontraron que tenía calado para navíos de gran porte. Además era tierra que por sus llanuras verdes podría prestarse para la cría de ganado. Y de Oaxaca llegaban noticias alentadoras. Parecía que se podría penetrar todo el territorio sin necesidad de combatir. Algo significativo era que ni en Tenochtitlan ni por ninguna otra parte se había registrado caso alguno de españoles que hubiesen sido atacados. Era asombroso el poder que conservaba Motecuhzoma, quien a pesar de encontrarse cautivo, tenía sus dominios en el puño. Nadie después de Cacama había osado intentar una rebelión, y los que planearon hacerlo permanecían encadenados a la vista de todos, para que sirviese de advertencia.

Llegó el día fijado para la ceremonia de la toma de juramento de vasallaje. Cortés quiso que se hiciese guardando las formas y con toda solemnidad para darle realce. Reunidos todos, Motecuhzoma hizo una sentida alocución –que incluso arrancó lágrimas a algunos– para convencerlos de que debían plegarse ante lo irremediable, argumentando que él había sido durante dieciocho años un buen gobernante para ellos, que los había enriquecido y sólo les procuraba lo mejor. Pero los tiempos habían cambiado y lo más conveniente era volverse súbditos de ese lejano señor de quien hablaban sus profecías. Pedro Hernández, el secretario de Cortés leyó una escritura que tenía preparada y a continuación Marina hizo uso de la palabra para traducirla, explicando el derecho que asistía a los reyes de España para gobernar esas tierras por cesión que les había hecho el Papa, quien como vicario de Cristo tenía la autoridad para ello. Comenzaba una nueva era y como todos eran vasallos de un mismo rey debían cesar las rencillas entre sí. Además puso especial hincapié en que tenían que destruir los ídolos, explicándoles que eran demonios que los tenían muy engañados, orillándolos a cometer muchas torpezas. Marina les hizo ver que en lo alto del Templo Mayor estaba clavada la Cruz, y que Huitzilopochtli y Tláloc habían sido expulsados de allí y no había ocurrido nada. Y como súbditos que eran del rey de España, para mostrar su lealtad deberían contribuir todos para enviarle un gran tributo de oro. Con ese encargo fueron despedidos. Asistieron todos los caciques, menos el de Tula, que abrigaba la pretensión de suceder a Motecuhzoma. Fueron a buscarlo a sus dominios para someterlo, pero ya había huido.

Malintzin vio una mañana cómo Juan Velásquez de León se despedía de Motecuhzoma antes de partir a colonizar la región de Coatzacoalcos por invitación del cacique Tuchintecla adonde iría al frente de ciento cincuenta hombres. Le llamó la atención la amistad establecida entre ambos, máxime que fue Velásquez de León quien lo intimidó con amenazas de muerte y lo forzó a entregarse sin resistencia, para más tarde ser uno de los capitanes encargados de su custodia. Se diría que con esos antecedentes Motecuhzoma no se encontraría bien predispuesto hacia él, pero ocurría lo contrario. Cuando Velásquez fue castigado por Cortés cargándolo de cadenas por haber cruzado la espada con el tesorero Mejía, fue el propio Motecuhzoma quien intervino ante el Capitán para que se le levantase el castigo. Las cosas cambiaban con el tiempo y Motecuhzoma iba estableciendo una relación con algunos de sus captores. Aparte del trato con Cortés, que era de franca colaboración, mantenía una especial predilección por su paje Orteguilla, a quien siempre quería tener cerca, lo mismo que a un soldado andaluz apellidado Peña, muy gracioso, que lo divertía mucho y con quien llegó a entablar amistad. Paradójico, pero así era.

Desde el pretil de la azotea, Marina y los soldados observaban los andares de Peña, quien descendía las escaleras para ir a recoger su capacete cada vez que Motecuhzoma lo sorprendía descuidado y se lo arrancaba arrojándolo fuera. Un juego que parecía divertirlo mucho.[8] Dándole vueltas a esa situación la esclava buscaba explicársela en función de que con anterioridad Motecuhzoma, dado su alto rango, no podía tener amigos, pero con la llegada de los españoles que lo miraban a la cara y con quienes podía bromear, por primera vez pudo conversar con hombres que eran sus iguales. Y tuvo amigos, quizá los únicos que conoció en su vida. Con la partida del contingente de Velásquez de León y de Rodrigo Rangel, que se dirigía a incursionar por Oaxaca, el grupo español se reducía a menos de la mitad de los llegados inicialmente, pero si el Capitán se desprendía de ellos por algo sería. No precisaba de tantos. Con los que le restaban tenía suficiente dada la compenetración que día a día iba logrando con Motecuhzoma e infinidad de notables. La colaboración que recibía de éstos era total, dispuestos a sumarse al nuevo poder. Habían captado que soplaban vientos de cambio y que no habría marcha atrás.

Una de las salas de palacio había sido convertida en el centro de mando. Allí se levantaba un plano del territorio con base en los datos que se iban obteniendo. Ya se tenía conocimiento de la ubicación del otro océano, el Mar del Sur descubierto por Balboa en Panamá. La tarea de Marina no cesaba. Tenía que estar presente escuchando lo que venían a tratar con Motecuhzoma, especialmente cuando tenía acuerdos con gobernadores. Arrellanada en su asiento, como una gran matrona, fumaba un puro mientras escuchaba informes que traían los caciques de regiones lejanas. Algunos, sabiendo que ella era mujer del trópico, le traían mameyes, piñas, guayabas y demás frutos de la tierra caliente. Antes de marcharse y tras tratar los asuntos de gobierno, los caciques conseguían de ella la oportunidad de saludar al capitán Malinche.

La esclava seguía a Cortés como su sombra en los recorridos por la ciudad, para servirle de intérprete. Eso significaba para ella el disfrute de esparcimientos y novedades. La casa de las aves era un sitio que llamó poderosamente la atención a Cortés y a todos los españoles, pues no habían visto cosa semejante en España ni tenían noticia de que hubiese algo parecido en ningún país de Europa. En ese sitio estaban reunidas todas las aves de los dominios de Motecuhzoma y territorios conocidos: unas en corrales; las acuáticas en estanques; y las capaces de escapar volando, en grandes jaulas cubiertas con redes. Una gran número de sirvientes tenía a su cargo alimentar a cada cual según su dieta. Algunas, como los quetzales, requerían mucho cuidado puesto que debían darles los insectos y semillas a que estaban acostumbrados. A lo largo de las jaulas existía un andador por el que Motecuhzoma acostumbraba caminar cada vez que se quería solazar viéndolas. En otro lado estaba lo que llamaban la casa de las fieras, donde había pumas, jaguares, osos, lobos, ocelotes, coyotes y otros carnívoros. Estaba luego la casa de las serpientes, cuya variedad llamaba la atención de los españoles. Los guardianes que tenían a su cargo alimentarlas explicaban cuáles eran las venenosas. Unas llamaban la atención por su colorido; otras por el cascabel que tenían en el extremo de la cola y que agitaban con un sonido característico. Eran totalmente desconocidas, en nada parecidas a las culebras de Cuba: los lentísimos majás que carecían de ponzoña. Como siempre, Marina solía hacer de intérprete cada que Cortés se paseaba por el sitio, mostrándolo a los caciques que venían de lejos a presentarle sus respetos.

El tiempo iba deslizándose casi sin sentir. Llevaban ya mucho tiempo en Tenochtitlan. ¿Cuánto? Ella calculaba: llegaron en el mes *quecholli* y habían transcurrido *panquetzaliztli*, *atemoztli*, *títitl*, *izcalli*, *atlcahualo*, *tlacaxipehualiztli*, *tozoztontli*, y estaban ya en *uey tozoztli*. Ocho meses. Pero cuando hacía la cuenta con los españoles las fechas no coincidían. Ellos decían que todavía no se cumplían seis: noviembre, diciembre, enero, febrero, marzo y abril. Entonces comprendió que los meses de los españoles no eran los mismos que los suyos, que eran tan sólo de veinte días. Se encontraba sumida en esas cavilaciones cuando llegó un mensajero portador de una carta del español que Cortés tenía en el arenal, notificando que un navío navegaba por esa costa. Podría ser que ya estuviera de retorno el barco de los procuradores enviados a España, pues ya iba para diez meses que había partido. Cortés se encontraba impaciente por conocer detalles. Y cuando dos días después llegaron mensajeros indios con la noticia de que en la costa de Chalchiuhcuecan habían acales similares a los que habían llevado hasta allí al Capitán y sus hombres. Habían contado dieciocho. Los traían dibujados en una manta de henequén. Apenas conocida la novedad, lejos de compartir el regocijo general Cortés se mostró receloso. ¿Dieciocho? Eran demasiados. ¿Quién vendría al frente? La mujer advirtió que de forma reservada llamaba a Andrés de Tapia, uno de los hombres de su confianza, para que sin pérdida de tiempo se desplazase a la costa para averiguar quiénes eran. Quizá fuera Garay de nueva cuenta.

Algo sabía Marina de que entre los españoles existían bandos y no todos eran amigos, a pesar de aquello que dijese el Capitán de que eran súbditos del emperador. La siguiente medida que le vio adoptar fue el envío de un mensaje a Juan Velásquez de León, ordenándole que se detuviese allí donde lo alcanzase el mensajero y quedase en espera de instrucciones. La colonización de la zona de Coatzacoalcos podía esperar. Otra cosa que no escapó a su atención fue la notoria reserva con que Cortés se conducía frente al grueso de sus hombres y ante Motecuhzoma. Eso lo advirtió en la última conversación sostenida por ambos en la que ella estuvo presente. En esa ocasión el Capitán dijo que los recién llegados eran hermanos suyos y nada más. Marina tuvo la impresión de que Motecuhzoma se quedó con deseos de haber sido informado con mayor detalle. Y para evitar que tanto a ella como a Aguilar o los soldados los acosasen a preguntas, Cortés los retuvo a su lado en todo momento, tanto de día como de noche. Pronto recibió respuesta de Tapia: se trataba de un ejército numeroso al mando de Narváez, viejo conocido suyo y de la mayor parte de los soldados, quien venía enviado contra él por Diego Velásquez. La mujer pudo ver cómo el Capitán hablaba reservadamente con el hombre santo, el padre fray Bartolomé de Olmedo, dándole instrucciones para que fuese a entrevistarse con el tal Narváez. Viajaría solo, aunque no iría a pie ni a caballo, sino transportado en una especie de andas que se habían confeccionado con redes, en las cuales se recostaría para ser llevado por porteadores que se relevarían a todo lo largo del trayecto. Esa noche lo vio partir. Los soldados que estaban de guardia mostraban más euforia de lo acostumbrado.

Dos días después llegaron unos hombres remitidos por Sandoval, quien los había apresado y enviado a Cortés en andas, «como ánimas pecadoras», dice el cronista. Pero por tratarse de personas de significación, el Capitán les envió caballos para que hiciesen su entrada conforme a su categoría social. Uno era clérigo, otro escribano y hombres de cierto relieve los restantes, lo cual fue intuido por ella debido a la forma en que venían vestidos y por el trato que se les dio.[9] Hablaron largamente con Cortés, pero el fondo de lo que trataron fue asunto del que no llegó a enterarse. Cosas de teules. Eso sí, el campo se volvió un hervidero de actividad. Los emisarios iban y venían. Veía que los que llegaban traían cartas y los que estaban en palacio no cesaban de escribir. Algo gordo estaba ocurriendo, ¿pero, qué era? La esclava contaba con información fragmentaria de lo que sucedía a través de lo que escuchaba a Cortés y a sus más inmediatos allegados. Eso por una parte y, por la otra, se enteraba de lo que contaba Orteguilla, quien se movía por todos los rincones del palacio de Axayácatl y como pasaba la mayor parte del día junto a Motecuhzoma, y hablaba con mucha gente, se daba cuenta de todo. Fue así como se percató al instante de que apenas conocida la llegada de Narváez comenzaron las presiones sobre el mexica para que aprovechase la coyuntura de una guerra entre teules con el fin de sacudirse la presencia de Cortés. En el *Quauhquiáhuac* se tenía conocimiento de que Narváez se había puesto en contacto con Motecuhzoma haciéndole saber que Cortés era un rebelde y que él venía a castigarlo. Orteguilla daba cuenta de cómo en una tela de henequén se había dibujado la flota recién llegada, el número de hombres, cañones y caballos. Era tan grande esa fuerza que se esperaba que deshiciera a Cortés, por lo que constantemente la facción inconforme de la casta sacerdotal y la de los guerreros presionaba al soberano rehén para que diese la orden de acabar con los españoles, sobre todo habida cuenta de lo reducido del núcleo que se encontraba en Tenochtitlan. Pero Motecuhzoma resistía. Su actitud era la de mantenerse neutral en el conflicto que se avecinaba. Por supuesto, el niño tenía puntualmente informado a Cortés de todo lo que se hablaba. Y Marina hacía lo propio. Nunca se ha sabido cuáles serían los pensamientos que cruzaron por la cabeza del *Huey Tlatoani* en aquellos momentos. Quizá el recuerdo de lo ocurrido en Cholula pesó en su ánimo y quiso ahorrarle a la ciudad los horrores de una matanza. La esclava hablaba largamente con él para hacerle ver que sería un error grave que en esos momentos intentara cambiar de bando. Por lo pronto él, desde su confinamiento, seguía gobernando con mano de hierro. Sus mayordomos y capitanes se cuidaban de que en ningún rincón de sus dominios algún exaltado alzara la voz instando al pueblo a la rebelión. Marina reflexionaba en lo que podría pasar. Su vida estaba ligada por entero al Capitán. No había vuelta atrás; no volvería al metate. Y seguramente el señor Motecuhzoma pensaría que tampoco para él había vuelta al pasado, máxime cuando se había operado un cambio importante en su mentalidad. Los esfuerzos del padre Olmedo comenzaban a dar fruto, encontrándose más receptivo a la hora en que se le explicaba la religión. Se pensaba ya en su bautizo, aunque en ello se iba con pies de plomo por las consecuencias que se derivarían, ya que se esperaba que fuese seguido por la conversión en masa de todo el pueblo.[10] Mientras los emisarios iban y venían de uno a otro campo Marina pudo observar cómo dos de aquellos que habían llegado en días anteriores partían de regreso, llevando un mensaje del Capitán quien les había hecho entrega de una buena cantidad de tejuelos de oro. Así iban pasando los días y en uno de ellos se descubrió que un tal Pinelo había abandonado su puesto con intenciones de pasarse al grupo de Narváez. A Cortés eso le preocupó por la información que podía proporcionar el evadido. Para evitarlo pidió a Motecuhzoma que fuesen tras él y lo trajesen vivo o muerto.[11]

Desde su ángulo de visión la esclava percibía el continuo ir y venir de emisarios. Llegaban cartas y el Capitán repartía con prodigalidad más tejuelos de oro. Al parecer la controversia iba encaminada a resolverse por medios pacíficos. Pero la negociación se agotó y una mañana fue llamada para que tradujese a Motecuhzoma con todo cuidado lo que tenía que decirle: él partiría para encontrarse con Narváez y Pedro de Alvarado quedaría en lugar suyo; por tanto, se le responsabilizaba de que nada ocurriese a sus custodios y debía cuidar de que mientras él estuviese fuera no se alterase el orden. A instancias de Cortés, Marina reiteró las instrucciones para que le quedase muy claro que, como vasallo que era del rey de España, se encontraba obligado a demostrar su lealtad. Si algo ocurría en Tenochtitlan él sería el responsable. Se le comunicó asimismo que llevaría consigo a una serie de notables. Marina quedó pensativa al observar que Cortés declinó el ofrecimiento que éste le hizo de ocuparse en someter a los recién llegados. Sus razones tendría el Capitán. Terminada la entrevista, la esclava fue advertida por Cortés de que debía alistarse para el viaje, pues los acompañaría. Cuando se asomó a la terraza, la mujer dirigió la mirada hacia el paso que separaba los volcanes. No se veía nieve, pero recordó lo fatigosa que le había resultado la ascensión.

Partieron al día siguiente. Alvarado quedó con un centenar de españoles y un contingente no especificado de indios aliados, mientras que la cifra de españoles que llevaba Cortés era notoriamente inferior al número de los que quedaban. La comitiva de notables era reducida, pero gente de autoridad. Cumplirían el doble objeto de resolverle problemas y de servir como rehenes. En cuanto llegaron a Chalco la mujer experimentó un alivio al saber que no pasarían entre las montañas sino que las rodearían para llegar a Cholula. Conocían un mejor camino para evitar la escalada; pero se marchaba de prisa, y ella tenía que mantener el paso al mismo ritmo que los hombres. Poco antes de llegar a esa población toparon con el padre Olmedo, quien volvía de entrevistarse con Narváez. Conversó a solas con Cortés. De lo que hablaron no se enteraron ella ni la tropa. A la entrada de Cholula estaba ya aguardándolos Juan Velásquez de León con los ciento cincuenta hombres a su cargo. La esclava advirtió que el Capitán experimentó una sensación de alivio al verlo, pues como éste y Diego Velázquez eran parientes muy próximos, siempre tuvo la duda de que en un momento dado fueran a pesar más las razones de parentesco. Además, ella recordaba que allá en la Villa Rica lo tuvo unos días confinado en la bodega de un navío para disciplinarlo. Y cuando sacó la espada en riña con el tesorero Gonzalo Mejía a los dos los cargó de cadenas. Un hombre singular; el Capitán lo castigaba y a continuación le confiaba mandos importantes. Allí, en Cholula, vio cómo al padre Juan Díaz y a otros soldados el Capitán los enviaba de regreso a Tenochtitlan. Según averiguaría más tarde, lo hizo porque no eran totalmente de fiar y existía el riesgo de que se pasasen a las filas de Narváez. Llegaron a Tlaxcala y allí tuvo ella un día muy ocupado, traduciendo las conversaciones del Capitán con los señores. Allí se dio cuenta de que éstos no le ofrecieron refuerzos y de que tampoco él insistió sobre el punto. Les dio a entender que con las fuerzas de que disponía le era suficiente. Emprendieron la marcha. Comenzando a acostumbrarse a la buena vida, con todas las atenciones que le tenían, a Marina le resultó difícil retomar el paso de la tropa. Pero lo logró. En ocasiones le faltaba el aliento, pero procuraba ir a pocos pasos del caballo del Capitán. Iban a marchas forzadas. Pronto comenzaron a descender del altiplano, acercándose a la costa. Eso lo experimentó en la piel, sintiéndola sudorosa, y en el aire que aspiraba a bocanadas, pareciéndole más grueso, como en Tabasco. El mar ya no debía estar lejos. A poco andar tropezaron con Sandoval. Ella lo reconoció. Era aquel que había quedado al mando en la Villa Rica y llevara a cabo las ejecuciones de Juan Escudero y Diego Cermeño. Sabía que eso se hizo por órdenes del Capitán, pero fue Sandoval quien lo llevó a cabo. Era éste un hombre joven, siempre sonriente y, por lo que alcanzaba a percibir, apreciado por sus hombres. Cuando conversó con Cortés rieron mucho y más tarde pudo enterarse de la razón: Sandoval había enviado al campo de Narváez a unos españoles que por ser morenos y lampiños pasaron por indios; y así, acuclillados escucharon todo lo que se decía. Salvatierra, uno de los principales, quien al verlos de esa guisa les ordenó que llevasen a abrevar a su caballo. Y ellos lo hicieron, sólo que se llevaron el animal y montados en él llegaron al real de Sandoval. El suceso se festejó con muchas risas. Pero al caballo no lo llevaban consigo porque no podría andar por los senderos por los que se movían. Lo dejaron en un poblado en la sierra donde habían quedado los enfermos. Llovía constantemente; pero eso no era obstáculo para detenerlos. Cortés no les daba reposo, marchaban durante el día y por la noche. Si llovía, alegando que el agua no los dejaría dormir, los mantenía en movimiento. Marina iba empapada, con la ropa pegada al cuerpo y el calzado lleno de lodo. Pero estaba acostumbrada ya que en Tabasco, sin importar si diluviaba, debía cumplir las órdenes de su amo. Cortés los llevaba de prisa porque se movían por zona poblada y los indios, como espectadores en ese enfrentamiento entre teules, al igual que le daban informes a él sobre los movimientos de Narváez seguramente también le brindarían a éste los referidos a los suyos. Los de a caballo habían alanceado unos venados y jabalíes pero no les fue permitido detenerse a asarlos para evitar que el fuego delatara su presencia. Comían sobre la marcha, tortillas duras y lo que llevaban en los morrales. En un momento dado, la esclava alcanzó a escuchar ruidos, indicio de que se habían topado con alguien, y se acercó para traducir. Pero sus servicios no fueron necesarios, pues el capturado era un español, espía de Narváez, que era interrogado por el propio Cortés, de quien además era compadre. Y como se rehusara a hablar le echaron una soga al cuello y lo izaron, sin que el compadrazgo le hubiera valido para que se hubieran tenido con él mayores consideraciones. En cuanto lo bajaron habló. El hombre, que se apellidaba Carrasco, quedó con el cuello tan dolorido que durante un par de días apenas pudo pasar bocado. Por él supieron que su compañero, un tal Hurtado, había huido para dar la voz de alarma. Y como ya estaba detectada su presencia, Cortés resolvió no aguardar a que amaneciera. Se pusieron todos de rodillas para recibir la absolución colectiva que iba a impartir el padre Olmedo. Por Orteguilla se enteró Marina de que ésta era válida porque en casos así sólo bastaba hacer acto de contrición. Se arrodillaría, por tanto. La lluvia había cesado en ese momento y se impartieron las instrucciones para el ataque. Marina, Orteguilla y el padre Olmedo quedarían tras una loma, cuidando el fardaje y los caballos.[12] [Es importante destacar que ninguno de los participantes en la acción, incluidos Cortés y Bernal, mencionan que Marina y Orteguilla se hallaron presentes en Zempoala. El único que lo dice es Cervantes de Salazar, quien es muy claro al respecto y aunque no fue testigo ocular, para describir los sucesos de esa noche dispuso de unas notas que le fueron facilitadas por el escribano Alonso de Mata, llegado con Narváez, quien para la época en que Cervantes de Salazar escribía se encontraba residiendo en Puebla, donde fungía como regidor. El que Cortés hubiera llevado consigo a Marina y Orteguilla había producido el aislamiento de Motecuhzoma, quien no tendría posibilidad de comunicarse con sus custodios.] Al poco rato de que los hombres partieron llegó hasta Marina el fragor del combate. Redoblaba el tambor y se escuchaban los estampidos secos de los disparos de arcabuz. Para no confundirse en la oscuridad los hombres de Cortés se identificaban con la contraseña de «Espíritu Santo», que había sido elegida por fray Bartolomé debido a la festividad de la Pascua; y los de Narváez respondían con la suya: «Santa María». En forma intermitente, según soplara el viento, les llegaban los ruidos del combate, hasta que una voz comenzó a oírse cada vez con mayor fuerza, repitiendo: «¡Victoria para los del Espíritu Santo!».

Bajo las primeras luces del amanecer se acercaron unos soldados que comentaban lo ocurrido. Así, escuchando a unos y a otros, la esclava se hizo una idea del desarrollo de los acontecimientos. Para esa fecha ya había transcurrido más de un año desde que convivía a diario con españoles y realizando progresos en el aprendizaje de su idioma. Podía sostener conversaciones sencillas directamente sin necesidad de la intermediación de Jerónimo de Aguilar. Y de este modo se enteró de que hubo media docena de muertos y algunos heridos. Narváez, desde lo alto de la plataforma superior de la pirámide donde se había instalado, se defendió valerosamente con un montante, hasta que de un golpe de pica le reventaron un ojo. Así fue hecho prisionero y terminó el combate. Al ser llevado ante Cortés dijo: «Tened en mucho la ventura que hoy habéis tenido en tener presa mi persona». Éste se limitó a decirle que la menor cosa que había hecho en esa tierra era el haberlo derrotado y capturado. La realidad es que la mayoría de los hombres que componían la fuerza de Narváez habían venido presionados por Velásquez, quien los amenazó con retirarles las haciendas y los indios que tenían encomendados. Sumado a la poca voluntad de combatir que tenían, el oro repartido por Cortés hizo el resto. A la vista de cómo circulaba el metal amarillo pronto se mostraron deseosos de cambiar de bando. Eso explica cómo los doscientos cincuenta hombres de Cortés obtuvieran una fácil victoria sobre los más de ochocientos que traía Narváez. Al comentarse las incidencias del combate, uno de los venidos con Narváez señalaba que en el momento en que escampó, la noche se llenó con el brillo de las luces de los cocuyos; y que en cuanto aparecieron los escopeteros de Cortés, las mechas que traían encendidas fueron tomadas por cocuyos, que luego la confusión aumentó al ocurrir lo contrario, pues al brillar los cocuyos muchos pensaban que eran escopeteros y que los había por todas partes. A la mujer le llamó la atención que fueran numerosos los de un bando que saludaban a los del contrario, que conversaran animadamente ya que eran conocidos y amigos; y que si de pronto se habían visto militando bajo banderas contrarias, eso era algo fortuito y contrario a su voluntad. Pensó que se les había involucrado en una guerra no deseada por ambos lados. Vino después la tarea de curar a los heridos, en la cual ella no tuvo participación, pues con los de Narváez había venido el maestro Juan, un cirujano muy competente. Además, en el grupo de los recién llegados figuraban varios ensalmadores, entre ellos un italiano y una mujer, quienes con imponer las manos y musitar oraciones, lograban que las heridas dejasen de sangrar.[13] Marina vio a un negro muy gracioso que no cesaba de hacer aspavientos, cantando y bailando para decir loas de Cortés. Según supo, se llamaba Guidela y era el bufón de Narváez. Ella ya estaba enterada de la existencia de los bufones, pues Motecuhzoma tenía enanos y corcovados que decían gracias para divertirlo. También había visto actuar a unos acróbatas que, tendidos de espaldas, con los pies jugaban con un tronco lanzándolo por los aires y haciéndole dar todo tipo de giros.

Llegó Quauhtlaebana, el Cacique Gordo, acompañado de un grupo de notables. Venían a felicitar a Cortés por su victoria sobre Narváez. Y ante Marina se disculparon por haberle facilitado a éste vituallas y alojamiento. Adujeron haberlo hecho obligados, pues ante la fuerza que traía no tenían alternativa. Cortés aceptó sus disculpas, comprendiendo que en una lucha entre españoles los totonacas hayan optado por mantenerse neutrales. Ésta es la última ocasión en que se sabe del Cacique Gordo, quien se pierde de vista para la Historia.

Aparte de Narváez y unos pocos incondicionales suyos que fueron retenidos como prisioneros, la esclava pudo ver cómo Cortés se mostraba muy activo buscando ganarse a los recién llegados. Para lograrlo tuvo con ellos toda clase de miramientos. Como primera providencia ordenó que les fuesen devueltas las armas y monturas decomisadas, lo cual no dejó de disgustar a algunos de los vencedores que consideraban lo habido como botín de guerra.[14] El siguiente paso de Cortés fue dividir a sus hombres para enviar una fuerza a la Villa Rica y otra a continuar la colonización interrumpida de la zona del Coatzacoalcos. Marina fue llamada para dar instrucciones a un indio que partiría como mensajero, llevando a Alvarado la noticia de la victoria sobre Narváez. Partió el mensajero y a continuación ella pudo advertir que entre los soldados veteranos había malestar por el reparto del oro, no estando dispuestos a compartir con los recién llegados el tesoro que llevaban reunido. Intervinieron varios capitanes y el padre Olmedo terció en la disputa zanjándose ésta con el acuerdo de que lo habido se repartiría entre los veteranos, mientras que los recién llegados tendrían sus partes de lo que se colectase en lo venidero. El Capitán dio las órdenes al efecto para que un grupo fuese en busca del tesoro que dejaron depositado en Tlaxcala. En esos momentos Botello aseguró haber tenido una premonición, en la que veía que Pedro de Alvarado era atacado por los indios, encontrándose en llamas el palacio de Axayácatl, mientras los sitiados resistían desesperadamente. Cortés no prestó la menor atención a aquello, pues aparte de que tenía a Botello por un charlatán, era hombre que no creía en agüeros y adivinaciones, por lo que dio la orden de seguir adelante con lo dispuesto. Blas Botello, de Puerto Plata, era un hidalgo montañés visto con cierta aprensión en el ejército, pues se decía que sabía muchas cosas, que tenía poderes ocultos y podía adivinar el futuro, no faltando quien aseguraba que tenía «familiar». [Tener familiar en el vocabulario de la época era tener un demonio familiar, pacto diabólico.[15]] Marina, que había escuchado esos rumores, en varias ocasiones estuvo tentada a pedirle que le dijese cuál sería su suerte, pero no se atrevió. El padre Olmedo decía que no se debía creer en esas patrañas.

Por último quedaron listas las dos columnas. Una iba al mando de Velásquez de León, llevando a los prisioneros rumbo a la Villa Rica, adonde deberían trasladarse los navíos en que llegaron los de Narváez. La otra, comandada por Diego de Ordaz, iría a colonizar Coatzacoalcos. Entonces llegó un mensajero indio trayendo una carta de Alvarado en la que daba cuenta de que se encontraba sitiado en el palacio de Axayácatl. Al instante quedaron cancelados todos los planes. Marina hubo de dejar los obsequios que le habían hecho y disponerse a caminar de prisa para seguir de cerca al Capitán. Sería una marcha forzada y para ella no había caballo. Antes de partir se percataron de que uno de los esclavos negros llegados con Narváez se encontraba enfermo. Lo dejaron atrás, tenía el cuerpo lleno de pústulas.

Luego de atravesar por regiones que ya les eran familiares llegaron a Tlaxcala. Marina trasmitió a Cortés la información proporcionada por los caciques, quienes se encontraban al tanto de lo que ocurría en Tenochtitlan. Se había combatido con ferocidad y parte del palacio de Axayácatl había sido presa de las llamas. A pesar de eso, Alvarado se sostenía. Hicieron ahí una breve pausa para reponer fuerzas y aguardar a los rezagados. La columna se había extendido demasiado y corrían riesgo de ser atacados. Pero no hubo contratiempos. Por todos los sitios donde pasaban los indios se mantenían como espectadores. Era una guerra que les era ajena. Apretando el paso entraron en Texcoco. La ciudad se encontraba semidesierta y sin gobierno. Marina preguntó por Cuicuitzcatzin, el gobernante impuesto por Cortés, pero nadie supo decirle qué había sido de él. Tampoco se encontraba su hermano Coanácoch, quien se había hecho con las riendas del gobierno. En esos momentos de incertidumbre arribó una canoa en la que venía un español enviado por Alvarado y algunos emisarios de Motecuhzoma que aseguraron a Cortés que aquél había sido ajeno a los desórdenes ocurridos y por el momento había conseguido imponer su autoridad, por lo que ya no se combatía. Durmieron en Texcoco. Para Marina hubo pocas horas de sueño, pues hasta altas horas estuvo interrogando a pobladores de la ciudad para tratar de averiguar qué era lo que había ocurrido y cuál era el estado de cosas prevaleciente en esos momentos. Mediante la información obtenida, Cortés pudo tener un cuadro aproximado de la situación. Al día siguiente, 24 de junio, día de San Juan, a hora temprana se internaron por la calzada de Iztapalapa y al cruzar por un puente el caballo de un soldado llamado Solís Casquete metió una pata entre la separación de unas tablas, quebrándosela. La esclava alcanzó a escuchar que aquello era señal de mal agüero. Era la voz de Blas Botello. En efecto, no era para menos. La ciudad ofrecía un aire lúgubre y trágico: casas quemadas, destrucción por todas partes, a cada paso sentía ella que le clavaban la mirada mujeres que lloraban a sus muertos. Sin encontrar impedimento llegaron al palacio de Axayácatl. En esta ocasión eran tantos, que algunos soldados tuvieron que alojarse en edificios del centro ceremonial. Cortés se entrevistó con Alvarado para enterarse de lo ocurrido. La esclava quedó a la espera de ser llamada para traducir durante la entrevista que pensó tendría lugar con Motecuhzoma. Pero ésta no se llevó a cabo. Cortés no consideró necesario hablar con él. Visto que sus servicios no serían requeridos, ella se dedicó a preguntar a la gente qué era lo que había ocurrido. Por los informes que recogió pudo sacar en claro que en el mes Tóxcatl tenía lugar la festividad en honor a Tezcatlipoca; los mexicas pidieron autorización a Alvarado para celebrarla dándola éste a condición de que no se efectuara algún sacrificio humano. Pero en el fondo tenía grandes recelos y temía que se tratase de una trampa, pues los tlaxcaltecas no cesaban de darle informes en el sentido de que habían introducido armas para matarlos a todos en cuanto estuvieran distraídos viendo la fiesta. Alvarado dio tormento a unos principales que tenía prisioneros y los interrogó por medio de Francisco, un indio que apenas sabía unas palabras de español y que a todo decía que sí, de manera que al preguntarles a los interrogados si efectivamente se preparaba una traición, éste respondía afirmativamente.[16] Alvarado no lo pensó mucho y en momentos en que la danza estaba en lo más animado, al ritmo de flautas y teponaxtles, les cerró las entradas y con los ciento treinta hombres con que contaba, más el auxilio de los tlaxcaltecas, arremetió. Como se hallaban inermes nada pudieron hacer para defenderse. Allí sucumbió a estocadas y golpes de macana lo más selecto de las órdenes militares y miembros de la casta sacerdotal. Marina preguntó por el número de muertos, cosa que no logró establecer. Unos le decían que trescientos y otros elevaban la cifra. Como resultado de ello el pueblo se amotinó, comenzó a atacar el palacio de Axayácatl y a punto estuvo de tomarlo de no haberse asomado Motecuhzoma a la azotea para hablarles y aplacar los ánimos. Se vivía una calma tensa que no pasaba de ser una tregua pasajera. Cortés, a quien se le había subido a la cabeza la victoria sobre Narváez, se equivocó al malinterpretar ese paréntesis en la lucha, creyendo que ya se había restablecido el orden. Finalmente mandó llamar a Marina para hablar con Motecuhzoma. En cuanto lo tuvo delante le demandó que diese órdenes para que se abriese el mercado, la vida se normalizara y se pudiera adquirir provisiones. Motecuhzoma, quien resintió vivamente que le hubiese hecho el desaire de no visitarlo a su llegada, rehusó aduciendo que además ya no sería obedecido. Todos los esfuerzos de Marina por convencerlo resultaron inútiles. En vista de su negativa se puso en libertad a Cuitláhuac para que éste lo reabriese. [Ello ocurría el día *nahui malinalli* del mes *Tecuilhuitontli,* correspondiente al 25 de junio en el calendario juliano, entonces vigente.] Un día y una noche hubo calma aparente, en cuyo periodo algunos indios se acercaban a palacio trayendo provisiones destinadas a Motecuhzoma y demás dignatarios que se encontraban presos. La circunstancia de que mientras unos atacasen (que era el grupo mayoritario) y otros (que constituían un segmento integrado fundamentalmente por servidores de palacio) llevaran víveres muestra que eran momentos en que nadie tenía claramente el control de la ciudad. Además, habían quemado los cuatro bergantines, lo cual resultó un despropósito, pues pudieron haberse servido de ellos. Afuera se reanudó el griterío. Comenzaba un nuevo ataque contra el palacio. Lanzaron antorchas, las que iniciaron un incendio que los españoles y aliados indios sofocaron derribando las paredes en llamas. En medio de la confusión prevaleciente la esclava iba y venía entre Motecuhzoma y demás principales, procurando convencerlos para que interviniesen y controlaran al pueblo. Entre los detenidos de mayor peso se encontraban Chimalpopoca –heredero del trono–, Cacama y muchos más cuyos nombres se desconocen y con los cuales Cortés confiaba revertir la situación. Pronto se vio que había sido un error la liberación de Cuitláhuac, pues se convirtió en cabeza del alzamiento. Entonces se produjo la salida de un grupo al mando de Ordaz; pero pronto hubo de replegarse ante la fuerte resistencia encontrada. Desde el pretil de la azotea Marina pudo observar cómo el Capitán, que tenía inutilizados dos dedos de la mano izquierda por una herida recibida, se ató a la mano una rodela y empuñando la espada en la diestra se lanzó a un ataque cuesta arriba para desalojar a los guerreros que se habían hecho fuertes en el Templo Mayor. De lo alto dejaban caer una lluvia de piedras y troncos que, inexplicablemente, en lugar de venir rodando, caían de punta. Algunos de los defensores intentaban abrazar a los atacantes para caer juntos, pero no tenían suerte. Con Cortés a la cabeza los españoles llegaron a la plataforma superior, matando hasta el último de los defensores. Una batalla cuesta arriba ganada con un mínimo de bajas y librada a la vista de todos los que se encontraban en el palacio de Axayácatl. La cruz y la imagen de la Virgen ya no se encontraban. A este respecto Bernal cuenta que «según supimos que el gran Montezuma tenía devoción en ella y la mandó guardar», lo cual vendría apoyar el dicho de Cortés en el sentido de que Motecuhzoma ya habría pedido el bautismo; y refiere también que el combate por la toma del Templo Mayor fue una acción que impresionó tanto a quienes la presenciaron que tiempo después fue recordada en muchas pinturas realizadas por tlaxcaltecas y mexicas.[17]

En un receso en la batalla, por intermedio de Marina, Cortés persuadió a Motecuhzoma para que se dirigiera al pueblo y lo apaciguara. Unos nobles se acercaron al pretil de la azotea y pidieron silencio, anunciando que éste iba a dirigirles la palabra. Motecuhzoma comenzó por reprocharles que hubiesen elegido un nuevo señor en vida de él, los exhortó a que no fueran necios y a que depusieran las armas, pues por cada español que moría sucumbían decenas de ellos; dijo además que de continuar la lucha la ciudad entera sería destruida. Después le resultó imposible continuar porque una gritería ensordecedora apagó sus palabras. Los insultos menudeaban acompañados de una lluvia de piedras. El conquistador Francisco de Aguilar, quien presenciaba la escena, referiría más tarde que Motecuhzoma se encontraba situado entre Cortés y el comendador Leonel de Cervantes, quienes lo cubrían con sus rodelas, y que por un descuido de este último una piedra lo hirió en la sien. El hecho ocurrió entre las ocho y nueve de la mañana.[18] Luego retiraron al herido, dejándolo al cuidado del maestre Juan. Entonces Marina pudo observar cómo Cortés y los capitanes dirigían una operación para destruir las casas vecinas desde las que eran atacados. Para ello habían construido unos artilugios de madera a manera de casetas, dentro de los cuales iba una veintena de hombres que disparaban arcabuces y ballestas a través de aspilleras. Aunque efectiva, esta táctica poco podía contra un número tan alto de atacantes. El hambre comenzaba a morder los estómagos y dentro del palacio todo era turbación. Había que apagar fuegos y tapar boquetes. Luego llegó la noche y con el nuevo día los ataques se reanudaron con mayor ímpetu. Motecuhzoma se moría y pidió hablar con Cortés. Allí, fungiendo como notario, la esclava recogía las últimas palabras del moribundo al par que las iba traduciendo: «el heredero sería Chimalpopoca; a él le correspondía el reino por tener los mejores títulos». A continuación encomendó mucho a sus hijas, en particular a Tecuichpo, la mayor, que ya pronto estaría en edad de tener marido, encargándole que cuidase de casarla en forma adecuada a su condición. Cortés ofreció cumplir su pedido y dejó al moribundo en compañía de Marina, yendo a ocuparse de la dirección de la defensa. A hora de vísperas (el ocaso) ella se acercó al Capitán para comunicarle que Motecuhzoma había muerto. Cortés condujo a Marina al pretil de la azotea. Luego de pedir silencio ella anunció la muerte del soberano, señalando que la causa había sido la pedrada que ellos mismo le lanzaron. La noticia fue recibida con sentimientos mixtos: llantos, alaridos e insultos. Para corroborar que la muerte efectivamente fue debido a la pedrada se les anunció que les sería entregado el cadáver para que se realizasen los funerales que le correspondían como rey. Cuatro dignatarios que se encontraban detenidos sacaron el cuerpo que venía dentro de un costal. Fue examinado y una vez que lo retiraron se reanudó el ataque. El anuncio de Marina de que Chimalpopoca había sido designado como sucesor pasó inadvertido. La esclava tomó nota de que en la cronología que ella conocía era el año *Ome técpatl*, día *chiconaui Hollin*, duodécimo del mes *Tecuilhuitontli*.

Ante el rigor del asedio y sin ninguna esperanza de recibir auxilio se acordó efectuar una salida. Para ello era necesario construir puentes portátiles que habrían de colocarse en los puntos en que la calzada tenía cortaduras. Se eligió la que llevaba a Tacuba por ser la más corta y tener sólo cuatro cortes. Los carpinteros pusieron manos a la obra, tomando madera de las vigas del techo y de cuanto lugar fue posible. Pero ocurrió que Blas Botello, el nigromante, tuvo otra de sus visiones y de acuerdo con sus oráculos la salida debería adelantarse para esa noche, pues de otra forma todos morirían. Fue con el anuncio a Cortés pero éste no le hizo caso. Sin embargo, Alonso de Ávila y otros capitanes sí lo tomaron en serio y lo conminaron diciéndole que si no aceptaba la salida se irían dejándolo solo (es por ello que Cortés en su *Segunda relación* escribe: «y porque de todos los de mi compañía fui requerido muchas veces que me saliese»).[19] La salida tendría que ser precisamente esa noche. Como sólo se había logrado construir un puente se le colocó sobre la primera cortadura. Cuando todos hubiesen cruzado se procedería a levantarlo para colocarlo en la siguiente. Y así sucesivamente. No había tiempo para más.

La huida de México

En cuanto oscureció comenzó la salida. Era la noche del 30 de junio de 1520. Abrían la marcha los capitanes Gonzalo de Sandoval y Antonio de Quiñones al frente de veinte de a caballo y doscientos de a pie. A continuación iba Magariño con cuarenta hombres escogidos que transportaban el puente. Cortés iba en medio con un grupo selecto del que formaban parte Diego de Ordaz, Francisco Saucedo, Francisco de Lugo, Alonso de Ávila, Cristóbal de Olid y cien de a pie. Su misión era acudir como refuerzo a donde fuese necesario. Seguían treinta rodeleros españoles y trescientos tlaxcaltecas cuya misión era proteger a Marina y a una serie de notables, entre quienes figuraba la familia de Motecuhzoma, incluyendo a dos hijas, un hermano, el heredero Chimalpopoca, doña Luisa -la hija de Xicoténcatl-, un hermano suyo y algunos rehenes, entre los cuales Cacama era el de mayor jerarquía. Cuicuitzcatzin también figuraba en el grupo de notables. [Una omisión notoria consiste en que en el grupo no se contase la princesa Tecuichpo, futura esposa de Cuauhtémoc y que más tarde tendría tres maridos españoles. Una posible explicación podría consistir en que la dejaron atrás porque pasaría inadvertida dada su corta edad, pues por entonces escasamente tendría nueve años.] Se retiraban por la calle que desembocaba en la calzada de Tacuba, cuyo trazo actual corresponde con el antiguo. Por allí avanzaron hasta topar con el primer puente cortado, a un costado de donde hoy día se encuentra el Correo Central [otra versión señala que fue donde estuvo el puente de La Mariscala]. Colocaron el puente y comenzaron a cruzar encontrando resistencia por parte de los centinelas, quienes a grandes voces daban la alarma; Cortés dice: «apellidaban tan recio que antes de llegar a la segunda [cortadura] estaba infinita gente de los contrarios sobre nosotros».

La vanguardia llegó hasta alcanzar la siguiente cortadura [la Toltecaacaloco], justo frente a donde hoy se alza la iglesia de San Hipólito, y allí quedaron detenidos. Había llovido y la tierra estaba reblandecida por lo que las vigas del puente se hundieron en el lodo y allí fracasó el plan de levantarlo para colocarlo en la cortadura siguiente. En ese momento arreció el ataque. A ambos lados aparecieron centenares de canoas desde fueron atacados por arqueros. Siguió el caos: gritos de horror, ayes y desesperación. Cruzaban a nado los que sabían hacerlo. La zanja era poco profunda y pronto comenzó a llenarse con fardos, cañones y todo lo que podían arrojar en ella. Luego la ocuparían los muertos. El paso se haría pisando sobre cadáveres. Los que consiguieron cruzar llegaron a la siguiente cortadura, y como era de menor profundidad los jinetes la vadearon sin mucha dificultad. En cuanto los de a pie, lo hacían con el agua al pecho. Marina fue una de las que cruzaron. No sabemos si lo hizo a nado en el cruce de la segunda cortadura o pisando sobre cadáveres. El caso es que le tocó esa noche de horror y vivió para contarlo. La marcha la cerraba Pedro de Alvarado, lanza en mano y cubierto de heridas, a quien acompañaban cuatro españoles y ocho tlaxcaltecas, heridos todos. Después ya nadie pasó. Le habían matado la yegua y utilizando la lanza como pértiga habría dado el portentoso salto que recuerda hoy día la calle que lleva el nombre de Salto de Alvarado. Un grupo de la retaguardia que no consiguió cruzar regresó al Templo Mayor, donde se hizo fuerte. Resistieron durante tres días. Las estimaciones sobre su número fluctúan mucho, entre cincuenta y doscientos. Los que fueron atrapados vivos terminaron en la piedra de los sacrificios.[1]

Por Popotla, ya en la tierra firme el ejército derrotado pasó a todo correr. Por tanto no hubo ocasión para que Cortés se sentara a llorar bajo la fronda de un ahuehuete, como quiere una tradición tardía. [La famosa escena de Cortés llorando bajo el ahuehuete, el Árbol de la Noche Triste, no aparece en ninguno de los autores contemporáneos que relatan este episodio. Se trata de una de las varias leyendas surgidas a raíz de la Independencia. Su origen parece encontrarse en Prescott, quien en su *Historia de la conquista de México*, publicada en Nueva York en 1843, dice que a su paso por Popotla Cortés desmontó y, sentándose en los escalones de un templete que allí se encontraba, al ver que faltaban tantos soldados, se cubrió la cara con la mano y prorrumpió en llanto. La diferencia consiste en que no hay tal árbol, éste sería agregado por historiadores posteriores.[2] De este mismo autor es la versión de que Motecuhzoma comía pescado fresco sacado del mar el mismo día, afirmación que se hace a la ligera, sin considerar la distancia, ya que en el supuesto de que fuese traído por corredores que se relevaran en el trayecto, el envío tardaría al menos tres días, con lo cual el riesgo de una intoxicación podría darse por seguro.][3]

Así llegaron a Tacuba, en cuya plaza la gente se arremolinaba. En ese momento, al ver los muchos que faltaban, Cortés preguntó por Marina y por Aguilar. Al saber que se habían salvado sintió gran alivio (al parecer en medio de la huida ya consideraba la vuelta a la ciudad).[4] Con las primeras luces del amanecer llegaron a un templete y allí se hicieron fuertes, permitiéndose un descanso. [En la actualidad se alza allí la basílica de la Virgen de los Remedios.] Andrés de Tapia recuerda que Cortés venía herido de una mano y por no poder valerse de ella traía la rienda atada a la muñeca.[5] La relación habla de que todos los sobrevivientes traían una o varias heridas. Sin embargo, no se precisa si Marina resultó ilesa o también recibió lo suyo. Salieron por piernas y cabe preguntarse cómo es posible que escaparan de esa ratonera. Podría aventurarse dos explicaciones: que, en primer término, los mexicas se ocuparon en liquidar al grupo que se hizo fuerte en el Templo Mayor; y que, en segundo, también los entretuvo la matanza que siguió, de los servidores de palacio que permanecieron leales a Motecuhzoma, aquellos que lo estuvieron abasteciendo en los intervalos de la lucha. El número de bajas durante la Noche Triste fue altísimo, aunque en la carta al emperador Cortés lo reduce notoriamente para paliar el desastre. Según él esa noche cayeron ciento cincuenta españoles y dos mil indios aliados. A éstos habría que agregar un número no precisado de notables que iban en calidad de rehenes, al igual que otros que iban como prisioneros. De la familia de Motecuhzoma, a excepción de su hermano Axayaca, murieron todos, así «como todos los otros señores que traíamos presos» (tanto Bernal como Cortés son muy claros al señalar que Cacama estuvo entre los caídos, aunque más tarde se acusaría a este último de haber ordenado darle garrote antes de la salida).[6] Entre los caídos se contaría Orteguilla el Paje. Y como la mortandad entre las mujeres de servicio fue prácticamente total, en esas zanjas debieron quedar las diecinueve compañeras de Marina dadas como esclavas en Tabasco. Ella fue una de las contadas mujeres que se salvaron esa noche. Otro desaparecido notable fue Botello. Estaba visto que ésa no era su noche. Fallaron sus artes adivinatorias. El balance de muertos que ofrece Bernal es de ochocientos sesenta soldados, a los que deberán agregarse setenta y dos caídos en Tuxtepec, junto con cinco españolas.[7]

Reagrupados y caminando como pudieron, algunos apoyándose con improvisadas muletas, emprendieron el camino hacia Tlaxcala. Marchaban en perfecto orden, siendo esa marcha un modelo de retirada, pues no dejaron a ninguno abandonado. Al tercer día amanecieron en los llanos de Otumba y el espectáculo que se ofreció a los ojos de Marina fue el de las vecinas colinas de Aztaquemecan, donde albeaban las túnicas de miles de indios que los aguardaban para cortarles la retirada. La víspera, en una escaramuza Cortés había recibido dos pedradas en la cabeza que le causaron heridas de consideración, por lo que la traía entrapajada con vendajes a manera de turbante. Se formó el dispositivo para la batalla y a ella le correspondió trasmitir las órdenes a Calmecahua, el capitán del contingente tlaxcalteca, para luego sumarse a la retaguardia junto con fray Bartolomé de Olmedo y el padre Juan Díaz, quienes también habían sobrevivido a la salida de Tenochtitlan. A partir de ese momento asistiría a la batalla como espectadora. Así habrá presenciado el momento en que ante el embate de la multitud la línea hispanoindia retrocedió por momentos, destacando entonces la actuación de Cortés quien, seguido por Juan de Salamanca, picó espuelas encaminándose directamente a un personaje ricamente ataviado, quien era llevado en andas y que por lo colorido de su atuendo destacaba entre aquella multitud vestida de blanco, el cual con un estandarte hacía señas dirigiendo la batalla. Abriéndose paso entre las filas llegó a él derribándolo de una lanzada. Al caer al suelo, Salamanca lo remató y entregó el estandarte al Capitán. En cuanto Cortés alzó el *tlahuizmatlaxopilli* [así se llamaba el estandarte] se produjo la desbandada. Con ese acto la tropa española dejó de ser una partida de fugitivos, para erigirse como vencedora en una batalla de proporciones inmensas.

El domingo 8 de julio de 1520 entraron en Hueyotlipan, primera población en territorio tlaxcalteca. Fueron recibidos por los caciques que llegaron hasta ahí para darles la bienvenida. Cortés tomó el *tlahuizmatlaxopilli* ganado a Cihuacatzin (así se llamaba el comandante derrotado) y se los entregó para que se guardase en Tlaxcala como trofeo. Marina, que sirvió de intérprete, hubo de narrar a continuación a Maxixcatzin las circunstancias en que murió su hija doña Elvira durante la huida. La acogida dispensada por los caciques fue buena, pero Xicoténcatl «el Mozo» se movía entre los descontentos, en especial entre aquellos que habían perdido algún pariente, procurando socavar la alianza. La esclava mantenía puntualmente informado a Cortés de todos los pasos de éste. Por otro lado, en las filas del ejército privaban la murmuración y el descontento, pues eran muchos los que a grandes voces pedían el regreso a Cuba. Pero eso era algo que a ella no le atañía, ya que su ocupación principal era trasmitir los propósitos del Capitán de montar un castigo contra Tepeaca, cuyos habitantes, quebrantando el juramento de vasallaje dado, habían atacado y dado muerte a españoles. Quería sentar la mano con dureza con el fin de que sirviera de escarmiento. Para ello durante días ella tuvo que estar en el centro de las conversaciones que Cortés sostuvo con Calmecahua, Chichimecatecutli, y demás caudillos de Tlaxcala y Huejotzingo, para orquestar una alianza contra Tepeaca explotando los odios ancestrales existentes entre esas naciones.

Se anunció que ya llegaban los refuerzos solicitados a la Villa Rica, y la esclava pudo ver a un grupo de siete hombres que Bernal describe así: «El socorro de Lencero, que venían siete soldados y los cinco llenos de bubas, y los dos hinchados con grandes barrigas».[8] Eso era todo el refuerzo que podían esperar. Ante ello los que querían el retorno a Cuba volvieron a la carga, insistiendo en su propósito, a lo que Cortés les hizo un largo razonamiento, exponiéndoles que en la Corte se encontraban pendientes de sus noticias, pues ellos se habían comprometido a poner esos reinos bajo la corona del emperador, por lo cual constituiría un deshonor darse la media vuelta. Confiaba en la solidez de la alianza con Tlaxcala, y la pondría a prueba en la campaña de Tepeaca, logrando con ello que los inconformes aplazaran su reclamo hasta ver el desenlace de esa acción. Veinte días justos fue el periodo de reposo que concedió al ejército. Cumplido ese plazo, cuando todavía a muchos no terminaban de cicatrizarles las heridas, inició operaciones contra Tepeaca. Fue una campaña de breve duración en la cual no murió un solo español, pues el peso de la contienda recayó sobre tlaxcaltecas, huejotzincas y cholultecas. Los de Tepeaca, junto con las guarniciones mexicas que vinieron en su ayuda, fueron derrotados en campo abierto. Evidentemente, por razones de idioma, la coordinación de las operaciones se haría por boca de Marina, quien sería la negociadora que en ese mundo de varones tuvo a su cargo poner de acuerdo a los jefes militares de las distintas naciones. Los de Tepeaca fueron reducidos a la esclavitud como castigo, siendo marcados a fuego en el rostro con la letra «G», por guerra, y distribuidos entre los vencedores como botín. En la carta al emperador, Cortés justificó su actuación diciendo: «Y también me movió a hacer los dichos esclavos por poner algún espanto a los de Culúa, y porque también hay tanta gente, que si no se hiciese grande el castigo y cruel en ellos, nunca se enmendarían jamás».[9]

Cortés fundó en Tepeaca una villa española a la que denominó Segura de la Frontera, en la que se hicieron distintas diligencias judiciales para deslindar responsabilidades por la pérdida del quinto real, esto es, del impuesto correspondiente a la Corona como resultado de la actuación de Narváez. Se trataba de ver a quién le correspondía pagar los platos rotos. Sin embargo, ése era un tema que no era de la incumbencia de la esclava ni ella entendía. Para Marina todo eso sólo supuso días de descanso.[10] Además, Cortés se había encerrado a escribir y no quería ser molestado. Con todo, días después hubo de ser interrumpido, pues llegaron unos emisarios a quienes ella interrogó, averiguando que traían entre manos un asunto importante: se trataba de enviados del señor de Huaquechula, uno de los caciques que habían prestado el juramento de vasallaje, quien solicitaba ayuda urgente, pues los mexicas se habían adueñado de su ciudad y cometían todo género de desmanes. Cortés sintió que no podía dejar desamparado a un vasallo y envió a Olid al frente de un grupo de españoles, entre los que predominaban los llegados con Narváez, así como a miles de tlaxcaltecas y huejotzincas. A poco de partidos ya estaban de retorno. Olid traía en calidad de presos a los jefes militares aliados, pues se había descubierto una confabulación consistente en fingirse amigos y servidores suyos para una vez en Huaquechula asesinar al contingente español. Cortés encomendó a Marina que aclarase la situación y ésta, luego de interrogar por separado a los sospechosos, logró establecer que se trataba de un malentendido inmenso: era tal el odio que los de Huejotzingo sentían hacia los mexicas que abrazaron la causa con tal entusiasmo que despertaron sospechas. Aclarado ello, el propio Cortés partió para ponerse al frente de la gran coalición que iba en socorro de Huaquechula. En la carta al emperador veremos que da el debido crédito a la india intérprete y a Aguilar para el esclarecimiento de este caso: «Llegados los presos les hablé con las lenguas que yo tengo, y habiendo puesto toda diligencia para saber la verdad, pareció que no los había el capitán bien entendido».[11] La campaña fue rápida y exitosa, recayendo casi todo el peso de la operación sobre los indios aliados, especialmente los de Huejotzingo, quienes con ayuda de los de Huaquechula que les sirvieron de guías sorprendieron a los mexicas causándoles gran mortandad. Cortés iba entre los combatientes pidiéndoles que no los matasen a todos, pues quería a algunos vivos para interrogarlos. Únicamente capturaron vivo a un principal que se encontraba herido, el cual fue interrogado a fondo por Marina. Así conocieron cuál era la situación interna en Tenochtitlan y se supo que el gobernante era Cuitláhuac, el mismo que encabezó la revuelta cuando huyeron de la ciudad. Cortés reanudó la escritura para concluir la que vendría a ser la *Segunda relación*, dirigida al emperador, a la que pondría punto final el 30 de octubre de 1520.

Empezó a morir gran número de personas. De pronto el cuerpo se les llenaba de pústulas y los curanderos no tenían remedio para ese mal: el *teozáhuatl*, el grano divino, algo completamente nuevo. Marina recordó que en Zempoala había visto a uno de los esclavos negros llegados con Narváez con el cuerpo cubierto por esas pústulas, iguales a las que ahora aparecían en el cuerpo de todos los afectados por la enfermedad. No supo qué suerte habría corrido aquel esclavo contagiado por el mal, pues lo dejaron atrás y nadie volvió a ocuparse de él. Por los españoles se enteró de que aquello era la viruela. Había miedo en la población pues se desconocía cómo se propalaba esa peste y la gente tenía miedo a enfermar, un contagio que lo mismo afectaba a los de arriba que a los más humildes, los *macehualtin*. En medio de esa catástrofe, en los planes de Cortés no figuraba retirarse de las ciudades, donde el riesgo de contagio parecía ser mayor, sino que la atención la tenía centrada en un plan grandioso: volver sobre Tenochtitlan. En cuanto ese propósito trascendió, los inconformes que habían pedido el retorno a Cuba volvieron a plantear la demanda, a lo que Cortés accedió sin oponer objeciones, lo cual no dejó de causarles extrañeza, pues disponiendo de pocos soldados estaba dispuesto a que sus fuerzas se redujeran. Unos soldados jóvenes dijeron: «A más moros más ganancia». De momento Marina no comprendió lo que aquello significaba, pero se lo explicaron y no tardó en entenderlo. Las campañas de Tepeaca y Huaquechula habían demostrado que la Conquista se podía llevar adelante con muy pocos españoles. El odio que sentían contra los mexicas las naciones indias era inmenso. Bastaba con que alguien coordinara la acción para que aquello se desmoronara. Entre los que partían rumbo a Cuba la esclava observó que figuraban personajes importantes, entre otros Andrés de Duero, quien según supo era hombre rico y antiguo socio de Cortés en negocios de barcos, y Gonzalo Carrasco, aquel compadre suyo, quien se negó a hablar hasta que le echaron la soga al cuello (consumada la Conquista regresaría y sería uno de los primeros pobladores de Puebla). Otro que partió fue el comendador Leonel de Cervantes, quien viajó a España para traer a sus seis hijas solteras, para las cuales no tenía dote. A todas las casó con conquistadores. Salió del paso, pues para un hidalgo sin recursos era un verdadero problema casar a una hija dentro de su entorno social. Y algo que pudo observar Marina fue que Cortés se mostró especialmente pródigo con los que partían, llenándoles las faltriqueras con tejuelos de oro.

Partidos los inconformes, Cortés puso sobre la mesa el plan a seguir para el asedio a Tenochtitlan. Tratándose de una ciudad isla, la clave estaría en el dominio de la laguna. Entre sus hombres figuraba Martín López, quien se encargaría de diseñar y construir trece bergantines. A prudente distancia la esclava lo escuchaba explicar el plan a sus capitanes: cortaría las calzadas y los bergantines impedirían el movimiento de canoas. La ciudad sería sometida a un bloqueo total, aislada por completo de sus fuentes de suministro. Una vez que Martín López exhibió los bocetos para su construcción se convocó a los caciques tlaxcaltecas para darles a conocer el plan, correspondiéndole a Marina explicar su participación en el plan, consistente en primer término en facilitar leñadores para cortar los árboles, y luego artesanos para labrar la madera siguiendo las directivas de los carpinteros, herreros y calafates españoles que les enseñarían el oficio. De la noche a la mañana Tlaxcala quedaría convertida en un centro de construcción naval. Los bergantines se probarían en el río Zahuapan que pasaba junto a la ciudad. Y luego de comprobar que funcionaban se desarmarían para ser transportados por piezas a Texcoco. Una vez traída la madera Marina, sentada frente a artesanos que no tenían la menor idea de lo que era un bergantín y que igualmente desconocían la carpintería y herrería europeas, tuvo a su cargo explicárselo todo, conforme a las indicaciones de los maestros españoles. En pocos días los artesanos tlaxcaltecas se familiarizarían en el manejo de sierras y fraguas. Por entonces la esclava advirtió que aparecían caras nuevas por el campamento. Se debía a que habían llegado varios barcos a la Villa Rica. Por lo que pudo enterarse, uno había venido directamente desde Cuba al mando de Pedro Barba, mientras que los otros, comandados por Camargo, Ramírez el Viejo, Miguel Díaz de Aux, lugartenientes de Garay estos últimos, venían de Jamaica y tras fracasar en el intento de colonizar tierras del cacique Pánuco buscaron refugio en la Villa Rica.[12] De tanto oír hablar de Cuba y Jamaica ya comenzaba a hacerse una idea de lo que podían ser esas tierras. Pertenecían a España, pero no eran España propiamente dicha, y esas naciones estaban pobladas por personas de piel más parecida en el color a la de ella que a la de los españoles. Sabía que los taínos también eran indios, aunque hablaban diferente. Por más que intentó conversar con ellos no consiguió entenderlos. Pero notaba, eso sí, que al *centli* ya algunos tlaxcaltecas y mexicas comenzaban a llamarlo *maíz,* tal como lo nombraban ellos, y otro tanto ocurría con el *metl* al que ahora le decían maguey. No acertaba a atinar la razón de esa mudanza; pero alguna habría, o quizá lo hacían sólo para agradar a los españoles.

En Tlaxcala echaron de menos a Cuicuitzcatzin, quien tras salvar la vida durante la Noche Triste según se averiguó había regresado solo a Texcoco. Parecía que había actuado de esa manera creyendo que podía realizar algún tipo de mediación que pusiera fin al conflicto. Si ése había sido su propósito lo único que logró fue hacerse sospechoso, consiguiendo que su hermano Coanácoch lo mandase matar a instancias de Cuauhtémoc. Para suplir a Cuicuitzcatzin Cortés eligió a Tecocoltzin, un hermano menor, y desde el momento en que se fijó en él comenzó a prepararlo para reinar. Para ello le puso como preceptores a Antonio de Villarreal y al bachiller Escobar, quienes tendrían la tarea de formarlo para las tareas de gobierno de acuerdo con la legislación y usos de España. A su vez, el padre Olmedo tuvo a su cargo prepararlo para el bautismo. Sobre los hombros de Marina recayó la labor de servir de intermediaria para que los preceptores pudieran preparar al príncipe texcocano, empleando en ello todo el tiempo que el Capitán no la requería. Igualmente tuvo que fungir como catequista. Y así, en cuanto supo recitar el Pater Noster y el Ave María, fray Bartolomé lo encontró bien dispuesto para recibir el bautizo. El padrino fue Cortés, de allí que se le impusiera su nombre: Fernando Tecocoltzin. El primer hispanizado que se sentaría en el trono de Texcoco y que resultaría un valioso auxiliar en la campaña y gobierno del Reino.

El 27 de diciembre, día de San Juan Evangelista, Cortés convocó a los caciques de Tlaxcala y lugares aledaños. En cuanto estuvieron reunidos la esclava les hizo saber que el Capitán se disponía a partir para iniciar el asedio a Tenochtitlan. Por ello les dejaba muy encomendados a los maestros españoles que quedaban dirigiendo la construcción de los bergantines; los tlaxcaltecas se comprometieron a su cuidado, asegurando además proporcionar un contingente adicional de hombres de guerra. Convenido eso, al día siguiente el contingente bajo el mando de Cortés salió de Tlaxcala rumbo a Texmelucan, adonde llegó el 29. Volvían para Marina las jornadas de grandes marchas en las que debía mantener el paso a la par del ejército. Ella iba con los de a pie. Debían inspirarle temor los caballos, por lo que nunca pidió ir montada. [En ninguna de las numerosas viñetas en que se le representa aparece montada. Es de suponer que de habérselo pedido a Cortés le habrían enseñado a montar.] De nueva cuenta evitaron pasar entre los volcanes, tomando en cambio un camino que discurría entre dos sierras, el cual se encontraba obstruido por infinidad de troncos de árboles atravesados. Avanzaban con cautela por el temor a caer en una emboscada, y llevando los caballos del diestro, pues existía el riesgo de que pudiesen lastimarse una pata al moverse entre tanto obstáculo. Marina caminaría levantándose los faldones de la enagua al pasar por cada tronco. En esas andanzas los sorprendió la noche que fue muy fría (lo cual concuerdan en subrayar tanto Bernal como Cortés). Para calentarse encendieron numerosas fogatas, pues leña no les faltaba. El frío intenso no les permitiría conciliar el sueño. La esclava se arroparía en las mantas de pieles que le habrían proporcionado en Tlaxcala y pasaría la noche tiritando al igual que los demás. Era invierno y el paraje por el que se movían no estaba muy distante de las estribaciones del Iztaccíhuatl, el cual por lo avanzado de la estación debía encontrarse totalmente cubierto de nieve, por lo que cuando el viento procedía de esa dirección los dejaba ateridos (el sitio corresponde al actual Río Frío). Luego de esa mala noche, con los ojos enrojecidos por la falta de sueño, traspusieron el terreno boscoso, y cuando comenzaron a descender a lo lejos tuvieron a la vista varias poblaciones ribereñas, con la laguna como telón de fondo. Texcoco era claramente discernible por la altura de la pirámide; si bien la reverberación de la luz en las aguas les hacía daño a los ojos, lo cual les impedía tener una visión clara de la ciudad. Cuando descendieron al llano salieron a su encuentro cuatro indios principales, quienes avanzaban llevando en alto un vistoso estandarte a manera de señal de paz. Uno de ellos ya era conocido de Cortés y a través de Marina se entabló el diálogo. Los indios dijeron venir de parte de Coanácoch para pedir al Capitán que no asolara la tierra, ya que el daño pasado se lo habían inflingido los guerreros de Tenochtitlan y no ellos, y que buscaban su amistad ofreciéndose como vasallos del rey de España. Ella ya sabía de antemano lo que tenía que decir porque conocía el reclamo de Cortés, como más tarde éste lo daría a conocer al emperador, porque en los momentos en que en Tenochtitlan le hacía la guerra, en algunas poblaciones aledañas a Texcoco:

«habían atacado a traición a cinco de a caballo y a cuarenta y cinco de a pie así como a trescientos tlaxcaltecas, matándolos a todos y robándoles todo el oro, y demás fardaje que transportaban [...] aunque todos eran dignos de muerte por haber muerto tantos cristianos, yo quería paz con ellos, pues me convidaban a ella; pero que de otra manera yo había de proceder contra ellos con todo rigor».[13]

Los perdonaba, y eso debían tenerlo en gran reconocimiento, pues él tenía que dar cuenta al emperador de las vidas de sus hombres. Los ánimos de los soldados estaban muy exacerbados por haber descubierto en los templos ropas de los sacrificados y los pellejos y herraduras de los caballos ofrecidos a los ídolos. Ése fue el mensaje que Marina trasmitió. Tras su discurso los principales se disculparon aduciendo que eso se había hecho por órdenes de Cuitláhuac, pero que habiendo muerto éste pedían que lo pasado fuese pasado. Al demandárseles que restituyeran aquello que habían robado, respondieron que lo habían tomado los de Tenochtitlan. Con eso Cortés dio por zanjado el asunto, diciendo que valoraba más su amistad. Y cuando le preguntaron si se alojaría en Coatlinchan o Huejutla les respondió que lo haría en Texcoco. De ese modo, el último día del año de 1520, a media tarde entró en la capital del reino de Acolhuacan, la ciudad más poblada del hemisferio. Una cosa que les extrañó fue ver muy escasa población por las calles, especialmente mujeres, niños y ancianos. Aquello los puso en guardia por lo que la esclava comenzó a interrogar a los habitantes para conocer qué era lo que ocurría. En esos momentos, varios capitanes y soldados ascendieron a la plataforma superior de la pirámide y pudieron ver una multitud de canoas que se alejaban rumbo a Tenochtitlan. El envío de los parlamentarios fue una añagaza de Coanácoch para ganar tiempo. La ciudad había sido abandonada sin ser defendida. Ixtlilxóchitl, el jefe militar de Texcoco, se había replegado con sus fuerzas a Tenochtitlan para participar en su defensa.[14]

Marina fue llamada al puesto de mando de Cortés. Se habían presentado los caciques de Coatlinchan, Huexotla y Atenco, las poblaciones aledañas más populosas del reino de Acolhuacán, quienes venían a dar la obediencia. La esclava fue cuidadosa al traducir, aunque luego, por propia iniciativa, enfatizó el compromiso que adquirían al aceptar el vasallaje al rey de España. Muchos serían los beneficios que recibirían, pero muy grande el castigo si lo quebrantaban. Ya se tenía conocimiento de la muerte de Cuitláhuac y que éste había sido sucedido por Cuauhtémoc, de quien lo único que se conocía es que era extremadamente joven, de apenas dieciocho años, y que provenía de la casta de los sacerdotes. Nadie en el campo español recordaba haberlo tratado durante los seis meses que permanecieron en la ciudad, y por el interrogatorio a los caciques la mujer pudo poner en claro que era hijo de Ahuízotl, por lo que era primo carnal de Motecuhzoma. El abolengo podría explicar el porqué un individuo tan joven, todavía adolescente, había tenido un ascenso tan vertiginoso al trono. Cortés le había enviado mensajes para que se aviniese a parlamentar y evitar así la destrucción de Tenochtitlan. En esa espera llevaba tres días sin recibir respuesta. Por boca de los caciques conocieron algo de la situación interna de la ciudad: los mexicas habían combatido entre sí, pues no todos compartían la consigna del nuevo gobernante: resistir hasta el extremo. Era ésa la segunda vez que llegaban a las manos, siendo la primera la noche de la huida de los españoles, cuando se dedicaron a eliminar a todos los antiguos servidores de palacio que permanecieron leales a Motecuhzoma. A éstos los reconocían fácilmente por el bezote que los servidores del Quauhquiáhuac llevaban incrustado bajo el labio inferior. La segunda matanza había ocurrido por esos días, en el año 3-Casa, y habían matado al lugarteniente del señor y jefe militar, el Cihuacóatl Tzihuacpopocatzin, a Cicpatzin Tecuecuenotzin, y a Axayaca y Xoxopehuáloc, dos hijos de Motecuhzoma. La razón de esas muertes es que se proponían reunir un tributo consistente en maíz, huevos y guajolotes para enviarlo a los españoles.[15] Con ello buscaban abrir una vía para el diálogo y volver a la situación anterior a la llegada de Narváez, cuando habían prestado el juramento de vasallaje. Pero ya esos notables estaban muertos. No obstante, Cortés continuaba a la espera. Todavía confiaba en que los de Tenochtitlan se avendrían a pactar. Así pasaron varios días. Cuauhtémoc envió emisarios a los caciques instándolos a dar marcha atrás; pero en lugar de ello, éstos aprehendieron a los emisarios, entregándolos atados a Cortés.

Marina fue enfática al trasmitir el mensaje: retornar a los suyos y hacerles ver la futilidad de toda resistencia; en lugar de persistir en su necedad deberían acogerse a la oportunidad que les brindaba el Capitán. Cuitláhuac, el principal responsable, había muerto, y no era posible traer a la vida a los sacrificados, por lo que no habría represalias. Los emisarios fueron puestos en libertad y partieron a cumplir lo que se les encomendaba.

Comienza el asedio

Dado que no llegó respuesta, Cortés decidió pasar a la ofensiva, eligiendo a Iztapalapa para iniciar operaciones. Marina permaneció en la retaguardia, ocupada junto con el padre Olmedo en la adoctrinación de Tecocoltzin. Por otro lado, veía al padre Juan Díaz tratando de adoctrinar a unos niños, para que éstos a su vez enseñasen a los adultos. El padre mantenía un perfil discreto, pues no se había borrado su actuación en el intento de robo del navío. Fue perdonado por ser hombre de iglesia, pero pasó por el trance doloroso de confesar a sus compañeros Escudero y Cermeño y acompañarlos al pie de la horca. La esclava lo miraba mientras realizaba la labor de proselitismo. No dejaba de preguntarse cómo un hombre de edad avanzada había conseguido escapar cruzando los canales durante la noche de la huida.[1] Partieron los soldados y dos días después estaban de regreso luego de haber incursionado por Iztapalapa. Escuchando sus conversaciones se enteró de que se había luchado encarnizadamente. Los aliados tlaxcaltecas se batieron con bizarría contra los defensores y los hicieron retroceder; y como iban con ventaja, en el ardor del combate los persiguieron, adentrándose en la calzada. Eran tantos que los españoles difícilmente podían moverse entre ellos. Sintiéndose victoriosos apretaban en la persecución; pero en un momento dado Cortés advirtió que el nivel del agua comenzaba a subir y que ya lamía el borde de la calzada. Al momento ordenó el repliegue. Como la vía se encontraba congestionada por miles de indios aliados que entorpecían los movimientos la retirada no se hizo con la prontitud deseada, y los últimos salieron con el agua al pecho. Pronto se vio que se trataba de un ardid de los defensores, quienes habían simulado huir para atraer a los atacantes: habían roto el dique que separaba las aguas de las lagunas dulce y salada. De haber demorado la retirada pudieron haberse ahogado los hombres de Cortés, como ocurrió con algunos indios que, exaltados por el frenesí del combate, no cejaban en la persecución. Se trataba del famoso dique construido en tiempos de Nezahualcóyotl.[2] Esa noche la pasaron al raso, calados hasta los huesos, pues a más de haberse mojado en la calzada no cesó de llover. Bernal Díaz del Castillo, un soldado que Malintzin conocía bien y con el que conversaba a menudo, venía con una herida en el cuello que se apretaba con un lienzo para contener la sangre. Con ellos habían traído el cadáver de un compañero. Era el primer español que moría en el asedio a la ciudad. Para que los indios no se enterasen, los funerales se hicieron en secreto, por la noche. La tumba se cavó en el interior de una casa y allí, a la luz oscilante de hachones, fray Bartolomé y el padre Juan Díaz celebraron el oficio de difuntos. Cuando lo hubieron enterrado pusieron fuego a la edificación para que se derrumbase ocultando la tumba.

Llegaron emisarios de Otumba. Venían a disculparse por su participación en la batalla pasada, diciendo que fueron compelidos a ella por los mexicas. Cortés los aceptó como aliados y Marina fue la encargada de trasmitirles el mensaje: en lo sucesivo, si se presentaban por sus dominios emisarios de Cuauhtémoc debían entregárselos atados de pies y manos. Ofrecieron que así lo harían y con ello quedó sellada la amistad. A continuación los servicios de la esclava fueron solicitados para escuchar a una delegación de Chalco, de la que formaban parte los dos hijos del recién fallecido cacique de esa localidad, cuyo nombre no recoge la Historia; aunque buscó acercarse a Cortés no llegó a conocerlo, ya que sucumbió víctima de la epidemia. Cuando sobrevinieron los sucesos de la Noche Triste se encontraban dos españoles en Chalco encargados de supervisar el embarque de una partida de maíz. Quedaron aislados, y para evitar que los mexicas pudieran matarlos el cacique los hizo conducir a Huejotzingo, donde estarían a salvo, ya que esa población se mantuvo firme en el respeto al juramento de vasallaje. Los jóvenes refirieron a Marina cómo su padre, antes de morir, les encargó que fuesen en busca del capitán Malinche y se pusiesen bajo su amparo. Ella refirió puntualmente a Cortés lo que le informaban y él, después de estudiar el caso, asignó al mayor Chalco y pueblos que le eran sujetos, y al segundo Ayotzingo, Chimalhuacán y Tlalmanalco. Sin embargo, por ser menores les designó preceptores hasta que alcanzasen la mayoría de edad.[3]

A la hora de la cena había alborozo en el campo español. Los soldados conversaban animadamente mientras esperaban que las mujeres les trajesen tortillas calientes para acompañar los guisos. Se tenían noticias de que los bergantines se encontraban a punto y que, además, había arribado a la Villa Rica un navío llegado directamente de España. En él venían un contingente de soldados, caballos, pólvora y ballestas, además de algunas barricas de vino. Marina observó que en el centro de toda aquella animación se encontraba un joven soldado de unos veinticinco años. Era él quien había traído la noticia que tanto celebraban sus compañeros, a la vez que festejaban su hombrada. Había venido desde Tlaxcala, desplazándose de noche y permaneciendo oculto durante el día. Eso lo hizo por saber la satisfacción que tendría el Capitán al conocer esas noticias (en efecto, en su carta al emperador Cortés le referiría el hecho, señalándolo como una de las mayores acciones individuales ocurridas durante la Conquista, aunque omitió mencionar el nombre del soldado).[4] Los soldados pedían ruidosamente a las mujeres que les trajesen más tortillas, y éstas volvían la mirada a Marina para que les explicase lo que les pedían. Ella respondía que eran *tlaxcalli*, a las que los teules decían «tortillas», por lo que así se llamarían en lo futuro. Al no existir el fonema de la letra erre en náhuatl, a las mujeres les resultaba difícil pronunciar la palabra. La esclava miraba al mensajero que mientras comía era abrumado por las preguntas de sus compañeros, a quienes había asombrado su proeza; con toda sencillez respondía entre bocado y bocado. ¡Esos teules!

Los de Chalco llegaron trayendo a un grupo de notables mexicas a los que habían apresado. Marina fue llamada para que les comunicara un razonamiento del Capitán para atraerse a los de Tenochtitlan y poner fin a la guerra. Los principales se mostraban renuentes, pues estaban ciertos de que una propuesta de tal género no sería bien recibida por Cuauhtémoc. Es más, dudaban que una vez que hubiesen comenzado a hablar ante él se les permitiera proseguir; pero la esclava fue convincente en su exposición, logrando que dos de ellos, aunque con reluctancia, se prestasen a ser portadores del mensaje, el cual pidieron se les diese por escrito. A pesar de que no sabían leer, por toda la tierra se había esparcido la historia de esos papeles que hablaban. El escribano en un momento tuvo a punto la carta, fechada el Miércoles Santo que correspondía al 27 de marzo de 1521, y comenzó a explicársela a Marina. Cuando ésta la hubo comprendido la tradujo minuciosamente para que pudieran comprenderla, pero como se le presentaron dificultades para explicar qué era el Miércoles Santo, se limitó a presentar la fecha como el día *malinalli* del mes *Tlacaxipehualiztli* del año 3-Casa. Partieron los emisarios y los días transcurrieron. La respuesta fueron los preparativos de Cuauhtémoc para la guerra.

Días después Olid, el maestre de campo, dio órdenes: se partiría al día siguiente. A Marina le correspondió trasmitir las instrucciones a los caudillos de los tlaxcaltecas y demás aliados, indicándoles el orden de marcha y las provisiones que debía llevar cada hombre. Ella tomaría parte de la expedición, y como se trataba de una caminata penosa debía andar ligera, por lo que entregó su ajuar a las jóvenes que tenía a su servicio para que se lo guardasen. Ellas se quedarían; por no estar habituadas a fatigas constituirían un estorbo para la marcha. Al día siguiente, viernes 5 de abril, muy temprano, ya estaban en camino. Marina iba muy ligera, sólo con lo puesto, detrás del grupo de avanzada al que seguían los jinetes. Marchaba en medio de un grupo de jóvenes soldados de espada y rodela, asignados a su custodia, así como otros guerreros de los varios pueblos aliados, los que habrían de servir de enlaces para trasmitir las órdenes que se fueren impartiendo.[5] De este modo, Marina haría las veces del centro de control de mando de un contingente que sumaba alrededor de veinte mil hombres. Avanzaron por terreno llano, bordeando siempre la ribera del lago, sin incidentes. El ritmo de marcha no aflojaba y la esclava debía apelar a todas sus fuerzas para no quedarse atrás. Le dolían las plantas de los pies pero no había lugar para el descanso. Otra vez volvieron a acercarse al Iztaccíhuatl, cuyas faldas se encontraban cubiertas de nieve y mostraba un perfil de mujer dormida. Cuando oscurecía llegaron a Tlalmanalco, población dependiente de Chalco, donde fueron acogidos cordialmente. Se les ofreció una razonable cena, habida cuenta de las dimensiones del ejército. Marina se descalzó y buscaba agua para lavarse los pies cuando le avisaron que el Capitán la llamaba: se le necesitaba como intérprete. Largo tiempo después comió de prisa y se tumbó a dormir unas pocas horas, pues ya al cuarto del alba, antes de que despuntara el día, todo mundo estaba en pie y enseguida se pusieron en marcha. El punto de destino era Chalco y comenzaron el avance bajo un cielo estrellado. El lucero de la mañana resplandecía en el firmamento. Del Iztaccíhuatl llegaban ráfagas de un viento helado que calaba hasta los huesos, estimulándolos a andar de prisa para tratar de entrar en calor. Llevaban un buen rato de caminar cuando el cielo comenzó a teñirse de naranja. El ritmo de marcha fue tan rápido que para las nueve de la mañana entraron en Chalco. Muchos se habían rezagado; pero ella no podía quedarse atrás, pues apenas llegaron se convocó a los notables de la población, quienes ya los aguardaban. El Capitán le indicó el discurso que debía pronunciar ante los congregados, diciéndoles que visto que Cuauhtémoc no respondía al llamado de paz le haría la guerra. Para ello, les anticipó, pronto contaría con trece bergantines con los que impondría el bloqueo de la ciudad. Un cerco de hierro impediría que les llegasen alimentos. Los caciques secundaron de manera entusiasta el proyecto, sumándose a la campaña, para la cual –según el decir de Cortés– aportaron cuarenta mil hombres de guerra (cifra que, está por demás decirlo, parece exagerada). Chalco acataba el testamento político de su fallecido cacique, quien les dejó mandado que buscasen la amistad con los españoles. Además, esa decisión no hacía más que confirmar una situación de hecho, pues al saber que se inclinaban por el bando español los de Tenochtitlan habían comenzado a atacarlos. [A cualquier persona que le cause extrañeza eso de que para dirigirse a Chalco primero hayan ido a Tlamanalco, que se encuentra más distante y más hacia el oriente, habrá que recordarle los cambios ocurridos en la topografía: hoy día el lago de Texcoco ha quedado reducido a ese minúsculo vaso denominado lago Nabor Carrillo, y el de Chalco ha desaparecido por completo, mientras que en aquellos días cubría con sus aguas toda la zona. Cortés y los hombres a su mando avanzaban bordeando sus márgenes.]

Cortés ordenó el ataque y, a la distancia, Marina pudo ver cómo los españoles, secundados por sus aliados, intentaban tomar infructuosamente los peñoles donde se encontraban parapetados los mexicas. Los atacantes desplegaban valor, pero nada podían frente a la lluvia de piedras que les caía encima. Ante ello, el Capitán desistió de tomar esa posición y mandó a los jinetes para que alancearan a los que se encontraban en lo llano. La noche se vino encima y la esclava se vio con la garganta seca, sin un sorbo de agua que llevarse a la boca. Ese día y esa noche el ejército padeció sed. Unos caballerangos llevaron los caballos a beber a una legua de distancia. Cortés cambió de parecer: el precio en sangre a pagar sería muy alto y el objetivo no valía la pena. Así lo explicó Marina a los jefes de la coalición india y emprendieron la marcha hacia el suroeste, en lo que hoy es el estado de Morelos, siendo Oaxtepec el punto de destino inmediato. En los poblados que encontraron en el camino pudieron saciar la sed y obtener algo de alimento. Pronto comenzó a variar el panorama: dejaron atrás el llano y comenzaron a subir. Discurrían ya por senderos en medio de pinares frescos, siempre alerta, pues el terreno se prestaba a emboscadas. Hubo algunas escaramuzas en las cuales los mexicas fueron rechazados fácilmente. Así prosiguieron la marcha, aunque se llevaron un sobresalto cuando los jinetes desmontaron para permitir que los caballos pastasen. Entonces se produjo un ataque que los tomó por sorpresa. Pero pronto los españoles se rehicieron, tras montar apresuradamente y con la ayuda de los indios amigos al momento dispersaron a las fuerzas atacantes, persiguiéndolos durante largo trecho. En la persecución el caballo de Gonzalo Domínguez perdió pisada y cayó al fondo de una barranca, aplastando al jinete. Estaba muerto cuando sus compañeros lograron sacarlo debajo del animal que, malherido, panza arriba, continuaba agitando las patas de manera espasmódica. Un disparo en la cabeza puso término a su sufrimiento. Gonzalo Domínguez era considerado el mejor jinete del ejército y Marina, que tantas veces lo había visto realizar todo tipo de evoluciones sobre el caballo, no alcanzaba a comprender cómo tan consumado caballista hubiese terminado de esa manera.

Llegaron a Oaxtepec y lo ocuparon sin resistencia. Venían tan extenuados que allí pasaron el día para recobrar fuerzas. Aquello era un edén después de las penalidades pasadas. Para solaz se ofrecía una inmensa huerta de árboles frutales, de ornato y flores perteneciente al señor del lugar. Cortés la describe así:

> «la cual huerta es la mayor y más hermosa y fresca que nunca se vio, porque tiene dos leguas de circuito, y por medio de ella va una muy gentil ribera de agua, y de trecho en trecho, cantidad de dos tiros de ballesta, hay aposentamientos y jardines muy frescos, e infinitos árboles de diversas frutas, y muchas hierbas y flores olorosas, que cierto es cosa de admiración ver la gentileza y grandeza de toda esta huerta».[6]

La esclava caminaba tras él, quien conversaba animadamente con dos personajes recién llegados en un navío procedente de España. Por esos días estaban por cumplirse dos años de aquel Viernes Santo, cuando apenas desembarcados en el arenal de Chalchiuhcuecan se descubrió que era bilingüe. Habían sido dos años de convivencia constante con españoles y en el tiempo transcurrido había realizado enormes progresos en el aprendizaje de la lengua, al grado de que ya comprendía prácticamente todo y podía sostener conversaciones sencillas, lo que permitía que en ocasiones ya se pudiese prescindir de la intermediación de Aguilar. Según podía apreciar, por la forma en que el Capitán se dirigía a los recién llegados se trataba de individuos de una cierta alcurnia. Uno de ellos se llamaba Julián de Alderete y venía designado como tesorero; el otro era fray Pedro Melgarejo de Urrea, fraile franciscano. Según coligió, el tesorero tenía el encargo de controlar todas las piezas de oro que hubiese (ese metal dorado que tanto codiciaban los españoles), para dar cuenta de ello al emperador, el *Huey Tlatoani* que los gobernaba. Muy valioso debía ser el oro cuando mandaban de tan lejos a un hombre para que llevara cuenta de lo que se cogía. En cambio, no comprendía por qué no se preocupaban por las ricas mantas y los trabajos de pluma. En cuanto al franciscano fray Pedro, lo veía muy distinto a fray Bartolomé de Olmedo y al padre Juan Díaz. A él no parecía preocuparle mayormente la conversión de los indios. Los paseantes se detuvieron de pronto ante la vista de un pajarito que parecía suspendido en el aire mientras libaba el néctar de las flores con su pico delgado y largo y batía las alas con una velocidad tal que no resultaba posible verlas. Aquello era una novedad, pues ni en España ni en toda Europa era conocido. Interrogaron a Marina y ésta les dijo que su nombre era *huitzilin*, pero de nada valió porque al poco rato escuchó a unos soldados aseverar que se llamaba colibrí. [Este pajarito privativo del hemisferio americano llamó poderosamente la atención de los españoles, quienes le atribuían la peculiaridad de volver a la vida después de muerto, equívoco que proviene de la capacidad que tiene ante el frío intenso de permanecer en estado cataléptico, cuando aparenta estar muerto, para volver a moverse en cuanto lo calientan los rayos del sol.] Paseaban y para los recién llegados todas las frutas eran novedad, mientras que para Cortés y sus hombres algunas ya las habían conocido en Cuba y las llamaban por su nombre en lengua taína. De unas, por ejemplo, de más estuvo que ella les dijese que no se llamaban tunas sino *nuchtli*; prevaleció el primer nombre. Se detuvieron frente a una flor que les había llamado la atención por su tamaño y porque siempre estaba de cara al sol: *chimalixóchitl*, se apresuró a explicarles viendo su curiosidad, pero ellos después de mirarla un rato y constatar que giraba de cara al sol la llamaron «girasol». [El girasol (*Helianthus annuus*) es planta oriunda de México.] Por la noche, cuando se retiró a descansar, la mujer sintió que había sido un buen día para ella: descansó, conversó animadamente con el Capitán y con los recién llegados que eran personajes de monta, disfrutó del paseo por ese parque tan bello, fresco y lleno de aromas, saboreó todas las frutas que quiso y compartió una comida de día de fiesta. Y con ese balance se quedó dormida.

Al día siguiente, al alba, ya estaban en movimiento. La esclava transmitió las órdenes de Olid a los capitanes de los distintos grupos indígenas y se pusieron en marcha. El objetivo era Yautepec, adonde llegaron a las ocho de la mañana. Los defensores que los aguardaban se desbandaron sin presentar combate al ver un ejército tan numeroso. Cortés no se detuvo y prosiguió la marcha a toda prisa hacia Jiutepec, donde toparon con alguna resistencia que fue pronto suprimida por los de a caballo, que alancearon a unos y pusieron en fuga al resto. Se acercaron entonces los notables de Yautepec que estaban ocultos para pedir disculpas y ofrecerse como vasallos. A Marina le correspondió explicarles el alcance del juramento que prestaban, a la par que les hizo saber que quedaban bajo la protección de ese lejano monarca que era el rey de España. Hubo ocasión para que los caballos pastasen unas horas y se entregaron al descanso. Al día siguiente la jornada comenzó muy temprano. Antes de la salida del sol ya estaban en camino y para las nueve de la mañana se encontraban en las afueras de Cuauhnáhuac, lugar de difícil acceso por las barrancas que lo rodeaban y donde había hombres de guerra aguardándolos. Los puentes se encontraban cortados y de lejos les tiraban flechas que no alcanzaban a hacerles daño. Un tlaxcalteca encontró un paso que se encontraba desprotegido por ser peligroso, pero varios soldados que fueron en su seguimiento se aventuraron a cruzarlo cayendo por sorpresa sobre los defensores, quienes se desbandaron, muriendo algunos al desbarrancarse. Al constatar la inutilidad de toda resistencia los caciques se presentaron para ofrecer el juramento de vasallaje, mismo que correspondió explicar a Marina. Al anotar el nombre del lugar el escribano escribió Coadnabaced, la mujer señaló que no se llamaba así, varias veces le repitió el nombre pero no hubo caso; al fin lo mudó a Cornavaca mientras ella se reía, y más tarde oyó comentar a los soldados que ya lo habían cambiado a Cuernavaca.

No hubo tiempo para tomarse un asueto. Al día siguiente Cuauhnáhuac quedaría atrás. El asunto se discutió en consejo; el trayecto a recorrer era en medio de bosques de pinos, todo en zonas despobladas, por donde no encontrarían un solo río, ni siquiera un arroyo. El agua sería el problema. Algunos indios conocían el trayecto y podrían servir de guías. Hablaban de un pozo que se encontraba en el camino; pero aquello no era una solución, pues de poco serviría para aplacar la sed del numeroso contingente. Se discutió. Podía fraccionarse el ejército en varias columnas a fin de llegar al pozo en intervalos, de manera que hubiese tiempo para que volviera a manar. Cortés se opuso a esa opción, quería caer sobre Xochimilco por sorpresa y atacar en fuerza. Se apuró a preguntar a los conocedores de la zona y cuando se les inquirió si sería posible realizar la marcha en dos días quedaron asombrados: la distancia era inmensa, y habría que transitar por senderos con muchos vericuetos, pero no descartaron la posibilidad de lograrlo. Antes que dispersar el ejército tomó la determinación:

una marcha forzada. La sed les pondría alas en los pies. El que quisiera beber que apretase el paso. Marina debió explicar el plan de marcha a los capitanes aliados: no podían esperar provisiones en el camino, y tampoco agua. Cada uno comería y bebería lo que llevase consigo. Y el avance, sobre todo, sería a paso muy rápido, sin altos para descansar. Cumplido su cometido, la esclava se tendió a dormir. Fue una noche muy corta. Al relevo del cuarto de la vela, a eso de las dos de la mañana, sintió el sonido de una baqueta que Canillas dejaba caer de punta sobre el parche de su tambor para saber si se encontraba bien templado. Se dio la vuelta para aprovechar los últimos instantes de sueño, pero no tardaron en sonar el pífano y el redoble del tambor, tocando llamada general. Todo mundo arriba. Trajeron los caballos que habían sido llevados a abrevar y la columna comenzó a formarse. Acababa de salir la luna. Marina pensó que eso era lo que había estado aguardando el capitán. La partida se realizó enseguida. Como sólo disponían de dos días, el Capitán decidió alargarlos agregándoles horas. Muy pronto dejaron el caserío para internarse en bosques de árboles muy altos y de gruesos troncos. Tenían que marchar con cuidado, mirando dónde ponían el pie, pues lo mismo pasaban por sitios bañados por la luz lunar que entraban en áreas de oscuridad. Además, en algunos puntos debían ir muy atentos, con un brazo al frente para que no les diese en la cara la rama que soltaba el que iba adelante. En ocasiones, por haber riesgo de desbarrancar, los jinetes desmontaban llevando las caballerías del diestro. Y así durante horas. Parecía que llevaban encima ya una jornada de marcha agotadora cuando apenas comenzó a amanecer. Eso les dio una idea sobre el día que les aguardaba. Como sus servicios de traducción no parecía que fueran a ser requeridos, la esclava había quedado separada de la vanguardia. En un morral llevaba provisiones y cargaba agua en un guaje. Aunque le pesaran mucho no podía dejarlos. Su vida dependía de ellos. Ese larguísimo día de marcha parecía interminable.

El Capitán no les dio punto de reposo sino hasta que hubo anochecido. Cayeron como piedras, pero a pesar de que venían rotos de cansancio no pudieron conciliar el sueño durante mucho tiempo. El frío les impedía dormir. Estaban en ese duermevela cuando el toque del pífano y el redoble del tambor llamaron a formar. Marina vació el morral comiendo las últimas tortillas que quedaban y apuró los sorbos de agua que aún había en el guaje; fue afortunada, para otros no hubo ni eso. A la luz de la luna que ya se alzaba se reanudó la marcha; algunos que conocían el firmamento vaticinaron que, por la forma en que refulgían las estrellas antes de que la luz lunar las opacase, los esperaba un día caluroso. En aquellos momentos en que estaban ateridos de frío era una buena noticia, pero el vaticinio del calor en cuanto saliera el sol resultaba un mal augurio. Un pie adelante y luego el otro, apenas comenzaba la marcha y Malintzin ya estaba cansada; era la fatiga acumulada del día anterior, pero había que seguir adelante. De ese modo pasaron las horas de esa jornada que parecía interminable. A lo largo del trayecto encontró a un hombre en el suelo, había caído desfallecido. Lo hicieron a un lado y los que venían atrás continuaron avanzando. Más tarde vio a otros más, igualmente exhaustos. Y en horas de la tarde se acercó a ella un jinete: se le necesitaba para traducir. Apuró el paso para alcanzar la cabeza de la columna. Se trataba de aclarar lo que decían unos indios que mencionaban *atl*, *atl*; la palabra agua resultaba mágica en aquellos momentos. Se trataba de averiguar dónde se encontraba. La esclava habló con ellos, quienes le manifestaron la existencia de unas casas situadas en la proximidad, junto a las cuales se encontraba un pozo. Olid y otros jinetes partieron al momento, y era tal la sed que Bernal, seguido por sus auxiliares tlaxcaltecas, marchó tras ellos corriendo, pese a la advertencia del riesgo que corrían si se presentaba un mal encuentro.[7] Hallaron las casas y encontraron el agua, y luego que bebieron hasta saciarse Bernal y sus hombres retornaron a la columna llevando unos cántaros llenos, y cuando aparecieron los jinetes con Cortés a la cabeza, se las ofreció. Bebió el Capitán unos sorbos, pasándola luego a sus acompañantes; la esclava también alcanzó un poco. Anocheció y como era imposible marchar por los senderos se decidió pernoctar allí, en espera de que saliese la luna. Ella fue una privilegiada, pues pudo quedar bajo techo junto a Cortés y otros españoles mientras el grueso de la columna dormía al raso. Muy de madrugada ya estaban en pie. Le dolían los pies que tenía muy hinchados, pero pudo calzarse y ocupar el lugar que le correspondía. Estaban todos con las gargantas resecas. A pesar de que el hambre y la sed los tenía agotados, el Capitán decidió imponerles un último esfuerzo mientras todavía les quedaban energías. Los caballos llevaban dos días sin beber y la esclava vio algunos soldados con la boca sangrante, porque atenazados por el hambre y la sed habían comido cactus y cardos espinosos.

La marcha prosiguió y para las ocho de la mañana ya estaban frente a Xochimilco. El panorama no era tranquilizador. Había miles de defensores y detrás de las albarradas que habían levantado los capitanes agitaban espadas tomadas a los caídos en la Noche Triste, y al tiempo que las mostraban les decían que con ellas los habían de matar. No quedaba alternativa, el agua tenían que ganársela. Con el acicate del hambre y la sed se lanzaron al ataque, abriéndose paso entre las filas mexicas. Marina, que presenciaba la acción desde lejos, subida en un templete, pudo ver cómo en un momento dado, cuando Cortés se encontraba separado de los suyos, El Romo, su buen caballo castaño oscuro, se echó al suelo de puro agotamiento. Varios indios intentaban apresarlo para llevárselo vivo, mientras él se defendía con la lanza. Y cuando estaban a punto de lograrlo llegó un tlaxcalteca en su auxilio y juntos se abrieron paso. La batalla fue reñida, resultando victoriosos los españoles y sus aliados. Cuando quedaron dueños del campo, Cortés preguntó por su salvador. Nunca lo encontró.[8] Esa noche Marina, quien presenció la escena, antes de dormir se preguntaba cuál sería su suerte si Cortés moría. Su destino se encontraba estrechamente ligado al del conquistador. Muerto Cortés, Marina no imaginaba quién sería su nuevo amo, en el caso de que no la matasen a ella también. Pero primero muerta que volver a lo que fueron sus días de esclavitud en Tabasco. Por otro lado, se encontraba orgullosa de haber superado, siendo mujer, la tremenda prueba de esa marcha, cosa que algunos hombres no consiguieron; Cortés dice en el informe al emperador: «que muchos de los indios que iban con nosotros perecieron de sed», sin precisar el número. Bernal, por su parte, señala que los muertos fueron un tlaxcalteca y un español que «era viejo y doliente».[9]

Por la mañana la esclava se hallaba junto al Capitán cuando los soldados llevaron a su presencia dos espadas recuperadas a los indios. Los pomos y gavilanes de las espadas fueron examinados para tratar de averiguar a quiénes habían pertenecido, pero no resultó posible establecerlo. Los capitanes indios, creyendo que estas armas les conferían superioridad, habían dejado de lado la macana para emplearlas, lo cual constituyó un equívoco, pues desconociendo la esgrima las alzaban para propinar un golpe contundente, momento que los españoles aprovechaban para traspasarlos de una estocada. El día transcurrió en relativa calma, circunstancia que tanto Marina como el resto del ejército aprovecharon para reponerse de las fatigas pasadas. Pero apenas fue noche cerrada los que se encontraban de guardia escucharon el ruido de remos agitando el agua. Eran centenares las canoas que se acercaban. Cuauhtémoc había ordenado un ataque general para recuperar Xochimilco y acabar con los españoles y sus aliados. El intento fue rechazado.

Las fuerzas de Cortés volvieron a Texcoco. Al segundo día de haber llegado la esclava observó que se producía un gran revuelo. Cortés se movía con rapidez, seguido de sus hombres de confianza. Según pudo escuchar Marina, se había descubierto un complot para matarlo a él y a sus más allegados. Uno de los implicados se había arrepentido en el último momento, delatando a sus compañeros. Ella ya sabía que Cortés no era querido por todos, pues algunos hablaban mal de él en presencia de ella sin percatarse de que los entendía. Por eso el hecho no la tomó por sorpresa. Encabezaba la conspiración Antonio de Villafaña, a quien Cortés sentenció a muerte luego de un juicio sumarísimo, dándole apenas el tiempo justo para confesarse con el padre Juan Díaz. Lo colgaron del marco de una ventana. Murió sin delatar a sus compañeros.

Los bergantines

Se recibió el anuncio del próximo arribo de los bergantines. Para recibirlos Cortés se instaló en un estrado con sus capitanes, sentando a su lado a Tecocoltzin y otros dignatarios texcocanos. Marina fue llamada para servir de intérprete, colocándose entre él y el soberano de Texcoco. La llegada fue un espectáculo muy lucido. Venían en vanguardia Ayotécatl y Teuctépitl, al frente de ocho mil tamemes que conducían la jarciería y la impedimenta, seguidos por Chichimecatecutli con diez mil hombres transportando los bergantines desarmados. Cerraba la formación un contingente de dos mil aguadores y avitualladores. Se trataba de una marcha infinitamente mejor organizada que aquella en que le correspondió participar.

Siempre siguiendo a Cortés, que se hacía acompañar por un grupo numeroso, la esclava caminaba junto a Alderete, fray Pedro Melgarejo, fray Bartolomé de Olmedo, Tecocoltzin y otros notables. Iban a inspeccionar la zanja que se había cavado para poner a flote los bergantines. Era una obra impresionante: media legua de largo y más de dos estados de ancho y otro tanto de profundidad, con los bordes reforzados por troncos a todo lo largo (un estado era la estatura media de un hombre, alrededor de 1.70 metros). Trabajaron en ella durante cincuenta días ocho mil hombres facilitados por Tecocoltzin. Se trataba de un dique seco, provisto de esclusas, y dentro de él comenzaron a armarse los bergantines. [En el proyecto de Cortés podemos ver un antecedente de lo que ocurriría en las postrimerías de la Segunda Guerra Mundial, cuando al verse sometidos a intensos bombardeos los alemanes dispersaron las fábricas, y en túneles construían en partes los Messerschmitt 262, primeros cazas a reacción, para luego ser ensamblados rápidamente en los aeródromos y lo propio hacían con los últimos modelos de submarinos. También los americanos procedieron de manera semejante con los barcos tipo *Liberty*, que llegaban al astillero en secciones prefabricadas para ser armados allí. En la fabricación por partes para su ensamblaje posterior Cortés parece haberse anticipado en varios siglos en ese concepto de la ingeniería.] Los días siguientes los pasó la esclava sosteniendo conversaciones con caciques y jefes militares indígenas de las distintas naciones en la gran alianza que marcharía contra Tenochtitlan. Había diferencias que armonizar, sobre todo acerca del papel que cada caudillo tendría asignado. Por otro lado, llegaban informes de que en la ciudad isla ocurrían enfrentamientos internos. Como resultado de esas disputas se produjeron algunas defecciones, figurando entre las más importantes la del príncipe texcocano Ixtlilxóchitl, capitán general de Texcoco y hermano de Tecocoltzin, además de los señores de Tláhuac y de Xochimilco, que se pasaron al bando español.[1] Por el interrogatorio al que Marina sometió a esos personajes, Cortés tuvo una visión clara de lo que acontecía en la ciudad. Además, las epidemias de viruela y de sarampión causaban estragos en los habitantes.[2]

Paseando con los principales del ejército la mujer observaba cómo paso a paso los bergantines iban cobrando forma al ser ensamblados en el lecho seco de la zanja, mientras centenares de indios, tanto texcocanos como llegados de otras partes, contemplaban asombrados el trabajo que se hacía. El peso de la tarea recaía sobre los hombros de tlaxcaltecas actuando bajo la guía de unos pocos maestros españoles. Los indios realizaban su tarea con una destreza tal que se pensaría que tuvieran detrás años de experiencia en la construcción naval. La procesión de notables que se acercaban al borde de la zanja era constante. Hasta la propia Marina, que ya había presenciado la construcción de los cuatro bergantines originales cuando entraron a Tenochtitlan, se encontraba admirada de la precisión con que se llevaba a cabo la obra. En cuanto estuvieron concluidos, el 28 de abril, tuvo lugar la botadura. Ésta se llevó a cabo en medio de un ambiente festivo. El acto comenzó con un tedeum oficiado por fray Bartolomé de Olmedo. A continuación, desde un estrado donde estaba sentado Cortés con el soberano texcocano a un lado, a quien buscaba mostrar su respaldo, además de otros notables, se dio la orden de abrir la compuerta. En cuanto la zanja se llenó los bergantines –que se encontraban alineados uno detrás de otro– quedaron a flote y se deslizaron en la laguna. Los asistentes quedaron admirados ante el espectáculo de trece navíos que se movían impulsados por viento y remos. Los caudillos tlaxcaltecas estaban muy orondos de haber logrado tamaña proeza técnica. Los bergantines fueron probados a vela y a remo. Gobernaban bien.

La llegada de contingentes adicionales de Tlaxcala, Huejotzingo y Cholula mantenía muy atareada a Marina como intérprete, dando a conocer a sus jefes las instrucciones impartidas por el maestre de campo. Se trataba de que comprendieran los toques y señales con los que los capitanes españoles les ordenarían cuándo deberían lanzarse al ataque y en qué momento replegarse, así como los gritos de guerra que servirían de seña y contraseña para identificarse durante el combate. Además se procuraba inculcarles una cultura bélica distinta, consistente en las maniobras de conjunto, apoyándose unos a otros para vencer al contrario, sin trabar encuentros individuales con el objetivo de capturar vivo al rival para sacrificarlo más tarde. Una y otra vez Marina repetía a los capitanes indígenas que la campaña en que estaban a punto de participar no era la *xochiyaoyótl* (guerra florida), celebrada con el propósito exclusivo de capturar prisioneros para el sacrificio. El objetivo era la toma de Tenochtitlan. Muchas veces hubo de repetirles las consignas. Y a las preguntas que se le hacían respecto a los prisioneros repetía la instrucción: a los que huían debían dejarlos escapar. No se trataba de asesinar a los vencidos. Ésas eran las órdenes del capitán Malinche.

Cortés dividió el contingente hispanoindio en tres cuerpos de ejército, uno al mando de Olid, otro comandado por Alvarado, y el tercero bajo las órdenes de Sandoval. Las fuerzas aliadas se distribuyeron en los tres cuerpos y a Marina le correspondió hacer el enlace entre Chichimecatecutli, Xicoténcatl, Calmecahua y Yeuctépid, por parte de Tlaxcala, Teuch, Tamalli y Mamexi, por los de Zempoala, e Ixtlilxóchitl por Texcoco (la Historia no recogió los nombres de los demás caudillos indígenas). El mando de la flota Cortés lo reservó para sí. Partieron los primeros cuerpos rumbo a Chapultepec para cortar el acueducto, pero no tardó en presentarse un imprevisto. Por una cuestión baladí, Olid y Alvarado tuvieron un enfrentamiento y se habían desafiado, y con ellos varios de los soldados que hicieron causa común con sus jefes. Ocurrió que cuando Alvarado y su gente llegaron a Acolman las mejores casas del lugar habían sido apartadas por los de Olid, lo que Alvarado consideró una afrenta, desafiándolo. Marina se encontraba con Cortés cuando llegó la noticia. Éste a toda prisa despachó a fray Pedro Melgarejo de Urrea y al capitán Luis Marín para que impidiesen tamaña insensatez. Llegaron a tiempo.[3] La mujer se percató del gran ascendiente que el recién llegado fraile tenía sobre el capitán Malinche.

Superado ese incidente ambos capitanes marcharon a Chapultepec para cortar el acueducto que abastecía de agua la ciudad. Encontraron resistencia, pues esa acción había sido anticipada por los defensores. Ello ocurría el 30 de mayo de 1521, según alcanzó a escuchar Marina que decía el escribano Diego de Godoy al redactar la memoria del día.[4] El viernes después de Corpus Sandoval partió al cuarto del alba para iniciar operaciones contra Iztapalapa. Como la ciudad se encontraba entonces a la orilla del agua, en cuanto Sandoval atacó Cortés zarpó con los bergantines para tomar a los defensores por la espalda. Desde la ribera del lago Marina vio cómo los trece barquichuelos en formación se alejaban impulsados por un viento de popa, apreciándose cada vez más pequeños, hasta que terminaron perdiéndose de vista en el horizonte.

Los días siguientes los pasó Marina en Texcoco, en funciones de enlace con Fernando Tecocoltzin para el envío de suministros a los combatientes. Por los informes disponibles se tenía conocimiento de que la lucha en Iztapalapa había sido particularmente cruenta, y que la intervención de los bergantines causó grandes estragos entre los centenares de canoas que intentaron enfrentarlos. Un viento favorable impulsó las embarcaciones españolas a gran velocidad, lo que permitió que hicieran volcar a las canoas que les salían al paso. Hubo muchos ahogados. Con esta acción Texcoco se había involucrado abiertamente en la contienda a favor del bando español; era un reino a cuya cabeza se encontraba un monarca recién cristianizado, y que venía a constituir la fuente de suministro de provisiones y hombres para el ejército atacante. A la esclava le correspondió conversar con Ixtlilxóchitl, a quien su hermano Tecocoltzin encomendó el mando de treinta mil hombres para que fuese en refuerzo de Cortés, y según pudo apreciar era un joven que rondaría los veintitrés o veinticuatro años, y quien no obstante su edad tenía bien sentada fama de ser capitán muy aguerrido. En la corte texcocana los asesores españoles ante el soberano indicaron a Marina las instrucciones a que debía ceñirse Ixtlilxóchitl, cosa que ella transmitió fielmente.[5] Y mientras tanto, las noticias que llegaban permitían saber que en Tenochtitlan se luchaba encarnizadamente, y que la fortuna favorecía al capitán Malinche. A los horrores de la guerra se había sumado el *teozáhuatl* («grano divino»), que ocasionaba muy alto número de muertes. En Texcoco cundía el pánico. No se tenía idea de cómo combatir el mal. Los afectados se llenaban de pústulas y de nada les servía bañarse para aplacar el rigor de la enfermedad, para la que no se conocía remedio. Marina se encontraba temerosa de contagiarse, al igual que todo el mundo, pero había observado algo que la tenía intrigada: ningún español había contraído la enfermedad ¿Por qué a ellos no los atacaba? Ese era un misterio que no se explicaba. Quizá se debía a que eran de una naturaleza más fuerte. Se decían muchas cosas sobre la nueva enfermedad, pero nadie tenía idea de cómo se contagiaba. Es más, se decía que no era una sino varias enfermedades, pues no en todos se manifestaba de la misma manera. Lo único idéntico era el desenlace: la muerte.[6] La esclava apuró el paso, iba por la calzada de Iztapalapa rumbo a Tenochtitlan, pues había sido llamada por el Capitán que requería sus servicios. La ciudad se adivinaba en el horizonte por el humo de incendios. Cuando llegó al baluarte de Xóloc pudo apreciar que el Templo Mayor se encontraba ennegrecido por el humo. Al ingresar en el *coatepantli* no lo hizo por una de las puertas ya que gran parte de la barda había sido demolida. El *Quauhquiáhuac*, el palacio de Motecuhzoma, se encontraba reducido a una masa de escombros, lo mismo que el palacio de Axayácatl. La ciudad mostraba un aspecto muy distinto al que ella había conocido. Quedaban a la vista grandes claros que se alargaban en línea recta, marcando la ruta de penetración de los atacantes, quienes derribaban las casas para evitar que al día siguiente les lanzasen pedradas desde las azoteas. Por lo que escuchó, tanto de los soldados que conocía como de algunos tlaxcaltecas, se había luchado con una ferocidad inaudita. Por la mañana ambos bandos se insultaban antes de iniciar el combate, según lo acostumbrado en el mundo indígena para enardecerse, y a continuación los defensores exhibían muslos y piernas de los cautivos diciendo que ésa sería su comida del día, a lo cual los atacantes mostraban igualmente miembros asados.

Una guerra de desgaste. Durante el día los atacantes avanzaban cegando canales con escombros, cañas y todo lo que tuviesen a la mano, para retirarse al declinar la tarde. Y al día siguiente hacían lo mismo, pues durante la noche los defensores habían limpiado las zanjas. Ante el cansancio que este tipo de guerra –que ya se alargaba por veinte días– producía en la tropa, el capitán Malinche había resuelto un cambio táctico: se atacaría a fondo, encaminado el esfuerzo a vencer en un solo ataque. Un asalto masivo. Y para ello la esclava hubo de explicar de manera pormenorizada a los caudillos indígenas el papel que les correspondería desempeñar. Sin embargo, pudo observar que Cortés actuaba con desgano. Al parecer había cambiado de plan movido por Alderete. Muy importante debía ser ese personaje para ejercer una influencia que no tenían los demás capitanes. Por su lado, la moral en el campo de los defensores era alta. Huitzilopochtli había hablado prometiéndoles la victoria en ocho días. Cuauhtémoc, rodeado por sus capitanes, había revestido a un individuo llamado Opochtzin con los atributos del tecolote de quetzal, y a continuación había dicho:

> «Esta insignia era la propia del gran capitán que fue mi padre Ahuizotzin. Llévela éste, póngasela y con ella muera. Que con ella espante, que con ella aniquile a nuestros enemigos. Véanla nuestros enemigos y queden asombrados. Y se la pusieron. Muy espantoso, muy digno de asombro apareció [...]. Le dieron aquello en que consistía la dicha insignia de mago. Era un largo dardo colocado en vara que tenía en la punta un pedernal [...]. Ya va enseguida el tecolote de quetzal. Las plumas de quetzal parecían irse abriendo. Pues cuando lo vieron nuestros enemigos fue como si se derrumbara un cerro. Mucho se espantaron los españoles; los llenó de pavor, como si sobre la insignia vieran otra cosa».[7]

Así está escrito en la crónica indígena. En el caso de los relatos españoles este episodio no aparece mencionado, por lo que es posible que si Marina llegó a escucharlo no le diera importancia, pues ella ya era cristiana y no prestaba atención a supersticiones mexicas que, además, no correspondían al ambiente cultural en que se crió. Lo que sí hay de cierto es que tanto texcocanos como tlaxcaltecas y otros aliados compartían esas creencias. Y Xicoténcatl les había minado la moral asegurándoles que ningún tlaxcalteca saldría vivo de esa campaña.

El día señalado para el ataque dio comienzo la acción terminada la misa. Desde lo alto del gran *teocalli* la esclava presenciaba cómo todo se ponía en movimiento. Por un lado avanzaban las fuerzas de Alderete; y por el otro, aunque las construcciones le dificultaban la vista, distinguía por algunos claros el contingente de Alvarado y, por el centro, el avance del Capitán con sus miles de hombres. Por el lago discurrían los bergantines seguidos de centenares de canoas. Hasta su puesto de observación llegaban también el griterío y los toques de caracolas, teponaxtles y redobles de tambor. El estruendo aumentó de tono al lanzarse al ataque aquella masa humana. Y cuando parecía que en un momento alcanzarían la plaza del mercado de Tlatelolco, ocurrió algo inesperado: de pronto los atacantes comenzaron a chocar entre sí, los que iban en vanguardia daban la media vuelta y topaban con los que venían detrás, produciéndose una gran confusión seguida por un atropellado retroceso de los atacantes que huían en desorden, cayendo muchos de ellos en los canales. Marina no podía dar crédito a lo que presenciaba; aunque no estaba del todo segura, pues lo veía a gran distancia y de manera parcial. Cuando dejaron de correr y la situación pareció haberse estabilizado, descendió de su punto de observación para averiguar qué había ocurrido. Unos soldados que conocía comenzaron a explicarle, hasta donde alcanzaban a comprender las cosas, pues lo sucedido era aún confuso. Todo había comenzado cuando el mercado de Tlatelolco estaba a punto de caer. En ese momento los defensores lanzaron un contragolpe vigoroso, rechazando a los atacantes. Viró la situación. Comenzaron éstos a replegarse en desorden, empujándose unos a otros. Allí comenzó el desastre, porque a sus espaldas habían dejado un paso mal cegado (Cortés lo llama «cortadura»), al cual durante el avance, exaltados como iban con el frenesí de la victoria al alcance de la mano, arrojaron unas cañas y maderos. Pisando cuidadosamente, en grupos reducidos, era posible cruzar, pero al producirse la estampida, cuando se precipitó una multitud, aquella delgada capa no soportó el peso y cayeron al agua en medio de una confusión inmensa que aprovecharon los defensores para atrapar a todos los que braceaban a la desesperada para no hundirse. Cortés se lanzó al rescate, alargando el brazo a los que se hundían bajo el peso de las armas. Estaba en eso cuando los mexicas que llegaban en canoas lo atraparon, pugnando por llevárselo. Ocurrió entonces que Cristóbal de Olea, un joven soldado, se lanzó decidido contra ellos matando a cuatro. Consiguió que lo soltaran, pero a costa de su vida.[8] Apareció Olid y acudieron otros. A pesar de encontrarse herido en una pierna, Cortés pugnaba por volver a la lucha, dispuesto a morir junto a sus hombres. No obstante, Antonio de Quiñones, el capitán de su guardia, lo sujetó por detrás, apartándolo del sitio. Marina quedó asombrada de lo que contaban aquellos soldados. Cortés pudo haber terminado en la piedra de los sacrificios. ¿Y si lo mataban qué sería de ella? Otros informantes ampliaron detalles: él se encontraba a salvo pero decenas de españoles habían sido capturados, todavía no se sabía cuántos, y además el número de indios amigos, muertos o capturados, era altísimo. Preguntando, la mujer llegó a una casona adonde Cortés había sido llevado por sus hombres. El maestro Juan, que ejercía como cirujano, se encontraba examinándole la herida de la pierna, mientras que él, profundamente abatido, hablaba con voz entrecortada, recriminando a quienes desoyeron sus instrucciones y siguieron adelante sin cegar adecuadamente ese paso. Los mexicas habían arrojado las cabezas ensangrentadas de algunos españoles; a los de las columnas de Alvarado y Sandoval, al lanzárselas, les decían que habían matado a Malinche. La desmoralización del ejército era general. Los sitiados se mofaban de ellos, desafiándolos a que volviesen a intentar otro ataque. La acción se celebraba con algarabía inmensa, toques de caracoles y batir de teponaxtles, pero lo más deprimente fue ver cómo sus compañeros capturados eran obligados a empellones a subir a lo alto del *teocalli* de Tlatelolco. Una vez arriba eran cubiertos de plumas y obligados a bailar para luego ser sacrificados.[9]

El tenerlos tan cerca y no poder socorrerlos les producía una mezcla de rabia, impotencia y frustración. Los soldados examinaban las cabezas que les arrojaban para identificar a los muertos. Había una de un soldado que quedó con los ojos desmesuradamente abiertos; la esclava al verla lo reconoció. Nunca hasta ese momento había visto tan abatido al capitán Malinche. Éste se veía totalmente desconcertado. Afectado sobremanera por esas muertes no cesaba de repetir que el responsable era Alderete. Por primera vez parecía no saber qué hacer. Durante la huida de la Noche Triste, en momentos excepcionalmente difíciles ella lo había visto actuar sin perder la cabeza: iba y venía dando órdenes y si ella se encontraba con vida podía reconocérselo a él, que dentro de aquel desastre supo organizar la retirada. En Otumba lo mismo: él solo había decidido la batalla. Pero ahora lo veía como anonadado, sumido en una depresión. Y así fueron pasando los días, hasta que al ver que los españoles ya no combatían como antes el tlaxcalteca Chichimecatecutli tomó la iniciativa, y por su propia decisión reanudó los ataques. La estratagema de ese guerrero consistió en llegar al sitio del desastre, donde dejó ocultos a cuatrocientos arqueros, internándose a continuación en la ciudad. Se entabló el combate y sus hombres comenzaron a replegarse fingiendo que huían; llegaron a la zanja y se arrojaron al agua. Los mexicas, creyendo que repetirían la victoria, se precipitaron en su seguimiento. En ese momento aparecieron los arqueros flechándolos a mansalva.[10] Marina observó el cambio que se produjo en el ánimo de Cortés ante el ejemplo puesto por ese guerrero. De nuevo volvió a ser el hombre que ella conocía. Eso la tranquilizó. Además, por noticias llevadas por emisarios tlaxcaltecas se supo de la llegada de dos navíos que habían anclado en la costa de la Villa Rica en arribada forzosa con un intervalo breve (se trataba de capitanes enviados por Garay a colonizar la zona del Pánuco, replegándose ante la belicosidad de los indios). Después llegaron los caciques de Malinalco y Matlazinco para ofrecer obediencia a Cortés. Con ello desapareció para los sitiados toda esperanza de recibir ayuda del exterior. La esclava les explicó a los recién llegados el compromiso que contraían y les trasmitió el mandato de que enviasen hombres para llevar a cabo la demolición de la ciudad. Malinche había decidido que en lugar de limitarse a incendiar unos edificios principales la arrasaría por completo. Transcurrieron unos tres o cuatro días durante los cuales no se combatió, ya que los sitiadores estaban entregados a las tareas de demolición. Luego, cuando se preparaban para reanudar el ataque se presentó ante Cortés una comitiva de señores para pedirle que suspendiese las hostilidades e interrumpiese la destrucción de la ciudad. Correspondió a la esclava encontrarse en el centro de las pláticas con esos notables que buscaban el fin de la guerra, quienes aseguraron que ya habían hablado con Cuauhtémoc para que cesase la resistencia. Cuando se retiraron Cortés esperó en vano. El mexica no apareció, siendo su respuesta una andanada de piedras. Aunque no se iniciaran conversaciones de paz, la visita de esos notables sirvió para evidenciar que ya se producían fisuras importantes entre los defensores y que no todos compartían la idea de resistir contra toda esperanza.

Una mañana Malintzin se encontraba en lo alto de un templete a espaldas del Capitán, quien desde allí contemplaba el desarrollo de la lucha, cuando de pronto vieron que de lo alto del *teocalli* de Tlatelolco se elevaba una columna de humo. No estaba claro si se trataba de sahumerios o de alguna ceremonia, pero haciendo pantalla con las manos para evitar el resplandor del sol pudo apreciar que la caseta de la plataforma superior se encontraba en llamas. Más tarde se enteraría de que un grupo de soldados había subido las ciento catorce gradas, librando siempre una batalla cuesta arriba, y que Francisco Montaño, el primero en llegar, había plantado la bandera en el recinto de Tezcatlipoca. La mujer partió en seguimiento de Cortés, quien a grandes zancadas se dirigió a la pirámide para contemplar la ciudad desde lo alto. Los defensores se encontraban apiñados en un pequeño espacio de terreno que era lo último que les quedaba. El final se adivinaba próximo. Estaban al límite de sus fuerzas.

Prisión de Cuauhtémoc

Los días siguientes la presión se mantuvo a ritmo lento, Cortés sabía que el tiempo jugaba a favor suyo. Desde lo alto de un parapeto Marina comenzó a llamar por sus nombres a unos principales que conocía. Cuando éstos vinieron el capitán Malinche habló con ellos. Ofrecieron hablar con Cuauhtémoc y traerle una respuesta. Luego volvieron para decir que no vendría por ser ya tarde, pero la entrevista quedó concertada para el otro día. A la mañana siguiente la mujer escuchó el mensaje que traían: no habría entrevista. Marina insistió en que le reiteraran la propuesta y con ellos se le envió un presente, consistente en un guajolote, tortillas y fruta. El lunes doce de agosto los embajadores volvieron trayendo unas mantas muy ricas para corresponder al obsequio y fijaron una condición para que el encuentro tuviese efecto: los indios aliados debían abandonar la ciudad, señalándose la plaza del mercado como el lugar para la reunión. Como transcurrieron cuatro horas y Cuauhtémoc no apareciera, Cortés mandó que volviesen los aliados y se reanudó el ataque. Amaneció el que vendría a ser el último día del asedio y Cortés pidió que avisasen a Cuauhtémoc que quería hablar con él. Partieron a buscarlo, pero en su lugar se presentó Tlacotzin, el *cihuacóatl,* su lugarteniente, quien comandaba la defensa de la ciudad. Se trataba de un viejo conocido de Cortés, con quien tuvo trato durante los seis meses que duró la convivencia pacífica. La esclava razonó con él trasmitiéndole el mensaje de Malinche en el sentido de que ya todo había concluido, que la entrega de la ciudad en forma ordenada evitaría los excesos de los indios aliados, ahorrándole sufrimientos innecesarios a la población. Tlacotzin sabía de sobra que habían llegado al final, pero por más elocuentes que fueron los argumentos empleados por ella no consiguió hacerlo cambiar de opinión.

Rehusaba tomar sobre sus hombros la responsabilidad de rendir la ciudad, desobedeciendo órdenes de Cuauhtémoc. Y en lo que a este último concernía, manifestó que no se rendiría nunca, antes preferiría morir. Luego de cinco horas de conversación que no condujeron a nada, Marina le indicó que podía retirarse y que se preparase para el ataque. Viendo que se venía encima la tarde, Cortés decidió concluir el sitio aprovechando las horas de luz. La ocupación de lo que restaba de la ciudad se realizó sin encontrar oposición. En un primer momento no encontraron a Cuauhtémoc. Después, la atención se centró en las canoas que intentaban escapar, a las que daban caza los bergantines. Entre éstas destacó una de grandes dimensiones y muy ataviada, que no tardó en ser hecha presa. En ella, además de Cuauhtémoc y su esposa Tecuichpo viajaban Tetlepanquétzal, el soberano de Tacuba, y otros principales.

Más tarde, Cortés aguardaba sentado en una silla colocada sobre un estrado para que la ceremonia de la rendición pudiera ser contemplada por la mayor parte de sus hombres e indios aliados. Detrás de él estaba situada Marina, quien quedó sorprendida por la extremada juventud de Cuauhtémoc, pues aparentaba dieciocho años y era esbelto, de cara alargada y buena presencia. En cuanto estuvo frente a Cortés el español –que deseaba mostrarse magnánimo– lo invitó a sentarse en un lugar que le tenía reservado. A continuación comenzó a recriminarle que no hubiese entregado la ciudad cuando ya claramente se veía que no tenían esperanza, con lo cual hubiera ahorrado muchas penalidades a su gente. Cuauhtémoc respondió que ya había hecho todo lo que estaba de su parte por defender a su pueblo; luego posó su mano sobre la empuñadura del puñal que Cortés llevaba al cinto. «Toma ese puñal y mátame», tradujo la intérprete. La esclava lo tranquilizó trasmitiéndole el ofrecimiento del capitán Malinche: «él mandaría en México y sus provincias como antes».[1] Ello tuvo lugar el 13 de agosto, que en aquel año de 1521 cayó en martes.

Marina quedó sorprendida al advertir que Tecuichpo era una niña que no pasaba de diez años.[2] Fue quizá su extrema juventud lo que la hizo pasar inadvertida el año anterior, cuando dejaron la ciudad. Es posible que a ello debiera la vida, pues pudo haber corrido la misma suerte que su hermano y hermanas muertas durante la huida. Se trataba de un matrimonio absurdo. Más tarde, hablando con notables se enteró de que aquello era por conveniencia. Cuauhtémoc era de sangre real por parte de padre, pero no así de madre; por ello, para consolidar su posición buscó casarse con la hija de Motecuhzoma. Abolengo, linaje, eso era algo desconocido para ella. ¡Las complicaciones que se creaban los de la clase alta! Bernal dice que Cuauhtémoc era sobrino de Motecuhzoma, pero no está en lo cierto. Todas las fuentes originales concuerdan en señalar que era hijo de Ahuízotl, mientras que la situación sobre el linaje de su madre es confusa. Y como Ahuízotl y Axayácatl, padre de Motecuhzoma, fueron hermanos, queda claro que eran primos hermanos. Por otro lado, sobre la edad, escribiendo mucho después, cuando sus recuerdos estarían debilitados, Bernal le asigna veintiséis años a Cuauhtémoc, mientras Cortés asegura en 1522, cuando era su prisionero, que tenía dieciocho. La misma edad le señala Francisco de Aguilar, otro soldado que lo conoció bien. ¿Y cuánto tiempo llevaba en el poder este jovencísimo monarca? No mucho; aunque el dato no pueda establecerse con precisión, señalando mes y día, lo que sí podemos apreciar es que llevaba poco tiempo en el trono, menos del que generalmente se admite.

Para realizar la pesquisa comenzaremos por la fuente indígena más antigua, el *Anónimo de Tlatelolco*. Pues bien, en este texto topamos con algo sorprendente: ¡Cuitláhuac no aparece mencionado! La cronología salta directamente de Motecuhzoma a Cuauhtémoc. Pero como Cuitláhuac es un personaje histórico cuya existencia se encuentra sólidamente acreditada, acudimos a otras fuentes. Los autores coinciden en señalar que sucumbió en la epidemia, víctima de la viruela, pero en lo que existen discrepancias es en la duración de su mandato, al que unos asignan cuarenta días, otros sesenta y así se llega hasta ochenta, la cifra más alta, asignada por Chimalpain. Pero su reinado parece haber sido todavía más largo de lo que éste señala. Si recordamos lo que antes escuchamos decir a Cortés en el sentido de que por un prisionero tomado en Huaquechula se enteró de que Cuitláhuac era en esos momentos el gobernante de Tenochtitlan, y como eso lo está escribiendo en la penúltima página de la *Segunda relación*, que está fechada el 30 de octubre de 1520, descubriremos que luego de transcurridos cinco meses de la Noche Triste éste continuaba al frente del gobierno de la ciudad.[3] En otra parte encontramos un dato que puede resultar revelador para averiguar la fecha en que Cuauhtémoc accedió al poder; éste es el referente al momento en que a la muerte de Cuitláhuac se produce en Tenochtitlan una pugna por el poder. Según los escasos datos disponibles, un grupo de notables encabezados por el príncipe Axopacatzin, hijo de Motecuhzoma, quien a la muerte de su hermano Chimalpopoca quedó convertido en el legítimo heredero, favorecía el entendimiento con Cortés, y para ello proyectaba ir a entrevistarse con él a Texcoco, llevándole un presente de guajolotes, tortillas y huevos. Los que abogaban por la línea dura, encabezada por Cuauhtémoc, dieron muerte a Axopacatzin y a sus seguidores. Este pasaje ya nos da una pista: el lugar de la entrevista, Texcoco. Y como Cortés llegó allí el «último de año de 1520», tendremos que la muerte de Cuitláhuac había ocurrido muy poco tiempo antes, cuando se planteó el problema de la sucesión. Lo que acabamos de ver nos permite suponer que el reinado de Cuitláhuac abarcó desde el primero de julio a 1520 –cuando tiene lugar la huida de los españoles– hasta últimos de diciembre de ese año; o sea, casi seis meses. Pero hay otro dato muy interesante que proviene del oidor Alonso de Zorita, un cronista muy serio, quien durante diez años fungió como juez en México y trató a muchos personajes de relieve, tanto indios como españoles, entre los que se cuentan los hijos de Cortés. Se trata de un jurista talentoso a quien Felipe II encomendó la compilación de las Leyes de Indias. Él sumó dieciocho años desempeñando el cargo de juez (Santo Domingo, Nueva Granada, Colombia, Guatemala y México) y, *rara avis*, volvió pobre a España. Modernizando la redacción de éste, su texto sería como sigue: «Cuitláhuac y los principales señores acordaron llamar a Axayacaci [Axopacatzin], que era el principal heredero en la línea de sucesión, quien se encontraba en Xilotépec, siendo su madre la mujer legítima de Motecuhzoma e hija de Ahuízotl (por tanto vendría a ser prima de éste), y ambos se trasladaron a Tenochtitlan siendo el hijo proclamado rey en la ceremonia que acostumbraban. Axayacaci quiso ir Tepeaca para entrevistarse con Cortés llevándole un tributo, pero Cuauhtémoc y los sacerdotes se lo impidieron dándole muerte». Hay que reconocer que el episodio es confuso;

pero si hemos de creer lo que aquí dice el oidor Zorita tendríamos que entre Cuitláhuac y Cuauhtémoc hubo otro monarca cuyo nombre habrá pasado en silencio, un soberano efímero, de muy corta duración, quizás de sólo un día, pero que tenía un proyecto político único, consistente en ir en busca de Cortés para evitar la guerra. El texto del oidor Zorita, cuyo original puede resultar pesado para los no familiarizados con la lectura de documentos del siglo XVI –por lo que para su beneficio se modernizó la sintaxis, ofreciéndose el texto original al final en la sección correspondiente a documentos–[4] aclara la discrepancia del lugar de la entrevista, Tepeaca en lugar de Texcoco, lo cual nos remite unas semanas atrás.

Al momento de la caída de Tenochtitlan era tan escasa el área que conservaban los defensores que éstos se encontraban apiñados en un espacio mínimo de terreno, al grado de que casi no podían moverse sin caer en los canales. Allí esperaban pacientemente, resignados a lo que viniese. Habían sido vencidos pero no podían rendirse porque no sabían cómo hacerlo. A la esclava le correspondió trasmitir a los notables las órdenes del capitán Malinche: la guerra había concluido; eran libres, pero a causa del hedor de los muertos había riesgo de pestilencia;[5] todos debían abandonar la ciudad inmediatamente y luego se les comunicaría el momento en que pudiesen volver. La salida comenzó a últimas horas de la tarde. Unos iban en canoas y otros a pie por la calzada que conducía a Tepeyeácac. Según pudo observar, había soldados españoles con ojo atento a las mujeres para retener a las bonitas. Por ello, algunas se habían vestido con harapos y cubierto la cara con lodo para pasar inadvertidas.[6] Al presenciar el éxodo de todo un pueblo la esclava no podía menos que comparar qué distinto era el pensamiento de los españoles con respecto a los indios. Pues mientras que el único pensamiento de éstos en la guerra era el de aprisionar al oponente para llevarlo a la piedra de los sacrificios, aquéllos buscaban derrotar al enemigo. Por lo que había escuchado comentar a Cortés con sus más allegados, en sus planes figuraba construir una nueva ciudad cuyos pobladores fueran los mismos que ahora salían, la cual comenzaría a construirse en cuanto fuesen llamados de regreso. Si los indios hubieran pensado igual que los españoles ni Cortés, ni Bernal, ni otros soldados estarían con vida, pues en lugar de llevarlos en volandas cuando los capturaron los habrían matado. Y mientras los vencidos salían por la calzada, Cortés y los suyos partían rumbo a Coyoacán, que sería donde se asentarían. Durante el trayecto Marina caminaba próxima a Cuauhtémoc, Tetlepanquétzal, Tlacotzin y otros grandes señores que no cesaban de hacerle preguntas. Ellos, otrora tan poderosos, se encontraban pendientes de los labios de una simple esclava, tratando de averiguar el destino que les aguardaba. Ya habían escuchado el ofrecimiento del capitán Malinche, pero de todas formas se sentían inseguros y eran muchas las cosas que querían averiguar. A Marina le inspiraría ternura la vista de aquella reina niña, de apenas diez años, y para que no sintiera miedo caminó a su lado.

Días más tarde, encontrándose en Coyoacán, a la esclava le tocó presenciar el banquete con que se celebraba la victoria. Al efecto Cortés contaba con puercos y unas barricas de vino traídos por un navío llegado de Cuba. Con tablas se armaron mesas larguísimas, en las que a pesar de su extensión no hubo cupo para todos. El vino corrió libremente y algunos cogieron una borrachera descomunal. Desde un ángulo apartado Marina seguía las incidencias del festejo. Había más de una docena de españolas, muy agasajadas, que celebraban con grandes carcajadas las gracias que se decían. En un momento dado sonó la música y comenzó el baile. Ese ambiente no iba con ella y se sentía fuera de lugar. No sabía bailar y no tenía la costumbre de beber vino. Además, a la mayor parte de las mujeres las conocía muy superficialmente, pues eran llegadas de último momento con Narváez. Había sólo una con la que ella había conversado en diversas ocasiones, María de Estrada, una señora con una historia muy accidentada y quien, según le había contado, viajaba en un navío que naufragó frente al litoral de Cuba. Al llegar a tierra los indios mataron a todos los hombres y ella quedó como esclava del cacique. En esa condición vivió durante cinco años, hasta que se produjo la conquista de la isla y ella fue liberada.[7] Ambas tenían en común la experiencia de haber sido esclavas, lo que las vinculaba. María de Estrada hablaba a la perfección el taíno, por lo que en varias ocasiones probaron de encontrar palabras comunes entre esa lengua, el náhuatl y el maya. Pero no hubo caso. No hallaron una sola voz en común. Además, ambas mujeres se sentían hermanadas por los peligros que habían vivido juntas durante la huida de la Noche Triste, cuando las atacaban desde ambos lados de la calzada los arqueros a bordo de canoas. Marina, que iba ligera, pues no cargaba nada encima, pudo cruzar primero la zanja con el agua al cuello, la ropa hecha jirones y la piel sangrante por varias heridas; y María de Estrada, que venía armada de espada y rodela, se abrió camino a estocadas.[8] Cuando en Popotla llegaron a tierra firme juntas pegaron carrera, escapando de sus perseguidores que les pisaban los talones. Entre las que participaban en el jolgorio algunas eran conocidas para Marina, como es al caso de Beatriz de Palacios, la esposa de Pedro Escobar, quien suplía a su marido en las guardias, ensillaba caballos y encima salía al campo a buscar hierbas comestibles para preparar la comida. También se encontraba presente Beatriz Bermúdez de Velasco, esposa de Francisco de Olmos, de quien había oído comentar a unos soldados que en uno de los reflujos de la lucha callejera en Tenochtitlan, cuando flaqueaba un grupo de españoles, se había plantado espada en mano en un puente, amenazando con traspasar de una estocada al que retrocediese.[9]

Pero había otra cosa que la distanciaba de las españolas. Y ello era que con el paso de los días su figura parecía haber ido creciendo en estatura. Tanto que ya algunos españoles le decían «doña Marina». Eso, según se había enterado, constituía una alta distinción, que desde luego no tenía ninguna de las españolas, quienes en el fondo la envidiaban, pues siendo india recibía más consideraciones que ellas, aunque María de Estrada ocupaba rancho aparte. Por eso, al término de la Conquista, las únicas mujeres que vieron recompensados sus servicios con encomiendas fueron Marina y esa señora, que recibió el pueblo de Tetela, al pie de los volcanes. María de Estrada se encontraba entonces casada con Pedro Sánchez Farfán, y al enviudar contrajo nuevas nupcias con Alonso Martín Partidor; fue una de las pobladoras iniciales de Puebla, donde murió. No dejó descendencia, pues era algo entrada en años cuando participó en la Conquista.

Los españoles se asentaron en Coyoacán, que se convertiría en la capital provisional de esa naciente nación que primero se llamó Nueva España para más tarde conformarse como México.

Cortés fijó su residencia en la casa palaciega del señor local, misma que ocupa hoy día la sede de la delegación. Por supuesto, no hay ningún parecido entre las oficinas actuales y las habitaciones por donde discurrieron Cortés y Marina. Son tantas las modificaciones que ha experimentado el edificio que los arquitectos que han trabajado allí apenas han encontrado algunos sillares originales en los cimientos y el desplante de los muros. Los vestigios sirven apenas para dar una idea de las dimensiones que tuvo originalmente el inmueble, el cual experimentó ampliaciones posteriores. [A dos calles de distancia se alza una mansión que ostenta una placa que asegura que fue la residencia de Diego Ordaz. Esto es poco plausible, ya que se trata de un inmueble de época considerablemente más tardía.] La rutina diaria de la esclava sería la de fungir como recepcionista, por quien primero pasaban los caciques y notables que llegaban de los cuatro puntos cardinales para presentar sus saludos al capitán Malinche. Como algunos venían de sitios muy apartados, antes de que fuesen recibidos en audiencia ella debía auxiliar a los secretarios de Cortés para que los ubicasen de acuerdo con sus lugares de procedencia y así éste pudiese tener una idea de con quiénes hablaba. Una de las embajadas más numerosas fue la del vecino reino de Michoacán, que durante la contienda se había mantenido estrictamente neutral, observando cómo se desarrollaban los acontecimientos. La encabezaba el hermano de Tzimtzincha Tangaxuan, el soberano, más conocido como Calzontzin, sobrenombre con que lo designaban los mexicas [Calzontzi significa «el que nunca se quitó el calzado», porque jamás rindió homenaje a Motecuhzoma descalzándose. Al respecto el destacado historiador Manuel Carrera Stampa apunta: «Los mexicanos, por encono y desprecio, hicieron un juego de palabras, introduciendo la radical *cactli*, sandalia, zapato; el diminutivo despreciativo; y el *tzin* reverancial, de allí *Caczoltzin* "alpargate viejo". *Canzonzi* es el verdadero título de dignidad».[10]] Dada la importancia de esa comitiva, el propio Cortés se encargó de guiarlos por la destruida Tenochtitlan para que viesen lo que podía ocurrirles si no se mostraban obedientes a sus mandatos. La mujer tuvo a su cargo transmitirles puntualmente el mensaje, cosa en la que no tuvo dificultad, pues los purépechas conocían perfectamente cuál había sido el poderío de la abatida ciudad de Tenochtitlan.

En los días de Coyoacán la antigua esclava estaba convertida en una respetadísima matrona a quien colmaban de atenciones los caciques y notables que venían a tratar asuntos con Cortés, advirtiéndose que en ese tiempo Aguilar se encontraba ya completamente marginado. En cuanto ella aprendió español se prescindió de los servicios del náufrago. A fuerza de tanto hablar de Malintzin pasamos por alto que en una primera época, toda, absolutamente toda la información que llegaba a oídos de Cortés era por boca de Aguilar. Un hombre que estuvo pegado a él en todo momento, y del que más tarde se prescindió por completo; un disgusto muy serio debió de haber ocurrido entre ambos. Además, no cabe duda de que Marina con su desbordante personalidad lo anuló por completo. A partir de la caída de Tenochtitlan Jerónimo de Aguilar se eclipsa. Sabemos que tuvo un breve desempeño como regidor en Tepeaca y no será sino hasta 1530 cuando lo veamos reaparecer declarando en el juicio de residencia del lado de los enemigos de Cortés. Tan apartado estaba de la vida pública que Bernal lo consideró como muerto al no verlo participar en el viaje a Las Hibueras y no haber tenido noticias de él cuando retornó. Fue hecho de lado por completo, circunstancia que hay que destacar pues entramos en una época en que Malintzin fue la intermediaria única, una figura medular en todo lo que se hizo en aquellos días. Por tanto es natural que fuera muy considerada y todos los caciques llegaran trayéndole regalos, frutas, mantas, joyas y tabaco, lo cual pone de manifiesto que era conocido que fumaba.[11] [A título de curiosidad cabe traer a cuento que la moda del rapé –colocarse tabaco en polvo en la nariz para provocar un estornudo–, adoptada en los siglos XVII y XVIII por las clases altas, tanto en Europa como en América, tuvo su origen en México, según nos informamos: «Y los que tañen el atabal, los viejecitos, tienen sus calabazos de tabaco hecho polvo para aspirarlo, sus sonajas».[12]]

A la hora de la victoria la esclava no tuvo punto de reposo. Cortés había resuelto crear un país a imagen y semejanza de España, por lo que llevaría el nombre de la Nueva España del Mar Océano. En consecuencia, había infinidad de asuntos que tratar. Por una parte estaban los antiguos dirigentes, a quienes se tenía detenidos bajo estrecha vigilancia, situación similar a la que en su día sufrió Motecuhzoma, mediante los cuales pensaba gobernar al país. Entre ellos figuraba Cuauhtémoc en primer término, seguido de Tetlepanquétzal, Coanácoch, y un numeroso etcétera, contándose entre los más significativos Axayaca, hermano de Motecuhzoma; el texcocano Ixtlilxóchitl, y Tlacotzin, el hombre que comandó la defensa de la ciudad y quien una vez concluida la contienda pasó abiertamente a ser un destacado colaborador de Cortés. También contaba con la decidida colaboración de los caciques de Tlaxcala, Huejotzingo, Chalco y Coatzacoalcos. Además cada día se sumaban los de otras áreas. Coyoacán se convirtió en el destino de un peregrinar de caciques y notables que llegaban para pedir que les fuesen devueltas sus tierras y sus esclavos. Por eso Cortés informaría al emperador que al restituirles esclavos y tierras no les daría «ni tantos ni tantas como antes tenían».[13] Para él la existencia de esclavos era cosa natural, pues la esclavitud estaba plenamente vigente en toda la cuenca del Mediterráneo. Los esclavos seguirían siendo esclavos, pero impuso a sus amos la prohibición de matarlos o mutilarlos.[14]

le ofreciendo los cavalleros y señores de su Reyno joyas y preseas de inesti-
mable precio, recibio con alegria el agua del rio Cyro que un rustico no teniendo otra cosa con que servilla, con gran amor y reverencia en sus propias
manos le traya, A las quales inclinando su Real cabeça, con gran benignidad
y grandeza la bevio; Como no recibira este pequeño servicio, quien pos-
sea mayor benignidad y prudencia? aun que sea de mano de mi rustico inge-
nio, pues con esta confiança hize principio a la obra con el mas claro lengua-
ge que he podido, dibuxando tambien en ella algunas cosas que me parecieron dig-
nas de saberse, y poniendo en diversas partes algunos nombres propios, en la
lengua que los naturales ablan, y esto para mayor declaracion y para que con
menos dificultad sea entendido, poniendo ante todas cosas por mi luz y guia
a Jesu xpo. Nro. Sor., El qual la S. C. R. persona de V. Mgd. guarde
muchos años con aumento de mayores estados y señorios, como este muy
humilde vassallo y criado de V. Mgd. dessea.

S. C. R. Md.

Besa los Reales pies y manos
de V. Mgd. su humilde vassallo y criado

Diego muñoz camargo.

Dando principio a la relacion que V. Mgd. mando se haga, cerca de la descripcion desta
tierra conforme a la instrucion que a esta ciudad de Tlaxcala embio don Martin Hen
riquez Visorey que fue desta nueva España, a Alonso de Naua Alcalde mayor
della el qual me cometio la hiziesse con diligencia y cuydado, y que respondiesse a los
capitulos de la memoria y orden que vienen expressados tocantes a esta provincia
pudiendose aver encargado a persona de mas erudicion, Por que se le

Dedicatoria del Manuscrito de Glasgow a Felipe II, entregado en propia mano al rey por su autor, Diego Muñoz Camargo. Adviértase la firma autógrafa.

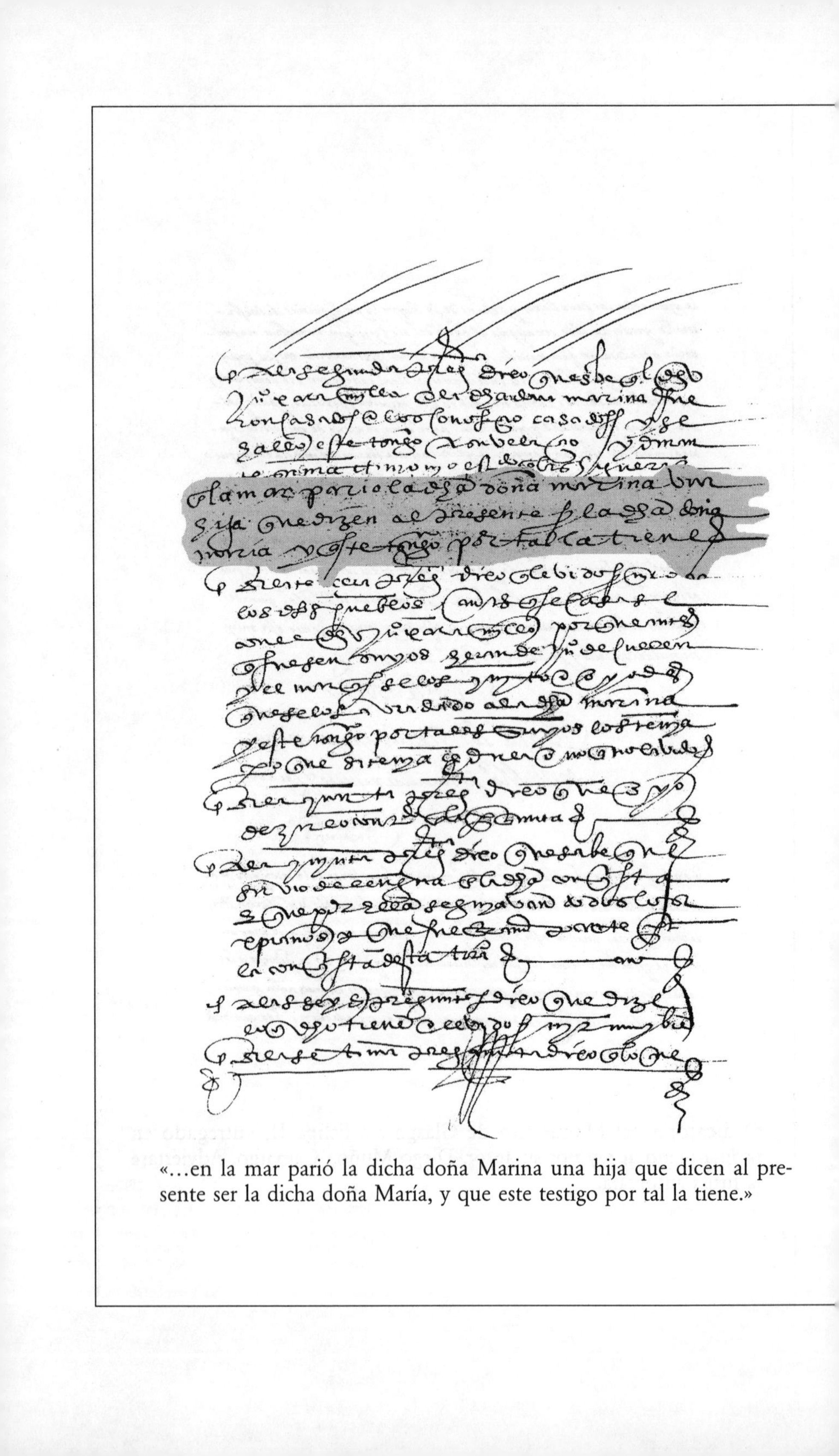

«…en la mar parió la dicha doña Marina una hija que dicen al presente ser la dicha doña María, y que este testigo por tal la tiene.»

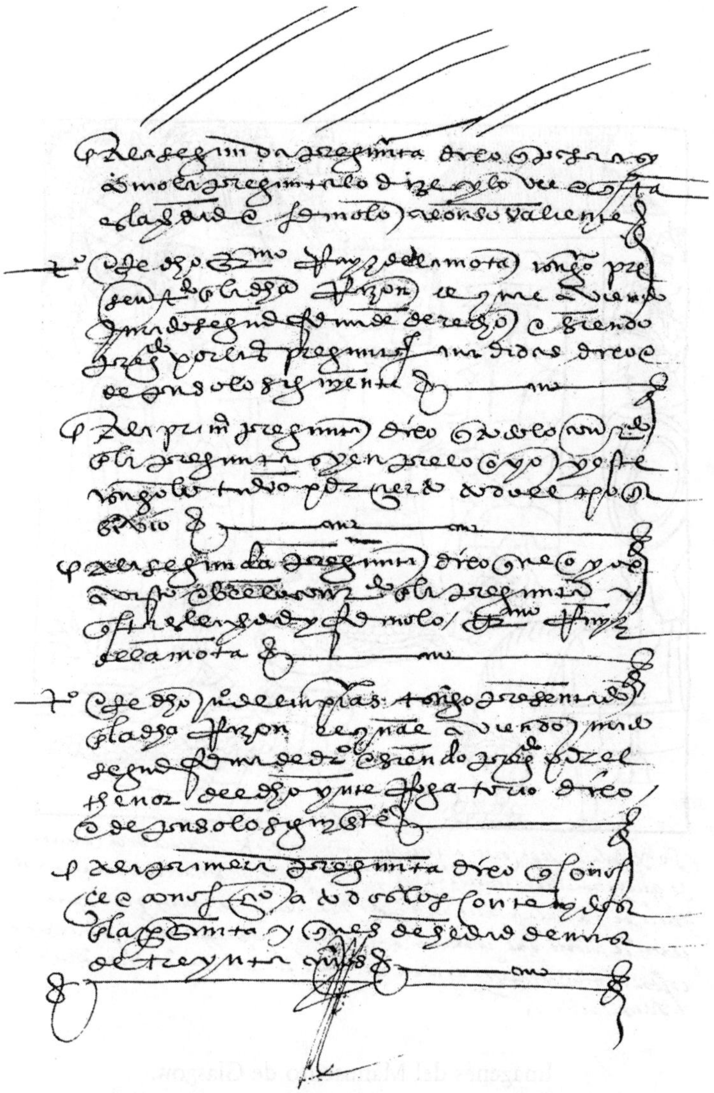

Archivo General de Indias, Patronato, 56, N.3, R.4/1/105.

De Xaltelulco llego Cortes a Gueyhuetlipan pueblo de Tlaxcala de la cabecera
de Quiyahuiztlan donde era Sor. Citlalpopocatzin, donde tuvo descanso y re-
frescos de Taxcala y salio a este lugar Maxixcatzin con muy gran copia de
gentes de socorro que corrieron a los enemigos hasta ponellos en sus tierras a
costa de muchas vidas y aqui en este lugar dio la divisa de [illegible]
[illegible] Maxixcatzin [illegible]

Imágenes del Manuscrito de Glasgow.

Entrada del pueblo de Atlihuetzan sujeto de Tlaxcala donde fue
recibido Cortés y su gente de paz y le recibió Piltecuhtli y Acxotecatl
ss.s y caciques de aquel pueblo y se le dio lo necesario

Despues de desembarcado escriuio a los de Taxcala y embio mensageros a los q̃ eran señores de aquella tierra por lengua de Malintzin

De como Cortes llego a todos los altos de Guauximalpa q̃ llaman altos
de Mexico a correr el campo y hechar de si a sus enemigos

MEXICO
PIÇARVS
ofreçe el Peru
CORTESIVS
ofrece la nueua España
PERV.

La voz de Malintzin

Durante las pesquisas para hallar el oro perdido durante la Noche Triste, se sometió a un interrogatorio a Cuauhtémoc y a Tlacotzin con el auxilio de Marina. Gracias a un testimonio escrito a muy corta distancia de los hechos, quizá a partir de información de alguien que fue testigo ocular de los sucesos que refiere, podemos acceder a un texto en el cual, como una voz de ultratumba, tenemos el eco de las voces de La Malinche y los personajes interrogados:

> «Oiga por favor el dios, el capitán: la gente de Tenochtitlan no suele pelear en barcas: no es cosa de ellos. Eso es cosa exclusiva de los de Tlatelolco. Ellos en barcas combatieron, se defendieron de los ataques de vosotros, señores nuestros. ¿No será acaso ellos de veras haya tomado todo la gente de Tlatelolco? [Entonces habla Cuauhtémoc, le dice al Cihuacóatl]: ¿Qué es lo que dices, Cihuacóatl? Bien pudiera ser que lo hubieran tomado los tlatelolcas [...] ¿acaso no ya por esto han sido llevados presos los que lo hayan merecido? ¿No todo lo mostraron? ¿No se ha juntado en Texopan? ¿Y lo que tomaron nuestros señores [los españoles] no esto lo que está aquí? Y señaló con el dedo Cuauhtémoc aquel oro. Entonces Malintzin le dice lo que decía el capitán: "¿No más ése es?" Luego habló Cihuacóatl: "Puede ser que alguno del pueblo lo haya sacado..." ¿Por qué no se ha de indagar? ¿No lo ha de hacer ver el capitán?
>
> »Otra vez repitió Malintzin lo que decía el capitán: "Tenéis que presentar doscientas barras de oro de este tamaño..." Y señalaba la medida abriendo una mano contra la otra.

»En su presencia colocan aquello, el escaso oro que encontraron, lo ponen en cestones para que los vea. Y cuando el capitán y Malintzin lo vieron se enojaron y dijeron: "¿Es acaso eso lo que se anda buscando?" Lo que se busca es lo que dejaron caer en el canal de los Toltecas. ¿Dónde está? ¡Se necesita!

»Al momento le responden los que vienen en comisión: lo dio Cuauhtemoctzin al Cihuacóatl y al Huiznahuácatl. Ellos saben en dónde está: que les pregunten. Cuando lo oyó finalmente mandó que les pusieran grillos, que los encadenaran. Vino a decirles Malintzin: "Dice el capitán: que se vayan, que vayan a llamar a sus principales. Les quedó agradecido. Puede ser que de veras estén padeciendo los del pueblo, pues de él se están mofando [...]. Fue cuando le quemaron los pies a Cuauhtemoctzin. Cuando apenas va a amanecer lo fueron a traer, lo ataron a un palo en casa de Ahuizotzin en Acatliyacapan [laguna en el texto]. Y el oro lo sacaron en Cuitlahuactonco, en casa de Itzopotonqui. Y cuando lo han sacado, de nuevo llevan atados a nuestros príncipes hacia Coyoacán.»[1]

El párrafo está tomado del *Anónimo de Tlatelolco,* o sea que fue escrito a siete años de la caída de Tenochtitlan. Entre otras cosas, arroja alguna luz sobre la forma en que los indios veían a Malintzin, la que aparece como una mujer dura, mandona, más que una simple intérprete en un papel central, como interrogadora (lo que efectivamente fue). Cabe destacar, además, que junto a Cuauhtémoc interroga a otros personajes –entre quienes identificamos a Tlacotzin– que salieron bien librados, escapando al tormento. Se tiene la impresión de que ya muchos andaban en busca de un acomodo con el nuevo poder. Algo que llama la atención es que no aparezca mencionado Tetlepanquétzal, soberano de Tacuba y compañero de Cuauhtémoc en el doloroso trance. Eso a pesar de que estamos frente a la versión más cercana a los hechos.

Pero recurramos ahora a las fuentes españolas. Cortés, en la correspondencia al emperador, pasa de largo el incidente. Será más tarde, en el juicio de residencia, al ser acusado de ello, cuando en su defensa aduzca que la responsabilidad recae en el tesorero Julián de Alderete, quien exigió que Cuauhtémoc fuese sometido a tormento. En el mismo sentido se manifestó Luis Marín, quien dijo haberse encontrado presente durante el tormento, y que éste se dio a «pedimento e requerimiento de Julián de Alderete, teniente de Su Majestad». Otro testigo es Juan de Salcedo, quien manifiesta

> «que lo vido y se halló presente a ello y vido cómo el tesorero Julián de Alderete vino a la posada del dicho marqués a le requerir, con mucho enojo que traía, que atormentase a Guatémuz y a los otros principales que estaban presos porque se descubriesen los tesoros que tenía Montezuma, porque de ello sería servido Su Majestad, y así fue público y notorio que por pura importunación y requerimientos que el dicho Alderete hizo se dieron los dichos tormentos, no embargante que le pesaba mucho al dicho marqués».[2]

En el mismo sentido opina Bernal, quien expresa:

> «se recogió todo el oro y plata y joyas que se hubo en México, y fue muy poco. Según pareció, porque todo lo demás hubo fama que lo había echado Guatémuz en la laguna cuatro días antes que le prendiésemos, y que, además de esto, que lo habían robado los tlaxcaltecas, y los de Tezcuco y Guaxocingo y Cholula, y todos los demás nuestros amigos que estaban en la guerra, y que los teules que andaban en los bergantines robaron su parte; por manera que los oficiales de la Hacienda del rey nuestro señor decían y publicaban que Guatémuz lo tenía escondido y que Cortés holgaba de ello porque no lo diese y haberlo todo para sí; y por estas causas acordaron los oficiales de la Real Hacienda de dar tormento a Guatémuz y al señor de Tacuba, que era su primo y gran privado, y ciertamente mucho le pesó a Cortés y aún [a] algunos de nosotros que a un señor como Guatémuz le atormentasen por codicia del oro, porque ya habían hecho muchas pesquisas sobre ello y todos los mayordomos de Guatémuz decían que no había más de lo que los oficiales del rey tenían en su poder, que eran hasta trescientos ochenta mil pesos de oro, que ya lo habían fundido y hecho barras; y de allí se sacó el real quinto y otro quinto

para Cortés, y como los conquistadores que no estaban bien con Cortés vieron tan poco oro, y al tesorero Julián de Alderete, que así se decía, y a los de [Narváez] que tenían sospecha que por quedarse con el oro Cortés no quería que prendiesen a Guatémuz, ni le prendiesen sus capitanes, ni diesen tormentos, y porque no le achacasen algo a Cortés sobre ello, y no lo pudo excusar, le atormentaron, en que le quemaron los pies con aceite, y al señor de Tacuba, y lo que confesaron que cuatro días antes que les prendiesen lo echaron en la laguna, así el oro como los tiros y escopetas que nos habían tomado a la postre a Cortés, y fueron adonde señaló Guatémuz a las casas en que solía vivir, y estaba una como alberca grande de agua, y de aquella alberca sacamos un sol de oro como el que nos dio Montezuma y muchas joyas y piezas de poco valor que eran del mismo Guatémuz, y el señor de Tacuba dijo que él tenía en unas casas suyas, que estaban en Tacuba obra de cuatro leguas ciertas cosas de oro, y que le llevasen allá y diría adónde estaba enterrado y lo daría; y fue Pedro de Alvarado y seis soldados y yo fui en su compañía y cuando llegamos dijo el cacique que por morirse en el camino había dicho aquello y que no le matasen, que no tenía oro ni joyas ningunas, y así nos volvimos sin ello».

El tormento consistió en untar con aceite los pies de Cuauhtémoc y Tetlepanquétzal y aproximarlos al fuego. Evidentemente, frente a ellos se encontraría Marina, instándolos a hablar; y al negarse éstos aproximaban los pies al fuego. No podían confesar dónde estaba el tesoro porque sencillamente no lo había. Como observa Bernal, lo poco que quedaba seguramente se lo llevaron los indios aliados. Y sólo por obtener un respiro el soberano de Tacuba dijo que los guiaría adonde lo tenía oculto. En este sórdido episodio ella tuvo un papel de la mayor importancia. Los urgía a que confesaran, y al no obtener la respuesta que pedía, se reanudaba la tortura. Una mujer dura, sin duda alguna. Conocemos todos la respuesta heroica dada por Cuauhtémoc al soberano de Tacuba: «¿Acaso estoy yo en un lecho de rosas?» Sabiendo que la rosa no es una flor oriunda de México debemos preguntarnos: ¿tradujo bien la interrogadora? La primera referencia al respecto proviene de Gómara, quien sacó de prensa su libro en 1552 y nunca estuvo en México. En su texto la frase aparece como «¿Acaso estoy yo en un deleite o baño?».[3] Marín, quien manifiesta haber sido testigo ocular, no la menciona. Bernal tampoco. Y resulta extraño que al citarla Gómara no formule comentario alguno, máxime cuando en su libro se manifiesta siempre favorable a Cuauhtémoc, a quien admira. Los que vinieron a continuación copiaron a Gómara o bien lo parafrasearon, y es así que el cronista Herrera escribe:

> «Pareció, en fin, con acuerdo de muchos que convenía dar tormento a Quatímoc [sic] y a otro caballero, aunque Hernando Cortés siempre contradecía, afirmando que no convenía irritar a Dios que les había dado tan gran victoria. El caballero murió en el tormento, sin confesar nada, o porque no lo sabía, o porque usaban los indios guardar constantísimamente el secreto, que su señor les confiaba, y cuando moría, con mucha atención miraba a Quautímoc; de lo cual se hicieron varios juicios: a algunos pareció que lo hacía, porque de él tuviese lástima y le permitiese que descubriese el secreto; pero tratóle mal, diciéndole que era hombre muelle y de poco corazón, y que tampoco él estaba en deleite».[4] [Procede aclarar que Tetlepanquétzal no murió en el tormento como asegura este cronista, sino años tarde cuando fue ahorcado en Izancánac junto a Cuauhtémoc.]

Poco después apareció el libro de Torquemada (1616), quien repite al pie de la letra lo dicho por el anterior. En 1843 el escritor norteamericano William H. Prescott, en su *Historia de la Conquista de México* retoma las palabras de Gómara: «¿Pensáis que estoy en algún deleite o baño?», mismas que hace suyas Lucas Alamán en sus *Disertaciones*, obra que fue escrita casi simultáneamente a la de Prescott. A partir de ese momento todos los historiadores van por ese sendero, figurando entre los más destacados Alfredo Chavero. Ello hasta que en 1928 el señor Enrique Santibáñez, en su *Historia nacional de México*, transformó la frase en «¿Acaso estoy en un lecho de flores?». Todavía Alfonso Toro, quien escribió en 1933, dio marcha atrás y volvió a lo del deleite o baño; pero ese mismo año

José Vasconcelos, en su *Breve historia de México*, introdujo la versión que hoy se maneja: «¿Estoy yo acaso en un lecho de rosas?».[5] Y tal es el estado de la cuestión.

Ningún autor se ocupó de consignar la fecha en que ocurrió el tormento de Cuauhtémoc; pero como todos los testigos afirman que se le dio por instigación del tesorero Julián de Alderete, ya disponemos de un punto de referencia: éste salió de México en compañía de los portadores de la *Tercera relación*, el 15 de mayo de 1522. Por tanto, queda claro que ocurrió antes de esa fecha. Alderete no llegó a España, pues murió a bordo de la carabela en el trayecto de Veracruz a Cuba. Pero, ¿qué vino a continuación? Se pensaría que después del tormento se produjo un rompimiento imposible de superar. Pero no fue el caso. Al parecer Cuauhtémoc se plegaba a exigencias de Cortés para servir de vínculo entre su pueblo y los españoles; mientras que éste, para no privarlo de ascendiente ante los suyos, le concedía algunas cuotas de poder. Vemos pues que el episodio del tormento no puso fin al trato entre Cortés y Cuauhtémoc, quien se repuso de sus lesiones y de grado o forzado a ello, porque no tenía otra opción, colaboró con aquél en varios proyectos de envergadura. El primero sería la edificación de la nueva ciudad. Según el testimonio de Bernal, Cortés había ordenado a Cuauhtémoc «que los palacios y casas las hiciesen nuevamente, que dentro de dos meses se volviesen a vivir en ellas, y les señaló en qué parte habían de poblar y la parte que habían de dejar desembarazada para que poblásemos nosotros».[6] Aquí el cronista se ha precipitado al hablar de una reconstrucción, pues Tenochtitlan no fue reedificada, sino que se construyó una nueva ciudad de planta española.

Sorprendentemente, un hecho de tal magnitud como fue la construcción de la nueva ciudad en un plazo tan breve se encuentra escasamente documentado. Motolinia, a quien le correspondió vivir esos días, la califica como una de las plagas que cayeron sobre los indios, por el esfuerzo que les significó y porque además de que no se les pagaba por su trabajo debían traer su comida. Por lo poco que se sabe, la elección del sitio y el trazado de la ciudad, para bien o para mal, fueron obra de Cortés, quien contó con la ayuda de Alonso García Bravo, «el Jumétrico», quien hacía las veces de ingeniero topógrafo. Sus enemigos lo acusaron de haber elegido el centro de la laguna por su capacidad defensiva, pues supuestamente abrigaría la intención de alzarse por rey con el apoyo de los señores indios y un grupo de incondicionales españoles [si nos atenemos a los testimonios de la época, gozaba de mayor prestigio entre los indios que entre sus propios hombres]. Y en medio de aquella masa humana se encontraba Marina, pues suele pasarse por alto que si bien México es una ciudad diseñada por Cortés, éste impartía las instrucciones por boca de ella, ya fuera para el trazo de una calle, el cegado de canales o la colocación de la primera piedra de las grandes edificaciones. En todo estaba él, y detrás ella. Sin temor a exagerar, podría decirse que ambos estuvieron en el origen de la nueva ciudad que vino a asentarse en el solar de la antigua Tenochtitlan. Fue una tarea difícil familiarizar a los indios con unas artes de construcción nuevas, lo mismo que en el uso de algunas herramientas que desconocían. Inmensa esa tarea que suele pasar inadvertida. Evidentemente, para que los indios se prestaran a trabajar debió de estar atrás alguien que lo ordenara y tuviera autoridad para ello. Ese alguien no pudo ser otro que Cuauhtémoc. A este respecto Bernal apunta que cuando Cortés fue acusado de hacerse construir casas suntuosas, sus representantes respondieron diciendo:

> «y que piedra, que había tanta de los adoratorios que deshicieron de los ídolos, que no había menester traerla de fuera, y que para labrarlas que no hubo menester más de mandar al gran cacique Guatémuz que las labrasen con los indios oficiales que hay muchos, de hacer casas y carpinteros, y el cual Guatémuz llamó de todos sus pueblos para ello, y que así se usaba entre los indios hacer las casas y palacios de los señores».[7]

Cuauhtémoc, pues, seguía mandando, aunque en calidad de gobernante subordinado como en su día lo fuera su primo Motecuhzoma. En el *Códice florentino* aparece consignado que Cuauhtémoc reinó cuatro años. Igual mención encontramos en Domingo Chimalpain.[8] Según eso, continuó siendo rey hasta el día de su muerte, ya que de otra forma no resulta el cómputo, puesto que de su ascenso al trono hasta su captura media menos de un año. Por tanto, la única manera como pueden explicarse esos cuatro años de reinado será reconociendo que Cortés le permitió seguir en el poder. Un monarca disminuido, pero que conservaba alguna autoridad. En apoyo de ello existen varios sucesos, entre ellos la referencia a una gestión que realizó ante Cortés para que les fuesen devueltas a unos notables esposas e hijas que andaban por los campamentos españoles. Se advierte por tanto que gozaba de algún ascendiente y servía de abogado de su pueblo. Muy largas debieron ser las conversaciones sostenidas por la antigua esclava con el soberano caído en desgracia; y también con los notables que rápidamente buscaron acomodo en la nueva estructura de gobierno. Desde luego, para algunos ese cambio de lealtades no constituía novedad, ya que habrían colaborado anteriormente con Cortés en los días en que éste ejercía el gobierno a través de Motecuhzoma. Buena prueba de ello la tenemos en las campañas que vendrían a continuación, llevadas a cabo «con gente de nuestros amigos y algunos principales y naturales de Temixtitan».[9] Como es obvio, movilizaciones de tal envergadura hubieran sido impensables sin la colaboración de personajes de primer nivel (Cuauhtémoc incluido), pero ocurre que son contados los nombres que nos resultan conocidos. Al momento en que Cortés sale para la campaña de Pánuco dejó encargado del gobierno de la parte de Tenochtitlan habitada por los indios a Tlacotzin, el último *cihuacóatl*, lo cual no deja de llamar la atención, pues en una primera incursión había encomendado el gobierno a Diego de Soto. En su carta al emperador, Cortés señala:

> «tornéle a dar el mismo cargo que en tiempo del señor tenía, que es *cihuacóatl* que quiere decir tanto como lugarteniente del señor. A otras personas principales, que yo también asimismo de antes conocía, les encargué otros cargos de gobernación, de esta ciudad, que entre ellos se solían hacer».[10]

Otro que jugó un papel relevante en esos primeros días fue Axayaca, un hermano de Motecuhzoma, quien desde un primer momento abrazó decididamente el bando español, siendo uno de los que salvaron la vida en la huida de la Noche Triste. Evidentemente todas las conversaciones que sostuvo con Cortés pasaron a través de Marina. En el bautismo recibió el nombre de don Juan

Axayaca y tuvo una participación activa en el mando y organización del nuevo ejército de guerreros águilas y tigres que combatieron al servicio de los españoles. Existen evidencias de esa colaboración. Así es como vemos que, a los dos meses y medio de la toma de Tenochtitlan, Cortés emprendió la campaña de Pánuco con fuerzas mexicas. Y en 1523, al producirse la rebelión de los habitantes de la Huasteca, que sitiaron en Pánuco a un grupo español, un contingente de antiguos caballeros águilas y tigres partió a su rescate, llegando a tiempo para salvarlos. Fueron guerreros proporcionados por Cuauhtémoc los que participaron en ésa y otras campañas. De ello da fe el propio Juan Axayaca:

> «Yo, don Juan de Axayacaçin, hermano de Moteucçuma, y mi sobrino don Hernando Cuauhtemocçin que entonces era rey de los mexicanos [...] combatimos con el marqués Hernando Cortés a otras provincias más apartadas que México para el servicio de V.M., y así logró el Señor una gran salvación en toda esta parte de las Indias».[11]

Está claro que si Cuauhtémoc colaboró con Cortés fue obligado por la tremenda presión a que se encontraba sujeto, pues no era hombre libre y debía plegarse a sus mandatos.

Bernal, quien por aquel tiempo residía en el área de Coatzacoalcos, nos cuenta que un día, intempestivamente, arribó al río de Ayagualulco un navío procedente de Cuba del que desembarcaron Catalina Suárez Marcaida (la esposa que Cortés había dejado atrás en Cuba), su hermano Juan Suárez y otras mujeres, esposas y parientas de conquistadores. Sandoval, quien se encontraba al mando en la zona, tuvo con ella y demás recién llegadas toda clase de cortesías y les proporcionó caballos y una escolta que los guiase a México. Su llegada no parece haber alegrado mucho a Cortés según el comentario que desliza el cronista:

> «Y desde que Cortés lo supo dijeron que le había pesado mucho de su venida, puesto que no lo mostró [sic], y les mandó salir a recibir, y en todos los pueblos les hacían mucha honra hasta que llegaron a México; y en aquella ciudad hubo regocijos y juego de cañas, y de allí a obra de tres meses que había llegado oímos decir que la hallaron muerta de asma una noche y que habían tenido un banquete el día antes y en la noche, y muy gran fiesta, y porque yo no sé más de esta que he dicho no tocaremos en esta tecla».

Su paso por Coyoacán fue efímero y como el deceso ocurrió durante la noche del uno al dos de noviembre, tenemos que la llegada a México debió haberse producido a finales de julio o en los primeros días de agosto. Acerca de su fallecimiento todo lo que trascendió fue que esa noche hubo una gran fiesta en la casa de Cortés a la que concurrieron numerosos invitados, que Catalina danzó, mostrándose alegre, y que esa misma noche murió. Prácticamente se ignora el tipo de vida que hicieron los cónyuges y lo que Catalina hizo o dejó de hacer en ese tiempo. Uno de los contados datos conocidos fue el de que unos días antes, visitando la huerta de Juan Garrido, tuvo un desvanecimiento que alarmó a todos los que la acompañaban, pues llegó a tenérsela por muerta.[1] Y como apunta Bernal el deceso se atribuyó a causas naturales: «el mal de madre» (epilepsia) o un infarto, ya que existen testimonios de que padecía del corazón. Siete años más tarde, cuando su memoria era ya un recuerdo lejano, de pronto volvió a ser tema de actualidad. Ello ocurrió durante el juicio de residencia que se le practicaba a Cortés, cuando en éste se introdujo la acusación de que pudo haber asesinado a su mujer. Los nombres de los testigos de cargo que desfilaron, en su mayoría mujeres, nos resultan familiares pues varias de ellas son las damas que salieron a danzar durante el banquete de la victoria celebrado en Coyoacán. Un dato interesante que aportan es que entre quienes se reunieron para amortajar a la fallecida y acompañar a Cortés se encontraba Marina. La mayoría de las mujeres despotrica contra Cortés, acusándolo de que daba muy mala vida a su esposa, la cual además se encontraba resentida porque cortejaba a otras mujeres. Pero lo interesante del caso es que ninguna de las declarantes que se dice amiga y confidente de Catalina menciona que Marina fuese amante de Cortés y, por tanto, rival en amores de la difunta.

A poco de consumada la Conquista la figura de Malintzin comienza a desvanecerse, sin que ello quiera decir que no podamos ubicarla. Lo que ocurre es que entramos en un periodo en que los cronistas no hablan de ella directamente y su nombre no aparece en la documentación existente. Pero ella está allí, siempre al lado de Cortés, como colaboradora para todo lo que se ofrezca. Su aliento se percibe tras su hombro. Es como su sombra. Sabemos que acompañó a Cortés durante la campaña de Pánuco, merced a una referencia que Bernal hace al respecto, cuando aquél envía un mensaje a los huastecos:

> «Y para tornar a enviarlos a llamar de paz envió diez caciques, personas principales, de los que habían preso en aquellas batallas, y con doña Marina y Jerónimo de Aguilar, que siempre Cortés llevaba consigo, les hizo un parlamento y les dijo que

cómo se podían defender todos los de aquellas provincias de no darse por vasallos de Su Majestad».[2]

Una referencia única e imprecisa porque desconocemos con exactitud la duración de esa campaña, que pudo incluso alargarse hasta comienzos de 1523. Existen alusiones vagas a esos años en que los caciques que se desplazaban a Coyoacán para entrevistarse con Cortés le traían obsequios. Queda pues comprobado que ella fungía como traductora. Además está el tormento de Cuauhtémoc, del cual existe constancia que ella era quien interrogaba. Sólo que este acto no sabemos si situarlo en la segunda mitad de 1521 o a comienzos de 1522.

El nacimiento de Martín

Marina sintió que se encontraba embarazada. Al principio fue sólo una sospecha, una falta. Pero vino la segunda, tuvo vómitos. Ya no le quedó duda: unos momentos de intimidad y ya venía un hijo en camino. Aquello era el inicio de un tiempo feliz; aunque en realidad Cortés nunca estuvo entregado por completo a ella, ya que había de por medio otras mujeres a quienes prestaba mayor atención. [Dado que la poligamia era práctica frecuente entre los indios, en especial los de las clases altas, a Marina no debió de afectarle demasiado el comportamiento promiscuo de Cortés.] Ella continuaba siendo la colaboradora leal y eficiente con quien trabajaba a diario. La respetaba y hacía que fuese respetada por todos, pero la relación sentimental (si es que en algún momento la hubo) parecía haberse esfumado. Le llenaba de felicidad la perspectiva de tener un hijo. Sobre todo que fuera de él, aunque estaba consciente de que no convivirían. Pero eso poco importaba, lo que contaba es que iba a tener un hijo. ¿Pero sería el primero? Una mujer ya cercana a los treinta años necesariamente debería tener un pasado, ¿pero qué pasado era ése que había dejado atrás?, ¿conoció el amor?, ¿o fue sólo objeto sexual para satisfacer apetitos?, ¿habría tenido antes algún hijo o hija que después le fueron arrebatados? Nada, absolutamente nada se sabe de lo que fue su vida a partir del momento en que fue hurtada por indios mercaderes, o entregada por la madre a los indios de Xicalango [como quiere la otra versión], quienes a su vez la vendieron en Tabasco. Estamos frente a dos hipótesis: la que la supone de extracción humilde frente a la de estirpe de caciques.

El embarazo de Marina transcurrió de manera discreta. Siguió su curso natural sin que al parecer el hecho afectara los hábitos de vida de Cortés, quien vivía entregado a sus dos pasiones: el juego y las mujeres. A juzgar por el número de referencias, su casa en Coyoacán estaba convertida en un garito donde se jugaban verdaderas fortunas. En cambio, en lo que respecta a mujeres, las alusiones son de carácter general. Sólo se menciona que hubo muchas, pero ninguno de los asistentes señala que ella fuese la señora de la casa o, al menos, la amante de turno. Al parecer sólo los más allegados tuvieron conocimiento de esa relación. Pero si su paso por el tálamo fue breve, en cambio su actuación como eficaz colaboradora continuó igual que antes.

El niño nació en Coyoacán y cuando Marina lo tuvo en brazos encontró la respuesta a lo que durante meses se habría preguntado: ¿a cuál de los dos iba a parecerse? El resultado se hallaba a la vista: estaba a mitad de camino entre uno y otro; no era indio ni español. Según averiguó Marina, a los niños que nacían de padre español y madre india les decían mestizos. Por tanto, lo que había tenido era eso: un mestizo al que ella veía como el niño más hermoso del mundo. [En rigor, en ella nace el mestizaje del pueblo mexicano, ya que no tenemos conocimiento acerca del destino que tuvieron los hijos de Gonzalo Guerrero.]

Cortés ya andaba por los treinta y siete años y echaría de menos no haber tenido un hijo varón, por lo que el nacimiento debió haber sido muy bienvenido, como lo evidencia el que le pusiese el nombre de Martín, que era el de su padre. Y aunque fuese hijo ilegítimo, ya tenía asegurada la descendencia masculina en el caso de que no tuviera otros hijos. Pero, ¿Marina y Catalina Suárez Marcaida llegaron a conocerse? Es probable que sí, ya que era impensable que en aquel reducido núcleo de españoles residentes en Coyoacán no se encontrasen constantemente. Hasta podría conjeturarse que tuvieron trato frecuente, ya que Marina seguía desempeñando las funciones de colaboradora e intérprete. Con todo, hay que dejar bien asentado que no existe una sola línea de alguien que mencione haberlas visto juntas. La alusión a que Marina se halló presente en el velorio, sin otro comentario, parece indicar que las mujeres que declaran no encontraron nada de extraño en ello, ya que se conocían y hasta podían ser amigas. Además, en caso contrario estaríamos frente a una escena mórbida, de gran intensidad dramática, en la que la esclava se presenta para conocer a Catalina ya difunta. Ambas mujeres se movían en Coyoacán, cuya comunidad española era muy reducida, por lo que necesariamente tuvieron que coincidir. ¿Qué trato existió entre ambas? Ninguna fuente nos lo aclara y ese silencio es elocuente, puesto que de haber ocurrido un enfrentamiento el caso hubiera salido a relucir durante el juicio.

Un punto que podría arrojar alguna luz acerca del momento en que ocurre la relación entre Cortés y Marina es la fecha del nacimiento del niño. En un documento digno de todo crédito que examinaremos en un momento, veremos que dos testigos que lo conocían desde su nacimiento [Diego de Ordaz y Alonso de Herrera] aseveraron que sería de edad de seis a siete años.[1] Y eso lo dirían en julio de 1529; de manera que si era de seis años, en 1522 no habría nacido y Catalina no pudo conocerlo; pero si tenía siete, entonces estaríamos frente a una historia totalmente distinta. Pero los indicios, aunque no sean definitivos, nos inclinan a pensar que la relación amorosa [o simplemente sexual] de Cortés con Marina todavía no se producía. Y si Cortés volvió de Pánuco en enero de 1523, el resto del año se nos pasa en blanco en lo que a Marina concierne. Ni una referencia adicional a ella a lo largo de ese periodo. Lo único que puede conjeturarse es que estaría amantando al niño.

Como resultado de una caída del caballo Cortés quedó seriamente lesionado del brazo izquierdo, lo cual lo retuvo quieto la mayor parte del tiempo en Coyoacán, en medio de grandes dolores. Las campañas que emprendió las llevaron a cabo sus capitanes, y en cuanto a la esclava, como con el tiempo transcurrido ya había algunos españoles que entendían el idioma, no era imprescindible que permaneciera junto a él, como si fuera su sombra. Cortés a la muerte de Catalina quedó libre y pudo haberse relacionado seriamente con Marina, pero no lo hizo. En lugar de ello se enredó con una española de la cual sólo se conoce que se llamó Antonia, Elvira o Leonor Hermosilla (no existe siquiera certeza en cuanto al nombre). Como resultado de esa relación nació don Luis, el segundo hijo varón fuera de matrimonio.[2] Ni idea de qué fue de esa mujer. En cambio, don Luis resultó un hijo muy próximo a él, que le ocasionó tantos disgustos que el último acto de vida de Cortés fue redactar un codicilo desheredándolo.

Los misioneros

En 13 de mayo de 1524, desembarcó en San Juan de Ulúa fray Martín de Valencia al frente de sus franciscanos; el llamado grupo de los Doce, mismo que constituiría, propiamente hablando, la avanzada misionera que realizaría la evangelización de México. Cortés, para destacar la importancia del hecho, dispuso ir a su encuentro con acompañamiento de la población española y un nutrido grupo de notables indígenas encabezado por Cuauhtémoc. Al llegar frente a ellos, en Texcoco, intentó besar las manos de fray Martín, pero éste por humildad no lo permitió, por lo que se limitó a besarle el hábito, cosa que a continuación hicieron todos los españoles. [La entrada en México ocurrió entre el 17 y el 18 de junio.] Los indios contemplaban admirados cómo los españoles reverenciaban a esos hombres macilentos, con los hábitos raídos, que caminaban descalzos ya que habían rechazado los caballos que les fueron ofrecidos. Marina les explicaba que el poder de esos hombres era espiritual, y que una vez acabado el culto a Huitzilopochtli serían ellos quienes les enseñarían la nueva religión para que pudiesen salvar el alma. De entre aquellos hombres les llamó especialmente la atención uno que había adoptado el sobrenombre de *Motolinia* al enterarse en Tlaxcala que en náhuatl eso quiere decir pobre. Resulta extraño que en sus escritos Motolinia no haga una sola mención a Marina a pesar de que se conocieron, aunque desde luego el trato que pudieron tener fue breve, por el fallecimiento de ella.[1]

La esclava estaba consciente de que vivía una época especialmente feliz, la mejor de su vida. La única nube en el horizonte era pensar que pudiera terminar. Podía consagrar el día casi por entero a su hijo, pues no existe constancia de que se desplazara fuera de Coyoacán para seguir a Cortés en sus andanzas. El haberle podido obsequiar un hijo varón, que para él venía a ser el primogénito, era para ella motivo de orgullo. Sabía que le había producido gran satisfacción al haberle puesto el nombre de su padre. Según le fue informado, en España ésa era una forma de honrar a los abuelos. El niño le diría *nonantziné* (mamá), lo que también sabía decir en español. Por su parte, ella procuraba hablarle en los dos idiomas, pero como él pasaba la mayor parte del tiempo con las sirvientas indias que tenía asignadas, acaso fuera mayor el número de palabras que conocía de la lengua materna, el náhuatl.

Cortés se encontraba de un ánimo terrible. Primero la caída del caballo que tantos dolores le ocasionara; y luego, cuando comenzaba a reponerse, le llegaba la noticia de la rebelión de Cristóbal de Olid. Eso lo traía fuera de sí. Había gastado una suma astronómica en armar la expedición que puso al frente de su antiguo maestre de campo, para que éste fuese en busca de ese hipotético estrecho que se suponía que unía ambos océanos, y éste le correspondía rebelándose. Un cronista apunta: «fue tanta la cólera que se apoderó de él, que parecía no querer vivir mientras su subordinado siguiese impune; dilatábansele las narices, hinchábansele las venas de ira y daba otras señales de su ánimo hondamente conturbado».[2] Hoy, a sabiendas de que ese paso no existe [lo que dio lugar a la construcción del canal de Panamá], la importancia que en su día se atribuía a esa empresa tiende a pasarse por alto. La iniciativa había sido suya, y le dio el mando un tanto por mantenerlo alejado, ya que las relaciones entre ambos no eran del todo buenas. Pero habiendo sido el propio emperador quien le ordenara esa exploración, no podía aceptar que un subordinado suyo le arrebatase la gloria del descubrimiento. De tal manera que sin pensarlo mucho para someter a Olid despachó a su pariente Francisco de las Casas, al frente de una expedición a bordo de cuatro navíos. Con el paso de los días, la esclava observaba cómo su estado emocional continuaba alterándose, pues se reprochaba el haber enviado contra un capitán tan experimentado como Olid a un bisoño como Las Casas, cuyas aptitudes militares estaban por verse. Fue un movimiento poco meditado en el que fueron definitivas las razones de parentesco. Y como en todo ese tiempo sufría los dolores de la lesión del brazo, lo que además le impedía dormir bien, actuaba bajo grandes tensiones. Por lo mismo, llegó a la conclusión de que el envío de su pariente había sido una decisión precipitada, por lo que resolvió ir él en persona. Hubo muchos que intentaron disuadirlo, haciéndole ver que sería una imprudencia lanzarse a esa aventura, sobre todo cuando la Conquista no se hallaba consolidada. Él era quien daba cohesión a esa alianza de la que formaban parte todos los caciques que daban la obediencia al rey de España. De modo que, ausentándose él, ésta podría desintegrarse. Cortés ofreció meditarlo con cuidado y en ese sentido escribió al emperador. La esclava, que ya conocía sus arrebatos, estrechaba contra su seno a su hijo, temerosa de que tuviera que separarse de él, pues si Cortés partía en esa expedición seguramente tendría que acompañarlo. Y en ese caso, ¿quién cuidaría del pequeño Martín?

Marina conocía bien a Cristóbal de Olid y sabía que era un hombre valeroso. Lo que no alcanzaba a comprender es que se hubiera lanzado a esa aventura dejando atrás a su familia. En ese reducido grupo de conquistadores y familiares establecido en Coyoacán, donde todos se conocían, con frecuencia se topaba con Felipa de Araoz y la pequeña Antonia, la esposa e hija que Olid dejó atrás. Cuando la señora Felipa llegó, junto con su madre e hija, se dijo que Olid había abreviado su andanza por tierras de Michoacán para estar con ella, una mujer muy atractiva. Los domingos Marina solía verlas en misa. Aunque Cortés era respetuoso con ellas y las amparaban los numerosos amigos de Olid, ella sentía ternura por la niña sin padre. Felipa, por su parte, saldría adelante. Era sin duda alguna la más hermosa entre todas las españolas, aunque según tenía entendido Marina, era portuguesa.[3]

Pero Cortés no estaría tranquilo sino hasta castigar al rebelde, por lo que dio comienzos a los preparativos de la expedición. Marina contemplaba angustiada cómo avanzaban éstos y se abrazaba a su hijo. Sabía de sobra que tendría que ir y eso significaba separarse de él, por ello lo estrechaba contra su seno y procuraba tenerlo en sus brazos cuanto le fuera posible. Si participaba en esa expedición quién sabe cuánto tiempo permanecería alejada de él. Una mañana, sin embargo, brilló un rayo de esperanza. Alonso Valiente, el secretario particular de Cortés, hizo que uno de los amanuenses le leyera en voz alta la copia que había sacado de una carta destinada al emperador acerca del proyectado viaje a Las Hibueras:

> «Y platicando de ello con los oficiales de vuestra majestad les pareció que no lo debía hacer por algunos inconvenientes que para ello dieron [...] y por esto, y porque aún de la verdad yo no estoy aún muy certificado, mudé el propósito, porque de cualquier manera que sea, yo espero nuevas de aquí a dos meses, y según fueren así proveeré lo que me pareciere que más convenga al servicio de vuestra majestad».[4]

A la esclava le dio un vuelco el corazón. Podía disfrutar a su hijo al menos dos meses más. Con esa alegría se fue a la cama.

Poco le duró el gozo; al día siguiente fue llamada por Cortés para avisarle que se partía y ella formaría parte de la expedición. Esa vez no sería una marcha rápida, como las realizadas durante la campaña. Viajaría en plan del gran señor que era, para inspeccionar las tierras conquistadas por sus capitanes, en especial la región del Coatzacoalcos, donde no había estado nunca. Con él viajaría un cortejo de caciques a quienes llevaba con doble propósito: por un lado evitar que en ausencia suya pudiesen provocar disturbios; y por otro conseguir que durante el trayecto hicieran saber a todos los principales quién era él. Una especie de afianzamiento de la toma de posesión de nuevos territorios basada en su prestigio personal. La nómina de los que llevaba consigo incluía mayordomo, maestresala, camarero, repostero, médico, músicos (tanto sacabuches como chirimías), botiller, pajes, dos halconeros, un indio acróbata, de esos que jugaban el palo con los pies, y hasta un prestidigitador y titiritero. Para su servicio vajillas de oro y plata. Y para que no faltase carne a su mesa lo seguiría una gran piara de puercos. Hoy día, cuando conocemos las penalidades sin cuento ocurridas durante ese viaje, nos parece absurda la forma en que lo organizó. Con todo, debemos tener presente que en sus planes figuraba encontrarse con una naturaleza muy distinta y estar de retorno en poco tiempo: castigaría a Olid, tomaría posesión del estrecho que comunica ambos océanos y volvería como un triunfador. La sorpresa la constituyeron, primero, las ciénagas y ríos de Tabasco; y luego, las sierras.

La ausencia de Jerónimo de Aguilar en esta expedición muestra a las claras que para esas fechas Cortés no lo quería cerca [según Bernal, aquél no fue al viaje porque ya había muerto, pero no está en lo correcto, pues seis años más tarde lo encontraremos declarando contra Cortés en el juicio de residencia]. Además, la circunstancia de que Marina figurase como intérprete única nos indica que ya hablaba español a la perfección. Cinco largos años habían transcurrido desde aquel Viernes Santo de 1519, cuando en el arenal de Chalchiuhcuecan comenzó a fungir como intérprete. Su única limitación al hablar consistía en que no pronunciaba las erres; y como ese sonido tampoco existe en el maya, al enunciar su nombre diría Malina. Por la misma razón, al referir el de su hijo decía Maltín.

La otrora esclava debió despedirse de su hijo con un beso muy prolongado, apretándolo contra su seno. Tal vez la reconfortaba la idea de que se trataría de una separación breve. ¿Pero al cuidado de quién quedó el pequeño? No lo sabemos. Podemos, no obstante, aventurar varios nombres, como es el caso del licenciado Juan Altamirano, primo de Cortés; la estrecha relación que mantuvo con sus primos se evidencia en que a Francisco le otorgó un poder amplísimo, confiándole los bienes que poseía en Cuba.[5] Con todo, eso no es más que una especulación, ya que ningún documento lo avala. Es evidente que un niño de tan corta edad debía estar a cargo de una mujer que realizara las funciones de nodriza, pues aunque ya podía comer alimentos sólidos aún era lactante. Sea quien haya sido el tutor, detrás de él debió de existir una mujer a quien Marina confió el cuidado de su pequeño. Y por otra parte también quedaba otro niño, a quien Martín aventajaba en pocos meses, quizá sólo en semanas. Se trataba de don Luis, el hijo habido con la Hermosilla, quien naturalmente quedaba al cuidado de su madre. Es notable el velo de silencio en torno a este segundo hijo, quien pasa totalmente inadvertido durante sus primeros años. Transcurrirá mucho tiempo antes de que su nombre salga a relucir por primera vez. Otra cosa a destacar es que las mujeres que declaran en el juicio tampoco parecen enteradas de su existencia.

Llegó el día de la partida. Marina estaba muy atareada, yendo de un lado para otro, pues en el contingente figuraba un número alto de personajes importantes: Cuauhtémoc, Tetlepanquétzal, Coanácoch, Tlacotzin y señores que habían tenido cacicazgos o desempeñado funciones relevantes. Aparte de ellos estaba el contingente de guerreros, antiguos caballeros águilas y tigres, que serían más de dos mil, además de los tamemes que cargarían la impedimenta. En total unos tres mil. Era tan alto el número de indios en relación con el de españoles, que se diría que Cortés confiaba más en ellos que en sus antiguos soldados. Sin duda alguna en esos momentos políticamente se encontraba muy fuerte. Era el irrefutable rey sin corona de México. A la esclava le llamó la atención que en lugar de dejar al mando a alguno de sus capitanes confiase el gobierno al licenciado Alonso Suazo, antiguo juez de la audiencia de Santo Domingo, y al tesorero Alonso de Estrada, quien había llegado de España para sustituir en el cargo a Julián de Alderete. Se trataba de un personaje que se daba ínfulas de ser de sangre real, jactándose de ser hijo natural de Fernando el Católico.[6] Tal vez Cortés haya creído la historia, pues concertó con él el matrimonio de la hija que tenía en Cuba con uno de los hijos que Estrada tenía en España. Esas designaciones darían mucho que hablar en el círculo de los conquistadores veteranos. La comitiva se puso en marcha. Era el 15 de octubre de 1524. Marina dirigió una última mirada al hijo alzado en brazos por la mujer que fungiría como nodriza durante su ausencia.

A su paso por Texcoco la comitiva fue saludada por Ixtlilxóchitl (quien en el bautismo había adoptado el nombre de don Carlos) y todos los notables locales, así como los llegados de poblaciones vecinas. Era una comitiva muy lucida. En ella figuraban noventa y tres jinetes que con las remudas, hacían un total de ciento cincuenta caballos (ese número de animales muestra el alto número de barcos llegados de las Antillas en ese periodo). Pasaron bajo un arco triunfal adornado con flores y hojas de palma. La atención de todos los que formaban valla se centraba en el capitán Malinche, en los reyes caídos que venían como rehenes y, desde luego, en ella. La esclava sentía cómo era mirada por la multitud y escuchaba los comentarios que se musitaban a su paso: «la señora Malina; la señora Malintzin», dirían agregando la partícula reverencial. Caminaba con soltura pues no tenía que cargar nada. Para ello disponía de tamemes que le portaban el ajuar. En

Texcoco se volvieron a México todos los acompañantes que fueron a despedirlos. Los funcionarios reales, Gonzalo de Salazar y Peralmíndez Chirino al ver que Cortés no les daba algún cargo importante prefirieron sumarse a la expedición y acompañarlo. Llegaron a Tlaxcala y fueron agasajados con banquetes festejos y regocijos amenizados por música de chirimías, dulzainas, y sacabuches (instrumento parecido a la trompeta). Era el recorrido de un monarca que inspeccionaba sus dominios.

Matrimonio con Jaramillo

La expedición prosiguió la marcha y pronto se movían por la falda sur de la Sierra de San Martín [el Pico de Orizaba]. Llegaron a Huiloapan, donde se encontraba la encomienda de un tal Ojeda, a quien apodaban «el Tuerto». Allí, de manera sorpresiva Marina se desposó con Juan Jaramillo. Decimos esto porque no hay antecedentes. No se dispone de un solo documento que hable de algún cortejo previo entre ambos. Por la forma en que el cronista lo relata, como algo intempestivo, se tiene la impresión de que fue algo imprevisto tanto para él como para todos los demás. No se sabe si fue Cortés quien les sugirió el matrimonio o si, sencillamente, se los impuso. Y si fue éste el caso, ¿a quién pretendió honrar?, ¿a ella, casándola con un hidalgo?, ¿o a él cediéndole a su antigua amante y madre de su hijo? Una cosa queda clara y ello es que Cortés no la amaba, aunque sí la respetaba y se preocupaba por dejarla bien asegurada, como lo demuestran las encomiendas que le cedió. Por otra parte, Jaramillo era uno de sus lugartenientes más considerados. Fue capitán de uno de los bergantines y tuvo cargos de nota, amén de las encomiendas que recibió. Un matrimonio de conveniencia, hasta donde podemos conjeturar a falta de mayor documentación. Para ella significó un ascenso social, pues aparte de ser ya mujer rica, consolidaba su posición con el matrimonio con un hidalgo. Estaba implícito que había dejado de ser esclava, pues un hidalgo no podía casarse con una esclava. E iba de por medio el honroso tratamiento de doña con que era distinguida. A la luz de lo que aparece en documentos, puede afirmarse sin temor a equivocarnos que la relación Cortés-La Malinche no fue precisamente una historia de amor. Y no sería ésa la única vez que casara con un amigo a una antigua amante con la que había tenido un hijo. Está Leonor Pizarro, a quien casó con Juan de Salcedo. El nombre de esta mujer es tan poco conocido que no está por demás decir unas palabras acerca de ella. Estamos frente a la mujer que más parece haber contado en su vida, al menos a la que más recuerda en sus últimos momentos. Cortés hizo testamento en Sevilla el 23 de octubre de 1547 y falleció el 2 de diciembre de ese año, un mes y días después, por lo que puede asumirse que este documento refleja lo que fueron las ideas que lo rondaban en sus días finales. Y lo que encontramos de la lectura de ese documento es la preocupación tan grande por Leonor Pizarro y Catalina, la hija que tuvo con ella y que, según indicios, parece haber sido su predilecta (podría tratarse de la hija contrahecha de que habla Bernal). Catalina tuvo un final desdichado: monja sin vocación, terminó sus días tras los muros del convento dominico de San Lúcar de Barrameda, donde fue encerrada por su madrastra con la complicidad del duque de Medina Sidonia.[1] El último dato que se tiene de ella es de 1565, cuando allí continuaba confinada. Después ya nada se sabe. Los casos de Malintzin y Leonor Pizarro mantienen una línea en común: dos antiguas amantes con las que ha tenido un hijo, a las cuales respeta y por cuyo porvenir se preocupa, pero con quienes no se casa. No hay que olvidar lo arraigado de los prejuicios de casta de Cortés que lo llevaron a casarse con la marquesa doña Juana de Zúñiga, sobrina del duque de Béjar, mujer a la que no conocía y cuyo matrimonio fue concertado por su padre. Para él la condición de antigua esclava de Marina representaría un obstáculo insalvable. Gómara escribe que Jaramillo se casó estando borracho, seguramente para reprobar el hecho de que él, hidalgo, se casase con una ex esclava, a lo cual al punto sale al paso Bernal para desmentirlo diciendo:

> «Y en aquella sazón y viaje se casó con ella un hidalgo que se decía Juan Jaramillo, en un pueblo que se decía Orizaba, delante de ciertos testigos, que uno de ellos se decía Aranda, vecino que fue de Tabasco; y aquél contaba el casamiento y no como lo dice el coronista Gómara».[2]

Una reseña social sumamente escueta, pero es la única que existe. Aunque aquí se menciona que el matrimonio se celebró en Orizaba, existe una arraigada tradición que señala que fue en Huiloapan, un pueblecito vecino, donde se encuentra una placa que alude al hecho. Bernal no fue testigo ocular porque se encontraba en Coatzacoalcos y fue poco después cuando se incorporó a la expedición: «Y como supimos en Guazacualco [Coatzacoalcos] que venía Cortés con tanto caballero, así el alcalde mayor, como capitanes y todo el cabildo y regidores fuimos treinta y tres leguas a darle el bienvenido». Y más adelante habla del «gran recibimiento que le hicimos con arcos triunfales y con ciertas emboscadas de cristianos y moros, y otros regocijos e invenciones de juegos; y le aposentamos lo mejor que pudimos».

Encontrándose en Coatzacoalcos Cortés ordenó que viniesen todos los caciques de la zona. Entonces aparecen en escena la madre y el hermano de Marina. Escuchemos este episodio narrado por Bernal, quien durante el viaje conversó largamente con ella:

> »...quiero decir lo de doña Marina, cómo desde su niñez fue gran señora y cacica de pueblos y vasallos; y es de esta manera: que su padre y madre eran señores y caciques de un pueblo que se dice Painala y tenía otros pueblos sujetos a él, obra de ocho leguas de Guazacualco; y murió el padre, quedando muy niña, y la madre se casó con otro cacique mancebo, y hubieron un hijo, y según pareció queríanlo bien al hijo que habían habido; acordaron entre el padre y la madre darle el cacicazgo después de sus días, y porque en ello no hubiese estorbo, dieron de noche a la niña doña Marina a unos indios de Xicalango, porque no fuese vista y echaron fama que se había muerto. Y en aquella sazón murió una niña hija de una india esclava suya y publicaron que era la heredera; por manera que los de Xicalango la dieron a los de Tabasco, y los de Tabasco a Cortés. Y conocí a su madre y a su hermano de madre, hijo de la vieja, que era ya hombre y mandaba juntamente con la madre a su pueblo, porque el marido postrero de la vieja ya era fallecido. Y después de vueltos cristianos se llamó la vieja Marta y el hijo Lázaro, y esto sélo muy bien porque en el año de mil quinientos veinte y tres años [equivoca el año, fue en 1524] después de conquistado México y otras provincias, y se había alzado Cristóbal de Olid en Las

Hibueras, fue Cortés allí y pasó por Guazacualco. Fuimos con él aquel viaje toda la mayor parte de los vecinos de aquella villa, como diré en su tiempo y lugar; y como doña Marina en todas las guerras de la Nueva España y Tlaxcala y México fue tan excelente mujer y buena lengua, como adelante diré, a esta causa la traía siempre Cortés consigo. Y la doña Marina tenía mucho ser y mandaba absolutamente entre los indios en toda la Nueva España. Y estando Cortés en la villa de Guazacualco, envió a llamar a todos los caciques de aquella provincia para hacerles un parlamento acerca de la santa doctrina, y sobre su buen tratamiento, y entonces vino la madre de doña Marina y su hermano de madre, Lázaro, con otros caciques. Días había que me había dicho la doña Marina que era de aquella provincia y señora de vasallos, y bien lo sabía el capitán Cortés y Aguilar la lengua. Por manera que vino la madre y su hijo, el hermano, y se conocieron, que claramente era su hija, porque se le parecía mucho. Tuvieron miedo de ella, que creyeron que los enviaba [a] hallar para matarlos, y lloraban. Y como así los vio llorar la doña Marina, les consoló y dijo que no hubiesen miedo, que cuando la traspusieron con los de Xicalango que no supieron lo que hacían, y se los perdonaba, y les dio muchas joyas de oro y ropa, y que se volviesen a su pueblo; y que Dios la había hecho mucha merced en quitarla de adorar ídolos y ahora ser cristiana, y tener un hijo de su amo y señor Cortés, y ser casada con un caballero como era su marido Juan Jaramillo; que aunque la hicieran cacica de todas cuantas provincias había en la Nueva España, no lo sería, que en más tenía servir a su marido y a Cortés que cuanto en el mundo hay. Y todo esto que digo sélo yo muy certificadamente [...] y esto me parece que quiere remedar lo que le acaeció con sus hermanos en Egipto a Josef, que vinieron en su poder cuando lo del trigo. Esto es lo que pasó y no la relación que dieron a Gómara, y también dice otras cosas que dejo por alto. Y volviendo a nuestra materia, doña Marina sabía la lengua de Guazacualco, que es la propia de México, y sabía la de Tabasco, como Jerónimo de Aguilar sabía la de Yucatán y Tabasco, que es toda una; entendíanse bien, y Aguilar lo declaraba en castellano a Cortés; fue gran principio para nuestra conquista, y así se nos hacían todas las cosas, loado sea Dios, muy prósperamente. He querido declarar esto porque sin ir doña Marina no podíamos entender la lengua de la Nueva España y México».[3]

Así va el relato. Y lo menos que puede decirse es que se antoja una versión muy truculenta, como sacada de una novela de caballería: la princesa rescatada de su cautiverio. El único comentario que haremos es que resulta superfluo que se deshicieran de la niña para que heredase el varón, ya que en el mundo indígena las mujeres no ejercían funciones de gobierno. Esto es lo que tenemos, y por ello hay que prestarle atención, pero no debemos olvidar que disponemos de la versión de Andrés de Tapia, otro que también la conoció bien, y que es más sencilla: «y supimos de ella que siendo niña la habían hurtado unos mercaderes é llevándola a vender a aquella tierra donde se había criado». Ambas versiones provienen de testigos oculares, aunque existen otras biografías: Gómara, Herrera, Cervantes de Salazar, Zorita, Sahagún, Las Casas, Dorantes de Carranza, Juan Suárez de Peralta, Chimalpain, Fernando de Alba Ixtlilxóchitl y Francisco Clavijero, entre los más significativos. Hay que destacar que se trata de autores tardíos, que hablan de oídas, sin que podamos tener idea de dónde sacaron lo que escriben. Por ello hemos optado por enviar las biografías al final del libro, a la sección *Documentos*. Allí el lector las podrá conocer en su integridad.

La antigua esclava, convertida en señora de Jaramillo –doña Marina Jaramillo– caminaba ahora al lado de su esposo. Juntos habrían de afrontar todas las sorpresas que les deparaba esa aventura. Cuando dejaron atrás Coatzacoalcos cobraron conciencia de que las cosas no serían tan sencillas como en un principio se pensó. Había llovido mucho y los ríos venían crecidos. Además, adelante los esperaba la selva. A Cortés le habían pintado en una manta de henequén un plano del territorio que había de recorrer, el cual Marina mostraba a los caciques para que le diesen indicaciones sobre la mejor ruta a seguir. Éstos miraban y remiraban los dibujos sin acertar a entenderlos del todo. Cuando ella les explicaba cuál era el punto de destino quedaban asombrados. Aquello parecía un imposible, y en cuanto a que la hubiesen comprendido no había margen de error en el lenguaje debido a diferencias dialectales, ya que se encontraban en una zona donde se hablaba el mismo náhuatl que era su lengua vernácula. Ante aquel proyecto que parecía cosa de locos, los caciques aconsejaban viajar por mar, pues tenían conocimiento de los acales, las casas flotantes de los españoles. Consideraban que lo más sensato era viajar cómodamente en ellas. Pero Cortés desechaba la idea por impracticable. No podía trasladar a tanta gente por mar. No había cupo en las embarcaciones. Continuaron la marcha. De todas partes llegaban caciques a dar la bienvenida y recibir instrucciones, ya que habían sido advertidos con anticipación de su visita por un grupo de soldados y notables que iban como avanzada, anunciando quién era el que venía, de manera que tuvieran dispuesto alojamiento y provisiones. En aquellos momentos la estrella de Cortés brillaba en lo más alto. La noticia de la toma de Tenochtitlan era conocida, y por todos los puntos donde pasaba era visto con admiración.

Llegaron a un río que se encontraba crecido, y cuyas márgenes estaban pobladas por árboles gigantescos. En la ribera, en una playa arenosa había docenas de canoas, aportadas por los caciques en respuesta a la demanda que les había sido hecha, y como las aguas bajaban con violencia estaban amarradas de dos en dos, formando una especie de catamarán para darles un poco de estabilidad. En la expedición venía Pedro López, un piloto muy diestro en tomar la situación por los astros, pero éste hacía ver a Cortés la dificultad que representaban las copas de árboles tan altos que por las noches le impedían ver las estrellas. Disponían de la brújula, pero no era suficiente. El cruce del río dio comienzo luego de que los soldados que partieron como exploradores volvieron diciendo que no encontraron un vado mejor. Pasar los caballos era un problema mayor, pues las balsas de que disponían no tenían estabilidad. Ya algunas habían volcado, pero como el percance ocurrió cerca de la orilla, los animales pudieron regresar a nado. Volcó una canoa que transportaba vajilla y servicio de cuchillería de plata de Cortés, y luego otra con equipaje de Jaramillo, en la que también iba ajuar de Marina, ya que ambos como personas ricas que eran, por los pueblos que habían recibido en encomienda, viajaban como correspondía a su condición. El salvamento no pudo intentarse tanto por la fuerza de la corriente como por el número de lagartos de gran tamaño que se encontraban en el lugar, según recuerda Bernal. El cruce de ese río marcó apenas el inicio de las penalidades. Comenzaron a avanzar abriéndose paso en la selva a golpe de espada. Luego de tres días de marcha descubrieron que habían vuelto al punto de partida. Por las noches Pedro López subía a los árboles más altos para tratar de hacer sus observaciones. Los indios miraban intrigados cómo él y Cortés pasaban largo tiempo estudiando la brújula, para luego decidir el rumbo a tomar. Pensaban que se trataba de una caja mágica y que a través de ella éste se enteraba de todo lo que ocurría: «yo también les hice entender que así era la verdad, y que en aquella aguja y carta de marear veía y sabía y se me descubrían todas las cosas».[4]

Comenzaron a escasear los alimentos. Un español sorprendió a un indio comiendo carne humana, por lo que Marina realizó una pesquisa, encontrando que eran varios los que habían participado en el festín. Uno de los franciscanos les predicó un sermón que ella tradujo cuidadosamente. Luego, como escarmiento, Cortés hizo quemar vivo a uno disimulando con los demás. No se registraron más casos de canibalismo durante la expedición. Este mismo incidente aparece narrado por Bernal con una ligera variante. Según él, los caciques que venían como rehenes hicieron que sus servidores capturaran a dos o tres individuos de los pueblos por donde cruzaron. Los traían ocultos y en cuanto el hambre se les hizo insoportable, «los mataron y los asaron en hornos que para ello hicieron debajo de la tierra, como en su tiempo solían hacer en México, y se los comieron».[5]

Se detuvieron ante un río crecido, el que luego de ser sondeado resultó que tenía cuatro brazas de profundidad. Cortés hizo que ataran varias lanzas para averiguar qué clase de suelo era, hallando que tenía otras dos de cieno. Aquello produjo un fuerte impacto entre los españoles, que desmayaban ante la idea de tener que construir un puente, hablando de dar la media vuelta antes de fatigarse y quedar sin fuerzas para el regreso. Viendo cuál era el sentir general, hizo que Marina hablase a los notables para hacerles ver la necesidad de construirlo. Y mientras tenían energías para ello, puso manos a la obra a su batallón de zapadores. «Adelante estaba Acala, donde los aguardaba la comida», les dijo.

En cuatro días lo construyeron. En la carta al emperador lo describe como teniendo «más de mil vigas, que la menor es casi tan gorda como el cuerpo de un hombre, y de nueve y de diez brazas de larga, sin otra madera menuda que no tiene cuenta».[6] Cruzaron, y a poco andar encontraron una ciénaga que había pasado inadvertida a los exploradores partidos en avanzada para reconocer el terreno. No tenían opción y comenzaron a adentrarse en ella; conforme avanzaban caían en cuenta de que era más extensa de lo que habían imaginado. Los caballos se hundían hasta la barriga y tenían que ponerles debajo grandes ramas para que no se hundieran. Marina avanzaba penosamente, con el agua a la cintura. Al sentir que se hundía se sujetaba a la cincha del caballo de su marido, quien llevaba del diestro el animal. La noche se les venía encima y la ciénaga se pobló de ruidos. Había unos grandes sapos que saltaban a su paso y llenaban el aire con su croar.[7] Al fin llegó la voz de que los que iban en cabeza habían topado con la orilla. Marina venía calada hasta los huesos, llena de arañazos y con la ropa hecha jirones. Con las primeras sombras de la noche pisaron tierra firme. Un mozo de espuelas se hizo cargo del caballo y uno de los tamemes le acercó un cesto donde encontró un huipil seco que ponerse. Los mosquitos se cebaban en ellos, pero venía tan cansada que pronto se durmió. Al día siguiente, cuando la columna comenzaba a formar llegaron dos españoles que habían partido como exploradores. Venían de Acala y traían víveres. Bernal era uno de ellos. [Las alusiones que tanto Cortés como Bernal hacen de Acala resultan confusas, pues en ocasiones se refieren a los pueblos de la región, y en otras, a la ciudad de ese nombre que en aquellos días era la cabecera.] Acala era, al parecer, un centro comercial, y a su cacique Cortés le asigna el nombre de Apaspolom, diciendo que era el más rico mercader de la región, cuyos subordinados ya habían tenido contacto con los españoles que se encontraban asentados en la costa. Malintzin era escuchada con atención, pues les hablaba con el acento de la zona y la sentían como si fuese de los suyos. Ella les explicó los rudimentos de la fe y les tradujo el sermón que predicó fray Juan Tecto, solicitándoles a continuación que trajesen sus ídolos y los destruyesen en su presencia, cosa que hicieron. Luego prestaron juramento de vasallaje.

Muerte de Cuauhtémoc

Se encontraban en Izancánac cuando Cortés mandó llamar a Marina. Al llegar junto a él encontró que hablaba con un principal, quien según le dijo, quería comunicar algo muy grave. Comenzó ella a interrogarlo y al punto quedó claro que ese hombre denunciaba que se hallaba en marcha una conjura para matar a todos los españoles. Bernal señala que quienes hicieron la denuncia fueron dos principales a quienes identifica por sus nombres cristianos de Tapia y Juan Velásquez [éste último no es otro que Tlacotzin]; sin embargo, Cortés es claro al asegurar que el denunciante era "un ciudadano honrado", oriundo de Tenochtitlan llamado Mexicalcingo y que más tarde, en el bautizo adoptaría el nombre de Cristóbal. [La calificación de ciudadano honrado, conforme a la terminología de la época, indica que se trataba de una persona principal.] En la *Tercera relación* Cortés tiene muy claro quien fue el último cihuacóatl –Tlacotzin– por lo que debe descartarse que lo haya confundido con este Mexicalcingo o Cristóbal, por lo que se sigue que Cuauhtémoc no habría sido traicionado por su antiguo lugarteniente. Marina comenzó a interrogar por separado a los acusados y trasmitía sus respuestas; éstos dirían que se había malinterpretado una conversación que sostuvieron, en la que se dijeron muchas cosas en broma, pero Cortés no lo veía así; estaba convencido de que se trataba de una conjura de muy vasto alcance, y que los principales responsables eran Cuauhtémoc y Tetlepanquétzal, a quienes en un juicio sumarísimo condenó a muerte. Ambos se confesaron, lo cual viene a dar fe de que se encontrarían bautizados desde tiempo atrás, ya que de no haber sido así, conforme a la liturgia de la Iglesia, en lugar de confesión con bautizarlos en el momento hubiera bastado. Marina tradujo las últimas palabras dirigidas por Cuauhtémoc a Cortés reprochándole la muerte que le daba: «¡Dios te la demande, pues yo no me la di cuando te entregaba mi ciudad!».[1] Ese *Dios te le demande* parecería indicar que el hombre que moría había cortado todo vínculo con el antiguo sacerdote de ídolos. Murió como cristiano. En el bautizo había recibido el nombre de don Fernando Alvarado Cuauhtemoctzin, y el insigne Clavijero reprocha a Torquemada haber vertido tanta tinta en temas que abulta demasiado, mientras que pasa por alto algo tan importante como mencionar que murió confesado. El confesor habría sido el mercedario fray Juan Varillas.[2]

Los cuerpos de ambos colgaban de las ramas de una ceiba, donde fueron mantenidos durante varias horas a la vista de más de un millar de hombres de guerra, muchos de ellos antiguos combatientes de Cuauhtémoc, que presenciaron la escena impasibles. No movieron un dedo para salvarlo; ahora su lealtad se encontraba del lado español. Cuauhtémoc y Tetlepanquétzal, compañeros en el tormento volvieron a serlo en la muerte. Descendieron los cuerpos y los enterraron en una tumba que se perdería en la selva. Alonso Valiente, el secretario de Cortés, al proceder a registrar por escrito el hecho anotó la fecha: era Martes de Carnaval, que en ese año de 1525 cayó en 28 de febrero. En Sevilla habría jolgorio por calles y tabernas.

El relato que aquí se ha dado proviene de las plumas de Cortés y Bernal; se hace esta precisión porque no tardarían en aparecer diversas variantes; el cronista Gómara señalará que los ahorcados fueron tres, agregando el nombre de un desconocido al que llama Tlacatlec. Muchos años más tarde Torquemada introducirá la versión de que Coanacoch fue otro de los ahorcados; según afirma, el dato lo encontró

> «en una historia texcocana (escrita en lengua mexicana, que la tengo por verdadera, porque en otras cosas que en ella se dicen, he hallado puntualidad); prosigue diciendo que fueron ahorcados de noche, de un árbol que llaman *pochotl*, que los castellanos llaman ceiba, que es muy grande y muy copado. Aquí amanecieron todos estos tres reyes colgados y otros cinco con ellos».[3]

Ya el número de muertos se ha aumentado a ocho. Frente a estos testimonios tardíos tenemos el de Cortés, quien es muy preciso al afirmar que sólo ahorcó a ellos dos,

> «y a los otros solté, porque no parecía que tenían más culpa de haberles oído, aunque aquélla bastaba para merecer la muerte; pero quedaron los procesos abiertos para que cada vez que se vuelvan a ver puedan ser castigados; aunque creo que ellos quedan de tal manera espantados, porque nunca han sabido de quien lo supe, que no creo se tornarán a revolver, porque creen que lo supe por alguna arte, y así piensan que ninguna cosa se me puede esconder.»[4]

Se ha hablado tanto de la relación de Cortés con La Malinche que tiende a pasarse por alto el trato que hubo entre ella y Cuauhtémoc. Prácticamente todo lo que sabemos de éste, a partir del momento en que aparece en escena al ser hecho prisionero y pronunciar ése: «Toma ese puñal y mátame», viene a través de ella, si en algo se equivocó al traducir nada podemos hacer; repetimos y seguiremos repitiendo una y otra vez lo que serían errores de traducción.

En los tres años y medio que median de la captura de Cuauhtémoc a su muerte (13 de agosto de 1521-28 de febrero de 1525) puede decirse que, con distintos vaivenes, su situación fluctuó entre la de un prisionero y la de un gobernante subordinado que disfrutaba de un relativo grado de autoridad, variable según circunstancias, cuyo punto más bajo lo marca la escena del tormento, y de sus mejores momentos nos da testimonio la *Ordenanza del señor Cuauhtémoc.* Se trata de un documento que tenemos a la vista, redactado en náhuatl, donde aparece ejerciendo autoridad al ratificar los derechos ancestrales de los tlatelolcas sobre linderos de tierras y la laguna. El documento remata así:

> «y para que no se pierda lo dejo dicho yo, Cuauhtemoctzin, junto con mis nobles; así se verá como obtuvieron sus tierras hace tiempo los antiguos. La pintura se hace por mi poder y en mi presencia, yo que soy el noble señor Cuauhtemoctzin, la pintura antigua que dejo a los chichimecas laguneros el día

12 del mes de septiembre se vio y cotejó la pintura antigua el año de 1523».

Procede aclarar que se habla de pintura antigua porque la *Ordenanza* se inscribió sobre una tira de papel de amate en la que ya existían anotaciones anteriores y que al parecer proceden de un códice desaparecido del siglo XV, por lo que la *Ordenanza* vendría a ser una actualización del anterior. El original de este documento, en el cual se siguieron haciendo anotaciones hasta el año de 1560, se encuentra en la Biblioteca Latinoamericana de la Universidad de Tulane. Bien, vemos aquí que el 12 de septiembre de 1523, o sea, a los dos años exactos de haber sido hecho prisionero, Cuauhtémoc aparece ejerciendo autoridad. Y no perdamos de vista que habría pasado al menos un año del día en que tuvo lugar el tormento.[5]

Por la fecha de la ordenanza podemos colegir que Cortés, una vez partido Alderete buscó ganárselo, procediendo en su caso de manera semejante a como lo hacía con otros notables, ya que su política era gobernar a través de ellos; por tanto, Marina habría visto como Cortés paseaba a caballo a Cuauhtémoc, tal cual procedía con otros caciques: «honraba mucho Cortés a Cuauhtémoc [...] y le llevaba siempre consigo, así a pie, como a caballo, todas las veces que salía por la ciudad y pueblo», nos dice el cronista Torquemada.[6] Puede suponerse que la antigua esclava los seguiría a prudente distancia para traducir cada vez que fuese necesario. [Por esa frase, *así a pie, como a caballo,* se desprende que el tormento no lo dejó impedido para caminar.] Por otro lado, el cronista Pedro Mártir de Anglería, en una clara alusión a Cuauhtémoc señala:

> «Permite Cortés que entienda en las causas de su pueblo un personaje de sangre real, con vara de justicia, pero sin armas. Cuando este individuo anda entre los nuestros o con Cortés, lleva trajes españoles que don Hernando le ha dado; pero cuando está en su casa con los suyos viste a la usanza del país».[7]

Resulta difícil asociar la idea de un Cuauhtémoc montado a caballo y vestido a la usanza española, pero aunque los testimonios sean muy escasos, existen indicios de que ese era el trato dado por Cortés a los caciques que quería ganarse; es así como el cronista Chimalpain nos cuenta que encontrándose en Hueimollan decidió Cortés nombrar gobernador de Tenochtitlan a Juan Velásquez, el antiguo cihuacóatl Tlacotzin, y al efecto, «lo vistió como español, dándole espada y daga, y le dio un caballo blanco para que cabalgara».[8] No llegó a tomar posesión del cargo pues murió en Nochiztlán por causas naturales; en cuanto a Cuauhtémoc, al momento de su muerte desconocemos si se cubría con el maxtle indígena o vestía jubón a la usanza española.

Acala quedó atrás y avanzaban a tientas, siempre bajo la lluvia, y para no repetir el error pasado en que volvieron sobre sus pasos, Marina interrogaba a los lugareños; el idioma no constituía problema, la dificultad residía en que invariablemente topaba con unos rústicos que no sabían informar; desconocían todo aquello que se encontraba más allá de su horizonte visual. Cuando encontraban templos u otro tipo de construcciones abandonados, invadidos ya por la maleza e inquiría por la causa de su abandono, éstos se encogían de hombros sin saber qué responder. Habían perdido el contacto con esa cultura y eran incapaces de comprender las inscripciones que había en sus paredes. Siempre los ruidos de la selva: gritos de loros, guacamayos y aullidos de monos, además se encontraron con el tucán esa ave de largo pico amarillo que resultó novedosa para muchos, aunque otros afirmaban que ya la habían visto en la tierra firme, allá en el Darién, adonde fueron con Pedrarias de Ávila. La selva deparaba novedades para todos, pero en especial para el grupo de jóvenes soldados llegados recientemente de España, y que no habían pasado por el proceso de aclimatación en Indias con estadías anteriores en la Española, Cuba, Puerto Rico, Jamaica o el Darién. Algo que les llamó la atención fue que al declinar el día, si se mantenían inmóviles, sobre sus cabezas se formaba una nube de mosquitos que comenzaban a girar formando un remolino. Los mosquitos eran una maldición; por ello, si había algún edificio o pirámide a mano subían a dormir en lo alto, buscando con ello un poco de fresco y escapar de sus piquetes, pero éstos no tardaban en aparecer zumbando; sólo si conseguían hojarasca seca y la encendían lograban ahuyentarlos con el humo. La antigua esclava estaba hecha a esas inclemencias y lo soportaba bien. Bernal refiere que una noche Cortés se alojó en lo alto de un templete, y al no conciliar el sueño se levantó, y como caminaba a oscuras perdió pisada y cayó de una altura de dos estados (algo más de tres metros), descalabrándose. Esa sería otra de las lesiones importantes sufridas a lo largo de su vida. Prosiguieron la marcha, y avanzando a tientas, de pronto toparon con un fuerte abandonado. Se hallaba construido enteramente de madera, lo cual constituía una novedad, rodeado de un foso y con un pretil de tablones muy gruesos. Disponía de troneras, desde las cuales se podía flechar a cubierto, y dentro, las casas se encontraban alineadas en buen orden. Nada pudieron averiguar acerca de ese fuerte; Marina preguntó, pero fue inútil. Llevaba tiempo abandonado. Prosiguieron la marcha y sorpresivamente, en un templo encontraron una alpargata y un bonete rojo ofrecido a los ídolos.

Cruzaron la región de Mazatlán y se internaron en los dominios de Canec, uno de los caciques más importantes del área. Cortés lo mandó llamar y cuando éste acudió dispuso que se oficiase una misa cantada, acompañada de música de gaitas y chirimías. Marina se encargó de explicarle el significado de la liturgia, y uno de los frailes lo introdujo en los principios básicos del cristianismo, explicándole que había un alma que era inmortal, y que después de la muerte habría un premio o un castigo, según la vida que se hubiese llevado. Cortés sostuvo una animada conversación con Canec, que ella traducía con toda fluidez; a éste no dejó de llamarle la atención su acento, que era el de la región. Parecía una de los suyos. Y cuando Cortés le manifestó la necesidad de prestar juramento de vasallaje al emperador, éste replicó que nunca antes había reconocido a alguien por señor, aunque dijo estar enterado a través de los de Tabasco, que unos cinco o seis años atrás había aparecido por la costa un capitán con gente blanca y barbada que los venció en una batalla. Cortés se identificó diciendo que él era aquel capitán, y que a Marina que venía como lengua se la habían dado en ese lugar. Canec prestó el juramento de vasallaje, y proporcionó amplia información acerca de los españoles que se hallaban poblados en esa costa. Conocía bien la zona por poseer en las cercanías grandes plantaciones de cacao, y con frecuencia venían de allá mercaderes que lo mantenían informado. Cortés le pidió guías, pero éste le aconsejó viajar por mar, a lo que le replicó lo que ya venía diciendo, que le era imposible por la mucha gente que traía. Canec le explicó el camino lo mejor que pudo, haciéndole ver las dificultades tan grandes que encontrarían en cuanto comenzasen a subir la sierra, invitándolo luego a visitar su poblado donde ante sus ojos procedió a destruir los ídolos. Al partir le dejaron muy encomendado un caballo que se había lastimado una pata. Canec prometió cuidarlo. Nunca volvieron por él.

Continuaron la marcha y a lo largo del trayecto encontraban plantaciones de cacao, lo cual evidenciaba que aunque veían poca gente, la selva estaba poblada. Es claro que si encontraban tantas plantaciones y tan escasa población, el cacao estaría destinado a la venta en otras regiones. A un día de marcha llegaron a una región de prados muy verdes donde pastaban numerosos venados, que según Bernal no se espantaban al verlos porque al ser reverenciados como dioses no eran molestados. Esa era la tierra de los mazatecas, «que quiere decir en su lengua los pueblos o tierra de venados».[9] Los caballos pastaron recuperándose durante unos días y prosiguió la marcha; pronto toparon con la montaña, la parte alta de Chiapas. Comenzaron a moverse por una sierra con piedras que cortaban como navajas; Marina se sujetaba con las manos para no perder el equilibrio, la lluvia no cesaba de caer y el terreno se tornaba resbaladizo, y cuando no era la lluvia era la niebla. Los caballos resbalaban; cayeron dos y fueron rodando al fondo de un barranco, donde llegaron despedazados. En un mal paso el caballo de Palacios Rubios tropezó cayéndole encima y éste quedó con una pierna fracturada; la mujer le dio a morder un palo que apretaba entre los dientes mientras que el cirujano le jalaba la pierna para acomodarle los huesos. Ella estuvo entre quienes lo asistieron en ese trance. Cuando estuvo hecho el acomodo lo entablillaron y construyeron una parihuela para llevarlo en hombros. Ese joven Palacios Rubios era un hidalgo sobrino de Cortés.

Por unos indios Marina se enteró de que no lejos de allí, en Nito, se encontraba poblado un grupo de españoles. La noticia alegró los corazones; el final de las penalidades estaba a la vista. La idea de que pronto podrían descansar en una villa española les hizo recobrar energías y redoblar el ritmo de marcha. Llegaron y aquello fue el desvanecimiento de un espejismo: se trataba de sesenta hombres y veinte mujeres que se morían de hambre; cobijados bajo unos cobertizos techados de palma, se encontraban tan débiles y enfermos que no se habían adentrado en la tierra más de una legua. Eran los sobrevivientes de una expedición colonizadora enviada desde Panamá por Pedrarias Dávila al mando de Gil González de Ávila; su única esperanza era calafatear una carabela y un bergantín que tenían varados en la playa y hacerse a la vela rumbo a Cuba en cuanto hubiesen reunido víveres suficientes para la travesía. Cortés escribe que en lugar de encontrar alivio a sus necesidades hubieron de compartir con ellos lo poco que llevaban «unos pocos puercos que me habían quedado del camino».[10] Sorprendente que hubiesen llegado hasta allí cruzando ciénagas y subiendo sierras, pero así fue: habían caminado gruñendo desde Coatzacoalcos hasta el Golfo de Honduras. Es posible que en algunos tramos los hayan tenido que llevar a hombros.

Cortés puso manos a la obra para acelerar la reparación de los navíos, cuando de improviso se escuchó la voz: «¡Una vela!» Se precipitaron todos a la playa y no había duda, era un navío que se aproximaba. Se trataba de un mercader que procedente de las Antillas incursionaba por esa costa buscando donde colocar su mercancía, y por una de esas casualidades había llegado al sitio donde más se le necesitaba y en el momento oportuno. Traía a bordo «trece caballos, setenta y tantos puercos, doce botas de carne salada, y pan hasta treinta cargas de lo de las islas».[11] Aquello fue un alivio inmenso, como maná caído del cielo; Cortés compró en cuatro mil pesos de oro el cargamento junto con el navío. Y además, en él venía un hombre, «que aunque no era carpintero fue de grandísima ayuda para dirigir la reparación de la carabela y el bergantín». Cerca de allí se encontraba otro poblado de españoles, y a través de ellos se supo que Olid llevaba meses muerto. Todas las penalidades del viaje fueron en vano; mientras luchaban contra la selva él moría decapitado. Por el momento eso fue todo lo que se supo, pero en los días siguientes, cuando entraron en contacto con otro grupo de españoles que se hallaban en un lugar llamado Lengüeta, comenzaron a conocerse más detalles. Marina, a través de lo que le contaba su marido Jaramillo, fue conociendo como se desarrollaron los acontecimientos: llegado a la zona, Olid fundó una villa a la cual impuso del nombre de Triunfo de la Cruz. Se encontraba allí cuando por unos mensajeros interceptados tuvo conocimiento de que se aproximaba Gil González de Ávila, quien venía desde Panamá para disputarle su conquista. Apareció en ese momento Francisco de las Casas y llegaron a las manos. Esa noche, una tormenta le hundió las naves a éste y Olid lo capturó junto con sus hombres. A todos los hizo jurar sobre los evangelios que no harían armas contra él y los dejó en libertad. Llegó entonces Gil González de Ávila e igualmente lo derrotó y capturó, liberándolos a él y a sus hombres luego de que hubieron prestado el juramento sobre los evangelios. González de Ávila no cesaba de advertirle de que algún día lo mataría, pero como Olid era un hombre que rebozaba confianza en sí mismo, se permitía invitarlo a la mesa a él y a Francisco de las Casas. Al término de una cena, cuando se levantaron los platos y quedaron solos, Las Casas y González de Ávila se abalanzaron sobre él, hiriéndolo en el cuello con un cuchillo de escribanía. Escapó Olid en la oscuridad, pero no tardaron en encontrarlo, le celebraron juicio y fue sentenciado a muerte, y como hidalgo que era, fue degollado allí mismo, en Naco. Marina, que tantas veces lo vio entrar en batalla no se sorprendió cuando comentaban la serenidad con que afrontó el hacha del verdugo.

La mujer escuchaba como en el campo se comenzaba a murmurar. Cortés disponía del navío comprado al mercader y de la carabela y el bergantín que habían sido reparados, pero no se daba ninguna prisa por volver a la Nueva España. En cuanto se enteró de la existencia de Nicaragua abrigaba la intención de ir a conquistarla. ¿En qué nueva aventura los quería meter? Una nueva campaña significaría más tiempo alejada de su hijo; además, no todos estaban de acuerdo en seguirlo. Algunos impacientes lograron embarcar en varios navíos: uno que iba a Jamaica, para traer caballos y provisiones; otro, a la Española llevando un informe a la Audiencia sobre todo lo sucedido, y el tercero portador de cartas para la Nueva España. En este último Marina vio embarcar a los franciscanos fray Juan Tecto y fray Juan de Ayora (no llegarían a su destino, pues luego de recoger a un grupo de españoles que se encontraba abandonado en Cozumel, la nave aportó a

Cabo San Antón, en Cuba, donde un temporal la arrojó contra la costa, ahogándose Ávalos el capitán, los franciscanos y treinta más; en total, de ochenta que iban, sólo sobrevivieron quince).[12] Llegó en eso un navío. Era el de un mercader que se encontraba en la Trinidad y al tener conocimiento de las condiciones en que se hallaban Cortés y los suyos, a través de los barcos que se dirigían a la Española y Jamaica e hicieron escala allí, cargó su navío de víveres esperando venderlos a mejor precio. En la Trinidad se encontraba al licenciado Alonso Suazo, quien había sido expulsado de México por los oficiales reales. Éste redactó un extenso informe que confió al mercader.

Cortés había estado muy enfermo, al grado de que sin que se enterase, Marina y otras mujeres ya le tenían confeccionada la mortaja en forma de hábito franciscano. La primera cosa que hizo el capitán al saltar a tierra fue entregarle el extenso mensaje de que era portador. Cortés se encerró en su vivienda y sollozó; la mujer, que se asomó a verlo, pudo darse cuenta que las nuevas lo tenían destrozado.[13] No salió de su aposento hasta el día siguiente y fue cuando dio a conocer el contenido de la carta. Las cosas no podían ser peores: se les daba por muertos, e inclusive se les habían celebrado honras fúnebres muy solemnes para a continuación echarse sobre sus bienes. Marina y su marido tomaron conciencia de que ya nada poseían; sus encomiendas habían pasado a otras manos; pero ella tenía una preocupación mayor que los bienes materiales que le quitaron: estaba embarazada, y Trujillo, donde se encontraba, no era el mejor lugar para dar a luz. Pero ella se debía a su marido, y Juan Jaramillo se contaba entre los incondicionales de Cortés e iría adonde éste se lo pidiese. La aventura de Nicaragua pesaba como una amenaza, y no obstante lo quebrantada que tenía la salud, ésa era una idea que seguía rondándole la cabeza, y ya sabía ella lo persistente que era cuando algo se le metía entre ceja y ceja. Era como una obsesión. Y si se decidía a emprender esa conquista los arrastraría a todos. Pero inesperadamente ocurrió algo que vino a hacerlo desistir; entre los navíos llegados en aquellos días hubo uno procedente de la Nueva España, del cual descendió fray Diego Altamirano, un fraile franciscano. Éste y Cortés eran primos, y antes de tomar el hábito había sido soldado, habiendo llegado a México después de partida la expedición para Las Hibueras. Por la diferencia de edades y los años que llevaban sin verse, en un primer momento Cortés no lo reconoció, pero el fraile no tardó en identificarse dándole informes sobre sus padres. Había viajado a petición de un grupo que se dirigió a los franciscanos pidiéndoles que le diesen licencia para que se trasladase a Trujillo y lo convenciese de volver, antes de que las discordias fueran a mayores. Ante el panorama que le pintó el primo, Cortés decidió retornar, «Y a esta causa cesó mi ida a Nicaragua», escribiría al emperador.[14]

Nacimiento de María

El 25 de abril de 1526, al frente de una flotilla de tres navíos, Cortés se hizo a la vela. En uno de ellos iba Marina, quien emprendía el viaje a pesar de lo avanzado de su embarazo. Jaramillo se sintió obligado a seguir a Cortés y ella no podía quedar atrás. La travesía se demoró más de lo previsto por vientos contrarios y el parto se adelantó. Y mientras la marinería luchaba por sujetar las velas contra la fuerza del viento, ella se retorcía de dolor, tendida sobre la cubierta sin una comadrona que la asistiese. Finalmente dio a luz. Fue una niña. Ella misma tiraría la placenta al mar. Unos marineros le arrojaron unos cubos de agua para lavarla y limpiar de sangre la cubierta.[1] Y cuando el tiempo abonanzó, Jaramillo al tomar en brazos a la pequeña, expresó: «Se llamará María». Marina comenzó a amamantarla y repetía: «Malía..., Malía». Por más que se esforzaba no conseguía pronunciar bien el nombre. Los vientos reinantes hicieron que el piloto decidiera a poner proa a La Habana. Una vez allí Cortés saludó a amigos y conocidos. También se puso al tanto de lo ocurrido en la Nueva España gracias a las noticias proporcionadas por navíos llegados en esos días. Una vez hecha provisión y reparados los desperfectos levaron anclas los barcos del Capitán. Ocho días después estaban frente al arenal de Chalchiuhcuecan.[2]

Como soplaba una brisa fuerte y el mar estaba rizado hubieron de aguardar todo el día a que mejorasen las condiciones. Fue hasta horas de la tarde cuando el viento amainó y al cesar el balanceo del navío comenzaron a desembarcar, trasbordando primero a un batel para luego saltar a la playa, con el agua a la rodilla. Siempre con la niña en brazos y ayudada por el marido que la sostenía, Marina desembarcó. Habían transcurrido ya cerca de veinte meses desde aquel 15 de octubre de 1524 cuando salieron de Tenochtitlan y vio por última vez a su pequeño Martín. Se preguntaba qué tan crecido lo encontraría. ¿Y él la reconocería? El lugar en que desembarcaron estaba despoblado, por lo que Cortés decidió que fuesen al vecino Medellín. Como no eran esperados, no había caballos dispuestos ni gente aguardándolos. La madre, con la pequeña en brazos, caminaba descalza para ir más cómoda. En lugar de pisar sobre arena suelta lo hacía al borde del agua, allí donde ésta se encontraba compactada. Los pelícanos daban ya por concluida la jornada y volaban en formación buscando su retiro nocturno. El sol se ocultaba por el lado de tierra y en el horizonte, allí donde se juntaban cielo y mar, se veía ya oscuro. La noche se les echó encima y pernoctaron al raso, aunque por ser mayo el clima era benigno. Al día siguiente, apresurando el paso llegaron a Medellín ya al anochecer. Guiados por la luz de unos hachones se encaminaron a la iglesia. El sacristán salió dando voces diciendo que habían llegado unos desconocidos y pronto se congregaron allí todos los vecinos de la villa. Partieron mensajeros anunciando la nueva de su llegada y al día siguiente comenzaron a aparecer señores de los pueblos vecinos que venían a darles la bienvenida. Marina tenía que suspenderle el pecho a la niña y entregarla a otra mujer para cumplir la tarea de traductora a la que era llamada. La estadía en Medellín se prolongó once días, durante los cuales Cortés estuvo recibiendo el parabién y escuchando las quejas de los caciques por todos los agravios recibidos durante su ausencia. Pasado ese término inició la marcha hacia el interior. Marina, caminando junto a su esposo, lo seguía a corta distancia, siempre a punto para prestar sus servicios en el momento en que fueran necesarios, aunque ya con el alivio de contar siempre con alguna mujer que le ayudaba con la niña. Así recorrió ese camino que ya le era conocido. Algunos de los caciques que les salían al encuentro para saludarlos venían de muy lejos. Había una gran conmoción porque ya se les había dado por muertos. Era como saludar a unos resucitados. Y siempre las quejas contra el mal gobierno de los funcionarios reales, a las cuales Marina respondía asegurándoles que el capitán Malinche pondría remedio. A lo largo de los quince días que emplearon en hacer el trayecto de la costa a Texcoco hubo diversos festejos. La llegada a Tlaxcala fue una apoteosis y en Texcoco Cortés fue esperado por todos los vecinos españoles, autoridades y caciques venidos de la región. Luego del gran recibimiento, al día siguiente hizo la entrada triunfal en México, seguido de la inmensa comitiva. A la llegada a la plaza mayor la gran sorpresa fue advertir que había desaparecido el Templo Mayor. El sitio que éste había ocupado era ahora un solar llano. La piedra se había destinado a las nuevas construcciones; algunos que se encontraban cerca de Cortés advirtieron que ello le causó alguna contrariedad, pues le hubiera gustado que la construcción se mantuviera como un monumento que recordara la gloria de la toma de la ciudad. Y luego de ver los cambios que se habían realizado durante su ausencia ya no participó en banquetes ni otro tipo de agasajo, sino que acompañado por los frailes se encaminó al convento de San Francisco, donde se encerraría para un retiro espiritual. Marina, en cuanto se vio libre de compromisos de traducción se encaminó a toda prisa a Coyoacán para ver a su pequeño Martín. Al tenerlo delante quedó sorprendida por lo mucho que había cambiado. Le habló cariñosamente: «*noconetzin*, *noconetzin*» (hijito), pero el niño la rehuía y se abrazaba a la nodriza. Ella lo tomó en brazos, pero éste rompió a llorar y hubo de devolverlo a la nodriza, quien hablándole con dulzura buscaba tranquilizarlo: «*nonan*», «mamá», le decía. Al pequeño Martín le tomó varios días volver a aceptarla. Mientras, ella se ocupaba de la pequeña.

Pasado el retiro espiritual, ya en paz con Dios, Cortés abandonó el convento de San Francisco y aceptó los festejos con los que sus incondicionales querían celebrar su retorno. En Coyoacán hubo juegos de cañas y torneos. Marina, sentada en un estrado junto a su marido y al pequeño Martín, contemplaba cómo los jinetes, protegidos por armaduras, arremetían uno contra otro rompiendo lanzas. Aunque éstas eran livianas, hechas de cañas de otate y desprovistas de hierro en la punta, el espectáculo resultaba impresionante. Ante la violencia del encuentro, alguno caía por tierra. [Los torneos y juegos de cañas eran una gran diversión para los hombres de aquella época, muy dados a llevarlos a cabo en la primera ocasión en que había algo que celebrar. En uno de éstos, efectuado años más tarde, Cortés recibió un cañazo en el empeine que lo trajo rengueando durante una temporada.] Para Marina los torneos y juegos de cañas no constituían nada nuevo, puesto que ya había tenido ocasión de presenciar varios. Con todo, fue algo completamente nuevo el anuncio de que para el 24 de junio, día de San Juan, para celebrar la festividad por todo lo alto, habría una corrida de toros. Aquello constituía una noticia estupenda, pues se trataría de la primera en suelo mexicano. Poco antes de la partida para Las Hibueras Cortés había encargado la traída de España de esos toros, los cuales llegaron durante su ausencia. Marina, llevando de la mano al pequeño Martín que ya tenía cuatro años, lo condujo a los corrales para que los viese. Los animales rumiaban echados y ella advirtió que no eran muy diferentes de los toros y vacas que ya conocía, para ordeña y carne. Pero su marido le hizo saber que se trataba de animales fieros, hechos para la pelea, que atacaban por instinto. Nunca nadie había conseguido ordeñar a una vaca de lidia. El día del festejo toda la población española y un gran número de notables indígenas se hallaban congregados en las gradas de una plaza improvisada con tablas. Había expectación por la novedad. Cuando el primer toro salió al ruedo, los caballeros que abrían plaza esquivaron sus primeras embestidas. Y cuando comenzó a perder velocidad comenzaron a hostigarlo con garrochas hasta conseguir derribarlo. El espectáculo gustó. Se hizo salir a ese toro; después entró otro, y luego otro más. Se encontraban en medio de lo más animado del festejo cuando apareció un mensajero que llegó hasta el palco donde se encontraba Cortés para entregarle un pliego. Éste lo leyó y pareció perder el interés en el festejo. No tardó en correrse la voz de que le había aguado la fiesta la noticia de que a Veracruz había llegado un navío en el que venía un juez pesquisidor que traía el encargo de celebrarle el juicio de residencia. Marina desconocía lo que era eso, pero su marido no tardó en ponerla en antecedentes. Cortés debía dar cuenta de que todos sus actos estuvieron apegados a derecho y que había impartido recta justicia. La mujer no pudo menos que pensar en todos los malquerientes que verían llegado su momento. Jerónimo de Aguilar lo detestaba, pues no había recibido la recompensa a que aspiraba. Y en cuanto a Gonzalo de Umbría, estaba claro que no le perdonaría que lo hubiese castigado cortándole los dedos de un pie. Cortés abandonó el sitio y la corrida se dio por terminada. El pequeño Martín quedó impresionado por el espectáculo.[3]

A partir de junio de 1526, cuando tiene lugar la entrada a México de Cortés y sus acompañantes luego del retorno de Las Hibueras, ya no se encuentra documento alguno en que el nombre de Marina aparezca asociado al suyo. Es de suponerse que haya estado entregada a su familia, marido e hijos. Y es probable que Cortés haya visto con frecuencia a ese niño por el que sentía un gran amor –puede ser el caso de que haya sido a diario–; pero lo que no sabemos es si ella se lo llevaba para que lo viese, o era él quien se presentaba por casa de Jaramillo. Algo nos hace sospechar que ella, como madre, debió haberse sentido más tranquila de que las visitas fuesen en su propia casa para evitar al tigre que Cortés tenía suelto en su casa (en realidad se trataba de un jaguar, aunque en los documentos se le llama tigre). Se trataba de un animal que llegó a su casa siendo un cachorro y al que Cortés trataba como mascota, que se echaba bajo su mesa y comía de su mano. Le gustaba tenerlo a sus pies, con lo que impresionaba a los visitantes. El animal daba muestras de mansedumbre pero ya había alcanzado su desarrollo completo, por lo que Marina se intranquilizaba si, por ejemplo, el padre permitía que el niño le acariciase la cabeza. Su guardián era un indio viejo que tuvo a su cargo cuidar pumas y jaguares en la casa de las fieras de Motecuhzoma, a quienes se alimentaba con carne cruda de los sacrificados. Al jaguar de Cortés, en cambio, nunca se le había dado a probar el sabor de la sangre y la carne fresca. Se le alimentaba con lo que se le arrojaba de la mesa. Pero aunque el animal hubiera sido criado en casa, y de cachorro ella lo hubiese tenido muchas veces en brazos, prefería no hacerle confianza. [En carta a su padre, fechada en Huejotzingo el 23 de noviembre de 1527, Cortés le decía:

> «Señor: aquí en mi casa se ha criado un tigre desde muy pequeño y ha salido el más hermoso animal que jamás se ha visto, porque demás de ser muy lindo es muy manso y andaba suelto por casa y comía a la mesa de lo que le daban y por ser tal me pareció que podría ir en el navío muy seguro y escaparía éste de cuantos se han muerto. Suplico a vuestra merced se dé a Su Majestad que de verdad es pieza de dar».][4]

A los pocos días el juez Luis Ponce de León realizó su entrada en México. Anticipó la fecha de partida y rehusó los caballos y alojamientos ofrecidos por Cortés para que tuviese un viaje más cómodo. Estaba visto que no quería sentirse comprometido. Andrés de Tapia fue el encargado de ir a su encuentro y en Iztapalapa dar la bienvenida a él y a sus acompañantes, entre quienes figuraba un grupo de frailes dominicos. En cuanto llegó a la ciudad no perdió el tiempo; luego de asistir a misa con Cortés retiró a éste la vara de mando (lo cual era preceptivo mientras duraba el juicio) e hizo que el pregonero anunciase que daba comienzo la residencia, para que todo aquel que tuviese alguna queja que formular la hiciese presente. Bernal cuenta que los que se encontraban resentidos con Cortés no se daban descanso en formular cargos: «¡Qué prisa se daban de dar quejas de Cortés y de presentar testigos!, que en toda la ciudad andaban pleitos, y las demandas que le ponían». Frente a lo que Bernal afirma, disponemos de la escritura del notario Francisco de Orduña, que a la letra dice:

> «Doy fe que el dicho señor Hernando Cortés estovo personalmente en esta dicha ciudad en la dicha residencia, y en todo el tiempo que el dicho señor licenciado Luis Ponce de León la estovo tomando, fasta que el dicho licenciado Luis Ponce de León murió, que fue viernes e veinte días del mes de julio del dicho año de mil e quinientos e veinte e seis años. En todo ese tiempo de la dicha residencia, no fue puesta contra el dicho señor don Hernando Cortés, por persona alguna, demanda ni acusación, ni querella civil ni criminal; lo cual todo el dicho señor don Hernando [pidió] lo diese por testimonio, a mí, el dicho escribano, para guarda de su derecho; e porque es ansí verdad, e pasó ansí como dicho es, fice aquí este signo, en testimonio de verdad. Francisco de Orduña».[5]

Exactamente lo contrario a lo aseverado por Bernal; la posible explicación reside quizá en que éste habla de oídas, pues no se encontraba en México cuando Ponce de León realizó la diligencia, ya que él volvió andando con Luis Marín y le tomó unos meses más el retorno.

Y mientras Marina hacía vida hogareña, a Cortés le renacían ímpetus por lanzarse a nuevas empresas. Es así como escribe al emperador manifestándole su disposición de ponerse al frente de una armada para ir a la conquista de las Molucas, Malaca y China[6] (los conocimientos que entonces se tenían de China eran muy vagos). Así transcurrió todo 1527, año en el que no es posible rastrear un solo documento en que Marina aparezca mencionada. ¿Pasaría ese periodo en la ciudad de México o en alguna de las encomiendas del matrimonio? No lo sabemos.

En octubre de 1527 Cortés fue desterrado de la ciudad de México por el tesorero Alonso de Estrada, quien entonces tenía las riendas del gobierno por una cédula llegada de España que así lo disponía. El destierro ocurrió a causa de un incidente motivado por un mozo de espuelas de Sandoval, quien acuchilló a un sirviente de Alonso de Estrada. Sentenció éste que le fuera cortada una mano al mozo. Cortés y Sandoval, que se encontraban en Cuernavaca, al tener conocimiento de lo que ocurría se trasladaron rápidamente a la ciudad de México pero llegaron tarde. La sentencia ya había sido ejecutada. Cortés riñó ásperamente a Estrada y éste lo desterró. Pese al poder político que todavía poseía, acató la sentencia. Otro motivo que mantuvo ocupado a Cortés desde finales de 1526 y buena parte de 1527 fue la construcción de una flota que, por mandato del emperador, debía ir a las Molucas en socorro de la escuadra del comendador Jofre García de Loaysa. Cortés estableció el astillero en Zacatula (eso quedaba en la desembocadura del Balsas), adonde realizó frecuentes viajes para supervisar la marcha de los trabajos, hasta que el 31 de octubre de 1527 la flota integrada por tres navíos se hizo a la mar; ésta la constituían las naos *Florida* y *Santiago*, además del bergantín *Espíritu Santo*. Al mando iba su primo, Álvaro de Saavedra Cerón. Sorprendente esa proeza: haber construido en esos astilleros primitivos y con medios tan precarios navíos con capacidad para cruzar el Pacífico, aptos para capotear temporales y llevar suficiente dotación de agua y provisiones en una travesía tan larga hasta la diminuta isla de Tidore en las Molucas. ¿Cómo lo consiguieron si no existían mapas y las referencias acerca de su ubicación eran muy vagas? Imposible saberlo, pero el caso es que lo lograron. Aunque la *Santiago* y el *Espíritu Santo* se perdieron en el océano, sin dejar huellas, la *Florida* llegó a su destino con un socorro muy oportuno. Nunca se ha prestado a esa travesía la atención que amerita.

Y transcurre todo el año 1527. Cortés anda metido en infinidad de actividades conectadas con la construcción de sus casas y locales que alquila para comercios, con la introducción de ganado y nuevos cultivos en sus haciendas. Es el gran impulsor de la agricultura y la ganadería. Destaca la atención que pone en la construcción de ingenios azucareros, uno de ellos cercano a la costa, lo que lleva a suponer que pensaba en el comercio de exportación, ya que el azúcar en aquellos días era un artículo de muy alto precio en España y Europa entera.[7] La entrega a esas actividades empresariales que lo traen de un lado para otro está escasamente documentada, por lo que se ignora lo referente a muchos de sus desplazamientos. Además, por el tiempo transcurrido ya dispone de nahuatlatos –españoles que han aprendido el náhuatl–, por lo que puede prescindir de los servicios de Marina. Y ésta, en el momento que se aparta de su lado pasa inadvertida a ojos de los cronistas. Viene a ser como la luna, que carece de luz propia. Lejos de él deja de brillar y se apaga.

La primera alusión al matrimonio la encontramos en el Libro de Actas de Cabildo, donde aparece asentado que el 7 de enero de 1528 Juan Jaramillo fue aceptado como alférez de la ciudad. Un cargo importante. Si Jaramillo era persona prominente y tenía un nombramiento que lo retenía en la ciudad, lo lógico es que ella permaneciese a su lado.

Y si a partir de la segunda mitad de 1526 en que retornan de Las Hibueras y durante todo 1527 no vuelve a escucharse su nombre tampoco es algo que deba extrañar demasiado. Sencillamente, su vida y la de Cortés marchan ya por derroteros distintos. Éste se ve envuelto en asuntos que a ella no le conciernen, como son sus preocupaciones con la llegada del juez Ponce de León, quien fallece a poco más de veinte días de llegado, lo que dará pábulo a que se desaten toda suerte de rumores alimentados por sus malquerientes, quienes abiertamente llegan a decir que fue envenenado. Viene a continuación un periodo confuso en el que unos favorecen que sea Cortés quien tome el poder y otros que se siga con lo dispuesto por Ponce de León, quien antes de morir transfirió la autoridad al licenciado Marcos de Aguilar, un viejo achacoso que moriría a los seis meses, pero quien a pesar de lo precario de su estado de salud demostró gran energía. A Cortés se le localiza en Cuernavaca en una ocasión importante (cuando tuvo conocimiento del incidente del mozo de espuelas de Sandoval), por lo que ya se echa de ver que andaría ocupado en los comienzos de la construcción de su casa palaciega. A la muerte de Marcos de Aguilar sigue un periodo en que gobiernan conjuntamente el tesorero Alonso de Estrada y Gonzalo de Sandoval, este último como representante de los intereses de Cortés. En ese tiempo los españoles habían comenzado ya a mudarse de Coyoacán a la ciudad de México, donde varios de ellos se hicieron construir casas fortaleza con torres almenadas, Cortés el primero, aunque no existe constancia de que Jaramillo lo haya hecho. El caso es que nos adentramos en un periodo en el cual Cortés se mueve entre México y Cuernavaca. En cuanto a ella, madre de dos hijos pequeños, es de suponerse que su lugar estaría en el hogar. Y en lo referente a la ubicación de su domicilio familiar en la ciudad de México en el número 95 de la calle de Cuba, frente a Santo Domingo, se encuentra una escuela de dos plantas en la cual hay una placa señalando que «Según tradición, aquí estuvo la casa de La Malinche y su marido Juan Jaramillo». Es probable que la casa original se haya venido abajo durante la gran inundación de 1629. El día de San Mateo comenzó a llover sin cesar durante varios días y la ciudad quedó bajo las aguas. Algunas barriadas quedaron inundadas durante meses con la consecuencia natural de que todas las casas construidas de adobe se vinieron abajo y muchas de piedra quedaron tan seriamente dañadas que debieron de ser demolidas. Sólo los edificios sólidamente construidos sobrevivieron a la inundación.[8] Por tanto, si la residencia de Jaramillo hubiese estado en el sitio que se pretende, lo más probable es que se haya venido abajo. El caso es que no disponemos de un solo documento que acredite algún encuentro entre ella y Cortés en ese periodo. Con todo, la inexistencia de pruebas no quiere decir que hubiese cesado el trato entre ellos: estaba de por medio su hijo.

La separación

Doña Marina Gutiérrez de la Caballería, señora tenida en gran consideración y esposa del tesorero Alonso de Estrada llamó la atención a su marido haciéndole ver que había cometido un desatino al desterrar a Cortés, instándolo a reconciliarse con él, y como por aquellos días llegó fray Julián Garcés, primer obispo de Tlaxcala, de igual manera buscó su intermediación. Pero las diferencias sólo se resolvieron en parte, pues Cortés no se hallaba bien dispuesto. En vista de ello, resolvió viajar a España para someter su caso ante instancias más altas. Terminó de decidirlo el recibo de una amistosa carta del obispo de Osma, fray García de Loaisa, presidente del Consejo de Indias y confesor del emperador, quien le ofreció intervenir en su favor. La sugerencia equivalía a una orden, y es así que para el 6 de marzo de 1528 vemos que escribe desde la ciudad de México: «Lo que vos, Francisco de Santa Cruz, quedáis por mayordomo de mi casa e haciendas habéis de facer mientras yo estuviere en los reinos de Castilla, es lo siguiente». Y sigue una larga relación de la forma en que se han de administrar todos sus negocios. Es la faceta del Cortés empresario, pero lo que aquí nos importa es la fecha, por eso no nos detendremos en este documento (lo relevante se va a notas). Lo que aquí cuenta es que para el seis de marzo se encuentra en vísperas de partir; y que para mayo, dos meses después, ya se encuentra en España. Lo que tratamos de dilucidar es el momento en que tomó al pequeño Martín y lo separó de la madre. Ignoramos las fechas exactas, tanto de la salida de México como de la llegada a España, pero como su primo y representante legal allá, el licenciado Francisco Núñez, quien llevaba registro de todo, dice que llegó a la Corte «por el mes de mayo del año de veinte e ocho», tenemos que del momento en que redactaba las instrucciones para Santa Cruz a su partida mediarían pocos días. Sería entonces la última vez que Malintzin vio a su hijo.[1] Seguramente sabía que lo más probable era no volverlo a ver. Pero como consolación tenía a la niña, la que entonces andaba por los dos años. Y de todas maneras, la pena por el hijo perdido no le duraría mucho tiempo, pues ella iba a morir pocos meses después.

Pocos días después veremos a Marina en compañía de su esposo en la que será su su última aparición pública conocida, cuando comparezca ante el cabildo de la ciudad para recibir unos terrenos. Al respecto Lucas Alamán observa:

> «El terreno del lado opuesto del bosque, que creo ser el que ahora pertenece al rancho de Anzures, anexo a la Hacienda de la Teja, fue propiedad de la célebre doña Marina y de su marido, a quienes se concedió por el ayuntamiento, por el acuerdo siguiente… [Alamán abrevia el texto, el cual en su integridad dice]: "En Sábado 14 días del dicho mes de Marzo del dicho año de 1528 años. – Estando juntos en Cabildo como lo han de uso e de costumbre el magnífico Señor Tesorero Alonso de Estrada governador de esta nueva España por su majestad e los muy nobles Señores Gil González de Benavides e Luis de la Torre alcaldes e el Doctor Hojeda e Francisco Verdugo e Andrés de Barrios e Antonio de Carvajal e Cristóbal de Oñate e Juan de la Torre e Jerónimo de Medina e Jerónimo Ruiz de la Mota regidores. – Este día los dichos señores le hicieron merced a Juan Jaramillo y a Doña Marina su muger, de un sitio para hacer una casa de placer y huerta y tener sus ovejas, en la arboleda que está junto a la pared de Chapultepec a la mano derecha, que tenga doscientos y cincuenta pasos en cuadro, como le fuere señalado por los diputados, con tanto que el agua que tomare para ello de Chapultepec, que no sea de la fuente, y sea sin perjuicio de tercero y mandáronles dar el título de ello"».[2]

Esta será la última noticia que tengamos de ella. Después el silencio. La próxima vez que su nombre aparezca en un documento será para señalar que ha muerto.

Vamos ahora al panorama que encontró Cortés en 1528, a su retorno a España. En un primer momento fue bien recibido por Carlos V, quien se mostró condescendiente con él, prefiriendo ignorar sus desacatos al no presentarse en la Corte en el momento en que fue requerido. Los problemas vinieron más tarde. En el orden personal, su situación era la de un hombre que tiene a cuestas cuarenta y cuatro años (muchos para la época), viudo, que no tiene asegurada la sucesión por carecer de heredero legítimo. Y eso era fundamental para él: si moría se extinguiría su casa. Necesitaba con urgencia hacer algo para subsanar esa situación, máxime cuando por aquellos días, estando en Toledo, se vio en riesgo de muerte por una dolencia cuya naturaleza desconocemos pero que revistió tal gravedad que Carlos V, junto con los primeros personajes de la Corte, fue a visitarlo a su morada, pues se le creía agonizante.[3] Su posible heredero, aquel que lo perpetuaría luego que él muriese era un niño de corta edad, nacido fuera del matrimonio. Algo tenía que hacer. Esto ocurría en los días anteriores al matrimonio con la marquesa doña Juana de Zúñiga, cuando ignoraba si iba a tener más hijos. Ése era un problema acuciante para él. Precisaba un heredero socialmente aceptable, y en don Martín existían tachas que podrían dificultarle el ingreso a una elitista orden militar de caballería. Además de ilegítimo era hijo de esclava –y por añadidura andaba de por medio la cuestión de la «limpieza de sangre».

Como estamos frente a valores que se encuentran centrados en el esquema social de otra época, en obsequio a los lectores no familiarizados con esos tópicos, haremos un paréntesis que, aunque extenso, creemos necesario para que se sepa de qué estamos hablando.

Principiaremos por la hidalguía. Se trata de un orden jurídico que hunde sus raíces en el medioevo. Ya en el poema de *Mio Cid* se lee: «Santa Gadea de Burgos / do juran los fijosdalgo…». ¿Y qué era un hidalgo? La hidalguía es una clase que en sus orígenes surge claramente ligada a la milicia. Durante la Reconquista, en los días aciagos en que los reyes no disponían de ejércitos permanentes ni de recursos para reclutarlos, hacían un llamamiento, y todos aquellos que se presentaban armados y eran capaces de cubrir sus gastos de manutención, como recompensa obtenían la hidalguía. Si además se presentaban montados, con caballo apto para la guerra, pasaban a ser caballeros (eso en caso de que sobrevivieran, claro está). Allí están los orígenes. Los hidalgos constituían una clase intermedia entre la alta nobleza y los villanos. Podemos considerarlos, pues, como una baja nobleza. Pero un hidalgo sin dinero era un segundón, un don nadie; aunque eso sí, podía estar muy orgulloso de sus blasones. De aquí que los que se encontraban en ese caso miraran con desdén el trabajo manual por considerar que iba en desdoro de su condición, siendo muy pocas las actividades que consideraban honrosas. Eso les dejaba pocas salidas: empleos en la Corte, milicia, iglesia, o alguna de las contadas profesiones consideradas honrosas. Una de las prerrogativas de los hidalgos era la de no *pechar*; o sea que se encontraban exentos de pagar impuestos. Como contrapartida estaba la obligación de acudir al combate cada vez que fuera necesario. Y también les asistía el privilegio, en caso de ser sentenciados a muerte, de morir decapitados en lugar de ahorcados. Algo importante para aquellos hombres muy puntillosos en cuestiones de honra.[4]

Vamos ahora a la caballería. Aquí, para evitar confusiones se impone una aclaración dada la genial novela de Cervantes: una cosa era la caballería andante, de la que es parodia don Quijote; y otra muy distinta fueron las órdenes militares de caballería. Aquellos caballeros que vagaban sin rumbo por los caminos en busca de aventuras, seguidos por el escudero habían pasado a la historia por la época de la Conquista. Pero su recuerdo se mantenía muy vivo, de allí el auge que tuvieron las novelas de caballerías, tan en boga que hasta hubo un momento en que su lectura fue prohibida en las Indias. Los escuderos de la época que nos ocupa poco tenían que ver con el buen Sancho. Se trataba de una casta de hidalgos segundones que aspiraban a escalar el más alto peldaño social mediante el ingreso a una prestigiada orden de caballería. Escuderos fueron los Alvarado, Sandoval, Olid, Ordaz y el propio Cortés, quien en la ocasión única en que habla de sí mismo, en la *Quinta relación*, se presenta al emperador diciendo: «un escudero como yo».[5] [La circunstancia de que se presente como escudero no excluye que hubiese sido escribano e incluso bachiller en leyes, cosa que afirma fray Bartolomé de las Casas, aunque se trate de algo que no ha conseguido esclarecerse, ya que él nunca sacó a relucir que tuviese ese título. Lo que aquí vemos es que se exhibe como escudero por ser la posición de mayor realce.][6] Bien, pues ése era el orden social de la época. Para ser alguien y estar por encima del pueblo llano había que traer cosida al pecho la cruz de alguna Orden, de allí todos los afanes de Cortés por dejar bien situado al hijo. Y de tanto mencionar las órdenes militares de caballería no está de más recordar que nacieron a raíz de las Cruzadas, siendo las más antiguas la del Temple y la del Hospital –templarios y hospitalarios–. Sus miembros eran caballeros monjes; entiéndase: guerreros. Su función original fue la de asistir y proteger a los peregrinos que se dirigían a Tierra Santa, pero con el tiempo evolucionaron y adquirieron mucho poder. En el norte de Europa la Orden de los Caballeros Teutónicos fue tan poderosa que invadió Rusia, y en la Europa meridional el Temple estuvo en el origen de las órdenes militares españolas. Así nació la de Santiago de la Espada, seguida por las de Alcántara, Calatrava y Montesa (esta última circunscrita al área aragonesa, catalana-valenciana). Los templarios estuvieron en el origen de las órdenes militares españolas, en especial, en la más antigua, la de Santiago. Pero la del Temple desapareció. Llegó a ser tan poderosa que Felipe IV, «el Hermoso», de Francia, en connivencia con el papa Clemente V, se echó sobre ella para apoderarse de sus bienes. En España las órdenes militares tuvieron un papel de primera fila en la Reconquista y en tiempos de paz (más bien de treguas), dado que los reyes carecían de ejércitos permanentes o disponían de fuerzas escasas. De modo que las órdenes militares asumían la responsabilidad de la defensa de castillos y villas colindantes con tierras de moros. Los maestres y priores de las órdenes llegaron a constituir un poder paralelo al de los monarcas. Para que tengamos una idea de la influencia que llegaron a tener podemos recordar que Alfonso el Batallador legó sus estados a templarios, hospitalarios y caballeros de San Juan, por lo que de haberse respetado su testamento, Aragón se hubiera convertido en un estado manejado exclusivamente por las órdenes militares. Éstas llegaron a ser tan poderosas que en la estructura del gobierno existía un Consejo de Órdenes (los consejos fueron los antecesores de los ministerios).

Para el ingreso a la Orden de Santiago era requisito necesario ser hidalgo; pero había algo más: la «limpieza de sangre». Estamos aquí frente a un concepto que conviene aclarar, pues puede prestarse a interpretaciones erróneas, ya que algunos pueden asociarla con la pureza racial, según la entendía Adolfo Hitler, o con criterios subyacentes en los criminales actos de «limpieza étnica» practicados no hace mucho en Bosnia. Nada más distante de eso. La llamada «limpieza de sangre» a la española, no tenía tanta relación con cuestiones de raza sino con las de religión. De este modo, para probarla se debía aportar pruebas de que no se descendía de judío, moro o villano. Eso por el lado de los cuatro abuelos y hasta tres generaciones atrás. Con ello quedaba establecido que se era «cristiano viejo». Eran tiempos de enfrentamiento permanente frente al Islam, por lo que resulta comprensible que las órdenes velaran por que no se les fuera a infiltrar gente de lealtad sospechosa, ya que sobre ellas recaía en gran medida la defensa del Reino. Y en cuanto a los conversos se refiere, la prevención contra ellos provenía de que no se les sentía firmes en la fe. Prueba de que no se trataba de una discriminación racial la tenemos en que dentro de la Iglesia, aquellos de estirpe de conversos que habían abrazado sinceramente la fe cristiana podían escalar las más altas cimas; ejemplos hay muchos. Tenemos el caso del beato Juan de Ávila [maestro de una generación, canonizado en fecha reciente], así como del inquisidor Torquemada, y nada menos que de Santa Teresa, doctora de la Iglesia, quien era descendiente de Juan Sánchez de Toledo, un penitenciado por la Inquisición. En cuanto a los antiguos mudéjares, que luego de la toma de Granada habían pasado a denominarse moriscos, la prevención contra ellos se fundaba en razones políticas: seguían siendo musulmanes y se les veía como un peligro interno. Eran días en que se vivía un caos generalizado en el Mediterráneo a causa de los piratas berberiscos con bases en Túnez y Argel, los que amparados por el sultán de Turquía constituían una amenaza constante para las costas del levante español. [Recordemos los cinco años de cautiverio de Cervantes en Argel y la incursión del pirata Barbarroja sobre la isla de Menorca, donde capturó la ciudad de Mahón, matando a la mayor parte de los hombres y llevándose al resto, a las mujeres y a los niños, para ser vendidos como esclavos en Constantinopla.] Comprensible es, pues, el recelo con que eran vistos por considerárseles como potenciales colaboradores de turcos y berberiscos en el caso de que se produjese una invasión a España. Sus bases estaban al otro lado del Estrecho de Gibraltar. Los moriscos terminarían por ser expulsados de España (1611) al igual que antes lo habían sido los judíos (1492). Éstos ya con anterioridad habían sido expulsados de Francia e Inglaterra y a continuación en Portugal se les impondría el bautismo forzoso. [Hay que aclarar que en Portugal la condición fue más dura al no dárseles opción, mientras que en España, en el edicto de expulsión, los Reyes Católicos les dieron a elegir entre convertirse o marchar al exilio.]

Pero Cortés tenía la certeza de que todas las tachas del pequeño Martín podían superarse si se sabía como hacerlo. Para ello, su primer paso fue dirigirse al Papa valiéndose de Juan de Rada, uno de sus hombres de confianza, de aquellos que lo acompañaron en el viaje a Las Hibueras. Éste viajó a Roma en plan de embajador, llevando obsequios e incluyendo en su séquito a un acróbata indio de los que jugaban el palo con los pies, cuya actuación hizo las delicias de Clemente VII y los cardenales. Rada volvió de Roma portando una bula por la que el pontífice legitimaba (16 de abril de 1529) a sus hijos Martín, Luis y Catalina, todos de distinta madre (la pregunta sería: ¿por qué no se legitimó a las otras hijas?, ya que puestos a legitimar lo mismo daban tres que cuatro, cinco o seis).[7] Resuelto el problema de la legitimidad, el siguiente paso fue iniciar las pruebas de limpieza de linaje del hijo. Y obviamente, para allanar el camino al pequeño Martín había que enaltecer el origen de la madre, ya que por parte paterna no existía problema, pues él era hijodalgo notorio y, por añadidura, perteneciente a la alta nobleza, ya que el día 6 de julio de ese mismo año el emperador había firmado la cédula por la que le otorgaba el título de marqués del Valle de Oaxaca. El momento era oportuno para iniciar los trámites.[8]

Y es así como en Toledo, el 19 de julio de 1529, se inicia la recopilación de informes sobre el niño don Martín Cortés con el fin de establecer si reunía los requisitos para el ingreso a la Orden de Santiago. En esa fecha declaran Diego de Ordaz y Alonso de Herrera. El primero dijo:

«que conoce al dicho don Martín Cortés que será de edad de seis a siete años [...] que es tenido por hijo de don Hernando Cortés y doña Marina [...] que doña Marina es india natural de la provincia de Coatzacoalcos, a quien conoce desde hace nueve o diez años [...] que unos principales la dieron a Cortés en la región del río Grijalva [...] que ella es considerada como persona principal y que ha visto a principales de Coatzacolcos que la tienen en alta consideración, por lo que es de *muy buena casta e generación* [...] que al presente se encuentra casada con un español que se llama Jaramillo».

Eso es todo y firmó con su nombre. En cuanto a la declaración de Alonso de Herrera coincide casi a la letra con la de Ordaz, razón por la que no se reproduce aquí. Para mayor agilidad en la lectura, en obsequio del lector se ha extractado la declaración y modernizado un poco la redacción. En la sección correspondiente a *Documentos* ambas se reproducen íntegras.

En orden cronológico éste constituye el primer intento por fabricarle a Marina un abolengo honroso (Bernal escribió su libro unos treinta años más tarde), ya que si observamos con cuidado veremos que se dice que «fue entregada», omitiéndose cualquier referencia a que hubiese sido esclava. Eso por aquello del «lustre» que se exigía para el ingreso en las órdenes, a las cuales no podían acceder personas de baja extracción, por ello se agrega que es «de buena casta e generación». Y una precisión muy importante que se formula es «que la dicha doña Marina al presente está casada con un español que se llama Xaramillo, persona honrada». Esta última aseveración viene a demostrar que ella vivía cuando Cortés separó de su lado al niño llevándoselo consigo a España (no sabemos si con su consentimiento o si sencillamente lo tomó, y nada más). Pero lo que los testigos parecen ignorar es que en los momentos en que rinden la declaración ella llevaba ya varios meses de muerta. Y eso nos lleva de nuevo a un punto capital: cuándo y dónde murió.

Disponemos de un documento que viene a hacer las veces del acta de defunción. Se trata de la declaración de Juan de Burgos, uno de los testigos en el juicio contra Cortés. Al referirse a las mujeres que se congregaron en casa de Cortés para amortajar el cadáver de Catalina incluye a Marina. Esta declaración, que se refiere a la fecha del 2 de noviembre de 1522, la rinde en México el 29 de enero de 1529, casi siete años más tarde. Y al referirse a Marina lo hace diciendo: «e la mujer de Jaramillo, ya difunta».[9] Como recordamos, Cortés le retiró el niño a finales de marzo de 1528. Así nos enteramos de que muy poco sobrevivió ella a esa separación. Lo probable es que haya fallecido a fines de ese año, pues por otro lado vemos que Diego de Ordaz, quien la hacía viva en su declaración, se encontraba en México el 25 de septiembre de 1528, ya que en el libro de actas de Cabildo aparece consignado que ese día, en acatamiento a una provisión real, él y Gonzalo Mejía fueron recibidos como regidores de la ciudad. Se desconoce la fecha de su partida rumbo a España.

De la información anterior se desprenden tres posibilidades: una, que hasta el momento de la partida de Ordaz ella se encontrara con vida; la segunda, que su deceso haya ocurrido fuera de la ciudad, por lo que a éste le pasó inadvertido; y la tercera, que fuese una figura caída en el olvido, a la que nadie prestaba atención. Jaramillo, quien podía haber aclarado la situación, no dejó escrito alguno, al menos uno que haya llegado hasta nuestras manos.[10]

Claro está que detrás de las declaraciones de los testigos que enaltecen la imagen de Marina está la mano de Cortés. Y algo a no pasarse por alto es la fecha en que se desahoga la diligencia, cuando ha transcurrido ya más de un año de su salida de la ciudad de México (catorce meses para ser más precisos). Eso nos permite suponer que, por lo visto, no se ha enterado de su fallecimiento. Él tenía mayordomos y administradores que cuidaban de sus múltiples negocios (García de Llerena, Francisco de Santa Cruz, Francisco Terrazas), los cuales regularmente le escribían manteniéndolo informado y remitiéndole fondos. Pero hasta esa fecha ninguno le ha comunicado la noticia de su muerte. Eso nos hace pensar, por un lado, que una vez casada Marina él se desentendió de ella por completo; y, por otro, que la defunción debió ocurrir en algún lugar apartado –la encomienda de Jilotepec, por ejemplo–, por lo que pasó inadvertida en la ciudad de México. ¿Ocurriría que Cortés pensaba que ya le había le resuelto a ella la vida, consiguiéndole encomienda y matrimonio con hidalgo? En todo caso, pensaba que había cumplido con ella. Y algo que puede apoyar esta opinión es el hecho de que en ninguno de sus papeles la recuerda. En su testamento hay varias alusiones a Leonor Pizarro –entonces viva–, la única de sus antiguas amantes que parece importarle. Y aunque no aparezca mencionada Catalina Suárez Marcaida, en el pliego de instrucciones dejado al mayordomo Santa Cruz le indica que no se olvide la misa anual por el sufragio de su alma. Para la pobre Malintzin ni una misa. Pensó tal vez que ese asunto era competencia de su marido.[11] Entre su muerte y la de ella median unos diecinueve años, por lo que es de suponerse que sí llegó a enterarse. Es obvio que la tenía muy olvidada.

El pequeño Martín fue admitido en la prestigiada Orden de Santiago, en calidad de comendador, lo cual marca un hito importantísimo, pues su calidad de mestizo no constituyó obstáculo para probar su limpieza de sangre. Era el primer mestizo admitido. Ese ingreso tendrá repercusiones inmensas en el orden social de México, abriendo las puertas de la Orden tanto a mestizos como a indios de raza pura. Como es obvio, la admisión trajo aparejado el acceso a la hidalguía. No es que con anterioridad se hubiese negado el acceso a algún mestizo o indio, sino que se trató de que el caso del hijo de Malintzin fue el primero en plantearse y se resolvió favorablemente. Y sus efectos no sólo se limitaron a México; trascendieron al Perú y a todo el ámbito de la América española. Visto el significado que la admisión de ese niño introdujo en el orden político y social de la naciente sociedad novohispana, resulta obligado asomarnos a la importancia que en su día tuvo en México la Orden Militar de Santiago, capítulo hoy completamente relegado al olvido. Para ello nos remontaremos a su origen más remoto, a España.

Corría el año 813 cuando según la tradición se descubrió la tumba del apóstol Santiago en el *Campus stellae* (Campo de la Estrella, Compostela). Aquello despertó un fervor inusitado, imprimiendo un sello de identidad religiosa a los nacientes reinos cristianos frente al Islam (aunque nadie pareció preguntarse cómo pudieron llegar sus restos a Galicia, siendo que se le decapitó en Palestina; sus discípulos lo llevaron, se aduciría). Pocos años después, en medio de la batalla que se libraba en los campos de Clavijo (844), hace aparición el Apóstol montando un brioso corcel blanco, con la espada en la diestra y poniendo en fuga a los sarracenos. Allí surge el grito de guerra: «¡Santiago y cierra España!». [En lo del caballo blanco podríamos ver una réplica de lo acontecido con Mahoma, quien sube al cielo montado en uno de ese color.] Por una de esas cosas que pocos saben explicar, el Apóstol que en vida fue un pacífico pescador, quedó transformado en guerrero, convirtiéndose además en el portaestandarte de la lucha contra el Islam, el alma de la Reconquista. Por eso, sobre la tumba del Apóstol se construye una iglesia que muy pronto pasa a convertirse en uno de los centros de peregrinación de la cristiandad: El camino de Santiago, la Ruta Jacobea. Desde Roncesvalles, en la frontera con Francia, iniciaban la caminata los peregrinos que a lo largo del recorrido buscaban –y muchos todavía lo logran– su renovación interior. Por lo que Compostela, junto con Roma y Jerusalén, se vio convertida en una de las ciudades sagradas de la Europa medieval. Nada extraño, por tanto, que el apóstol Santiago pase a convertirse en el santo patrón de España. El veinticinco de julio, día de su festividad, en la catedral de Santiago de Compostela, tiene lugar la ofrenda oficial del gobierno español en una solemne ceremonia presidida por algún miembro de la realeza o una alta autoridad. [En este año 2004, por ser Año Jacobeo, la representación la llevaron los reyes. Se designan como jacobeos aquellos en que la festividad cae en domingo.] Mientras se oficia la función religiosa, el *botafumeiro*, el gigantesco incensario recorre la nave central de la catedral, colgado de la cuerda que jalan tres hombres vestidos con sayos a la usanza medieval. Pero de tanto poner la atención en los festejos en España se pasa por alto que el caballo del Señor Santiago también cabalgó por tierras mexicanas.

El apóstol Santiago cabalga en México

En el ábside de la iglesia de Tlatelolco se encuentra un retablo estofado del siglo XVI, de gran mérito artístico, en el que aparece representado el Apóstol arrollando infieles bajo los cascos de su caballo: el milagro de Centla. Sólo que en este caso no pisotean sarracenos sino aplastan indios idólatras. Un trasunto de la batalla ocurrida en los campos de Clavijo trasladado a tierras mexicanas. Pero la aparición milagrosa del Apóstol en el llano de Centla, en la ribera del Grijalva, es milagro que se produce poco a poco, a partir de que años más tarde, por separado, dos soldados participantes en la batalla comienzan a insinuar que allí ocurrió un hecho portentoso, pues de otra manera no se explicaría el que tan pocos españoles venciesen a miles de indios. Se trataba de demostrar que la Conquista fue una empresa que contó con la bendición de la Providencia. Por eso, Bernardino Vázquez de Tapia, uno de los que en Centla combatió a caballo, aseveraría que el Apóstol se apareció en la batalla y, por tanto, había combatido hombro con hombro con él: «y que aquí se vio un gran milagro, que, estando en gran peligro en la batalla, se vio andar peleando uno de un caballo blanco, a cuya causa se desbarataron los indios, el cual caballo no había entre los que traíamos». Y Andrés de Tapia, otro soldado, dijo lo siguiente: «e como los enemigos nos tuviesen ya cercados a los peones por todas partes, pareció por la retaguardia dellos un hombre en un caballo rucio picado, e los indios comenzaron a huir e a nos dejar algún tanto, por el daño que aquel jinete en ellos hacía; e nosotros creyendo que fuese el marqués arremetimos e matamos algunos de los enemigos, y el de caballo no pareció más por entonces: volviendo los enemigos sobre nosotros, nos tornaban a maltratar como de primero, e tornó a parecer el de caballo más cerca de nosotros, haciendo daño en ellos, por manera que todos lo vimos, e tornamos a arremeter, e tornóse a desaparecer como de primero, e así que lo hizo otra vez, de manera que fueron tres veces las que pareció e le vimos, e siempre creímos que fuese alguno de los de la compañía del marqués [Cortés]. El marqués con sus nueve de caballo volvieron a venir por nuestra retaguardia, e nos hizo saber como no había podido pasar, e le dijimos cómo habíamos visto uno de caballo, e dijo: "Adelante, compañeros, que Dios es con nosotros", e arremetió estando ya fuera de las acequias, e dio en los enemigos, e la gente de a pie tras él, e así los desbaratamos, matando muchos de ellos». Hasta ahora se trata de un innominado jinete, aunque el pelaje del caballo ya nos está diciendo de quién se trata (rucio picado es un pelaje blanquecino). Y cuando aparece el libro de Gómara (1552) la identidad del jinete misterioso aparece desvelada:

«Volvió entonces el de a caballo por tercera vez, e hizo huir a los indios con daño y miedo, y los peones arremetieron también, hiriendo y matando. A esta sazón llegó Cortés con los otros compañeros de a caballo, harto de rodear y pasar arroyos y montes, pues no había otra cosa por allí. Le dijeron lo que habían visto hacer a uno de a caballo, y preguntaron si era de su compañía; y como dijo que no, porque ninguno de ellos había podido venir antes, creyeron que era el apóstol Santiago, patrón de España».

Bernal, al leer eso no niega ni afirma, pero apunta con sorna:

«pudiera ser que los que dice Gómara fueran los gloriosos apóstoles señor Santiago o señor San Pedro, y yo, como pecador, no fuese digno de verlo. Lo que yo entonces vi y conocí fue a Francisco de Morla en un caballo castaño, y venía juntamente con Cortés».[1]

En cuanto a Cortés nada tuvo que ver con el origen de esta historia, pues comenzó a circular cuando él ya había muerto.

Los cascos del caballo, pues, aplastaron a muchos idólatras que se oponían a la prédica del Evangelio en los nuevos territorios.

Así comienza la devoción al apóstol Santiago, el santo guerrero que de matamoros pasó a ser mataindios. ¿Y los indios eran tan tontos que rendían culto a un mataindios? Situémonos en el tiempo: sólo mataba a los malos, porque los buenos eran los que militaban en el bando español. Recordemos que en el *Códice florentino*, en la *Historia de Tlaxcala* de Muñoz Camargo, y en la *Sumaria relación* de Alva Ixtlilxóchitl se omiten los combates iniciales con los tlaxcaltecas. Una autocensura, pues en aquellos días se consideraba un punto vergonzante el haber opuesto resistencia a la llegada de los españoles.

Otra sonada aparición del Apóstol habría tenido lugar el 25 de julio de 1531 (cuatro y medio meses antes de las apariciones del Tepeyac), al enfrentarse indios gentiles contra cristianos para dirimir una cuestión en el cerro del Sangremal, estos últimos comandados por Conin, indígena otomí que al bautizarse tomó el nombre de Fernando de Tapia, y su lugarteniente, el tlaxcalteca Nicolás de San Luis Montañez. En el momento álgido de la pelea, cuando la victoria parecía inclinarse en favor de los idólatras, una cruz brilló en el cielo, y apareció el apóstol montado en su corcel blanco para decidir la batalla en favor del bando cristiano. Una reedición del *In hoc signo vinces* de la batalla del puente Milvio, en la que Constantino venció a Magencio. Conin-Fernando de Tapia fue el fundador de Querétaro y en memoria suya se alza su estatua junto a la carretera que conduce a la ciudad de México. Para recordar ese hecho portentoso, en el cuartel inferior izquierdo del escudo de Santiago de Querétaro –que tal es el nombre completo de la ciudad–, aparece representado el apóstol Santiago. Tanto Fernando de Tapia como Nicolás de San Luis Montañez fueron admitidos como caballeros de la Orden. En el Museo Regional de Querétaro se encuentra un retrato de este último en cuyo manto aparece la Cruz de Santiago.[2] A Conin-Fernando de Tapia, como en la estatua, se le representa semidesnudo y no vestido a la española, se le priva de la prerrogativa de lucir en su indumentaria la Cruz de la Orden.

Por una simplificación excesiva se da como terminada la conquista de México con la toma de Tenochtitlan por parte de Cortés. Con todo, es sólo el término de una etapa: la de domeñar al pueblo de más cohesión política y mayor fuerza militar.

Pero la ocupación y sujeción del territorio que ahora es México representa un proceso de muy larga duración que comprende todo el siglo XVI. Y no se trata sólo de una conquista militar sino de la puesta en marcha de una verdadera revolución social: se derriban ídolos, se pone fin a rituales sanguinarios, se establece un nuevo ordenamiento de la sociedad. En México suele enunciarse una paradoja que se ha convertido ya en lugar común: «La Conquista la hicieron los indios, y la Independencia los españoles». Nada más cierto, en especial lo primero. Sólo que la cita se hace un tanto apresuradamente, pensando sólo en los tlaxcaltecas y pasando por alto a las demás naciones que participaron como aliadas de los españoles. Un proyecto de una envergadura tal no pudo llevarse a cabo por un puñado de españoles dispersos en territorios tan vastos. Necesariamente contaron con la colaboración de los naturales, los «indios conquistadores», aquellos que acompañaron a los Cristóbal de Oñate y a los Diego de Montemayor, batiendo a las tribus chichimecas y fundando ciudades. De Querétaro hacia el norte todas son de fundación española; y lo mismo ocurre hacia el occidente, el sur y el oriente.

En medio de esa inmensa transformación social, como punta del iceberg, aparecen los nombres de algunos caudillos indígenas. Pero en cuanto a mujeres sólo hay una: Marina. Ella fue la única que estuvo en el epicentro de un movimiento que equivalió a un cataclismo que todo lo transformó. Más tarde aparecerán algunas pioneras españolas, como es el caso de Beatriz Hernández, quien tiene un monumento en la Plaza de los Fundadores de Guadalajara. Fue ella quien se plantó y dijo que allí, en el valle de Atemajac, debería asentarse la nueva ciudad que hasta ese momento había tenido tres asentamientos que no habían prosperado (Nochistlán, Tonalá y Tlacotán).

El primer levantamiento indígena de grandes proporciones ocurrió en 1541 –la guerra del Mixtón–, el cual fue aplastado por el virrey Mendoza con un puñado de españoles y un gran número de caciques indios que aportaron fuertes contingentes. Una guerra de indios contra indios que quizá por eso no ha recibido suficiente atención. [Pedro de Alvarado fue el español de más renombre muerto en esa acción. Y falleció a consecuencia de las heridas que le ocasionó un caballo que rodaba despeñado y lo arrastró consigo.] A la hora de la victoria los vencedores reclaman su recompensa y como botín de guerra reciben en calidad de esclavos a muchos de los vencidos, amén de otros privilegios, como usar espada y montar a caballo. Algunos hasta son ennoblecidos. De este modo, en lo concerniente a los «indios conquistadores», encontramos que también en México se concedió gran cantidad de ejecutorias de hidalguía a indios de raza pura: los hidalgos mexicanos. Se trata de otro capítulo de nuestra historia poco conocido, pero el caso es que existieron. El virrey Luis de Velasco (hijo) de un plumazo concedió cuatrocientas hidalguías. En la capitulación con la ciudad de Tlaxcala, para que cuatrocientas familias fuesen a poblar en zona peligrosa de indios chichimecas se estipuló:

> «1a. Que todos los yndios a que assi fuesen de la dicha ciudad y provincia de Tlaxcala, a poblar de nuevo con los dichos chichimecos, sean ellos y sus descendientes perpetuamente hidalgos, libres de todo tributo, pecho, alcabala, y servicio personal, y en ningún tiempo, ni por alguna razón, se les pueda pedir ni llevar cosa alguna de esto».[3]

Valga añadir, en este capítulo de indios conquistadores, que en el *Cedulario heráldico de conquistadores de la Nueva España* figuran los nombres de veintidós caciques ennoblecidos a los cuales les fue concedido escudo de armas, ello en el periodo que va de 1535 a 1588.[4] El archivo se encuentra incompleto, por lo que debieron de ser muchos más los ennoblecidos y los que ingresaron en la Orden. Ser indio de raza pura, pues, nunca fue impedimento para ingresar a una orden o ser ennoblecido con escudo de armas. De este modo vemos que en 1778 el Consejo de Indias dirigió una carta a los alcaldes ordinarios de La Habana amenazándolos con tomar represalias si volvían a tachar a los indios de mala raza. Y en la misma dirección va una real cédula del 25 de octubre de 1790 dirigida a la Audiencia de México, encargándole que cuidase de que en las informaciones sobre limpieza de sangre el indio no se incluyese entre las malas razas.[5]

El culto al Señor Santiago estuvo muy generalizado en los comienzos de la cristianización de la Nueva España, al grado de que estuvo a un paso de convertirse en el santo patrón de México. Pero, ¿en qué momento la Virgen de Guadalupe lo derribó del caballo? La tradición sostiene que la aparición guadalupana se produjo el 12 de diciembre de 1531, plasmándose su imagen en la tilma de Juan Diego que luego ven los ojos asombrados del obispo fray Juan de Zumárraga. Pero ocurre que éste guardó silencio al respecto. Viajó a España al año siguiente y no comentó el hecho con nadie. Volvió a México, no lo mencionó en sus escritos y luego murió sin haber hablado de él. Y lo mismo ocurrió con el obispo de Santo Domingo, don Sebastián Ramírez de Fuenleal, quien acababa de llegar a la ciudad investido con el cargo de presidente de la segunda Audiencia, el cual que detentó cerca de cinco años para terminar sus días en España como obispo de Cuenca. Otro que se encontraba en la ciudad fue don Vasco de Quiroga, entonces oidor de la Audiencia que más tarde ocupó la sede episcopal de Michoacán. Con éste suman tres los obispos que se encontraban en México por los días de la aparición y la pasan por alto. Y si abrimos el libro de Actas de Cabildo no encontramos ninguna alusión a la aparición milagrosa, ni por esas fechas ni en los años siguientes. El cuestionamiento sobre si ocurrió o no el milagro es otra cuestión, asunto de fe. Aquí lo único que hacemos es observar que en su día no se comentó el hecho. Vemos, por otro lado, que Bernardino Vázquez de Tapia, en su *Relación de méritos y servicios* es muy dado a hablar de hechos sobrenaturales, pues aparte de la aparición del apóstol en la batalla de Centla, menciona otras dos intervenciones de la Providencia: la epidemia de sarampión que mataba a los indios mientras que los españoles permanecían inmunes a ella; y que los capitanes indígenas que participaron en los combates en torno al Templo Mayor narraban años más tarde que una mujer de Castilla, muy linda y que resplandecía como el sol, les echaba puñados de tierra en los ojos y ellos, ante cosa tan extraña, se apartaban. Una aparición de la virgen que no es precisamente la de Guadalupe. Bien. Como su *Relación* la dirige al *Ilustrísimo señor*, y éste era el tratamiento que se daba al virrey don Antonio de Mendoza, quien llegó a México en 1535 y permaneció en el cargo hasta 1550, vemos que a los cuatro o más años de la fecha en que según la tradición piadosa habría ocurrido la aparición guadalupana, Santiago sigue siendo el santo de su devoción. Para la segunda mitad del siglo, el maestro Francisco Cervantes de Salazar se encuentra trabajando en el manuscrito de su *Crónica de la Nueva España*, y nos cuenta que el apóstol no sólo combatió en Centla, sino que también lo hizo en la lucha del Templo Mayor: «vestido de blanco, en un caballo asimismo blanco, el cual, con una espada desnuda en la mano, peleaba bravamente, sin poder ser herido, e que el caballo con la boca, pies y manos hacía tanto mal como el caballero con la espada».[6] Quien eso escribía era el cronista de la ciudad –primero en detentar el cargo– y no consigna que hubiesen ocurrido apariciones de la Virgen de Guadalupe. Santiago Apóstol sigue siendo hasta ese momento patrón de México, aunque sin reconocimiento oficial. Y la virgen sigue sin consolidarse. Así vemos que en 1556 fray Francisco de Bustamante, el provincial de los franciscanos, predicaba contra el culto guadalupano. Y que lo mismo haría veinte años más tarde fray Bernardino de Sahagún en su *Historia general de las cosas de la Nueva España.* Contra ella tenían el lugar: allí se había adorado a la Tonantzin, por lo que estos frailes estaban convencidos de que era a ella a quien en realidad se iba a adorar. Ese mismo año, 1556, cuando el padre Bustamante predicaba contra su culto, Chimalpain consignó por escrito: «También en este año se apareció nuestra madre Santa María de Guadalupe en el Tepeyácac».[7] Éste parece el momento en que el centro de la devoción comenzó a desplazarse del apóstol a la guadalupana. El 14 de febrero de 1561 el deán Alonso Chico de Molina y los miembros del Cabildo de la Catedral escribieron una carta al rey acusando al arzobispo Alonso de Montúfar. En ella apuntan:

> «y es el caso que media legua desta ciudad está una ermita que se dice de Nuestra Señora de Guadalupe en la cual por ser muy devota se hacen muchas limosnas que tiene juntos más de diez mil pesos y hay fama que los tiene el prelado y gasta en lo que quiere tomándolos de poder del mayordomo que él pone de su mano, sin que haya quien le pida cuenta dellos [...] suplicamos a vuestra alteza sea servido mandar que este Cabildo, juntamente con el prelado, ponga mayordomo y tome cuenta de sus dineros como se hace de los bienes

desta santa iglesia mayor y de otras iglesias y hospitales o de otra manera como más vuestra alteza fuere servido, de suerte que no se consuma este dinero y lo pierda la ermita de Nuestra Señora cuyo es».[8]

Ya se están peleando por las limosnas del cepillo de la Virgen, indicio de que el culto guadalupano comenzaba a extenderse. Fue por aquellos días cuando descabalgó al apóstol Santiago.

En Bernal, cuyo manuscrito se da por concluido en 1568, ya aparecen dos alusiones al Tepeyac como lugar de culto a la Virgen de Guadalupe: «mandó Cortés a Gonzalo de Sandoval que dejase aquello de Iztapalapa y fuese por tierra a poner cerco a otra calzada que va desde México a un pueblo que se dice Tepeaquilla, adonde ahora llaman Nuestra Señora de Guadalupe, donde hace y ha hecho muchos y santos milagros»; y «la santa iglesia de Nuestra Señora de Guadalupe, que está en lo de Tepeaquilla, adonde solía estar asentado el real de Gonzalo de Sandoval cuando ganamos a México; y miren los santos milagros que ha hecho y hace cada día».[9] Está visto que cuando Bernal escribía eso ya comenzaba a tener arraigo el culto a la Virgen de Guadalupe, aunque al parecer se trataba de un fenómeno localizado sólo en una iglesia.

Como prueba de la memoria que se conserva del apóstol conquistador está la acentuada devoción hacia él en comunidades de alta concentración de población indígena, aún en nuestros días. De este modo, en el municipio veracruzano de Tantoyuca llegada la tarde del 25 de julio sale a la calle la procesión llevando en un carretón al apóstol montado en su caballo blanco. La procesión se realiza en otras partes, sólo que en algunas se le lleva en carretón y en otras es transportado en andas. Puede darse por cierto que los participantes en ellas ignoran quiénes son los aplastados por los cascos del caballo; pero eso no importa, la devoción perdura. De aquí el gran número de poblaciones que al nombre indígena antepusieron el del apóstol,[10] los cuales suman al menos treinta y nueve, número que sirve para formarnos una idea del honor tan alto que en su día significó para los caciques ser admitidos en la Orden del Señor Santiago.

En Muñoz Camargo leemos:

«Los tlaxcaltecas, nuestros amigos, viéndose en el mayor aprieto de la guerra y matanza llamaban y apellidaban al apóstol Santiago, diciendo a grandes voces: "¡Santiago!"; y de allí les quedó que hoy en día hallándose en algún trabajo los de Tlaxcalla, llaman al Señor Santiago».[11]

Esto lo escribía en 1585, pues en la última página de su libro narra la llegada del virrey Álvaro Manríquez de Zúñiga ocurrida en ese año. Al parecer el culto guadalupano todavía no irrumpía con fuerza en Tlaxcala, pues en el libro no se detecta ninguna alusión a la Virgen de Guadalupe.

La muerte

El problema es fijar dónde y en qué circunstancias murió Marina, pues nada se conoce al respecto. Lo único que podemos hacer es movernos en el terreno de las conjeturas. Por principio de cuentas, de haber muerto en la ciudad de México lo probable es que hubiera sido sepultada en la iglesia de San Francisco, como era la costumbre en esos días. A los primeros españoles muertos en Coyoacán, desde su llegada y hasta 1524, se les sepultó en el llamado convento franciscano, junto a la casa de Cortés. Pero al mudarse éstos a la ciudad de México, varios de los restos de los que allá se encontraban enterrados fueron exhumados para ser enterrados en San Francisco. Un testigo narra cómo presenció la exhumación de Catalina Suárez Marcaida para ser trasladado su cuerpo a San Francisco, donde reposan olvidados bajo el piso, en algún lugar del presbiterio. En el caso de Malintzin, tratándose de una figura tan conocida, de habérsele sepultado allí, habría quedado memoria. Y no hay tal. Por eso la conjetura más viable es, como antes se apuntó, que murió fuera de la ciudad, siendo imposible saber dónde. Bernal, su mejor biógrafo, no nos lo dice. Y no parece que se deba a un descuido sino a que no pudo averiguar el dato. Veamos, éste se estableció en la región de Coatzacoalcos y fue regidor de la villa del Espíritu Santo, desde donde promovió en 1539 la información testimonial de méritos y servicios. En dos ocasiones, 1540 y 1550, viajó a España. Por los días en que era regidor se trasladó a la ciudad de México, donde tuvo oportunidad de presenciar un espectáculo inusual que hizo época. En 1538 llegó a México la nueva de que el emperador Carlos V y su cuñado, el rey Francisco I de Francia, habían sostenido un encuentro en Aigües Mortes donde concertaron una tregua (Carlos V sostuvo tres guerras con su cuñado y dos con Enrique II, el hijo de éste). Para celebrar tan fausto acontecimiento se celebraron en México grandes fiestas, de las cuales formaron parte unos torneos y dos banquetes, uno ofrecido por el virrey Mendoza y el otro por Cortés. Se trató de celebraciones extraordinarias, consignadas por Bernal, en las que participaron todos los miembros de la naciente sociedad novohispana. Entre ellos no aparece mencionado Jaramillo, indicio probable de que éste no se encontraba en la ciudad. Tampoco figura alusión alguna a ella, ya señalando que estuviera viva o ya que estuviera muerta. Más adelante, ya casi al final de su *Historia verdadera de la conquista*, a partir del capítulo CCV, Bernal comienza a evocar a sus compañeros, principiando por los capitanes, y como él sobrevivió a la inmensa mayoría, ya que, según su propio dicho, al momento de que escribía quedaban vivos únicamente cinco. Lo refiere de esta manera: «murió de su muerte», o sea por causas naturales; «murió en poder de indios»; «murió en el Perú». De este modo va señalando el fin de cada uno de los que recuerda; y al llegar a Jaramillo escribe: «Pasó un Juan Jaramillo, capitán que fue de un bergantín cuando estábamos sobre México; fue persona prominente; murió de su muerte».[1] Y eso es todo. Desconoce las circunstancias de su fallecimiento y también pasa por alto mencionar que casó en segundas nupcias con doña Beatriz de Andrada, hija del comendador Leonel de Cervantes. En todo caso, por tales razones se antoja como obligada por parte de Bernal alguna palabra acerca de la defunción de doña Marina. Y el inmenso vacío informativo que al respecto en él se advierte contrasta de manera notoria con otros casos, en lo que señala quién casó con quién, si enviudó y con quién volvió a casar. La ignorancia que aquí manifiesta nos conduce a una serie de reflexiones: la primera de ellas es que en 1526, al retorno de Las Hibueras, perdió todo contacto con ella; la segunda que en 1538, cuando reseñó los festejos, no hubo nadie que supiera darle referencias suyas, lo cual vendría a significar que para esas fechas era ya una figura caída en el olvido. Estamos pues frente a una omisión muy seria en el relato de Bernal, ya que al consignar la muerte de Jaramillo, ocurrida después de 1547, era obligado, por así decirlo, que se preguntase qué había sido de ella. Aunque por lo visto, allá en Guatemala, donde residía, nadie supo darle noticia.

¿Cuál pudo haber sido la causa del temprano fallecimiento de Marina? No existe la menor referencia. Así es que atribuirla a uno u otro motivo será especulación pura. Con todo, lo que sí podemos hacer es echar una ojeada al mapa y ver las inmensas caminatas y episodios en que participó esta mujer: el trayecto de la costa a Tenochtitlan, atravesando el malpaís, donde se morían de frío, hambre y sed; la noche que pasó helándose en la travesía entre los volcanes; las llegadas a Tenochtitlan y a Zempoala, cuando iban a enfrentar a Narváez; el regreso a Tenochtitlan; la huida de la Noche Triste, en la que salva la vida; Otumba; la llegada a Tlaxcala; el retorno, cuando pasan por Chalco, Texcoco, Huaxtepec, Jiutepec y Cuernavaca, de donde parte en marcha forzada a Xochimilco; la toma de Tenochtitlan; el viaje a Las Hibueras, pasando por Coatzacoalcos, Acala, Izancanac, selva del Petén, hasta Trujillo, en el Golfo de Honduras; el retorno por barco, dando a luz durante la travesía para desembarcar en Veracruz y luego marchar a México. Una gran andarina, pues, con una constitución robusta, pues todo lo que ella caminó –y manteniendo el paso durante las marchas forzadas– es evidencia de una salud de hierro. Por ello su temprana muerte, a los dos años del retorno de Las Hibueras, puede ser indicio de que la selva minó su salud. Porque hay que tener presente que todas esas grandes marchas las hizo a pie, ya que ningún cronista menciona que montara a caballo o fuese llevada en andas. En las numerosas viñetas que se hicieron de ella algunos años después de muerta, fundándose en las descripciones de quienes llegaron a conocerla, aparece siempre a pie, como una soldadera, caminando junto a Cortés, quien va montado. Habrán de pasar varios siglos para que se le represente a caballo. Ello ocurrió cuando Valentín Helguera, ese artista que tanto contribuyó a la cultura popular, se sacó del magín esa estampa que hizo época: en ella aparece recreada como una hermosa y sensual mujer que lánguidamente va en brazos de un Cortés que la lleva en el arzón de la silla. Hicieron época las obras de Helguera como ilustrador de almanaques (hoy comienza a revalorársele) que allá por los años cincuenta y sesenta del siglo XX eran infaltables en los hogares mexicanos. Y por aquello de que una imagen penetra más que un millón de palabras, este artista contribuyó en mucho a alimentar el mito de que existió un gran amor entre Cortés y La Malinche.

¿Pero cómo era el aspecto físico de esta mujer excepcional?, ¿que carácter y maneras poseía? Para tratar de hacer alguna luz sobre el tema nos asomaremos a las ilustraciones más antiguas que se conocen. En primer término las que aparecen en el *Códice florentino*, correspondientes al último tercio del siglo XVI; aunque por desgracia éstas casi nada aportan. Se trata de dibujos de mano muy torpe que no se aproximan a los personajes que pretenden representar, como es el caso de un Cortés con cara de mosquito que no guarda relación alguna con el que recogió Christoph Weiditz en la acuarela en que posó para él. Y están luego las ilustraciones que acompañan a la *Historia de las Indias de la Nueva España*, escrita por el dominico fray Diego Durán a comienzos de la segunda mitad del siglo XVI, de las cuales puede decirse que también son de muy pobre factura. En una de las viñetas aparece escrito «Marina» encima de la figura que la representa. Acerca de sus facciones, por el poco detalle, apenas alcanza a percibirse que se trata de una mujer madura, alta, robusta, de pelo largo que lleva suelto y rubio (sin duda el color es una licencia del dibujante). Con todo, lo que más llama la atención es su atuendo, pues viste enteramente a la española. Unas mangas largas que le cubren enteramente los brazos y bajo la larga saya, que le llega abajo de los tobillos, asoman los pies, calzados con un zapato español.

Disponemos, por otra parte, de la colección llamada *Lienzo de Tlaxcala*. Ésta consiste en ochenta láminas con ilustraciones a color, en las que se percibe al momento, por el tratamiento de la indumentaria, arreos de los caballos y otros detalles, que el artista anónimo que las ejecutó se encontraba bien informado. Sin embargo, presentan el inconveniente de que no se trata precisamente de las láminas originales, las cuales desaparecieron, siendo sustituidas por éstas, realizadas muchos años más tarde. Por tanto, queda la duda de que el artista se pudiera haber guiado por datos que le proporcionara alguien que llegó a conocerla. Las láminas que constituyen el *Lienzo* poseen una notable belleza, por lo que se reproducen con frecuencia para ilustrar publicaciones. Entre ellas nos detendremos a observar una en que los dignatarios de Tlatelolco comparecen ante Cortés y en medio, dominando la escena, aparece Marina. Se trata de la figura central, representada de mayor tamaño que los trece personajes en escena –Cortés incluido–. En cuanto a indumentaria, viste una prenda cuyas mangas le llegan hasta las muñecas y bajo ésta una falda hasta los tobillos asomando los pies calzados por unos zapatos claramente españoles. La edad es la de una matrona todavía joven, pero mujer ya hecha. Alta, robusta, tirando a regordeta. En cuanto a lo de regordeta no debe extrañarnos. Recordemos que era una esclava, seguramente alimentada con la dieta más pobre. Pero en cuanto los tiempos cambiaron y tuvo acceso a las exquisiteces que se servían en la mesa de Motecuhzoma, lo probable es que se haya puesto a comer a dos carrillos para desquitarse de las hambres atrasadas.[2]

Por otro lado existe una poco conocida colección de 156 grabados de autor desconocido que ilustraban el ejemplar de la *Historia de Tlaxcala* que Diego Muñoz Camargo, acompañado de otros comisionados tlaxcaltecas, entregó en Madrid en propia mano a Felipe II. La entrega fue entre 1580 y 1585, aunque Muñoz Camargo conservó el borrador y siguió trabajando en él. Adicionó lo que se le había quedado en el tintero. De ahí que en la edición que se sacó de prensa se encuentren registrados sucesos ocurridos en fecha posterior. La Marina que aparece en estos grabados guarda una gran semejanza con la del *Lienzo.* Algo que amerita destacarse es que en una de las láminas [el texto original se conoce como *Manuscrito de Glasgow*, por encontrarse en esa ciudad][3] aparece armada con escudo y macana, mientras que en las láminas 22 y 45 del *Lienzo* aparece embrazando una rodela española. No la imaginábamos de tal guisa. Aunque si consideramos que la española María de Estrada, durante la huida de la Noche Triste tuvo que abrirse paso a estocadas y Beatriz Bermúdez de Velasco también anduvo espada en mano durante los combates en la ciudad, no hay que descartar que Marina lo haya hecho a golpe de macana. Del *Manuscrito de Glasgow* es notable una de las láminas que reproduce el bautizo de los caciques tlaxcaltecas. En ella aparece Marina como figura central, acompañando a Cortés, quien sostiene una cruz. La presencia de la antigua esclava en primer plano resulta obligada, pues antes de mojarles la cabeza fray Juan Díaz exigía un conocimiento mínimo de la esencia del cristianismo, al menos para que supieran el significado del agua que les caía encima como parte del sacramento. Tal noción seguramente les había llegado por boca de ella, pues nadie más podía traducir al náhuatl lo dicho en español.

Y ahora que hablamos de bautizos es el momento apropiado para referirnos a la otra conquista de México: la espiritual. De tanto hablar de choques de espadas contra macanas tenemos centrada la atención en el aspecto militar, pero dejamos de lado el religioso, el que cambió la mentalidad de todos los grupos indígenas y les dio cohesión para integrarse en lo que vendría a ser, primero, la Nueva España, y más tarde México. En rigor, la conquista espiritual de México la inician fray Bartolomé de Olmedo y el padre Juan Díaz. Al menos, tal apreciación se da a primera vista. ¿Pero cómo trasmitían el mensaje evangélico? Con Jerónimo de Aguilar no se contaba, pues aparte de que no hablar náhuatl no se caracterizaba por su celo apostólico. Como ya vimos, pasó siete años en Yucatán y no dejó atrás una colonia cristiana. A lo que parece, no realizó una sola conversión. Dejando de lado la cruz plantada por Cortés en Tabasco, en Cozumel y en Santa María de la Victoria, localidades a las que nunca volvió, el comienzo de la prédica evangélica podría situarse en Zempoala, en el momento en que destruye los ídolos y convierte la pirámide en templo cristiano, seguido ello por algunos bautizos. La acción ocurrió en el periodo comprendido entre junio y los primeros días de agosto de 1519. La cristianización continúa después con la conversión de Tlaxcala, en primer lugar con el bautizo de los caciques ocurrido antes de la llegada de los franciscanos. Hubo una avanzada franciscana, la de los tres frailes flamencos: fray Juan Tecto, fray Juan de Ayora y fray Pedro de Gante, llegados en 1523. Pero éstos poco pudieron hacer por desconocer el idioma. Los dos primeros acompañaron a Cortés en el viaje a Las Hibueras y ya no volvieron a México, pues murieron ahogados en un naufragio. Quedó fray Pedro de Gante, pero en esa primera época estuvo dedicado a estudiar la lengua y no fue sino hasta aprenderla que comenzó su labor apostólica. Propiamente hablando, la conversión de los indios a escala masiva ocurre con posterioridad a 1524, en cuanto el grupo de los Doce aprende el náhuatl suficiente como para volcarse de lleno a la prédica. Esto nos lleva a entender que desde noviembre de 1519 –cuando Cortés, tras la captura de Motecuhzoma, derriba los ídolos, convierte el Templo Mayor en centro de culto cristiano y prohíbe los sacrificios humanos– hasta el día 15 de octubre de 1524 –la partida a Las Hibueras– el viejo culto está abrogado y la prohibición de los sacrificios humanos se mantiene en todas aquellos lugares controlados por los españoles; es decir: se vive un interinato de supresión de cultos. La vieja religión ha sido proscrita pero la nueva todavía no acaba de echar raíces por falta de misioneros que la enseñen. Y a pesar del vacío religioso que se vive, hay bautizos al por mayor. Entonces, ¿quién tenía a su cargo la mínima instrucción religiosa? La respuesta es obvia: durante esos cinco años Malintzin es la catequista indisputada de México. Los rudimentos de la fe penetraron a través de ella. Pero la jerarquía de la Iglesia católica ha preferido no darse por enterada, de la misma manera como ignora a varones seráficos como fray Pedro de Gante, fray Martín de Valencia y sus compañeros, quienes integraron el grupo de los Doce: los autores de la conquista espiritual, los que sentaron las bases para lo que hoy somos. Marina Jaramillo es la primera catequista de México.

Visto que por el lado de la iconografía no podemos avanzar más, pasamos a revisar los testimonios de aquellos que tuvieron trato directo con ella. Con Cortés ya vemos que no se cuenta. Una sola vez la menciona por nombre: «Marina, la que yo siempre conmigo he traído, porque allí me la habían dado con otras veinte mujeres». Andrés de Tapia, a pesar de lo mucho que la trató nunca menciona su nombre; cuando se refiere a ella lo hace así: «mandó decir Cortés con los intérpretes» o –cuando una mujer previene a Marina en Cholula acerca de la celada en su contra– «estando para nos partir, una india de esta ciudad de Cherula [Cholula], mujer de un principal de allí, dijo a la india que llevamos por intérprete». Bernardino Vázquez de Tapia, otro que la conoció desde el momento mismo en que la regalaron a Cortés, apunta lo siguiente: «y trajeron presentes y dieron la obediencia a Su Majestad; y en ciertas indias que dieron de presente, dieron una que sabía la lengua de la Nueva España y la de la tierra de Yucatán, adonde había estado Jerónimo de Aguilar, el español que dije; y después que se entendieron, fueron los intérpretes para todo lo que se hizo».[4] Eso es todo. No la menciona por nombre. De aquellos que únicamente la citan por su nombre, sin dar mayores informes, tenemos los testimonios de Francisco de Aguilar y

Jerónimo de Aguilar. A continuación vienen Diego de Ordaz, Alonso de Herrera y Bernal Díaz del Castillo, quienes además de aportar el dato adicional de su lugar de origen en la zona de Coatzacoalcos, señalan que era de estirpe de caciques. Y finalmente contamos con los testimonios de su hija María y de su nieto, Fernando Cortés, quien precisa que nació en Oluta. Existen otros autores que la presentan como mujer muy joven y hermosa, sin embargo, se trata de cronistas que escribieron muchos años después (en el caso de Muñoz Camargo, entre setenta y setenta y cinco después de fallecida; y en el de Francisco Javier Clavijero cuando habían transcurrido ya más de doscientos). Recordemos que Cervantes de Salazar, quien aunque no llegó a conocerla conversó con varios que sí la trataron, nos ha dicho que las veinte esclavas les fueron obsequiadas para que les hiciesen tortillas y no por sus atractivos físicos. Eso nos remite a Bernal, su máximo biógrafo. En este autor encontramos unas líneas que resultan muy esclarecedoras, referidas al episodio de la mujer que la previene de la celada que se preparaba en Cholula: «Y una india vieja, mujer de un cacique, como sabía el concierto y trama que tenían ordenado, vino secretamente a doña Marina, nuestra lengua; como la vio moza y de buen parecer y rica, le dijo y aconsejó que se fuese con ella [a] su casa si quería escapar la vida».[5] Y aquí, al considerar ese «buen parecer», el tema podría zanjarse diciendo que si no era precisamente una belleza tampoco estaría desprovista de atractivos. Ningún otro de quienes la trataron se ocupó de consignar el menor rasgo físico o de señalar su edad. Advertimos asimismo que Bernal se refiere a ella como «moza». Con todo, el término resulta impreciso, pues lo mismo indica que no era casada como que todavía era joven. ¿Y puede considerarse joven, según los criterios y promedios de vida de esa época, a una mujer que en marzo de 1519 andaba entre los veintiséis y veintiocho años (el término «buena moza» indica en España a una mujer de gran prestancia, que lo mismo puede ser una veinteañera que una entrada en la treintena). Por tanto, para 1523, año del probable nacimiento de su hijo don Martín, ella rondaba ya los treinta, si no es que ya los había rebasado, que es lo más probable. La forma en que Bernal alude a ella, anteponiéndole siempre el tratamiento respetuoso de «doña», diciendo que además de atrevida y desenfadada era una mujer «de mucho ser, que mandaba absolutamente entre los indios en toda la Nueva España», parece corresponder a una mujer ya formada. Una mandona, mujer de fuerte personalidad, a quien los años de esclavitud no lograron nulificar.[6]

En apoyo de la hipótesis de que no era precisamente una jovencita en el momento en que aparece en escena, podemos acudir a un método indirecto. En 1530, encontrándose Cortés en España, Nuño de Guzmán, quien en esos días fungía como presidente de la primera Audiencia, y trataba de reunir todas las pruebas posibles en contra de él, armó un proceso que no llegó a convencer a la Corona, ya que las irregularidades saltaban a la vista. Entre los varios testigos que depusieron, acusando a Cortés de toda clase de excesos sexuales en los días en que residía en Coyoacán figuraron el doctor Cristóbal de Ojeda, quien declaró que «oyó decir públicamente en esta Nueva España que [Cortés] se echaba con Marina, mujer de esta tierra e con una hija suya». En los mismos términos se expresan el bachiller Alonso Pérez, Andrés de Monjaraz y otros. Salta a la vista lo absurdo de tal acusación, pues los testigos se están refiriendo al periodo que va de la segunda mitad de 1521 a la primera de 1522, cuando es sabido que no tenía una hija adolescente. ¿Cómo, entonces pudo haberse formulado un cargo tan disparatado? Es evidente que algo debía haber detrás, pues de otra forma los escribanos no habrían consignado en el acta un cargo tan absurdo, que se habría venido abajo al hacerse público en el proceso. Por ello no resulta ocioso que tratemos de indagar cómo surgiría esa versión. Lo primero a tenerse en cuenta es que esas declaraciones se recogen cuando ella ya ha muerto y se remontan a los días inmediatamente posteriores a la toma de la ciudad, cuando los españoles se encontraban establecidos en Coyoacán y ella era una mujer altamente considerada, con varias doncellas a su servicio, por lo que no sería de extrañar que entre aquellas hubiese alguna que, por andar siempre en su compañía, para los no enterados pasase por hija suya. Quienes declaran parecen haber tenido un conocimiento distante de ella, pues a excepción de Jerónimo de Aguilar, ninguno otro parece estar enterado del nacimiento de don Martín, el hijo habido con Cortés. Más notable todavía es que todos (Aguilar incluido) ignoran tanto su matrimonio con Jaramillo como el hecho de que con él tuvo una hija. La recordaban sólo como la india intérprete y nada más. Si figura el cargo de que Cortés se acostaba con esa niña, ésta necesariamente no tendría menos de trece a catorce años, y por tanto, la madre debería estar cerca de los treinta. Ésa sería la edad que en 1521-1523 le calcularon quienes acusaban; si a esa estimación le restamos de dos a dos años y medio, tendríamos que cuando aparece como intérprete en el arenal de Chalchiuhcuecan andaría por los últimos veintes. En cuanto al equívoco de tomar por hija suya a esa jovencita, el propio Jerónimo de Aguilar se encarga de disiparlo en una declaración rendida el 5 de abril de 1529. En ella manifiesta tener cuarenta años, lo cual nos lleva a que tendría treinta en marzo de 1519 cuando fue rescatado en Cozumel, y veintitrés al arribar a Yucatán como náufrago; y para nuestra sorpresa, vemos que en episodios fundamentales se hace pasar como el intérprete que hablaba directamente con Motecuhzoma (¿en náhuatl?), haciéndola a ella de lado. Se advierte una clara intención por parte suya de restarle méritos, adjudicándoselos él. En una de las dos ocasiones en que la menciona es para decir que «oyó decir públicamente a muchas personas que se echó carnalmente [Cortés] con Marina la Lengua e hubo en ella un fijo e que así mismo se echó carnalmente con una sobrina suya, que no se acuerda como se llama, que cree que se llamaba doña Catalina».[7] Vemos aquí que sí existió esa jovencita; y también que, frente a lo que otros creían, no era hija suya, pero en relación con ella Marina tenía la edad suficiente como para pasar por su madre. En esta declaración destacan otros puntos que han de verse con detenimiento. Vemos que la sigue llamando Marina. ¿Y quién sino él para conocer cuál fue su nombre anterior al bautizo? Pero no nos lo dice, de manera que nos quedamos sin saberlo. A continuación tenemos ese «oyó decir» que, aparte de mostrar que habla de oídas, exhibe que ya se encontraba distanciado de Cortés desde mucho tiempo atrás, pues como recordamos, no participó en el viaje a Las Hibueras. Algo notable es que ni siquiera parece saber que estuvo casada con Jaramillo.[8] Por otro lado, esta declaración de Jerónimo de Aguilar echa por tierra la versión de los autores que han idealizado su figura y sin fundamento alguno la han querido hacer pasar por una jovencita (hay quien le ha querido rebajar su edad a quince años). Lo que parece fuera de toda duda es que cuando apareció en escena era ya una mujer hecha y derecha. Con todo, de su vida anterior nada se sabe. Se desconoce lo que dejó atrás: si existieron hijos que le fueron arrebatados para ser vendidos, así como si en los momentos en que la entregaron estaba con pareja. Los sentimientos de una esclava no contaban. Había pertenecido a quien, tal vez ya cansado de ella, la había cedido a los futuros conquistadores. Y no dudemos que historias semejantes sean las de sus diecinueve compañeras, sólo que ninguna de éstas consiguió sobresalir lo suficiente como para que su nombre pasara a la historia. Aunque por otro lado, tampoco el caso de la ex esclava es único: Teodora, de prostituta callejera llegó a emperatriz de Bizancio.

Acerca de la juventud de Malintzin nada se sabe. Lo único que puede establecerse con certeza es que pasó la mayor parte de su vida en Tabasco, en el área chontal, donde aprendió el maya, que llegó a manejar con soltura, aunque sin olvidar el náhuatl, su lengua materna. En consecuencia, debió haber nacido en otra región, quizá no muy distante. Eso es todo. Ya antes citamos el testimonio de Bernal, quien nos dijo que sus padres «eran señores y caciques de un pueblo que se dice Painala, y tenía otros pueblos sujetos a él, obra de ocho leguas de Guazacualco». La Painala que menciona ya no existe, pero queda en pie el dato de que se trataba de una localidad próxima a Coatzacoalcos, en lo que coincide con otros testigos. Y eso es lo que realmente importa: conocer el área para reconocer las diferencias dialectales del náhuatl hablado por ella. Quien vino a poner los puntos sobre las íes fue su nieto Fernando Cortés (hijo natural de Martín), quien en un memorial que presentó en Lima, y que veremos más adelante con mayor detalle, asentó: «Doña Marina Cortés [*sic*] india natural de los reynos de Nueva España, hija del señor de Oluta y Jaltipa, cerca de la villa de Guacacualco». De modo que si no nació en Oluta mismo fue en las inmediaciones, lo que concuerda con lo aseverado por Bernal, Diego de Ordaz y Alonso de Herrera, en el sentido de que era nativa de una localidad vecina a Coatzacoalcos. El dato nos es suficiente para conocer el náhuatl que ella debió hablar.

Después de tanto darle vueltas a la cuestión del origen de Malintzin nos encontramos de nuevo en el punto de partida. Nada se avanzó. Seguimos teniendo dos: la una de abolengo de caciques, regalada por su madre; y la otra mujer de pasado ignoto. Ambas tienen en común el nacimiento en el área de Coatzacoalcos (muy probablemente en Oluta). Así queda la cuestión: por una parte hija de caciques, por otra de padres desconocidos. Ante tal discrepancia, el lector puede optar por la versión que más le acomode; pero independientemente de ello, cualquiera que sea la válida, lo que realmente cuenta es que se trata de un personaje que, como espina, se encuentra clavada en el corazón del pueblo mexicano, al grado de que por así decirlo, viene a ser la abuela de México, quiérase o no, pues las cosas fueron como fueron y no como nos gustaría que hubieran ocurrido. Puede aceptársele o rechazársele, pero lo que no puede hacerse es ignorarla. Ella está en el nacimiento de México, para bien o para mal. Una mujer que se clavó en la Historia y que sin lugar a dudas es digna de figurar en la galería de las más destacadas que en el mundo han existido. En México tenemos dos: ella y Sor Juana; una representa al mundo indígena y la otra a la sociedad criolla. La talentosa monja jerónima es de aceptación universal, mientras que sobre la india intérprete el juicio de la Historia todavía no ha dicho la última palabra.

Pero un día, muchos años después de la muerte de Marina, el monte Matlalcueye amaneció un día bautizado con el nuevo nombre: «La Malinche», como si se tratara de un espontáneo esfuerzo de revisión histórica por medio del cual se buscara reivindicar la memoria de esta mujer. ¿En qué año se produjo el cambio de nombre? Fray Diego Durán, quien en 1570 redactó el tomo I de su *Libro de los ritos y ceremonias en las fiestas de los dioses y celebración de ellas*, apunta que al monte Matlalcueye los españoles le habían impuesto el nombre de doña Mencía, el cual, desde luego, no prosperó. En el *Códice florentino*, se lee: «Hay otro gran monte cerca de Tlaxcala que llaman Matlalcueye, quiere decir, mujer que tiene las naguas azules». Eso se escribió en 1576, según una referencia a ese año que aparece en la página siguiente. Por su parte, Diego Muñoz Camargo, el historiador de las antigüedades tlaxcaltecas, apunta: «desde encima de la Sierra Matlalcueye que llaman agora la Sierra de Tlaxcalla».[9] Y así llegamos a las postrimerías del siglo XVIII, en que arribó a la Nueva España un joven alférez llamado Diego de Panes, cartógrafo e ingeniero militar que realizó numerosos estudios y trazado de caminos. Uno de sus proyectos fue el Puente del Rey, llamado hoy Puente Nacional. Y en el mapa orográfico que confeccionó con este motivo, la montaña todavía aparece designada con el nombre de Matlalcueye. Años después, en 1839, llegó a México don Ángel Calderón de la Barca, primer representante diplomático español luego del reconocimiento de la Independencia, quien viajó acompañado de su esposa, la escocesa Frances Erskine Inglis, futura marquesa de Calderón de la Barca. Y ella, en sus cartas publicadas bajo el título de *Life in Mexico*, ya denomina a la montaña como La Malinche. Ello prueba que el cambio de nombre debió de haber ocurrido poco antes, de forma espontánea, pues no existe ningún decreto que se lo asigne. Ahora bien, lo tardío de esta mudanza opone un desmentido a cualquier intento de atribuirlo al hecho de que Marina pudiera encontrarse sepultada en las faldas de la montaña, como pretende una versión carente de fundamentos que no ha prosperado y vendría a ser, *mutatis mutandis*, una reedición de lo ocurrido en España con el Mulhacén, que pasó a llamarse así por haberse dado sepultura en sus laderas a Muley Hassán, penúltimo rey granadino.

Don Lucas Alamán, en sus *Disertaciones*, escribe lo siguiente en 1836: «Doña Marina por otra parte favoreció en todo a sus paisanos a quienes servía de medianera para con Cortés, y así logró adquirir grande influjo sobre ellos, y en su memoria se conserva en las tradiciones populares con el nombre de la Malinche».[10] Ésta es la primera ocasión en que quien esto escribe encuentra su nombre precedido por el artículo: La Malinche.

Su descendencia

De los dos hijos de La Malinche, don Martín es con mucho el más conocido, al grado de que a nivel general es mucha la gente que ignora que también tuvo una hija. El comendador don Martín Cortés no regresaría a México sino hasta 1562, junto con sus medios hermanos don Martín Cortés Arellano, el marqués, y don Luis Altamirano. Tenía entonces de treinta y nueve a cuarenta años y su formación era la de un aristócrata español, ya que se había formado en la Corte como paje del príncipe Felipe. A los diecisiete años acompañó a su padre en la accidentada expedición contra Argel, y a continuación sus andanzas se infieren de los movimientos del príncipe, a quien seguía por todas partes. Y como éste realizó un amplio recorrido por Italia, viajó a Flandes y estuvo más de un año en Inglaterra cuando casó con su tía, María Tudor, probablemente lo habrá seguido en sus desplazamientos, y ya siendo rey estuvo con él en lo de San Quintín (10 agosto de 1557), aunque sin tomar parte en la célebre batalla: Felipe II llegó un día después, cuando ya todo había terminado.

El paso por México de Martín Cortés Malinche es oscuro, de lo poco que se sabe es que se ocupaba de administrar los bienes de su hermano el segundo marqués del Valle, quien era un hijo de papá bueno para nada. Martín encontró muy mal ambiente, siendo hostilizado por don Francisco Velasco, hermano del virrey don Luis de Velasco (padre).

El último de julio de 1564 murió el virrey, sin que su desaparición significara el fin del hostigamiento por parte de sus familiares. Unos meses después, el 14 de septiembre de 1564 su hermano el marqués escribió al rey solicitando para él el cargo de alguacil mayor de la audiencia de México. No obstante tratarse de un empleo modesto, en el Consejo de Indias se limitaron a poner la anotación: «Vista y que cuando el caso se ofreciere se tendrá cuenta con él».[1] De nada le valieron los años que sirvió como paje del príncipe Felipe, y la participación que tuvo con Carlos V en la campaña de Alemania. Nos sorprende que Martín, quien se había educado en la Corte, donde creció al lado del futuro Felipe II, y que habiendo alternado con tantos poderosos no se haya dirigido a ellos de manera directa.

En 1566 se vio involucrado en la llamada conjura de su hermano don Martín, y fue sometido a tormento; aunque como comendador que era exigió la presencia de miembros de la Orden y otras dignidades (su hermano Martín, el principal inculpado, escapó de ser atormentado; en cambio, quienes corrieron con la peor suerte fueron los hermanos González de Ávila, cuyas cabezas rodaron bajo el hacha del verdugo). Acerca del clima de terror instaurado por don Francisco Velasco y sus adláteres, Juan Suárez de Peralta nos ha dejado el testimonio siguiente:

> «Dábanse a prisa estos señores, que a mañana y a tarde no hacían sino dar tormentos y prender, y enviar toda la tierra por indiciados y traerlos. Era una de las más espantosas cosas que han sucedido en las Indias, porque ninguno estaba seguro sino pensando que ya lo llevaban y le daban tormentos, que los dieron a todos los caballeros presos; y al hermano del marqués, que era caballero del hábito del señor Santiago, como a los demás tendieron en el burro y le desnudaron y descoyuntaron. Había alabarderos que guardaban las casas reales, que no pasasen por las calles, por los gritos que daban aquellos caballeros en los tormentos, que era una lástima, la mayor de la tierra.»[2]

En 1568 los tres hermanos retornaron a España para ya nunca volver a México. Don Martín casó con doña Bernardina de Porres, teniendo una hija llamada doña Ana Cortés.

Don Juan de Austria, quien tenía en alta estima a don Martín, le confió un mando en la campaña emprendida contra los moriscos en la Sierra de la Alpujarra, donde fue herido por un tiro de arcabuz. Se le trasladó a Granada, donde murió a los pocos días. Allí está enterrado en alguna iglesia, ignorándose dónde está su tumba. A poco de morir nació don Fernando Cortés, un hijo ilégitimo habido con una señora de Logroño, con quien pudo haberse casado según nos dice el cronista Dorantes de Carranza, pues ya era viudo y la dama no desmerecía por su condición social. Este hijo póstumo fue alférez en Milán y Portugal, maestre de campo en el Perú, y en 1592 en Lima, redactó una probanza de méritos de su padre y abuelos:

> «Información y documentos de don Fernando Cortés hijo de don Martín, y nieto de don Hernando Cortés y doña Marina Cortés india natural de la Nueva España hija del rey y cacique de las provincias de Oluta y Jaltipa que fue la primera que en aquellos dominios recibió el Santo Bautismo y la que sirvió de intérprete en toda la conquista de Nueva España. Pide en consideración de los servicios de sus abuelos y padres se le den $20,000 pesos de renta o un empleo de Justicia. Lima 25 de Enero.» [Ver Apéndices.]

Si hacemos de lado ese doña Marina Cortés, cuyo apellido no correspondió a su abuela por no haber estado casada con Cortés, vemos que se está refiriendo a Oluta (Olutla) como el lugar de nacimiento de ella, lo cual podría darse como válido. Y si no fue exactamente allí, sería en un caserío vecino; después de todo, tampoco tiene demasiada importancia saber con precisión el sitio exacto, pues basta con conocer el área de donde provenía para establecer cuál era su lengua materna, que es lo que verdaderamente importa. Este don Fernando como hijo póstumo todo lo que cuenta se lo habrá escuchado referir a su madre, de quien por cierto ignoramos el nombre. Hacia 1585 casó en Quito pasando a México en 1590, y fue alcalde mayor de La Antigua. Su hijo Hernando fue corregidor y notario real de Coyoacán, y de la progenie de este último proviene una de las dos ramas mexicanas de descendientes de La Malinche. [El conocido historiador e investigador don Federico Gómez de Orozco aseveraba descender de esta rama, aunque no acreditó debidamente su pretensión.]

La otra rama mexicana arranca de doña María Jaramillo Malintzin, quien casó con don Luis de Quesada. Tuvieron dos hijos: Pedro de Quesada y Francisca de Mendoza. Luis de Quesada puso pleito a su suegro Jaramillo porque éste, contraviniendo lo señalado por la ley, en su testamento dejaba una porción mayor de la encomienda de Jilotepec a doña Beatriz de Andrada, su segunda esposa, hija del comendador Leonel de Cervantes. El contencioso se resolvería más tarde por un acuerdo al que llegaron Quesada y la Andrada, por el cual se dividieron la encomienda a partes iguales; lo probable es que de niña doña María haya crecido al cuidado de su madrastra, la cual no tuvo hijos. En el caso de que haya sido así, no parece profesar mucho afecto por doña Beatriz, como lo pone de manifiesto el pleito que, muerto su padre, ella y su marido pusieron a ella impugnando el testamento.[3]

La línea española de la familia proviene de doña Ana María Cortés de Porres, la hija legítima de don Martín, quien casó en España y tuvo dos hijos: don Juan Cortés y doña Ana María de Hermosilla y Cortés. Don Juan viajó a México acompañado por don Pedro Cortés, IV marqués del Valle. Ambos murieron sin descendencia. Quedó en España su hermana doña Ana María, cuya numerosa descendencia se encuentra entroncada con los estratos altos de la sociedad española. Muy grande ha sido la descendencia de Malintzin a ambos lados del océano.

En el pliego petitorio Fernando Cortés manifiesta que su padre don Martín además de comendador fue *trece* de la Orden. Esto último amerita que se explique para que se comprenda su significado. La Orden de Santiago era gobernada por un maestre a quien asistían trece miembros (algo así como la junta de gobierno), y por encima del maestre sólo estaba el rey. La orden venía a ser como un Estado dentro de otro Estado, de allí la gran importancia que revestía. En 1476, a la muerte del maestre, Isabel la Católica cabalgó durante tres días para llegar a tiempo al castillo de Uclés donde se encontraban reunidos los caballeros de la orden para elegir al sucesor. La reina intervino logrando que el nombramiento recayera en su esposo Fernando. Y más tarde, cuando fallecieron los maestres de Calatrava y Alcántara, de igual manera éste asumió el maestrazgo, logrando así tener el control de las tres órdenes. Más tarde una bula pontificia las incorporaría a la Corona. En lo sucesivo sólo el rey podría armar caballeros; de manera que Martín, como *trece* que era, sólo tenía por encima al monarca. Una distinción inmensa, lo cual muestra un ascenso social vertiginoso, explicable por el aprecio en que lo tenía don Juan de Austria y lo cercano que se encontraba a Felipe II. Dadas estas relaciones, si no hubiera muerto en esa acción en la Alpujarra lo probable es que un par de años más tarde lo hubiésemos visto en Lepanto mandando una galera.

Apéndices

«Probanza Diego Ordaz y Alonso de Herrera. Expediente de Martín Cortés, niño de siete años, hijo de Hernán Cortés y de la india doña Marina. Toledo, 19 julio 1529.

»Diego de Ordás, vecino de la ciudad de méxico, que es en la nueva españa, testigo tomado para la dicha información, aviendo jurado en forma de derecho é seyendo preguntado por las preguntas del interrogatorio, dixo lo siguiente.

»A la primera pregunta dixo que conoce al dicho don martín cortés, que será de hedad de seys ó siete años; el qual es avido é tenido é comúnmente Reputado por hijo del dicho don hernando cortés y de *doña marina que es yndia de naçión de yndios é natural de la provincia de guaçacalco* [Coatzacoalcos], que es en la dicha nueva españa; á la qual este testigo conoçe de nueve ó diez años a esta parte; que yendo a descubrir tierra en la dicha nueva España, la dieron al dicho governador unas personas principales de la dicha provincia en el río de Grijalva; é que la dicha doña marina, después acá que este testigo la conoçe, es avida é tenida por persona principal; é que ha visto á personas principales de la dicha provincia de guaçacalco acatar e tener a la dicha doña marina por persona muy onrada é principal é de muy buena casta é generación; é sabe que *al presente está casada con un español, que se llama xaramillo,* persona onrrada, é que esto sabe deste caso para el juramento que hizo é firmolo de su nombre: diego de ordás.

»Alonso de Herrera, vecino de la çibdad de méxico, que es en la nueva España, testigo Recibido para la dicha información, aviendo jurado en forma de derecho, e seyendo preguntado por las preguntas del interrogatorio, dixo lo siguiente.

»A la primera pregunta dixo que conoce al dicho Don Martín cortés é que será de hedad de seys ó siete años; é ques público e notorio que es hijo del marqués don hernando cortés é de doña marina *yndia de nación de yndios*; é que este testigo por tal lo tiene, é que conoce á la dicha doña marina de diez años á esta parte, poco más o menos, la qual es natural de la provincia de guaçacalco; é que yendo á descubrir tierra en la dicha nueva españa, llegaron al Río de g[r]ijalva; é ciertas personas principales de un lugar que se dize potonchán, que está en el dicho Río, dieron al dicho gobernador la dicha doña marina; é que en todo el tiempo que este testigo la a conosçido, a visto que a sydo avida é tenida por las personas principales de la dicha nueva españa en mucho, que ha visto que le hazían mucha onrra e buen tratamiento, como á persona principal; é que tal posesión ha sido avida é tenida como dicho tiene; e que sabe que la dicha doña marina al presente *está casada con un español que se llama xaramillo,* persona onrrada; é que la dicha doña marina en su manera e parescer pareçe de buena casta é generación de yndios; é que esto sabe deste caso para el juramento que hizo. É firmólo de su nombre: Al°. de Herrera.» (*Boletín de la Real Academia de la Historia*, t. XXI, Madrid, 1892, pp. 201-202).

Siendo Ordaz uno de los personajes destacados en el ejército, no está por demás decir unas palabras acerca de él, para subrayar el valor que conlleva su declaración ya que se trata de uno que conocía perfectamente a Marina lo mismo que a su hijo.

Por principio de cuentas sólo hay que destacar aquí que falta a la verdad cuando afirma que vio el acato en que ella era tenida por los de Coatzacoalcos, ya que no pudo verlo por no haberse hallado presente, puesto que no participó en el viaje a Las Hibueras.

Está claro que eso lo ha declarado para complacer a Cortés quien, a no dudarlo, en esos momentos se encontraría a su lado. Su testimonio viene a constituir la pieza clave que, de entre todas las disponibles, es la que nos permite acercarnos con mayor aproximación a la edad del niño, y contribuye a establecer los últimos meses en que Malintzin se encontró con vida.

Ordaz se incorporó a la expedición desde el primer momento en que Cortés realizó los preparativos para zarpar, por lo que presenció el momento en que los de Tabasco le obsequiaron las veinte esclavas.

«Doña Marina

»E de dicho Juan de Limpias, testigo presentando en la dicha razón, el cual habiendo jurado según forma de derecho e siendo preguntado por el tenor del dicho interrogatorio, dijo e depuso lo siguiente:

»A la primera pregunta dijo que conoce e conoció a todos los contenidos en la pregunta, y que es de edad de más de treinta años.

»A la segunda pregunta dijo que sabe que el dicho Juan Jaramillo e la dicha doña Marina fueron casados e los conoció casados, y se halló este testigo en a su velación; y durante su matrimonio [estando] en las guerras, en la mar parió la dicha doña Marina una hija que dicen al presente ser la dicha doña María, y que este testigo por tal la tiene.

»A la tercera pregunta dijo que le vido servir de los dichos pueblos antes que se casase con el dicho Juan Jaramillo por que antes que fuesen suyos, eran de Juan de [Cuellar], y el marqués [del Valle] se los quitó e oyó decir que se los había dado a la dicha Marina, y este testigo por tales, suyos los tenía; lo que si tenía cédula o no, que no la vido.

»A la cuarta pregunta dijo que oyó decir lo conocido en la pregunta.

»A la quinta pregunta dijo que sabe que sirvió de lengua en la dicha conquista, e que por ella se Guiaban todos los y que fue grande parte por la conquista de esta tierra

»A la seis pregunta dijo que dice lo que dicho tiene, e le vido servir muy bien.

Archivo General de Indias, Patronato, 56, N.3, R.4/1/105.

»A la séptima pregunta dijo que lo que de ella sabe es que muchas veces pedía bastimentos e se le daban e se repartían por el ejército.

»A la octava pregunta dijo que lo que sabe de ella es que el dicho gobernador e capitán don Hernando Cortés por todas las muchas partes que iba la llevó consigo, y oyó decir en los tiempos que daba muchos avisos al dicho gobernador, e que según de lo que se pareció e vido, el capitán había grande provecho de llevarla consigo, y que este testigo y los demás la tenían por muy zagas para ser mujer.

»A la nueve preguntas dijo que dice lo que dicho tiene.

»A las diez preguntas dijo que sabe que fue la dicha doña Marina a las guerras y el dicho Juan Jaramillo a las guerras, y que los gobernadores que quedaron depositaron el dicho pueblo en cierta provincia y que esto es lo que sabe.

*Documentos publicados gracias a la generosa colaboración del AGI; trabajo paleográfico de Irma Cadena del Valle.

Señor

Don Fernando Cortés hijo de don Martín Cortés Caballero y Trece de la orden de Santiago gentilhombre de la boca de la Majestad Católica del Rey don Phelipe segundo dice quel es nieto de don Henan Cortés primero marqués de el Valle cuyos servicios fueron tan señalados en la Nueva España a Vuestra Real Corona y a la del emperador Carlos quinto vuestro aguelo de gloriosa memoria y anssi mismo es nieto de doña Marina Cortés yndia natural de los reynos de Nueva España, hija del señor y cacique de las provincias de Oluta y Jaltipa cerca de la Villa de Guacacuarco [Coatzacoalcos] y la que primero en aquellas partes recibió el agua del santo bautismo la quel a su majestad católica y al dicho marqués del Valle su aguelo en vuestro real nombre de fiel ynterprete en toda la conquista de los reynos de Nueva España como es notorio y mediante la dicha su aguela y su gran fidelidad y verdad que siempre trato a su persona y a la del dicho marques en vuestro real nombre tuvo efecto la dicha conquista y los dichos conquistadores seguras las vidas para acabar y dar fin a la dicha inpresa comensada en vuestro real servicio y de los señalados servicios que la dicha su abuela hizo a su real corona demás de haberse hecho con ella todos los parlamentos quel dicho marques hizo en vuestro real nombre desde que surgió en el puerto de San Juan de Olua a todos los caciques de aquellas partes y señorio de Tascala y a Motezuma como supremo señor de aquellos reynos y ansimismo avisó al dicho marques de cierta traicion que

AGI, Patronato, 17, R.13/2/1-5.

Motezuma le tenía hecha con muchos millares de yndios de guerra puestos en celada secreto en la ciudad de Cholula para matarle con los demás soldados donde sin duda aquel dia acavaran todos sino fuera por la dicha su agüela y quando Motezuma fue preso por el dicho marques en la gran ciudad de México donde tenia su casa y corte con la dicha doña Marina su abuela se le hizo aquel gran parlamento presentes todos los caciques señores de sus Reynos y provincias para que dejasen sus ydolos y adorasen a un solo Dios hacedor de todo lo criado y tambien les supo hablar la dicha su abuela en su lengua mexicana como natural de aquellas partes que no tan solamente el dicho Motezuma dejo los ydolos pero se entregó por basallo de vuestra Real persona hizo dejacion de todos sus reynos y señorios de que hizo instrumento publico por el escribano Real de aquel sitio en memoria de tan señalado servicio hecho por los dichos sus abuelos y después que México gano que fue año de quinientos y veinte y uno a treze de agosto el dicho marqués por habersele alzado un capitan de los suyos contra Vuestra Real persona en las provincias de Honduras a donde se le avia embiado determino yr en persona a castigarlo como fue y en el dicho viaje conquisto las provincias de guacacualco chiapas y zapotecas y mistecas y hasta Honduras donde poblo la ciudad de trùxillo puerto de caballos y otros lugares y en la dicha jornada fue sirviendo la dicha su abuela a Vuestra Real persona de fiel ynterprete pues es notoria cossa que sin ella ninguna jornada pudiera tenr efeto y para seguridad de los españoles que el dicho marques dejava en México y suya y los que yban llevo consigo a la dicha jornada siete Reyes Señores de las mas parte de la Nueva España basallos de Mortezuma y como mas principal persona que los rreferidos llevò entre ellos un sobrino de Motezuma Rey de Tezcoco llamado Cuatemos [Cuauhtémoc] que por muerte de Motezuma fue después Rey de Mexico y el se que levanto en contra Vuestro Real servicio y lo defendio contra vuestra Real persona con doscientos mil yndios y contra el dicho marques Vuestro Capìtan General de trato con los yndios que quedavan en México que para dia y ora que el les avissase matassen todos los españoles que quedavan en Mexico que el haria lo mismo de el dicho marques y demas soldados que con el yban y estando el hecho determinado entre los siete Reyes y veinte mil yndios que yban con el dicho marques y antes que llegase el dia en que la traicion habia de ser ejecutada uno de aquellos siete Reyes teniendo lastima de la dicha doña Marina como natural de aquella tierra le dio cuenta de todo y como tenian determinado matar a el dicho marques y demas españoles que yban con el le havisaba para que con tiempo los dejase y se fuese donde el estava y haviendole agradecido el havisso la dicha doña Marina mi abuela, se despidio de él y le dio cuenta de el caso al dicho marques y fueron presos el rey de Mexico con otros seis reyes que yban con el y confessada la traición el dicho marques hizo dar garrote a el dicho rey de Mexico y otros cuatro de los mas culpados con que el exercito quedo quieto y pacifico hasta que el dicho marques volvió a Mexico el año de quinientos y veinte y seis y aunque la dicha doña Marina como mas principal conquistadora y que en ella y el dicho marques su abuelo havían estado la ganancia de aquellos reynos se le dio repartimiento de yndios no fue recompensada como sus servicios merecian pues de ello resultó tanto bien a el servicio de Dios Nuestro Señor por tantas almas que se han salvado y salvado cada dia recibiendo el agua de el santo bautismo anssi niños como grandes demas de los grandes tesoros que por su causa se aumentaron a la real Corona de el emperador Carlos vuestro aguelo de gloriosa memoria y a la majestad católica del rey don Phelipe vuestro padre y vuestra rreal persona y se le siguen cada dia para dendelante por lo qual el dicho marques y la dicha doña Marina su abuela descendientes y sucesores merecen por sus servicios muy grandes y señaladas mercedes que últimamente por lo quel dicho Don Martin Cortes su padre sirvio a la Real persona en toda la jornada de Alemania quel emperador Don Carlos vuestro aguelo hizo y en jornada de Piamonte y Lombardia, y toma Dessan que [estaba] cerca de la majestad Católica del rey don Felipe vuestro padre, como criado de esa casa y en la guerra de Granada, de capitán y cabo de un tercio cerca de la persona del señor don Juan de Austria, donde murió dejando al dicho don Fernando Cortés su hijo muy pobre por haber gastado el dicho su padre en vuestro Real servicio su patrimonio y hacienda, y así mismo por lo que el dicho don Fernando Cortés ha servido a vuestra Real persona más tiempo de doce años en Italia, cerca de la persona del señor don Juan de Austria y después alférez en todas las jornadas de Portugal hasta que se gane Lisboa, por lo cual vuestra majestad le hizo merced de diez escudos de ventaja al mes, de más de su plaza ordinaria en estado de Milán donde tornó a servir a vuestra Real persona de alférez más tiempo de tres años de una de las compañías de aquel tercio, y habiendo venido a España el año de ochenta y cinco, con licencia de vuestro Real Consejo de las Indias pasó al Perú a negocios que se ofrecieron en la ciudad de San Francisco de el Quito donde se casó, y vuestro Real Consejo le hizo merced de una plaza de gentil hombre de la compañía de lanzas de la guardia de vuestro Visorrey del Perú, con otra cédula para que fuese entretenido en los oficios y cargos de aquel reino como pareció en los traslados que presenta, y estando en la dicha ciudad de El Quito el año ochenta y ocho, entró en aquel Mar del Sur un corsario inglés con cuatrocientos de armada haciendo mucho daño en aquella costa, y entendido por vuestro Visorrey del Perú conde del Villar, envió a mandar a vuestra Audiencia Real del El Quito, hiciese seiscientos soldados y los enviase con sus capitanes y oficiales a guardar la ciudad y pueblo de Santiago de Guayaquil, puerto importante en aquel reino, por labrarse en él todas las naos y flotas que navegan aquella mar, y el dicho don Fernando sirvió en la dicha jornada de maestre de campo de toda aquella infantería y la de la ciudad, siendo nombrado para ello por vuestro Presidente y Oidores de la dicha Audiencia en que gastó más de cuatro mil pesos en vuestro Real servicio, sustentando muchos soldados a su costa que servían a vuestra Real persona como parece por la información que presenta, por ser en aquel puerto los bastimentos muy caros y en entrar todos de fuera de muy lejas partes, y acabada la dicha jornada acudió a vuestro Visorrey marqués de Cañete le hiciese merced por lo que había servido, y no haciéndole ninguna con su licencia, se vino a la Nueva España con su mujer y casa, y en ella ha estado sirviendo a vuestra Real persona en oficios de justicia, y al presente de Alcalde Mayor de la antigua ciudad de Veracruz y su partido, siendo asi mismo, Corregidor de los pueblos, puerto y río de Alvarado, y Corregidor de los puertos de Almería, y Capitán y Cabo de toda la dicha gente de su jurisdicción, por vuestro Visorrey conde de Monterry y por su mandato recibió a vuestro visorrey marqués de Montesclaros en la Nueva ciudad de Veracruz con todo el regimiento, siendo justicia mayor en aquella ciudad todo el tiempo que vuestro visorrey estuvo en ella hasta que salió para México como caballero y persona de tal calidad, y quedando la dicha ciudad sin justicia, el dicho cabildo le nombró su justicia mayor, y fue llamado por la dicha ciudad para que la administrase en ella, como parece por en el traslado de su carta.que presenta, lo cual el dicho don Fernando no aceptó sin licencia de vuestro Visorrey, de que daba gracias por ello por los cuales servicios de que arriba ha hecho mención.

Pide y suplica a vuestro Alcalde, que teniendo considración a los servicios de sus abuelos y padre, y lo mucho que en servicio de vuestra Real persona hicieron en la conquista de Nueva España y en particular la dicha doña María su abuela, y atento a ser pobre y casado y con hijos, y que no los puede sustentar conforme a la calidad de su persona, vuestra majestad hispanísima le haga merced de mandarle dar en tributos de indios, los primeros que fuesen vacando doce mil pesos de renta, y el gobierno de [sic] o de Popayán o Corregimiento de Potosí, o Alcalde Mayor de la Nueva Ciudad de la Veracruz con la jurisdicción de la Antigua Veracruz, para que pueda continuar los dichos servicios que recibirá merced, o en otro oficio de justicia conforme a su calidad.

E otro sí, en el entretanto que vuestra majestad le hace esta merced suplica a vuestra majestad le mande dar su Real cédula para que el marqués de Montesclaros virrey de la Nueva España ocupe su persona en oficios y cargos de justicia conforme a su calidad [juez] y parte y lo mismo a sus hijos que ha merced la Cámara que se oye en Valladolid, 29 de enero 1606.

[firma] Licenciado Fernández de Castro

don Fernando Cortés de Monroy

Fray Francisco de Aguilar

Este antiguo conquistador, quien ingresó más tarde como fraile dominico, conoció a Marina desde el momento mismo en que la dieron a Cortés en Tabasco y lo que nos dice se resume así:

> «Luego otro día vinieron de paz [los de Tabasco] y se dieron por vasallos del emperador, y trajeron bastimentos y comida con que los españoles se holgaron y regocijaron, y así mismo trajeron un presente de mantas y ocho [sic] mujeres por esclavas, y entre ellas una que se llamó Marina, a la cual después pusieron Malinche, la cual sabía lengua mexicana y entendía la lengua del dicho Aguilar que habíamos tomado en la costa, porque había estado cautivo seis o siete años, de lo cual se recibió muy mucha alegría y contento en todo el real». (p. 67)

Eso es todo. Desconoce su lugar de origen, ignora que tuvo un hijo con Cortés, que casó con Jaramillo, y que tuvo una hija con éste. Acerca de su muerte no dice una palabra.

Francisco López de Gómara

> «Todo esto se había hecho sin lengua, porque Jerónimo de Aguilar no entendía a estos indios, que eran de otro lenguaje muy diferente del que él sabía; por lo cual Cortés estaba preocupado y triste, por faltarle faraute para entenderse con aquel gobernador y saber las cosas de aquella tierra; pero después

salió de aquella preocupación, porque una de aquellas veinte mujeres que le dieron en Potonchan hablaba con los de aquel gobernador y los entendía muy bien, como a hombres de su propia lengua; y así que Cortés la tomó aparte con Aguilar, y le prometió más que libertad si le trataba verdad entre él y aquellos de su tierra, puesto que los entendía, y él la quería tener por su faraute y secretaria. Tras esto le preguntó quién era y de dónde. Marina, que así se llamaba después de cristiana, dijo que era de cerca de Jalisco, de un lugar llamado Viluta [¿Oluta?], hija de padres ricos y parientes del señor de aquella tierra; y que cuando era muchacha la habían robado algunos mercaderes en tiempo de guerra, y llevado a vender a la feria de Xicalanco, que es en un gran pueblo sobre Coazacualco, no muy lejos de Tabasco; y de allí había llegado a poder del señor de Potonchan. Esta Marina y sus compañeras fueron los primeros cristianos bautizados de toda la nueva España, y ella sola, con Aguilar, el verdadero intérprete entre los nuestros y los de aquella tierra.» (t. II, pp. 54-55).

Francisco Cervantes de Salazar

«Con estas palabras se despidieron muy graciosamente de Cortés [los caciques de Tabasco], y en llegando a sus casas le enviaron nuevo refresco y con él doce o trece indias para que hiciesen tortillas, entre las cuales vino una que después, bautizándola, llamaron Marina, y los indios Malinche. Esta sabía la lengua mexicana y la de aquella tierra, por lo cual, como adelante diré, fue muy provechosa en la conquista de la Nueva España.» Capítulo XXXVI.- Como Marina vino a poder de los nuestros y de quién fue.

»Ya que Dios, para la conversación y bien de tantos infieles, había proveído de Aguilar, quiso que entre las esclavas que estos señores enviaron fuese una Marina, cuya lengua fue en gran manera para tan importante negocio necesario; y pues se debe della en esta historia hacer notable mención, diré quién fue, aunque en esto hay dos opiniones: la una, es que era de la tierra de México, hija de padres esclavos, y comprada por ciertos mercaderes, fue vendida en aquella tierra; la otra y más verdadera es que fue hija de un principal que era señor de un pueblo que se decía Totiquipaque y de una esclava suya, y que siendo niña, de casa de su padre la habían hurtado y llevado de mano en mano [a] aquella tierra donde Cortés la halló. Sabía la lengua de toda aquella provincia y la de México, por lo cual fue tan provechosa como tengo dicho, porque en toda la jornada sirvió de lengua, desta manera: que el General hablaba a Aguilar y el Aguilar a la india y la india a los indios. Repartió Cortés estas esclavas entre sus Capitanes para el servicio dellos, y cupo Marina a Puertocarrero. Esta india se aficionó en tanta manera a los nuestros, o por el buen tratamiento que le hacían, visto cuánto convenía regalarla, o porque ella de su natural inclinación los amaba, alumbrada por Dios para no hacerles traición, que aunque muchas veces fue persuadida, unas veces por amenazas y otras por promesas de muchos señores indios, para que dixese unas cosas por otras, o diese orden cómo los nuestros parseciesen [sic, debe decir pereciesen], nunca lo quiso hacer, antes, de todo lo que en secreto le decían, daba parte al General y a otros Capitanes, y así los hacía siempre vivir recatados. Casóse después esta india, en la prosecución de la conquista con Joan Xaramillo, conquistador y hombre que en la guerra sirvió valientemente.» (*Crónica de la Nueva España*, t. I, lib. II. caps. XXXV-XXXVI, pp. 203-204).

Hasta aquí lo que dice este cronista que llegó a México hacia 1550 cuando habían transcurrido unos veintitrés años de la muerta de ella. Este autor alcanzó a tratar a medio centenar de antiguos conquistadores, varios de los cuales le facilitaron las relaciones que habían escrito; hombre de gran cultura, tuvo a su cargo pronunciar el discurso inaugural de la Real y Pontificia Universidad, a la cual siempre permaneció ligado, impartiendo la clase de retórica y llegando a ocupar el cargo de rector. Muy escueta la biografía, y como se advierte, desconoce las circunstancias en torno a su muerte y parece ignorar que tuvo un hijo de Cortés.

Fray Bartolomé de las Casas

«Hallóse una india [que después se llamó Marina y los indios la llamaban Malinche], de las 20 que presentaron a Cortés en la provincia de Tabasco, que sabía la lengua mexicana, porque había sido, según dijo ella, hurtada de su tierra de hacia Jalisco, de esa parte de México que es al Poniente, y vendida de mano en mano hasta Tabasco; ésta sabía ya la lengua de Tabasco, y aunque aquella lengua era diversa de la de Yucatán, donde Aguilar había estado, todavía entendía algunos vocablos.» (t. III, lib. III, cap. CXXI, p. 244).

Diego Muñoz Camargo

«Dejando Cortés gran recado de su gente en Cempohuallan, determinó de caminar y venir en demanda de la provincia de Tlaxcalla, porque como por providencia divina Dios tenía ordenado que estas gentes se convirtiesen a nuestra Santa Fe Católica, que viniesen al verdadero conocimiento de él por instrumento y medio de Marina, será razón hagamos relación de este principio de Marina que por lo naturales fue llamada *Malintzin* y tenida por diosa en grado superlativo, que ansí se debe entender que todas las cosas que acaban en diminutivo es por vía reverencial, y entre los naturales tomado por grado superlativo, como si dijéramos agora mi muy gran Señor Huelnohueytlatocatzin, y ansí llamaban a Marina de esta manera comúnmente Malintzin. En lo que toca al origen de Malintzin, hay más grandes variedades sobre su nacimiento y de qué tierra era, de lo cual no trataremos sino de algunos pasos y acaecimientos mediante ella, porque los que han escrito de las conquistas de esta tierra habrán tratado largamente de ello, especialmente Bernal Díaz del Castillo, autor antiguo que hablará como testigo de vista copiosamente de esto, pues se halló en todo como uno de los primeros conquistadores de este Nuevo Mundo, al cual me remito. - Notoria cosa es y muy sabida, cómo Malintzin fue una india de mucho ser y valor, y buen entendimiento y natural mexicana, la cual fue hurtada de entres sus padres, siendo de buena gracia y parecer, y entregada a unos mercaderes que trataban en toda la costa del Norte, la cual fue llevada de lance en lance hasta Tabasco y Potonchan y Acosamilco: otros quieren decir que fue hija de un mercader e que la llevó consigo por aquellas tierras, lo cual no satisface a un buen entendimiento, sino que siendo hermosa fue llevada por ser mujer de algún Cacique de aquella costa, y que fue presentada por algunos mercaderes para tener entrada con los Caciques de *Acosamilco* y seguridad; y ansí fue que en efecto la tenía un Cacique de aquella tierra cuando la halló Cortés. Como quiera que sea ello pasó ansí: otros quieren decir que Marina fue natural de la provincia de Jalisco, de un lugar llamado Huilotla; que fue hija de ricos padres, y muy notables y parientes del Señor de aquella tierra. Contradícese el ser de aquella tierra de Xalisco, porque aquella Nación es de Chichimecas y la Marina era de la lengua mexicana, muy discreta y avisada y entre los naturales tenida por muy avisada y por cortesana: aunque había lengua mexicana y se hablaba en aquella tierra, era tosca y grosera. Dicen asimismo que Marina fue presentada antes en Potonchan con otras veinte mujeres que allí se dieron a Cortés: que la trajeron a vender a unos mercaderes mexicanos a Xicalanco, provincia que cae encima de *Cohuatzacolco* apartada de Tabasco. Ella fue natural mexicana porque sabía la lengua muy despiertamente, por do se arguye que cuando pasó a aquellas tierras, era ya mujer capaz de dar razón del Rey Moctheuzoma, y de los enemigos y contrarios que tenía de su gran Imperio y Monarquía, y grandes riquezas y tesoros. Estando en este cautiverio, acaeció que por aquellas tierras había arribado a la costa un navío de los que habían venido a descubrir tierras, que en otros tiempos llamaban de Yucatán, por mandado de Diego Velásquez, gobernador de la Isla de Cuba, y de estas naves quedaron cautivos, o de las de Francisco Hernández de Córdoba, entre los indios, algunos de sus soldados, de los cuales fue uno que se llamó García del Pilar y otro Jerónimo de Aguilar, españoles, a los cuales conoció después. Habiendo pues quedado cautivo Aguilar en aquella tierra, procuró de servir y agradar en gran medida a su amo ansí en pesquerías como en otros servicios que los sabía bien hacer, que vino a ganar tanto la voluntad, que le dio por mujer a Malintzin, y como fuese Aguilar tan hábil, tomó la lengua de aquella tierra tan bien y en tan breve tiempo, que los propios indios se admiraban al ver como la hablaba; y fue en tanta manera convertido en indio, que se horadó las orejas y narices, y se labró y rayó la cara y carnes como los propios indios: compelido de la pura necesidad se puso a todo, aunque siempre y a la continua observó su cristiandad y fue cristiano, y guardó el conocimiento y observancia de la ley de Dios; y Malintzin, compelida de la misma necesidad, tomó la lengua de aquella tierra, tan bien y tan enteramente, que marido y mujer se entendían y la hablaban como la suya propia, y por este artificio el Jerónimo de Aguilar supo y entendió grandes secretos de toda esta tierra y del Señorío del gran Moctheuzoma: y ansí como Cortés llegó con su armada a esta costa, por voluntad divina fue hallado este Jerónimo de Aguilar, el cual salió con gran muchedumbre de canoas al armada de los cristianos, con acuerdo y mando de su amo y de los otros Caciques de aquella tierra, con una cruz de caña y una banderilla alta, dando grandes voces y diciendo al de la Capitana ¡Cruz..! ¡Cruz..! ¡Cristo..! ¡Cristianos! ¡Sevilla, Sevilla! A las cuales voces puso grande admiración a los de la Armada; mas llegados al fin de este negocio se llegaron a las Naos, tomando ante todas las cosas la fe de Cortés que no enojaría a los de aquella tierra, antes los trataría como amigos, porque lo principal que aquellas gentes trataron con Aguilar, fue que a sus hermanos no los enojasen, lo cual se hizo ansí y se cumplió. Tormando a nuestro fin y principal intento, llamada *Malintzin* para ser instrumento de tanto bien, Hernando Cortés la recibió y trató como a cosa que tanto le importaba, la sirvió y regaló tanto cuanto humanamente se le pudo hacer; y para que fuese bien tratada, la dio en guarda a *Juan Pérez de Arteaga* soldado muy noble de la Compañía, que después fue llamado *Juan Pérez Malintzin,* a diferencia de otros de este nombre de Juan Pérez; y como la Malintzin no sabía más lengua que la mexicana y la de *Vilotla* y *Cosamel*, hablaba con Aguilar, y el Aguilar la declaraba en lengua castellana; de suerte que para interpretar la mexicana, se había de interpretar por la lengua de *Vilotla* y *Cosumet* con Aguilar y Aguilar la había de convertir en la nuestra, hasta que Malintzin vino hablar la nuestra.»

[Hasta aquí el relato de Muñoz Camargo, el cual, como destaca al instante, contiene tergiversaciones muy gruesas, siendo entre las más notorias la de afirmar que Aguilar y Marina fueron marido y mujer; García del Pilar es un personaje que aparecerá en escena en época mucho más tardía sirviendo de intérprete a Nuño de Guzmán. Lo de hacerla natural de Jalisco constituye una desvirtuación grave, y en cuanto a la afirmación de que era hermosa, eso es algo que apunta sin fundamento alguno (pudo serlo, pero no consta). La *Vilotla* que menciona no debe ser otra que Oluta. En fin, se trata de una biografía que en lugar de aclarar las cosas las embrolla aún más.]

Juan Suárez de Peralta

Este autor fue hijo de Juan Suárez, el hermano de Catalina Suárez Marcaida, y sería de esperarse que hubiera recogido mayores datos de su padre, pero resulta decepcionante la historia que refiere de Marina, que es como sigue:

> «En lo que fuere de la conquista y llegada de Hernando Cortés a México, trataré en suma de lo que me pareciere es al propósito que pretendo, como es de la llegada al puerto de San Juan de Ulúa y la Veracruz con sus dos nuevos soldados y la india Marina, que no es la peor pieza del arnés; con la cual, todos venían muy contentos, que momento no la dejaban, los unos y los otros de venirla preguntando muchas cosas, que ya Hernando Cortés dio en que nadie la hablase. Malas lenguas dijeron que de celos, y esta duda la quitó el tener de ella, como tuvo, seis hijos, que fueron: don Martín Cortés, caballero de Orden del señor Santiago, y tres hijas, las dos monjas en la Madre de Dios, monasterio en San Lúcar de Barrameda, y doña Leonor Cortés, mujer que fue de Martín de Tolosa» [sic].

Habla de que tuvo seis hijos con Marina y menciona sólo a cuatro. No se concibe cómo pudo haber escrito tantos disparates en espacio tan breve (p. 41). El título de su obra es tan largo, que lo dejaremos en el encabezado que es: *Tratado del Descubrimiento de las Indias y su Conquista.*

Baltazar Dorantes de Carranza

Este autor fue hijo de Andrés Dorantes, uno de los tres acompañantes de Álvar Núñez Cabeza de Vaca en su épico viaje; en su *Sumaria relación de las cosas de la Nueva España*, esto es lo que dice sobre lo que nos ocupa:

> «El Marqués conquistador tuvo los hijos bastardos siguientes:
>
> »A Don Martín Cortés, hijo de la Malinche, natural desta tierra. Fue del hábito de Santiago. Dejó un hijo ilegítimo que se llama Don Fernando Cortés: trae una cruz a los pechos y no de la muestra y calidad que su padre y tíos y primos. Húbole en Castilla en una señora, en la ciudad de Logroño, que sin ofensa de su calidad pudiera casarse con ella, y aun con este concepto se fió ella de él. Húbole pasando a la guerra de Granada por capitán, donde murió.
>
> »Tuvo asimismo el dicho don Martín Cortés a Doña Ana Cortés de Porres, su hija legítima, y de Doña Bernardina de Porres, su muger, señora de gran calidad, seso y discreción. Casaron a la dicha Doña Ana con un caballero muy igual a su merecimiento, cuyo hijo es Don Juan Cortés, recién venido en esta flota en que vino Vra. Exa.; y de lo poco que he tratado a este caballero, y de la buena fama que tiene, le conozco por muy cuerdo y honrado, y que es digno, por sus virtudes, de ser hijo y nieto de quien es, y bisnieto del gran Cortés.» (*Sumaria relación...*, pp. 100-101).

Tenemos entre manos biografías que no terminan de articularse. No encajan las piezas del rompecabezas. La corriente que podríamos considerar como enaltecedora, de aquellos que buscan fabricarle un abolengo, y que la conocieron, aparece integrada por Diego de Ordaz, Alonso de Herrera y Bernal Díaz del Castillo. Ya conocemos lo que han expresado al respecto, y los tres dan una idea de su probable lugar de nacimiento al hacerla oriunda del área de Coatzacoalcos. [Gómara también la hace de alta cuna, pero él habla de oídas.] Al testimonio de éstos debe agregarse el de su nieto Fernando Cortés, quien dijo que su abuela doña Marina Cortés [sic] era «India natural de la Nueva España, hija del rey y cacique de las provincias de Oluta y Jaltipa.» En cuanto a su lugar de nacimiento, la cuestión queda así: existe la certeza de que era oriunda del área de Coatzacoalcos, siendo lo más probable que Olutla haya sido su solar natal. Y hasta aquí llegamos porque no hay más datos.

Notas

El náufrago de Yucatán

1. Bernal Díaz del Castillo, *Historia verdadera de la conquista de la Nueva España*, introducción y notas de Joaquín Ramírez Cabañas, México, Porrúa ("Sepan cuantos..." 5), 1976, cap. II, p. 6. Aunque la impresión más cuidadosa de la *Historia verdadera* sea con mucho la publicada en Madrid en 1982 por el Instituto Gonzalo Fernández de Oviedo, edición crítica a cargo del padre Carmelo Sáenz de Santa María, por tratarse de una obra de tiro limitado y de difícil obtención en México, las referencias vienen dadas a la anterior, la cual, por otra parte, reviste el interés de ofrecer al final unos apéndices no incluidos en la edición española, que la hacen valiosa. Como los capítulos de la obra de Bernal en general son muy breves, el indicar su número en la cita no constituirá mayor problema para remitirse a otras ediciones.

2. El jueves 13 de octubre de 1519 Cortés y Velásquez acordaron en Santiago de Cuba, ante el notario Vicente López, las condiciones a que debería ajustarse el acuerdo a que llegaron; se trata del famoso *Pliego de instrucciones*. Visto que Cortés solicitó una copia del mismo, y ésta se hizo el 23 de dicho mes, se ha interpretado erróneamente que ésta fue la fecha de la firma. Los acontecimientos posteriores favorecen la idea de que el acuerdo fue ultimado en la primera. En el apartado 18 del pliego citado se establece: «iréis por la costa de la dicha isla de Yucatán, Santa María de los Remedios, en la cual están en poder de ciertos caciques principales della seis cristianos, según y como Melchor, indio natural de la dicha isla que con vos lleváis, dice y os dirá, e trabajaréis por todas las vías e maneras e mañas que ser pudiere por haber a los dichos cristianos por rescate o por amor o por cualquier vía donde no intervenga detrimento dellos ni de los españoles que lleváis ni de los indios, e por el dicho Melchor, indio natural de la dicha isla que con vos lleváis, conoce a los caciques que los tienen cautivos». (*Cedulario cortesiano*, compilación de Beatriz Arteaga Garza y Guadalupe Pérez San Vicente, México, Jus, 1949, pp. 23-24.) Por su parte, Bernal escribe: «Como Cortés en todo ponía gran diligencia, me mandó llamar a mí y a un vizcaíno que se decía Martín Ramos, y nos preguntó qué sentíamos de aquellas palabras que nos hubieron dicho los indios de Campeche cuando vinimos con Francisco Hernández de Córdoba, que decían: "Castilan, castilan", según lo he dicho en el capítulo [III] que de ello trata; y nosotros se lo tornamos a contar según y de la manera que lo habíamos visto y oído. Y dijo que ha pensado

muchas veces en ello, y que por ventura estarían algunos españoles en aquella tierra, y dijo: "Paréceme que será bien preguntar a estos caciques de Cozumel si saben alguna nueva de ellos; y con Melchorejo, el de la punta de Cotoche, que entendía ya poca cosa de la lengua de Castilla y sabía muy bien la de Cozumel, se lo preguntó a todos los principales, y todos a una dijeron que habían conocido ciertos españoles, y daban señas de ellos, y que en la tierra adentro estaban y los tenían por esclavos unos caciques, y que allí en Cozumel había indios mercaderes que les hablaron pocos días había» (cap. XXVII, p. 43).

Como se advierte, Bernal no conocía el *Pliego de instrucciones.* Gonzalo Guerrero no era el único español que quedaba en Yucatán, pues en la *Primera relación*, redactada por el Cabildo de la recién fundada Villa Rica de la Vera Cruz, ya se indica que «De este Jerónimo de Aguilar fuimos informados que los otros españoles que con él se perdieron en aquella carabela que dio al través, estaban muy derramados por la tierra, la cual nos dijo que era muy grande y que era imposible poderlos recoger sin estar y gastar mucho tiempo en ello» (Hernán Cortés, *Cartas de relación*, nota preliminar de Manuel Alcalá, tercera edición, México, Porrúa ("Sepan cuantos..." 7), 1967, pp. 9-10).

3. Gonzalo Fernández de Oviedo, *Historia general y natural de las Indias*, edición y estudio preliminar de Juan Pérez de Tudela Bueso, Madrid, 1959 (BAE 119), t. II, lib. XVII, cap. X, pp. 123-124. Bernal Díaz del Castillo, *op. cit.*, cap. VIII, p. 17, relata con leves variantes el episodio de la india de Jamaica.

4. En Cervantes de Salazar leemos: «Con estas palabras se despidieron [los indios] muy graciosamente de Cortés, y en llegando a sus casas le enviaron nuevo refresco y con él doce o trece indias para que hiciesen tortillas, entre las cuales vino una que después bautizándola llamaron Marina, y los indios Malinche. Ésta sabía la lengua mexicana y la de aquella tierra, por lo cual, como adelante diré, fue muy provechosa en la conquista de la Nueva España». Francisco Cervantes de Salazar, *Crónica de la Nueva España*, edición de Manuel Magallón, estudio preliminar e índices por Agustín Millares Carlo, Madrid, Atlas, 1971, t. I, lib. II, cap. XXXV, pp. 203-204.

5. Pedro Mártir de Anglería, *Décadas del Nuevo Mundo*, primer cronista de Indias, México, José Porrúa e hijos, Sucs., MCMLXIV, t. I, p. 407; Fernández de Oviedo, *Historia*, cap. XIV, p. 135, lo describe en términos semejantes: «*una animalía que quería parecer león, asimismo de mármol, con un hoyo en la cabeza e la lengua sacada*». Evidentemente, se trata del Océlotl-Cuauhxicalli que puede contemplarse en la Sala Mexica del Museo de Antropología e Historia de la ciudad de México, aunque éste tiene el hoyo en el dorso.

6. La imagen más divulgada de los sacrificios humanos en el mundo prehispánico es la de un hombre con el pecho abierto mientras el sacerdote sostiene en alto el corazón que ofrece a los dioses. Otro de los sacrificios es el gladiatorio, en el cual aparece representado un joven guerrero, con una pierna amarrada por el tobillo a la piedra ritual. El guerrero, provisto únicamente de un palo cubierto con plumas, debe defenderse de uno o varios atacantes armados de macanas. El hombre moría dando un espectáculo, aunque no faltaban los que desmayaban y se dejaban matar sin ofrecer resistencia. La muerte en la piedra de sacrificios ha sido enaltecida por muchos autores que la presentan

como un ritual digno de guerreros, quienes la aceptarían convencidos de que de esa forma su espíritu acompañaría al sol en su diario giro. Pero la realidad parece haber sido algo distinto: «Cuando llevaban los señores de los cautivos a sus esclavos al templo, donde los habían de matar, llevabánlos por los cabellos; y cuando los subían por las gradas del *cu*, algunos de los cautivos desmayaban, y sus dueños los subían arrastrando por los cabellos hasta el tajón donde habían de morir». En el capítulo de los sacrificios humanos se han pasado por alto aquellos refinadamente crueles para centrar la atención en la muerte en la piedra de los sacrificios. «Después de haberles sacado el corazón, y de haber echado la sangre en una jícara, la cual recibía el señor del mismo muerto, echaban el cuerpo a rodar por las gradas abajo del *cu*, e iba a parar a una placeta, abajo; de allí le tomaban unos viejos que llamaban *quaquacuiltin* y le llevaba a su *calpul* donde le despedazaban y le repartían para comer. Antes de que hiciesen pedazos a los cautivos los desollaban, y otros vestían sus pellejos y escaramuzaban con ellos con otros mancebos» *Historia general de las cosas de Nueva España.* Escrita por fray Bernardino de Sahagún, franciscano, y fundada en la documentación en lengua mexicana recogida por los mismos naturales. La dispuso para la prensa en esta nueva edición, con numeración,, anotaciones y apéndices, Ángel María Garibay K, México, Porrúa, 1969, t. I, cap. II, pp. 110-111). Existía un caso excepcional, en el que el destinado al sacrificio en honra de Tezcatlipoca era preparado emocionalmente por los sacerdotes a lo largo de un año. Durante ese tiempo disfrutaba de «todas maneras de deleites; matábanle en el mes llamado *tóxcatl,* que caía a veintitrés días de abril»; durante los últimos veinte días le acercaban cuatro doncellas para que se solazase con ellas, éste, que por así decirlo había sido condicionado por los sacerdotes, iba por su propio pie tocando una flauta mientras subía las gradas. Pero se trataba de un caso único, ya que la norma era muy diferente (Sahagún, *op. cit.*, t. I, pp. 114-115). «[...] al que habían de sacrificar hacíanle subir por aquellos palos arriba, con una coroza de papel puesta en la cabeza, yendo tras él aquellos cuatro, ayudándole a subir, y si acaso con el temor de la muerte desmayaba, picándole con unas puyas de maguey las asentaderas» (*Historia de las Indias de Nueva España e Islas de la Tierra Firme,* escrita por fray Diego Durán, dominico, en el siglo XVI, la prepara y da a luz Ángel M. Garibay K., México, Porrúa, 1967, t. I, p. 147). La muerte la ocasionaba el golpe que el ejecutor daba con un pesado cuchillo de pedernal sobre el pecho de la víctima, probablemente en el quinto espacio intercostal. A continuación, con ambas manos o ayudado por otro deberían abrir las costillas, y dejando de lado el cuchillo de pedernal, con otro muy fino de obsidiana se procedía a realizar el corte del pericardio, la membrana fibrosa que envuelve al corazón, así como ir seccionado vasos sanguíneos muy gruesos como son la aorta, la arteria pulmonar, las dos venas cavas y las cuatro pulmonares. La operación llevaba algún tiempo, pues no era cosa de meter la mano y sacar, por lo que necesariamente entre cada sacrificado debería haber un intervalo de varios minutos, según la habilidad del ejecutor. Existían otras formas de sacrificar, algunas de una refinada crueldad, como ocurría durante las festividades en honra de Xiuhtecutli, el dios del fuego. En esta ocasión preparaban en círculo un lecho de brasas y al desventurado que iban a sacrificar lo traían atado de brazos y pies; luego, entre dos, lo arrojaban al fuego: «adonde caía se hacía un grande hoyo en el fuego, porque todo era brasa y rescoldo, y allí en el fuego comenzaba a dar vuelcos y hacer bascas el triste del cautivo; comenzaba a rechinar el cuerpo como cuando asan algún animal». En los estertores de la agonía lo sacaban con unas pértigas para extraerle el corazón antes de que muriese (Sahagún, *op. cit.*, t. I, cap. XXIX, p. 188). «[...] tomándolos los ministros de aquel templo, uno a uno, dos de las manos y dos de los pies, y dando cuatro enviones en el aire con él, al cuarto envión daban con él en aquella brasa y, antes de que acabase de morir, sacábanle de presto y poníanle así, medio asado, encima de una piedra y cortábanle el pecho» (fray Diego Durán, *op. cit.*, t. I, cap. XIII, p. 128). Por una censura autoimpuesta la mayoría de los autores omite mencionar que también se sacrificaba a mujeres y niños.

7. Acerca de los primeros contactos entre españoles y mexicas, en Sahagún leemos: «La primera vez que aparecieron navíos en la costa de esta Nueva España, los capitanes de Mocthecuzoma que se llamaban calpixques que estaban cerca de la costa, luego fueron a ver que era aquello que venía, que nunca habían visto navíos, uno de los cuales fue el *calpixque* de Cuextécatl que se llamba Pínotl: llevaba consigo otros calpixques [...] entraron luego en las canoas y comenzaron a remar hacia los navíos, y como llegaron junto a los navíos, y vieron los españoles, besaron todos las proas de las naos en señal de adoración, pensaron que era el dios *Quetzalcóatl* que volvía, al cual estaban ya esperando [...]. Luego los españoles les hablaron, y dijeron: ¿Quién sois vosotros? ¿de dónde venís?; ¿de dónde sois? Respondieron los que iban en canoas: hemos venido de México: dijéronlos los españoles, si es verdad que sois mexicanos, decidnos ¿cómo se llama el señor de México?.- Ellos respondieron: señores nuestros, llámase Mocthecuzoma, y luego le presentaron todo lo que llevaban de aquellas mantas ricas, al que iba por general en aquellos navíos que según dicen era Grijalva [...]. Los indios se volvieron a tierra, y luego se partieron para México donde llegaron en un día y una noche» (Sahagún, *Historia*, t. IV, lib. XII, cap. II, pp. 25-26). Este texto fue escrito a unos cuarenta años de la Conquista y no deja de llamar la atención cómo distorsiona los hechos. Por principio de cuentas, no hubo diálogo. No pudo haberlo porque Grijalva no traía intérpretes, y como aparece reseñado en su diario, no hubo forma de entenderse. Cuando Cortés llegó al arenal de Chalchiuhcuecan sería cuando oyó por primera vez el nombre de Motecuhzoma. La denominación de México dada a sus dominios aparecería más tarde. Por una cuestión de rigor lógico debe rechazarse por absurda la afirmación de que se trasladaron a Tenochtitlan en un día y una noche. Son cuatrocientos cincuenta kilómetros y no existía camino. Esto debe poner en guardia al lector ante las numerosas inexactitudes, confusiones y distorsiones que encontrará en la obra de Sahagún al tratar la Conquista.

8. Andrés de Tapia, *Relación sobre la Conquista de México,* en *Colección de Documentos para la Historia de México*, publicada por Joaquín García Icazbalceta, primera edición facsimilar, México, Porrúa, 1971, t. II, p. 561.

9. Una diosa que habla nuestra lengua. Diego Muñoz Camargo, *Historia de Tlaxcala*, publicada y anotada por Alfredo Chavero, edición facsímil, 1966,

editada por Edmundo Aviña Levy, México, Oficina Tip. de la Secretaría de Fomento, 1892, p. 177. «Traían consigo una mujer como diosa (que era Marina por cuyo medio se entendían)». Fray Juan de Torquemada, *Monarquía indiana*, introducción por Miguel León-Portilla, México, Porrúa, 1975, t. I, p. 404.

La llave de México

1. «Los españoles traían una india mexicana que se llamaba María [*sic*], vecina del pueblo de Tetícpac que está a la orilla de la Mar del Norte, y que traían ésta por intérprete, que decían en lengua mexicana todo lo que el Capitán D. Hernando Cortés le mandaba». Como se advierte, aquí se ignora la presencia de Jerónimo de Aguilar. Fray Bernardino de Sahagún, *Historia general*, t. IV, pp. 34-35. «De que los españoles partieron de la ribera de la mar para entrar la tierra adentro, tomaron un indio principal que llamaban Tlacochcálcatl para que les mostrase el camino, al cual indio habían tomado de allí de aquella provincia los primeros navíos que vinieron a descubrir esta tierra, el cual indio el Capitán D. Hernando Cortés trajo consigo, y sabía ya de la lengua española algo. Éste juntamente con María [*sic*] eran intérpretes del Capitán». Se ignora a Aguilar; Sahagún, *op. cit.*, t. IV, p. 36. En Hernando Alvarado Tezozómoc leemos «y quedó Moctezuma admirado de ver la lengua de Marina hablar en castellano» (*Crónica mexicana*, anotada por Manuel Orozco y Berra. Códice Ramírez, manuscrito del siglo XVI, México, Porrúa, 1975, p. 690). Este autor, que se pretende fue hijo de Cuitláhuac (p. 152), escribió su obra en náhuatl hacia 1598 (por lo que debió de haber sido de muy corta edad a la muerte de éste, si es que efectivamente fue hijo suyo), y a lo largo de su obra se contradice, pues así como en una parte omite a Jerónimo de Aguilar y hace aparecer a Marina hablando español, en otras, menciona correctamente la doble traducción (pp. 135-140).

2. La crónica indígena nos habla de que los españoles ya eran esperados; los augurios eran muchos: el primero fue que diez años antes había aparecido un cometa en el cielo; el segundo, el incendio misterioso del templo de Huitzilopochtli; el tercero, la caída de un rayo sobre el templo de Xiuhtecutli, el dios del fuego; la cuarta señal fue que un día que a plena luz del sol aparecieron tres estrellas juntas que corrían hacia occidente trayendo grandes caudas; la quinta, el gran oleaje que se produjo en la laguna un día que no soplaba viento; la sexta fue una voz de mujer que resonaba por los aires diciendo «¡Oh, hijos míos, a dónde os llevaré!»; la séptima fue la captura de un ave que parecía una grulla, la cual tenía un espejo en la cabeza, fue llevada ante Motecuhzoma, quien vio en ella las estrellas (Las Pléyades) y una muchedumbre de hombres armados y montados a caballo. Finalmente, la octava fue la aparición de muchos individuos de cuerpos monstruosos que en cuanto eran llevados ante Motecuhzoma desaparecían. Éste era el clima prevaleciente en vísperas de la llegada de los españoles. Se sabía que algo muy importante estaba a punto de ocurrir. Prosigue la crónica diciendo que, cuando las naves de Cortés largaron anclas, los calpixques que estaban en la costa

fueron a ver qué era aquello, ya que nunca habían visto navíos, «Éstos se fueron a ver qué cosa era aquélla, y llevaban algunas cosas para venderlas, so color de ver qué cosa era aquélla: llevaron algunas mantas ricas que sólo Moctecuhzoma y ninguno otro las usaba, ni tenía licencia para usarlas: entraron en unas canoas y fueron a los navíos, dijeron entre sí, estamos aquí en guarda de esta costa, conviene que sepamos de cierto qué es esto, para que llevemos la nueva cierta a Motecuhzoma: entraron luego en las canoas y comenzaron a remar hacia los navíos, y como llegaron junto a los navíos, y vieron los españoles, besaron todos las proas de las naos en señal de adoración, pensando que era el dios Quetzalcóatl que volvía, al cual estaban ya esperando según parece en la Historia de este Dios [...]. A los sobredichos habló Mocthecuzoma y les dijo: "mirad qué han dicho que ha llegado nuestro señor Quetzalcóatl, ir y recibidle, y oíd lo que os dijere con mucha diligencia: mirad que no se os olvide nada de lo que os dijere, veis aquí estas joyas que le presentéis de mi parte, que son todos los atavíos sacerdotales que a él convienen". Todas estas cosas metieron en sus petacas y tomada la licencia de Moctecuhzoma díjoles: "Id con prisa y no os detengáis; id y adorad en mi nombre al dios que viene, y decidle, acá nos envía vuestro siervo Moctecuhzoma, estas cosas que aquí traemos os envía, pues habéis venido a vuestra casa que es México"». Sahagún, *op. cit.*, t. IV, lib. XII, cap. II, pp. 23-29. Así aparece escrito en la fuente indígena, y por lo mismo así se le da traslado a las partes más relevantes, pues ésa es la misión del investigador, pero también es tarea de éste aplicar el rigor crítico, y aquí hay varias cosas que conviene destacar. La primera de ellas es que el capítulo concerniente a la Conquista fue el último de los redactados por fray Bernardino de Sahagún y sus informantes, estimándose que quedaría concluido entre 1560 y 1570, o sea, unos cuarenta o cincuenta años después de ocurridos los hechos. Sobre esta narración hay mucho que decir, podría incluso calificarse de una versión maquillada, redactada cuando había interés en adaptar el relato a lo que por aquellos días podría interpretarse que era la «línea oficial». Para comenzar, detengámonos en un detalle, al parecer sin importancia, pero que ya denota que se trata de un añadido posterior. Nos referimos al séptimo presagio, el de la grulla que tenía el espejo en la cabeza, en el cual Motecuhzoma pudo ver a hombres a caballo; ¿pero, cómo pudo verlos, si no conocía los caballos? Es indudable que el dato fue agregado años más tarde, conforme fue cobrando cuerpo la profecía, que en un principio no era tal cual la conocemos hoy día. Y todo aquello de que los mayordomos de Motecuhzoma se acercaron a besar las proas de los navíos, por pensar que se trataba del dios Quetzalcóatl que regresaba, es algo que tenemos que pasar por el tamiz de la crítica y verlo con detenimiento. Recordemos las fechas: Cortés llegó al arenal de Chalchiuhcuecan el Jueves de la Cena, que en aquel año de 1519 cayó en 21 de abril, o sea, su llegada ocurre a los diez meses justos de la de Juan de Grijalva, quien permaneció en la zona unas dos semanas, sosteniendo trato muy amistoso con los lugareños, de quienes se granjeó la amistad. Pero como no había intérpretes, partió del lugar sin enterarse del más mínimo detalle de lo que habría en el interior del país, y a su vez los mayordomos de Motecuhzoma nada adelantaron en el conocimiento de la presencia española en Las Antillas.

Obviamente, pasarían muchos días sin que Motecuhzoma tuviera conocimiento de la arribada de esos hombres y, por supuesto, sus mayordomos ya se habrían encargado de infomarle que en aquellas casas flotantes no venía el señor Quetzalcóatl. Por tanto, podríamos decir que pisamos sobre seguro si afirmamos que en el momento del arribo de Cortés no se planteó la posibilidad de la llegada del dios. Esa leyenda, según todo parece indicarlo, surgiría mucho tiempo después. Según veremos, en el diálogo sostenido por Motecuhzoma con Cortés, cuando se habla de que esperaban la llegada de hombres venidos de la dirección de donde sale el sol para nada aparece mencionado el nombre de Quetzalcóatl. En Bernal este parlamento aparece así: «que verdaderamente debe de ser cierto que somos los que sus antecesores, muchos tiempos pasados, habían dicho que vendrían hombres de donde sale el sol a señorear estas tierras, y que debemos ser nosotros, pues tan valientemente peleamos en lo de Potonchan y Tabasco y con los tlaxcaltecas, porque todas las batallas se las trajeron pintadas al natural» (*op. cit,* cap. LXXXIX, p. 163). Para este autor Quetzalcóatl, lisa y llanamente, no existe. En fray Francisco de Aguilar, el antiguo conquistador metido a fraile, leemos: «Y Moteczuma se dio por vasallo del emperador, por ante escribano, y se asentó así que le serviría en todo como a su señor; y dijo que fuesen muy bien venidos, que en su casa venían, y que de sus antepasados tenían y sabían por lo que les habían dicho, que de donde salía el sol había de venir una gente barbada y armados, que no les diesen guerra porque habían de ser señores de la tierra» (Fray Francisco de Aguilar, *Relación breve de la conquista de la Nueva España,* edición, estudio preliminar, notas y apéndices por Jorge Gurría Lacroix, México, UNAM, Instituto de Investigaciones Históricas, 1977, p. 81). Esta versión presenta la novedad de ser la primera que habla de hombres con barba, pero sigue ignorando la existencia de Quetzalcóatl, incluso cuando describe su templo: En medio de aquella ciudad estaba hecho un edificio de adobes, todos puestos a mano, que parecían una gran sierra, y arriba dicen que había una torre o casa de sacrificios, la cual entonces estaba deshecha» (p. 76). Según esta descripción, ya estaría destruida la caseta destinada al culto. El primero a quien escuchamos aludir a Quetzalcóatl es a Andrés de Tapia, cuando refiriéndose a Cholula dice: «en esta ciudad tienen por su principal dios a un hombre que fue en los tiempos pasados, e le llamaban Quezalquate, que según se dice fundó este aquella ciudad e les mandaba que no matasen hombres, sino que al criador del sol y del cielo le hiciesen casas a do le ofreciesen codornices e otras cosas de caza, e no se hiciesen mal unos a otros no si quisiesen mal: e dizque éste traía una vestidura blanca como túnica de fraile e encima una manta cubierta con cruces coloradas por ella».Ninguna vinculación con la serpiente emplumada. (*Colección de Documentos para la Historia de México*, publicada por Joaquín García Icazbalceta, primera edición facsimilar, México, Porrúa, 1971, t. II, pp. 573-574). En cuanto a la profecía, según él, esto es lo que Motecuhzoma habría dicho a Cortés: «porque habéis de saber que de tiempo inmemorial a esta parte tienen mis antecesores por cierto, e así se platicaba e platica entre ellos de los que hoy vivimos, que cierta generación de donde nosotros descendimos vino a esta tierra muy lejos de aquí, e vinieron en navíos, e éstos se fueron desde cierto tiempo, e nos dejaron poblados, e dijeron que volverían, e siempre hemos creído que en algund tiempo habien de venir a nos mandar e señorear; e esto han siempre afirmado nuestros dioses e nuestros adivinos, e yo creo que agora se cumple: quiero os tener por señor, e ansí haré que os tengan todos mis vasallos e súbditos a mi poder» (p. 580). No vincula la profecía con Quetzalcóatl. En el *Conquistador anónimo* (fragmento de un relato de la Conquista escrito en España por un antiguo conquistador, cuyo nombre se desconoce) aparece una mención única señalando que el dios de Cholula se llamaba Quecadquual (Icazbalceta, *Documentos,* t. I, p. 385). Se desconoce si su relato es anterior o posterior al de Andrés de Tapia, ya que de ser anterior sería la primera vez que aparece mencionado Quetzalcóatl. En 1552 aparece el libro de Gómara, y en éste leemos: «El ídolo mayor de sus dioses lo llaman Quezalcouatlh, dios del aire, que fue el fundador de la ciudad [Cholula]; virgen, como ellos dicen, y de grandísima penitencia; instituidor del ayuno, del sacar sangre de lengua y orejas, y de que no sacrificasen más que codornices, palomas y cosas de caza» (Francisco López de Gómara, *Historia general de las Indias, "Hispania vitrix",* cuya segunda parte corresponde a la Conquista de México, modernización del texto antiguo por Pilar Guibelalde con unas notas prologales de Emiliano Aguilera, *Segunda parte,* nueva edición, Barcelona, Iberia, 1966, p. 123). Gómara nunca puso los pies en México y al único informante a quien identifica por nombre es a Andrés de Tapia. *Vid.* Francisco López de Gómara, *Historia de la Conquista de México,* estudio preliminar de Juan Miralles Ostos, México, Porrúa ("Sepan cuantos..." 566), 1988. Véase también Juan Miralles, *Hernán Cortés, inventor de México,* Tusquets Editores, México, 2001, pp. 611-614.

3. Sabemos que Grijalva se retiró del arenal sin tener conocimiento de lo que pudiera existir en el interior del país gracias al relato del cronista Gonzalo Fernández de Oviedo quien transcribe parte del diario de éste, el cual «me fue dado por el teniente Diego Velázquez, pasando yo por aquella isla Fernandina [Cuba] el año de mil e quinientos e veinte e tres; e yo llevé este testimonio a su ruego para dar noticia deste descubrimiento suyo e otras cosas a la Cesárea Majestad». (Fernández de Oviedo, *Historia,* t. II, cap. XVII, p. 144). En el diario figura que el sábado 19 de junio de 1518 Grijalva desembarcó y tomó posesión de la tierra que se encuentra enfrente de la Isla de Sacrificios y le puso el nombre de San Juan, siendo muy bien acogido por los indios, quienes luego de haber saludado poniendo las manos en el suelo y llevándoselas a la boca para besarlas invitaron a los españoles a sentarse bajo la sombra de unos árboles. Les ofrecieron "cañutos encendidos", posiblemente pipas o puros, haciéndoles señas para que no dejasen perder el humo, pero en aquellos momentos los españoles no sabían fumar; según informa el cronista, por más señas que hicieron no consiguieron comprenderse. Hubo un intercambio de obsequios a los cuales correspondían los españoles con cuentas de colores, y unas tijeras, finalmente el cacique les entregó "una india moza con una vestidura delgada de algodón, e dijo que por la moza no quería premio ni rescate, e que aquella la daba graciosa". El veinticuatro de ese mes, o sea, cinco días después, Grijalva envió de retorno a Pedro de Alvarado para informar a Velázquez llevando consigo las piecezuelas de "rescate" y a esta moza lo mismo que a la bella jamaiquina recogida en Cozumel. De la fecha de

su partida a la del momento en que Cortés salió de Cuba transcurrieron algo más de siete meses, tiempo suficiente para que la moza hubiese aprendido un mínimo de español como para proporcionar algunos informes sobre lo que había en el interior del país, pero vemos que no ocurrió así. Tampoco ninguna de las dos mujeres volvió en el viaje siguiente. Pudieron haber jugado un papel importante como intérpretes, pero los hados reservaron el papel para Malintzin. Otro punto que no hay que perder de vista es que el diario de Grijalva es escrito mientras se producen los sucesos que narra, ocurridos en 1518, mientras que la parte correspondiente a la Conquista en la *Historia* de Sahagún está escrita unos cuarenta o cincuenta años más tarde. Según el cronista Baltasar Dorantes de Carranza, Miguel de Zaragoza y otro soldado que no menciona por nombre habrían quedado olvidados en el viaje de Grijalva, los cuales convivieron con los indios y aprendieron el idioma. Diez meses después, al aparecer en el horizonte las naves de Cortés los indios se encontrarían en actitud hostil dispuestos a impedir el desembarco, y sería Zaragoza quien advertiría a Cortés para que no desembarcase hasta que él le enviase aviso que podía hacerlo con seguridad, y sería él quien lo guió al arenal de Chalchiuhcuecan (Baltasar Dorantes de Carranza, *Sumaria relación de las cosas de la Nueva España con noticia individual de los descendientes legítimos de los conquistadores y primeros pobladores españoles*, primera edición, la publica por primera vez el Museo Nacional de México, paleografiada por el señor D. José María de Ágreda Sánchez, México, Jesús Medina Editor, 1902; segunda facsimilar, 1970, pp. 217-220). Este relato, apócrifo por los cuatro costados, debe servir de advertencia para estar en guardia frente a todas las especies fantasiosas que fueron inventando conquistadores de segunda fila y sus descendientes para solicitar mercedes a la Corona. Imaginemos la repercusión tan grande que hubiera tenido el encuentro con un soldado conocedor de la zona y que ya hablara el idioma. Es indudable que tanto Cortés como Bernal y demás cronistas hubieran resaltado el hecho.

4. Los venados de Castilla, nombre que dieron los indios a los caballos por encontrar que era el animal al que más se asemejaban; *Castillan mázatl*, Motolinia, *Tratados*, en *Colección de Documentos para la Historia de México*, primera edición facsimilar, publicada por Joaquín García Icazbalceta, Editorial Porrúa, S.A., México, 1971, t. I, p. 142.

5. Acerca del nombre del Cacique Gordo de Zempoala, en Torquemada leemos: «y a éste sucedió Quauhtlaebana, y fueron sujetos de los mexicanos después, y aunque se quedaron con su señorío, tributaban al Imperio; y con esto tuvo fin esta señoría totonaca, y de esta manera los halló Fernando Cortés cuando llegó a sus costas y saltó en tierra, y le recibieron los de Zempoala, que eran gente de esta nación, como en otra parte dijimos» (Torquemada, *Monarquía*, t. I, p. 280).

6. El prendimiento de los recaudadores de impuestos de Motecuhzoma lo narra Bernal con lujo de detalle y en tono muy vivo (*op. cit.*, cap. XLVII, pp. 79-81). Gómara recoge el episodio en su libro, valorándolo debidamente, y su relato difiere del de Bernal en el número de recaudadores que hace subir a veinte (pp. 72-73). Pero, ¿de dónde obtendría la información? Ello nos lleva a conjeturar que quizá en el Consejo de Indias tuvo a la vista la

desaparecida *Primera relación*. Cervantes de Salazar repite el pasaje en términos idénticos a los de Gómara, ya que ha copiado de éste. En este episodio la participación de Marina tuvo un papel relevante, ya que marca el comienzo de la gran revuelta que orquestaría Cortés contra Motecuhzoma, y que de no haberse dado este primer paso no hubieran resultado posibles los siguientes.

7. Veracruz es una ciudad que ha cambiado de asiento cuatro veces; Cortés llegó al arenal de Chalchiuhcuecan el 21 de abril de 1519, y unos días después –semanas quizá– tuvo lugar el acto jurídico de la fundación de la Villa Rica de la Vera Cruz. El lugar fue frente a la isla de San Juan de Ulúa. Visto que el sitio elegido era inviable por varias razones, falta de agua y exposición a los vientos, decidió buscar una mejor ubicación. La segunda Villa Rica se estableció frente al poblado totonaca de Quiahuiztlan, y de ésta sobreviven sólo vestigios. Para llegar a ellos se toma la carretera que sale de Veracruz rumbo a Cardel, y llegados allí se continúa hacia el norte dejando de lado Zempoala, y unos quince kilómetros más adelante aparece un letrero que dice Villarrica. Allí se dobla a la derecha, y por un camino de terracería a cosa de medio kilómetro, antes de llegar a la playa, se tuerce a la izquierda unos cincuenta metros antes de topar con la puerta de una propiedad privada en la que se lee «Fraccionamiento del Turrón de la Villa Rica». Al internarse en la maleza lo primero que se encuentra es un muro de unos ochenta centímetros de alto y de dos a dos y medio metros de largo. Eso es todo lo que resta de la fortaleza, y más adelante se encuentran unos vestigios mayores que corresponden a la iglesia y un horno. En la *Cuarta relación* (15 octubre 1524, p. 167) Cortés ya informa al emperador que por no ser puerto muy seguro a causa de los nortes que soplan, se dio a la búsqueda de un mejor sitio, «y de esta vez estuve allí algunos días buscándolo; y quiso Nuestro Señor que dos leguas del dicho puerto se halló muy buen asiento con todas las cualidades que para asentar pueblo se requieren [...] y hallase un estero junto al dicho asiento, por el cual yo hice salir con una canoa para ver si salía a la mar o por él podrían entrar barcas hasta el pueblo, y hallase que iba a dar a un río que sale a la mar, y en la boca del río se halló una braza de agua y más» (p. 167). Se trata de la tercera Veracruz, que al ser abandonada más tarde por decisión del conde de Monterrey, noveno virrey, se llamaría la Veracruz Vieja o Antigua Veracruz, y abreviándose el nombre quedó en La Antigua, como actualmente se le conoce, lugar de atracción turística. La cuarta mudanza fue para retornar al asiento original, mismo que ocupa el actual Veracruz.

8. La primera *Relación* de Cortés nunca ha aparecido, dando pábulo, incluso, a que algunos historiadores hayan llegado a dudar de su existencia; pero está fuera de lugar que sí existió, pues su maestresala Diego de Coria informó a Cervantes de Salazar que pasó ocho noches encerrado escribiéndola; está por otro lado la circunstancia de que en dos ocasiones alude a ella en la *Segunda relación*: una cuando se refiere a Jerónimo de Aguilar («lengua que yo hube en Yucatán de que así mismo a vuestra alteza hube escrito»), y en el pasaje donde se compromete por anticipado a apresar a Motecuhzoma y ponerlo bajo la corona de Castilla. Se ha sustituido la *Relación* desaparecida con la carta que el cabildo de la Villa Rica escribió el 10 de julio de 1519 a la reina doña Juana y al emperador Carlos V, su hijo. En esta carta se advier-

ten unas omisiones notables; una de ellas consiste en el espacio tan grande que aparece dedicado a Jerónimo de Aguilar, sin que exista mención alguna a Marina, quien para la fecha en que ésa se redacta llevaría dos meses y medio sirviendo como traductora. Queda por tanto sin explicar cómo se entenderían a través de Aguilar, quien sólo hablaba maya. Algo sorprendente es que no aparezca el nombre de Motecuhzoma, mientras que Cortés sí se refirió a él en la *Relación* desaparecida. Los procuradores partieron llevando el tesoro que aparece listado en hoja anexa, pero sin mencionar su procedencia. ¿Acaso en esos momentos la mayoría del ejército ignoraba a dónde los pretendía llevar Cortés, así como la existencia de Motecuhzoma? Hernán Cortés, *Cartas de relación*, tercera edición, nota preliminar de Manuel Alcalá, México, Porrúa ("Sepan cuantos..." 7), 1967, pp. 5-22.

9. Algo que conviene verse con detenimiento es la forma tan detallada cómo el Cabildo en su carta informa acerca de la incorporación de Jerónimo de Aguilar a la expedición de Cortés, y cómo contiene algunos puntos que revisten particular importancia. Procedemos a transcribirla íntegra para formular al final algunos comentarios. Sobre este punto, la carta comienza diciendo: «En este medio tiempo [se refiere a la estadía en Cozumel] supo el Capitán que unos españoles estaban siete años había cautivos en el Yucatán, en poder de ciertos caciques, los cuales se habían perdido en una carabela que dio al través en los bajos de Jamaica, la cual venía de Tierra Firme, y que ellos se escaparon en una barca de aquella carabela saliendo a aquella tierra, y desde entonces los tenían allí cautivos y presos los indios; y también traía aviso de ello el dicho Capitán Fernando Cortés, cuando partió de la dicha isla Fernandina [Cuba, que antes se llamó Juana y que luego recobró su nombre en lengua taína] para saber de estos españoles y como aquí supo nuevas de ellos y la tierra donde estaban, le pareció que haría mucho servicio a Dios y a vuestra majestad en trabajar que saliesen de la prisión y cautiverio en que estaban, y luego quisiera ir con toda la flota con su persona a los redemir, si no fuera porque los pilotos le dijeron que en ninguna manera lo hiciese, porque sería causa que la flota y gente que en ella iba se perdiese, a causa de ser la costa muy brava como lo es, y no haber en ella puerto ni parte donde pudiese surgir con los dichos navíos; y por esto lo dejó y proveyó luego con enviar con ciertos indios en una canoa, los cuales le habían dicho que sabían quién era el cacique con quien los dichos españoles estaban, y les escribió como si él dejaba de ir en persona con su armada para los librar, no era sino por ser mala y brava la costa para surgir, pero que les rogaba que trabajasen de se soltar e ir en algunas canoas, y que ellos los esperarían allí en la isla de Santa Cruz. Tres días después que el dicho Capitán despachó a aquellos indios con sus cartas, no le pareciendo que estaba muy satisfecho, creyendo que aquellos indios no lo sabrían hacer tan bien como él deseaba, acordó de enviar, y envió, dos bergantines y un batel con cuarenta españoles de su armada a la dicha costa para que tomasen y recogiesen a los españoles cautivos si allí acudiesen, y envió con ellos otros tres indios para que saltasen en tierra y fuesen a buscar y llamar a los españoles presos con otra carta suya, y llegados estos dos bergantines y batel a la costa donde iban, echaron a tierra a los tres indios, y enviáronlos a buscar a los españoles como el Capitán les había mandado, y

estuviéronlos esperando en la dicha costa seis días con mucho trabajo, que casi se hubieran perdido y dado al través en la dicha costa por ser tan brava allí la mar según los pilotos habían dicho. Y visto que no venían los españoles cautivos ni los indios que a buscarlos habían ido, acordaron de se volver a donde el dicho Capitán Fernando Cortés los estaba aguardando en la isla de Santa Cruz [Cozumel] y llegados a la isla, como el Capitán supo el mal recado que traían, recibió mucha pena, y luego otro día propuso de embarcarse con toda determinación de ir y llegar a aquella tierra, aunque toda la flota se perdiese, y también por se certificar si era verdad lo que el Capitán Juan de Grijalva había enviado a decir a la isla Fernandina diciendo que era una burla que nunca a aquella costa habían llegado ni se habían perdido aquellos españoles que se decían estar cautivos. Y estando con este propósito el Capitán, embarcando ya toda la gente, que no faltaba de se embarcar salvo su persona con otros veinte españoles que con él estaban en tierra, y haciéndoles el tiempo muy bueno y conforme a su propósito para salir del puerto, se levantó a deshora un viento contrario con unos aguaceros muy contrarios para salir, en tanta manera que los pilotos dijeron al Capitán que no se embarcaran porque el tiempo era muy contrario para salir del puerto, y visto esto, el Capitán mandó desembarcar toda la otra gente de la armada, y a otro día a medio día vieron venir una canoa a la vela hacia la dicha isla. Y llegada donde nosotros estábamos, vimos cómo venían en ella uno de los españoles cautivos que se llama Jerónimo de Aguilar, el cual nos contó la manera como se había perdido y el tiempo que había que estaba en aquel cautiverio, que es como arriba vuestras reales altezas hemos hecho relación. Y túvose entre nosotros aquella contrariedad de tiempo que sucedió de improviso, como es verdad, por muy gran misterio y milagro de Dios, por donde se cree que ninguna cosa se comienza que sea en servicio de vuestras majestades sea que pueda suceder sino en bien. De este Jerónimo de Aguilar fuimos informados que los otros españoles que con él se perdieron en aquella carabela que dio al través, estaban muy derramados por la tierra, la cual nos dijo que era muy grande y que y que era imposible poderlos recoger sin estar y gastar mucho tiempo en ello.» *Primera relación,* p. 10. Hacia el 10 de julio de 1519, en que aparece fechada esa carta, habían transcurrido cincuenta días de aquel Viernes Santo, que cayó en 22 de abril, en que se pusieron de manifiesto las aptitudes de Malintzin como intérprete bilingüe y comenzó a entrar en funciones. Sin embargo, como puede apreciarse, es ignorada por completo. ¿Obedecería este silencio a que se le relegaba por ser india y además esclava? No parece que ése sea el caso; lo más probable es que para el grueso de la tropa su presencia pasara un tanto inadvertida, ya que todo lo que escuchaban contar les llegaba por boca de Aguilar, por lo que no la valorarían debidamente. Además, no debe excluirse que la traducción se encontrara todavía en una fase incipiente, por lo que se trataría de una comunicación muy elemental. El caso es que para quienes redactaron la carta ella no existía.

10. El uso del tabaco, *pícetl,* está ampliamente documentado por las numerosas pipas encontradas. Lo que sí resulta notable es que pueblos que aparentemente no tenían conocimiento unos de otros, como es el caso de los habitantes de Mesoamérica con los de Las Antillas hayan dado con el hábito de fumar y para ello eligieran la misma planta. Ello nos lleva a suponer

que necesariamente hubo en época remota algunos contactos entre la tierra firme y las islas.

11. El árbol de la moneda; Pedro Mártir de Anglería, *Décadas del Nuevo Mundo,* t. II, p. 348.

12. Orteguilla tenía doce años, según nos dice Cervantes de Salazar: «Cortés dexó al señor de Zempoala un paje suyo de edad de doce años, muchacho bien apuesto, para que aprendiese bien la lengua» (t. I, cap. XXIV, p. 241). El dato lo corrobora Torquemada: «Dexó al señor de Cempoalla un paje suyo de edad de doce años, para que aprendiese la lengua. Y hecho esto, salió Cortés de Zempoala» (*Monarquía,* t. I, cap. XXVI, p. 411).

Hundimiento de las naves

1. Las sospechas de los soldados que murmuraban en el sentido de que Cortés había untado la mano a los maestres para que dijesen que los navíos no se encontraban en condiciones de navegar eran fundadas. Éste lo corrobora en la *Segunda relación,* donde informa al emperador: «Y porque demás de los que por ser criados y amigos de Diego Velásquez tenían voluntad de se salir de la tierra, había otros que por verla tan grande y de tanta gente, y tal, y ver los pocos españoles que éramos, estaban del mismo propósito, creyendo que si allí los navíos dejase, se me alzarían con ellos, y yéndose todos los que de esta voluntad estaban, yo quedaría casi solo, por donde se estorbara el gran servicio que a Dios y a vuestra alteza en esta tierra se ha hecho, tuve manera como, so color que los dichos navíos no estaban para navegar, los eché a la costa por donde todos perdieron la esperanza de salir de la tierra. Y yo hice mi camino más seguro y sin sospecha que vueltas las espaldas no había de faltarme la gente que yo en la villa había de dejar» (p. 26). De acuerdo con Cortés, Andrés de Tapia, testigo ocular, narra este episodio de la siguiente manera: «Visto el marqués que entre los suyos había algunas personas que no le tenían buena voluntad, e que destos e otros que mostraban voluntad de se tornar a la isla de Cuba donde habíamos salido, había cierto número, habló con algunos de los que iban por maestres de los navíos, e a algunos rogó que diesen barrenos a los navíos, e a otros que le viniesen a decir que sus navíos estaban mal acondicionados; e como lo hiciesen así, díjoles: "Pues no están para navegar, vengan a la costa, e rompedlos, porque se excuse el trabajo de sostenerlos" e así dieron de través con seis o siete navíos, e en uno, que era la capitana en que él había ido a aquella tierra, hizo meter todo el oro que le habían dado y las cosas que en aquella tierra había habido, e envióle al rey de Castilla, nuestro señor, que entonces era rey de romanos, electo emperador». (Tapia, *Relación de la Conquista de Nueva España,* p. 563). Francisco de Montejo, en la declaración rendida en La Coruña los días 29 y 30 de abril de 1520, ante el doctor Lorenzo Galíndez de Carvajal, alto funcionario de la Corte y pariente lejano de Cortés, al ser interrogado al respecto, «dijo que porque eran viejos [los barcos] tomaron información de maestres y pilotos los cuales con juramento dijeron que no estaban más de los tres dellos para poder volver y aún éstos volverían a mucha costa y que

todos los echaron al través excepto los tres que el uno es en el que vinieron los dichos procuradores y los otros dos se quedaron aderezados y algunos dellos se hundieron antes, y quel dicho Hernando Cortés pagó o quedó de pagarlos a sus dueños» (AGI, *Patronato Real*, est. 2, caja 5, leg. 1/9. La publica Francisco del Paso y Troncoso, *Epistolario de Nueva España*, Antigua Librería Robredo de José Porrúa e Hijos, México, t. I, pp. 46-47). La declaración de Montejo apunta a que los hundimientos se realizaron uno a uno, de manera gradual, quizá para ir midiendo una posible reacción del ejército, ya que Cortés no podía excluir la posibilidad de que los descontentos se amotinasen y lo matasen junto con sus incondicionales. La destrucción de las naves es un hecho tan osado que inflamó la imaginación de autores posteriores, quienes la adornaron con el hecho espectacular de que las había quemado. La frase de quemar naves hizo fortuna, como sinónimo de la decisión de no volverse atrás. El primero en hablar de fuego fue Cervantes de Salazar, quien lo hizo en una elogiosa epístola a Cortés dedicándole uno de sus trabajos, pero como se trató de un escrito que no tuvo difusión nadie se enteró. Más tarde rectificó, ya que en su *Crónica* señala correctamente que las naves fueron destruidas echándolas sobre la playa. Por tanto, la autoría de la leyenda del fuego corresponde a Juan Suárez de Peralta, el sobrino de Catalina, la primera esposa de Cortés: «acordó que se quemasen los navíos, y ya quemados, de fuerza habían de entrar la tierra adentro y pelear hasta morir o aprovechar la jornada [...] porque soplaba un airecillo que los ayudó a quemar muy presto» (*Tratado del descubrimiento de las Indias y su Conquista y los ritos y sacrificios y costumbres de los Indios; y de los virreyes y gobernadores, especialmente en la Nueva España, y del suceso de marqués del Valle segundo, Don Martín Cortés; de la rebelión que se le imputó, y las justicias y muertes que hicieron en México los jueces,* p. 42).

2. Francisco de Garay, gobernador de Jamaica y antiguo compañero de Colón en el segundo viaje, había obtenido una capitulación de la Corona por la que se le autorizaba a fundar por esa zona una colonia a la que ya en su imaginación había puesto el nombre de Victoria Garayana. Eso sin haber puesto pie en ella. Se trata de un hecho que quizá nos sirva para explicar los motivos por los que Cortés desembarcó donde lo hizo. Se trataría de taparle el camino a Garay. La Corte sin saber de bien a bien lo que estaba haciendo, comenzó a otorgar concesiones a favoritos; fray Bartolomé de Las Casas nos cuenta que Carlos V había concedido Yucatán al almirante de Flandes para poblarlo con labradores flamencos. Sería por intervención suya que se dio marcha atrás al proyecto, y a poco llegaron cinco navíos de labradores flamencos que, abandonados a su suerte, quedaron vagando por San Lúcar de Barrameda (fray Bartolomé de Las Casas, *Historia de las Indias,* edición de Agustín Millares Carlo y estudio preliminar de Lewis Hanke, México-Buenos Aires, Fondo de Cultura Económica, 1951, t. III, lib. III, cap. CI, p. 174). Y de igual manera concedieron la autorización a Garay; o sea, que Cortés se encontró con que la Corona sin tener nada claro lo que estaba haciendo, ya tenía concesionada esa costa; por lo mismo, antes de internarse en el país acudió a taparle el camino a éste. Cortés se encontraba en el aire, todo lo que lo amparaba era una capitulación hecha con un teniente de gobernador que carecía de facultades para lo que estaba haciendo (el virrey gobernador era

Diego Colón, quien se encontraba en España llamado por Fernando el Católico por haberse extralimitado en sus facultades). Es por tanto que Cortés y Velásquez capitulan a espaldas del titular, y no se solicita la autorización de los frailes jerónimos quienes desde Santo Domingo se encontraban encargados del gobierno de Las Antillas por juzgarlo Velásquez innecesario, ya que el objetivo primario de la expedición de Cortés era ir en auxilio de Grijalva. Como para la expedición de éste sí se había solicitado y obtenido la licencia, se consideró que la nueva expedición era una continuación de la anterior. Ahora bien, como Grijalva ya se encontraba en Matanzas cuando Cortés zarpó subrepticiamente, antes de que Velásquez arrepentido intentara retirarle el mando, su situación equivalía a la de un proscrito. Pero con el golpe de astucia al fundar una villa y ser nombrado por sus legítimas autoridades tenía algo en qué ampararse. Mientras que las expediciones partidas de Cuba lo hicieron siguiendo el sentido de las manecillas del reloj, adentrándose en el Golfo de sur a norte, las enviadas por Garay venían en sentido contrario, descendiendo a lo largo de la Florida. No sabemos cuándo comenzó Garay a enviar naves; todo lo que tenemos a la vista es que antes de adentrarse en el país Cortés tiene que ocuparse en neutralizar a unos expedicionarios que pretenden establecerse en una zona que él consideraba territorio propio. Y durante el curso de la Conquista Garay, metido a conquistador a control remoto, irá enviando nave tras nave, cuyos capitanes al fracasar en la zona del cacique Pánuco llegarán de arribada forzosa a la segunda Villa Rica. Esos fracasados colonizadores pasarán a engrosar las filas del ejército cortesiano. Conocemos los nombres de algunos de esos capitanes: Francisco Álvarez Pineda, Camargo, Ramírez «el Viejo» y Miguel Díaz de Aux. Y a los dos meses y medio de la toma de Tenochtitlan, para contrarrestar los intentos de Garay, funda la villa de Santiesteban del Puerto (Pánuco). Más tarde, el propio Garay aparecerá en fuerza desembarcando en el río de Las Palmas el día del señor Santiago (25 julio de 1523). Venía con once navíos y dos bergantines. Traía a bordo a ochocientos cuarenta soldados y ciento treinta y seis caballos. Cortés se encontraba lesionado de un brazo a consecuencia de una caída de caballo, a pesar de ello resolvió ir en persona a enfrentar a Garay. La primera providencia que adoptó fue detener a Pedro de Alvarado que ya se disponía a partir rumbo a Guatemala, enviándolo como avanzada para contenerlo. A continuación, él mismo, con el brazo en cabestrillo, montó a caballo y se puso en marcha al frente de sus hombres, pero cuando apenas se había alejado diez leguas de Coyoacán llegó un mensajero procedente de la Villa Rica, portador de un despacho traído por un navío recién llegado de España. Se trataba de una cédula firmada por el emperador ordenando a Garay que no incursionase por el río Pánuco ni por otro territorio poblado por Cortés. Aquello fue para él un alivio y se dio la media vuelta, «por lo cual cien mil veces los reales pies de vuestra cesárea majestad beso» (*Cuarta relación*, p. 155). Esa orden evitó un enfrentamiento entre españoles. Cortés regresó a Coyoacán. En cuanto a Garay no tardó en desbandársele el ejército. Los capitanes al sentir que no sabía mandar, tiraban cada cual por su lado. Viéndose en situación precaria, Garay pidió a los capitanes de Cortés que le devolviesen sus naves y le trajesen de regreso a sus hombres para irse a poblar al río de las Palmas. Se le dieron bastimentos pero de nada valió, pues de nuevo volvía a desertar la gente. Sintiéndose impotente, pidió a Alvarado y a Sandoval que intercediesen por él ante Cortés, y éste, al conocer sus desgracias lo invitó a trasladarse a México. Garay enfermó y murió quince días después, aparentemente de pleuresía (más tarde acusarían a Cortés de haberlo envenenado). La vocación de meterse a conquistador le llegó en edad tardía, y como era hombre acaudalado gastó una fortuna: sólo en barcos mandó diecisiete. Victoria Garayana, en términos de vidas humanas, tuvo para los españoles un costo altísimo. Murieron más que en todas las campañas de Cortés (incluida la Noche Triste). Se trató de un intento de conquista paralelo, y como ni Garay ni ninguno de sus capitanes dejaron memoria escrita, la historia de ese fallido intento quedó en el olvido. Moviéndonos en el terreno de la conjetura, podríamos aventurar que el propósito de taparle la ruta de entrada a Garay haya sido la idea que movió a Cortés a fundar la Villa Rica en tan inhóspito lugar. Se trataría de impedirle que se trasladara más al sur. No debemos descartar que a través de alguno de los pilotos (sino es que de Alaminos mismo) tuviera conocimiento de que la Corona ya había otorgado a Garay esa concesión.

3. Pérdida del potrillo de la yegua de Núñez Sedeño; Torquemada, *Monarquía indiana*, t. I, lib. IV, cap. XXVI, p. 412.

4. La respuesta de Olíntetl constituye una frase lapidaria, digna de inscribirse en la pared de la iglesia de Zautla. Todos los cronistas la consignan: «me respondió diciendo que quién no era vasallo de Mutezuma, queriendo decir que allí era señor del mundo» (Cortés, *Segunda relación*, p. 28). «¿Pues quién hay que no sea vasallo de ese señor?» (Tapia, *Relación*, p. 567).

5. La antropofagia viene a ser un tema que la historia oficial ha preferido silenciar. Acerca de la preparación de platillos a base de carne humana, leemos: «y después de muertos, luego los hacían pedazos y los cocían en esta misma casa; echaban en las ollas flores de calabaza; después de cocidos comíanlos los señores; la gente popular no comía de ellos». Otra cita más explícita menciona: «llevaban los cuerpos al calpulco, adonde el dueño del cautivo había hecho su voto o prometimiento; allí le dividían y enviaban a Moteccuzoma un muslo para que comiese, y lo demás lo repartían por los otros principales o parientes; íbanlo a comer a la casa del que cautivó al muerto. Cocían aquella carne con maíz y daban a cada uno un pedazo de aquella carne en una escudilla o cajete, con su caldo y su maíz cocido, y llamaban aquella comida *tlacatlaolli*» (Sahagún, *op. cit.*, t. I, cap. XXI, p. 143). Por la descripción podría tratarse de un platillo antecesor del pozole. La revista *Arqueología Mexicana* dedica su volumen XI, número 63, de septiembre de 2003, a los sacrificios humanos. Resulta interesante constatar que en una publicación de carácter científico, editada conjuntamente por el Consejo Nacional para la Cultura y las Artes y el Instituto Nacional de Antropología e Historia, se divulguen ya otras formas de sacrificios y aunque un tanto de pasada, en la página 23, se haga referencia al canibalismo: «El cuerpo se cocinaba bajo ciertas reglas y se repartía en un banquete». Una mención muy rápida, un tanto vergonzante, pero que resulta interesante pues muestra que en los medios oficiales comienza a admitirse que existió una gastronomía a base de carne humana.

6. El cacique se llamaba Tenamaxcuícuitl, *Piedra Pintada*; *Historia de Nueva España, escrita por su esclarecido conquistador Hernán Cortés, aumentada con otros documentos y notas por el ilustrísimo señor don Antonio Lorenzana, arzobispo de México,* México, Imprenta del Superior Gobierno, del Bachiller D. Joseph Antonio de Hogal en la calle de Tiburcio, 1770, p. 5.

7. Cortés, *Segunda relación*, p. 29; Díaz del Castillo, *op. cit.,* cap. LXII, pp. 106-107.

Tlaxcala

1. Gonzalo Fernández de Oviedo, *Historia general,* t. III, lib. XXIX, cap. III, pp. 121-216. Este autor agrega: «Yo pregunté después, el año de mill e quinientos e diez y seis, al doctor Palacios Rubios, porque él había ordenado aquel requerimiento, si quedaba satisfecha la conciencia de los cristianos con aquel requerimiento; e díjome que sí, si se hiciese como el requerimiento lo dice» (p. 230).

2. «[...] y desde que aquello vimos, como somos hombres y temíamos a la muerte, muchos de nosotros, y aún todos los demás, nos confesamos con el padre de la Merced y el clérigo Juan Díaz, que toda la noche estuvieron en oír penitencia.» Díaz del Castillo, *op. cit.*, cap. LXIV, p. 111.

3. «[...] y digamos cómo doña Marina, con ser mujer de la tierra, que esfuerzo tan varonil tenía, que con oír cada día que nos habían de matar y comer nuestras carnes con *ají,* y habernos visto cercados en las batallas pasadas, y que ahora todos estábamos heridos y dolientes, jamás vimos flaqueza en ella, sino muy mayor esfuerzo que de mujer.» Díaz del Castillo, *op. cit.*, cap. LXVII, p. 115.

4. Andrés de Tapia, *Relación*, p. 569; Francisco López de Gómara, *Historia*, t. II, p. 100; Bernal Díaz del Castillo, *op. cit.,* cap. LXX, pp. 121-122; «Señor, si eres dios bravo que comes carne y sangre, cata aquí cinco esclavos que te envía la señoría de Tlaxcala para que comas; y si eres dios bueno, ofrecémoste encieso [*sic*] y plumas; y si eres hombre, toma estas aves, este pan y cerezas, que tú y los tuyos comáis». «Esto hicieron los señores de Tlaxcala por saber si los nuestros eran hombres como ellos, porque de no haberlos podido vencer ni matar alguno, y viendo que por otra parte tenían hambre y comían, estaban dudosos si eran dioses o hombres», Francisco Cervantes de Salazar, *Crónica,* t. I, cap. XXXVIII, p. 261. De acuerdo con este autor habrían sido hombres y no mujeres los esclavos que les enviaban para que sacrificasen y comiesen. Fray Juan de Torquemada, *Monarquía,* t. I, cap. XXXII, p. 424.

5. Cortés afirma que fueron cincuenta los amputados (*Segunda relación,* p. 31); Bernal asegura que fueron diecisiete y que a unos cortaron las manos y a otros los pulgares (*op. cit.* cap. LXX, p. 122); Cervantes de Salazar, *op. cit.* t. I, cap. XXXIX, p. 263; Torquemada, *Monarquía,* t. I, cap. XXXIII, p. 426.

6. Díaz del Castillo, *op. cit.,* cap. LXVI, p. 114.

7. Corresponde a la descripción de Xicoténcatl ofrecida por Bernal Díaz del Castillo, *op. cit.* cap. LXXIII, p. 126.

8. «A me decir cómo él quería ser vasallo de vuestra alteza y mi amigo, y que dijese yo lo que quería que él diese por vuestra alteza en cada un año

de tributo, así de oro como de plata y piedras y esclavos y ropa de algodón.» Cortés, *Segunda relación*, p. 34.

9. *Teocacatzacti*, los dioses sucios. Torquemada, *op. cit.*, t. I, cap. XXVIII, p. 418; «divinos sucios», Sahagún, *op. cit.*, t. IV, cap. VIII, p. 94.

10. Muñoz Camargo, *op. cit.*, p. 191.

11. «Por manera que traíamos con nosotros buenos echacuervos», Díaz del Castillo, *op. cit.*, cap. LXI, p. 104.

12. «Hueso de mi altor» (Díaz del Castillo, *op. cit.*, cap. LXXVIII, p. 135); «Y también enviamos unos pedazos de huesos de gigantes que se hallaron en un *cu* y adoratorio en Coyoacán, según y de la manera que eran otros grandes zancarrones que nos dieron en Tlaxcala» (cap. CLIX, p. 386).

13. Hernán Cortés, *Quinta relación*, p. 203.

14. El conquistador Francisco de Aguilar tuvo primero una venta, misma que abandonó al sentir el llamado a la vida monástica. Fue un estudioso de la historia y ya en edad avanzada, cuando se encontraba impedido de empuñar la pluma por la artritis, animado por sus hermanos de hábito dictó a éstos su libro. Como lo hizo hacia el final de su vida, ello debió ocurrir allá por 1571, cuando murió a los noventa años. Aguilar, Fray Francisco de, *Relación breve*, p. 67.

15. «Y la causa de haberle puesto este nombre es que como doña Marina, nuestra lengua, estaba siempre en su compañía, especial cuando venían embajadores o pláticas de caciques, y ella lo declaraba en la lengua mexicana, por esta causa le llamaban a Cortés el Capitán de Marina y para más breve le llamaron Malinche.» Díaz del Castillo, *op. cit.*, cap. LXXV, p. 129.

16. Fernández de Oviedo, *Historia general*, t. III, p. 411. Aunque este autor nunca estuvo en México, en el desempeño de su cargo de Cronista de Indias, desde Santo Domingo, donde cumplía la doble función de cronista de Indias y gobernador de la fortaleza en la margen del río Ozama, que guardaba la entrada a la ciudad, de todo tomaba nota. Tuvo oportunidad de conversar con varios conquistadores, entre los que destacan Pedro de Alvarado, Juan Cano, Alonso de Ávila, Francisco de Montejo y, en especial, con el juez Alonso Suazo, quien fungió como magistrado en el periodo en que Cortés se ausentó durante el viaje a Las Hibueras. Suazo, quien vivió esos días accidentados en la ciudad de México, sería más tarde amigo y vecino suyo en Santo Domingo.

17. Fray Bernardino de Sahagún, *Relato de la Conquista por un autor anónimo de Tlatelolco, redactado en 1528,* t. IV, pp. 180-182.

18. Alonso de Zorita, *Relación de Nueva España*, edición, versión paleográfica, estudio preliminar e índice onomástico Ethelia Ruiz Medrano y José Mariano Leyva, introducción y bibliografía Wiebke Ahrndt, México, Consejo Nacional para la Cultura y las Artes (Cien de México), 1999, t. II, p. 565.

19. Bartolomé de Las Casas, *Historia de las Indias*, t. III, lib. III, cap. CXXI, p. 244.

20. Torquemada, *Monarquía indiana*, t. I, lib. IV, cap. XCIV, p. 555.

21. Malinalli, duodécimo día del mes mexicano, que al corromperse se habría convertido en Malinche, según Orozco y Berra (t. IV, pp. 102-103).

22. El señor Orozco y Berra hace notar: «En la historia atribuida a Chimalpain, que no es otra cosa que la obra de Gómara con intercalaciones o

rectificaciones del escritor mexicano, encontramos añadido el texto original: "Marina ó Malintzin Tenépal (que era su propia alcuña [alcurnia] que después se llamó Marina, nombre de cristiana), dijo que era de hacia Jalluco o Jallisco, de un lugar dicho Huilotlan, que quiere decir lugar de tótolas». *Op. cit.*, t. IV, p. 98. En la nota 35, al pie de la misma página, asienta: «Así en un volumen manuscrito que poseemos, sin portada y trunco evidentemente, pues sólo contiene del capítulo I al 80, encontrándose las palabras copiadas en el capítulo 26. Copia igual a la nuestra sirvió sin duda a don Carlos María Bustamante para la *Historia de las conquistas de don Hernando Cortés*, etcétera, México, 1826, en la cual se nota el mismo relato, tomo I, página 41, capítulo 26». Hasta aquí lo que apunta el distinguido historiador; por nuestra parte sólo nos toca resaltar que Chimalpain además de ser un autor muy tardío no cita la fuente de donde obtuvo el nombre de Tenépal que le atribuye. No será esta la primera y última vez en que dé muestras de estar mal informado acerca de doña Marina a quien hace viva en 1530: «12 Tochtli, 1530. En este año [...] comenzaron los pleitos de los *tlaloque* de Amaquemecan [...] Les servía como intérprete Malintzin, en lo que los mexicas les habían dejado (como costumbre) que se hiciera» (Domingo Chimalpain, *Las ocho relaciones y el memorial de Colhuacan,* paleografía y traducción Rafael Tena, Consejo Nacional para la Cultura y las Artes (Cien de México), t. II, p. 181).

23. Francisco Javier Clavijero, *Historia antigua de México,* prólogo de Mariano Cuevas, México, Porrúa ("Sepan cuantos..." 29), 1971, p. 299.

24. Bernal Díaz del Castillo, *op. cit.*, cap. CLXXXIII, p. 485.

25. Sabemos que la entrada en la ciudad de Tlaxcala fue el 23 de septiembre de 1520, pero ni Bernal ni Cortés mencionan la fecha de salida. Sin embargo, podemos establecerla de manera aproximada si tomamos en cuenta que la entrada en Tenochtitlan fue el 8 de noviembre, o sea, median cuarenta y seis días entre ambas fechas. Si a estos cuarenta y seis restamos los quince a veinte que dice Cortés que permaneció en Cholula, más los dos pasados en Amecameca, uno en el poblado cuyo nombre no recuerda, otro en Iztapalapa, más las jornadas de marcha, escasamente nos quedan de dieciocho a veinte días para la permanencia en Tlaxcala.

26. El *Tlalocan.* Fray Bernardino de, Sahagún, *Historia general de las cosas de Nueva España,* t. I, p. 297.

27. Cortés, *Segunda relación*, p. 34.

28. «Fueron padrinos de los cuatro señores, D. Fernando Cortés, Pedro de Alvarado, Andrés de Tapia, Gonzalo de Sandoval y Cristóbal de Olid. Tomó por nombre Xicoténcatl llamarse Vicente y después se llamó D. Vicente, Maxixcatzin se llamó Lorenzo, Zitlalpopocatzin y Tlehuexolotzin.» Diego Muñoz Camargo, *Historia de Tlaxcala*, pp. 204-205. En nota a pie de página el señor Chavero observa que falta el fin del párrafo y propone acertadamente: «lo supliremos diciendo que Citlalpopocatzin se llamó Bartolomé y Tlehuexolotzin se llamó Gonzalo. Bernal sitúa el bautizo de Xicoténcatl el Viejo en fecha posterior, después de muerto Maxixcatzin, y en lugar de llamarlo Vicente, dice que se le impuso el nombre de don Lorenzo de Vargas, y habría sido bautizado por fray Bartolomé de Olmedo (*Historia verdadera,* cap. CXXXVI, p. 283).

29. Cortés, *Segunda relación*, p. 35.

Matanza de Cholula

1. Andrés de Tapia escribe: «Estando para nos partir, una india de esta ciudad de Cherula [Cholula], mujer de un principal de allí, dijo a la india que llevamos por intérprete con el cristiano, que se quedase allí, porque ella la quería mucho e le pesaría que la matasen, él le descubrió lo que estaba acordado» (Tapia, *Relación*, pp. 574-575). «Y una india vieja, mujer de un cacique, como sabía el concierto que tenían ordenado, vino secretamente a doña Marina, nuestra lengua; como la vio moza y de buen parecer y rica, le dijo y aconsejó que se fuese con ella [a] su casa si quería escapar la vida, porque ciertamente aquella noche y otro día nos habían de matar a todos, porque ya estaba así mandado por el gran Montezuma, para que entre los de aquella ciudad y los mexicanos se juntasen y no quedase ninguno de nosotros a vida, y nos llevasen atados a México, y que porque sabe esto y por mancilla [lástima] que tenía de la doña Marina, se lo venía a decir, y que tomase todo su hato y se fuese con ella a su casa, y que allí la casaría con su hijo, hermano de otro mozo que traía la vieja, que la acompañaba. Y como lo entendió la doña Marina y en todo era muy avisada, la dijo: "¡Oh, madre, qué mucho tengo que agradeceros eso que me decís! Yo me fuera ahora con vos, sino que no tengo aquí de quién me fiar para llevar mis mantas y joyas de oro, que es mucho; por vuestra vida, madre, que aguardéis un poco vos y vuestro hijo, y esta noche nos iremos, que ahora ya veis que estos teules están velando y sentirnos han". Y la vieja creyó lo que él decía y quedóse con ella platicando; y le preguntó que de qué manera nos habían de matar y cómo y cuándo y adónde se hizo el concierto. Y la vieja se lo dijo ni más ni menos que lo habían dicho los dos papas. Y respondió la doña Marina: "¿Pues cómo siendo tan secreto ese negocio lo alcanzastes vos a saber? Dijo que su marido se lo había dicho, que es Capitán de una parcialidad de aquella ciudad y, como tal Capitán, está ahora con la gente de guerra que tiene a cargo dando orden para que se junten en las barrancas con los escuadrones del gran Montezuma, y que cree que estarán juntos esperando para cuando fuésemos, y que allí nos matarían; y que esto del concierto que lo sabe tres días había, porque de México enviaron a su marido un atambor dorado y a otros tres capitanes también les envió ricas mantas y joyas de oro, porque nos llevasen atados a su señor Montezuma. Y la doña Marina, como lo oyó, disimuló con la vieja y dijo: "¡Oh, cuánto me huelgo en saber que vuestro hijo, con quien me queréis casar, es persona principal; mucho hemos estado hablando; no querría que nos sintiesen; por eso madre, aguardad aquí; comenzaré a traer mi hacienda, porque no la podré sacar todo junto, y vos y vuestro hijo, mi hermano, lo guardaréis, y luego nos podremos ir!" Y la vieja todo se lo creía. Y sentóse de reposo la vieja y su hijo. Y la doña Marina entra de presto donde estaba el Capitán y le dice todo lo que pasó con la india, la cual luego la mandó traer ante él; y la tornó a preguntar sobre las traiciones y conciertos; y le dijo ni más ni menos que los papas. Y la pusieron guardas para que no se fuese.» (Díaz del Castillo, *op. cit.*, cap. LXXXIII, pp. 146-147.) Veremos más adelante que su nieto Fernando Cortés, en la información que presentó en Valladolid, en 1606, destaca como una de los servicios más destacados de su abuela el haber descubierto la celada de Cholula.

2. «[...] trajeron mucha nieve y carámbanos para que los viesen.» Cortés, *Segunda relación*, p. 38.

3. Cortés, *Segunda relación*, p. 37. Díaz del Castillo, *op. cit.*, cap. LXXXIII, pp. 149-150.

4. Aguilar, *Relación*, p. 76.

5. Tapia, *Relación de la Conquista de México*, pp. 573-574.

6. Gómara, *Historia*, cap. II, p. 123.

7. Díaz del Castillo, *ibidem*.

8. Motolinia, *Tratado I*, cap. VIII, p. 49, en *Colección Documentos García Icazbalceta*, t. I.

9. Motolinia, *Tratado I*, t. I, cap. XII, p. 65.

10. Quetzalcóatl según Sahagún, *Historia general*, t. I, cap. III, pp. 278-281. Acerca de Quetzalcóatl el señor Orozco y Berra apunta: «Las ideas más encontradas y confusas quedan acerca de esta divinidad; se presenta como uno o varios personajes: como hombre mortal, como deificación de un legislador, como dios primitivo, como ser real y como fantástico. Es importante detenernos a considerarle, porque fabuloso o verdadero, las doctrinas que se le atribuyen tuvieron sobrada parte en la conquista de México». (*Historia antigua y de la Conquista de México*, por el Lic. Manuel Orozco y Berra, con un estudio previo de Ángel M. Garibay K. y biografía del autor, más tres bibliografías referentes al mismo, de Miguel León-Portilla, México, Porrúa, 1978, t. I, pp. 53-54.)

11. Cortés asegura que llevaba un contingente de cuatro mil hombres entre totonacas, tlaxcaltecas, huejotzincas y cholultecas (*Segunda relación*, p. 39).

12. «[...] donde Moctezuma estaba había lagartos, tigres, leones y otras muy bravas fieras. Que siempre que el señor las soltase, bastaban para depedazar y comerse a los españoles, que era poquitos.» Gómara, t. II, p. 119.

13. Orozco y Berra señala que Motecuhzoma era tío de Cacama y sus hermanos. Pero como los padres de éstos, Axayácatl y Nezahualpilli, respectivamente, no eran ni hermanos ni primos hermanos, el vínculo de parentesco sería lejano y por vía materna, producto del matrimonio de Nezahualcóyotl con Azcaxóchitl, mujer noble mexica, de cuya unión nació Nezahualpilli (*op. cit.*, t. III, pp. 275-276 y t. IV, p. 287).

14. Cortés, *Segunda relación*, p. 40.

15. *Ibid.*, p. 41.

Tenochtitlan

1. «Al salir de Yztapalapa y por el camino mandó apregonar que ningún indio se atravesase por el camino , si no quería ser luego muerto.» Cervantes de Salazar, *Crónica*, t. I, p. 301.

2. En la avenida Pino Suárez, a un costado del Hospital de Jesús, se alza una placa de piedra que resulta de difícil lectura a causa de lo deteriorada que se encuentra. En ella se señala que ése fue el punto del encuentro entre Cortés y Motecuhzoma, aseveración que no parece estar bien fundamentada. Todas las fuentes originales coinciden en señalar que éste tuvo lugar en el baluarte

de Xóloc, que se encontraba en una isleta antes de que diese comienzo la ciudad. Una especie de defensa avanzada. En Sahagún leemos: «En llegando los españoles a aquel río que está cabe las casas de Alvarado que se llama Xoluco, luego Moctehecuzoma se aparejó para irlos a recibir con muchos señores y principales, y nobles para recibir con paz y con honra a D. Hernando Cortés, y a los otros capitanes; tomaron muchas flores hermosas y olorosas hechas sartales, y en guirnaldas, y compuestas para las manos, y pusiéronlas en platos muy pintados y muy grandes hechos de calabazas, y también llevaron collares de oro y piedras. Llegando Mocthecuzoma a los españoles al lugar que llaman Vitzillan que es cabe el Hospital de la Concepción [antiguo nombre del Hospital de Jesús], luego allí el mismo Mocthecuzoma puso un collar de oro y de piedras al Capitán D. Hernando Cortés, y dio flores y guirnaldas a todos los demás capitanes; habiendo dado el mismo Mocthecuzoma este presente como ellos lo usaban hacer» (t. IV, cap. XVI, p. 43). Por otra parte, en Torquemada se lee: «Desde el baluarte se sigue todavía la calzada, y tenía antes de entrar en la calle una Puente de Madera levadiza, de diez pasos de ancho, por el Ojo de la cual, corría el agua; es ahora de piedra y está cerca de las casas que labró Pedro de Alvarado, que son las que llaman de Salcedo, junto de la Hermita de San Antón. Hasta esta puente salió el rey Motecuhçuma a recibir a Fernando Cortés» (*Monarquía indiana*, t. I, p. 450). Ante estas versiones discrepantes nos inclinamos por lo afirmado por Torquemada con fundamento en la prueba arqueológica, ya que quinientos metros más al sur del Hospital de Jesús se halla la estación Pino Suárez del Metro, dentro la cual, junto a los andenes se encuentra un templo de Ehécatl, dios del viento, lo cual viene a demostrar que la ciudad llegaba hasta allí. Si suscribiéramos la descripción de Sahagún estaríamos restándole más de quinientos metros a la ciudad.

3. La impresión que Marina trasmite de Motecuhzoma está tomada de Bernal Díaz del Castillo (*Historia verdadera.*, cap. XCI, p. 166), quien lo describe así: «Era el gran Montezuma de edad de hasta cuarenta años y de buena estatura y bien proporcionado, y cenceño, y pocas carnes, y el color ni muy moreno, sino propio color y matiz de indio, y traía los cabellos no muy largos, sino cuanto le cubrían las orejas, y pocas barbas, prietas y bien puestas y ralas, y el rostro algo largo y alegre, y los ojos de buena manera, y mostraba en su persona, en el mirar por un cabo amor y cuando era menester gravedad». El antiguo conquistador fray Francisco de Aguilar completa el retrato añadiendo: «de mediana estatura, delicado en el cuerpo, la cabeza grande y las narices algo retornadas, crespo, asaz astuto, sagaz y prudente, sabio, experto, áspero, en el hablar muy determinado». (*Relación breve*, p. 81). Aparte de estos dos soldados nadie más se ocupó de hacer un apunte sobre Motecuhzoma. El padre Durán cuenta que en una ocasión demandó a un indio que le describiese cómo era Motecuhzoma, a lo que éste replicó que no podía decírselo, porque nunca osó mirarlo a la cara: si se atreviera, «tambien muriera, como los demás que se habían atrevido a mirarle» (*Historia de las Indias*, t. II, p. 407).

4. Motolinia, *Tratados*, t. I, 65. Sahagún, t. IV, cap. II, p. 25. Durán escribe que Motecuhzoma ordena: «Yo he proveído de joyas y piedras y plumajes para que lleves en presente a los que han aportado a nuestra tierra, y

deseo mucho que sepas quién es el señor y principal de ellos, al cual quiero que le des todo lo que llevares y que sepas de raíz si es el que nuestros antepasados llamaron Topiltzin, y, por otro nombre, Quetzalcóatl, el cual dicen nuestras historias que se fue de esta tierra y dejó dicho que habían de volver a reinar en esta tierra, él o sus hijos, y a poseer el oro y plata y joyas que dejó encerradas en los montes y todas las demás riquezas que ahora poseemos» (*Historia*, t. II, p. 507).

5. Acerca de los cráneos del *Tzompantli* Alvarado Tezozómoc manifiesta: «Eran estas cabezas de los que sacrificaban, porque después de muertos y comida la carne, traían la calavera y entregábanla a los ministros del templo, y ellos la ensartaban allí. Dejábanlas hasta que de añejas se caían a pedazos, si no era cuando había tantas que las iban renovando y quitando las más añejas, o renovaban la palizada para que cupiesen más» (*Crónica*, pp. 95-96).

6. De acuerdo con la profecía, eran ellos los esperados. Cortés, *Segunda relación*, pp. 42-43.

7. «Acuérdome que cuando venían ante él grandes caciques de lejanas tierras, sobre términos o pueblos, u otras cosas de aquel arte, que por muy señor que fuese se quitaba las mantas ricas y se ponía otras de henequén y de poca valía, y descalzo había de venir, y cuando llegaba a los aposentos, no entraba derecho, sino por un lado de ellos, y cuando parecía delante del gran Montezuma, los ojos bajos en tierra, y antes qued a él llegasen le hacían tres reverencias y le decían: "Señor, mi señor y mi gran señor".» Díaz del Castillo, *op. cit.*, cap. XCV, pp. 183-184.

8. Andrés de Tapia (*Relación*, p. 582) asegura que el Templo Mayor tenía «ciento y trece gradas de a más de palmo cada uno». Alvarado Tezozómoc, en cambio, dice que había «ciento veinte escalones» (*Crónica*, p. 94).

9. Acerca del mercado de esclavos, Bernal Díaz del Castillo cuenta: «Comencemos por los mercaderes de oro y plata y piedras ricas y plumas y mantas y cosas labradas, y otras mercaderías de indios esclavos y esclavas; digo que traían tantos de ellos a vender [a] aquella gran plaza como traen los portugueses los negros de Guinea, y traíanlos atados en unas varas largas con colleras a los pescuezos, porque no se les huyesen y otros dejaban sueltos» (*op. cit.*, cap. XCII, p. 171). Sobre este comercio, en Sahagún leemos: «Los mercaderes hacían un banquete en que daban a comer carne humana; esto hacían en la fiesta que se llama *panquetzaliztli*. Para esta fiesta compraban esclavos que se llamaban *tlaatiltin*, que quiere decir, lavados, porque los lavaban y regalaban para que engordasen, para que su carne fuese sabrosa cuando los hubieren de matar y comer; compraban estos esclavos en Azcapotzalco, porque allí había feria de ellos y allí los vendían los que trataban en esclavos [...]. El tratante que compraba y vendía los esclavos alquilaba los cantores para que cantasen y tañesen el *teponaztli*, para que bailasen y danzasen los esclavos en la plaza donde los vendían [...]. Los que querían comprar los esclavos para sacrificar para comer, allí iban a mirarlos cuando andaban bailando y estaban compuestos, y al que veía que mejor cantaba y más sentidamente danzaba, conforme al son, y que tenía buen gesto y buena disposición, que no tenía tacha corporal, ni era corcovado, ni gordo demasiado, y que era proporcionado y bien hecho en su estatura, como se contentase de alguno hombre

o mujer, luego hablaba al mercader en el precio del esclavo. [...] Los esclavos que ni cantaban ni danzaban sentidamente, dábanlos por treinta mantas, y los que danzaban sentidamente y tenían buena disposición, dábanlos por cuarenta *quachtles* o mantas» (*Historia,* t. III, pp. 43-44).

10. «Este Motecuzoma tenía por sus pronósticos y agüeros, que su gloria, triunfo y majestad no habían de durar muchos años, y que en su tiempo habían de venir gentes extrañas a señorear esta tierra, y por esta causa vivía triste, conforme a la interpretación de su nombre; porque Motecuzoma quiere decir, hombre triste, y sañudo, y grave, y modesto, que se hace temer y acatar, como de hecho éste lo tuvo todo.» Motolinia, *Colección de Documentos,* t. I, p. 7.

11. «[...] le llevaron un soldado vivo, que se decía Argüello, que era natural de León, y tenía la cabeza muy grande y la barba prieta y crespa, y era muy robusto de gesto y mancebo de muchas fuerzas, y le hirieron muy malamente [...] y aun le llevaron presentada la cabeza de Argüello, que pareció ser murió en el camino de las heridas, que vivo le llevaban. Y supimos que Montezuma, cuando se la mostraron, como era robusta y grande y tenía grandes barbas y crespas, hubo pavor y temió de la ver, y mandó que no la ofreciesen a ningún *cu* de México, sino en otros ídolos de otros pueblos.» Díaz del Castillo, *op. cit.,* cap. XCIV, p. 181.

12. Cortés lo llama Qualpopoca (*Segunda relación,* p. 44); Cervantes de Salazar lo repite igual; Torquemada escribe Cuauhpopoca (*Monarquía,* t. I, pp. 457-469); Bernal no da nombres, limitándose a decir que eran capitanes de Motecuhzoma.

13. «Y como Juan Velásquez lo decía con voz algo alta y espantosa, porque así era su hablar, y Montezuma vio a nuestros capitanes como enojados, preguntó a doña Marina que qué decían con aquellas palabras altas, y como doña Marina era muy entendida, le dijo: "Señor Montezuma: lo que yo os aconsejo es que vais luego con ellos a su aposento, sin ruido alguno, que yo sé que os harán mucha honra, como gran señor que sois, y de otra manera aquí quedaréis muerto".» Díaz del Castillo, *op. cit.,* cap. XCV, p. 183.

Misa en el Templo Mayor

1. Ésta es la descripción de uno que estuvo cara a cara con Huitzilopochtli: «Había una torre que tenía ciento y trece gradas de a más de palmo cada uno, é esto era macizo, é encima dos casas de más altor que pica y media, é aquí estaba el ídolo principal de toda la tierra, que era hecho de todo género de semillas, cuantas se pudiesen haber, é estas molidas é amasadas con sangre de niños é niñas vírgenes, á los cuales mataban abriéndolos por los pechos é sacándoles el corazón é por allí la sangre, é con ella é las semillas hacian cantidad de masa mas gruesa que un hombre e tan alta, é con sus ceremonias metían por la masa muchas joyas de oro de las que ellos en sus fiestas acostumbraban á traer cuando se ponían muy de fiesta; é ataban esta masa con mantas muy delgadas é hacien desta manera un bulto; é luego hacían cierta agua con ceremonias, la cual con esta masa la metien dentro en esta casa que

sobre esta torre estaba, é dicen que desta agua daban á beber al que hacían capitán general cuando los eligen para alguna guerra ó cosa de importancia. Esto metien entre la postrer pared de la torre é otra que estaba delante, é no dejaban entrada alguna, antes parecie no haber allí algo. De fuera de este hueco estaban dos ídolos sobre dos basas de piedra grande, de altor las basas de una vara de medir, é sobre estas dos ídolos de altor de casi tres varas de medir cada uno; serían de gordor de un buey cada uno: eran de piedra de grano bruñida, é sobre la piedra cubiertos de nácar, que es conchas en que las perlas se crían, é sobre este nácar pegado con betún, á manera de engrudo, muchas joyas de oro, é hombres é culebras é aves é historias hechas de turquesas pequeñas é grandes, é de esmeraldas, é de amatistas, por manera que todo el nácar estaba cubierto, excepto en algunas partes donde lo dejaban para que hiciese labor con las piedras. Tenían estos ídolos unas culebras gordas de oro ceñidas, é por collares cada diez ó doce corazones de hombre, hechos de oro, é por rostro una máscara de oro, é ojos de espejo, é tinie otro rostro en el colodrillo, como cabeza de hombre sin carne.» Tapia, *Relación*, pp. 582-583. Una descripción evidentemente muy confusa, ya que por obra del tiempo el autor tiene muy borrados los recuerdos, y al parecer, al hablar de espejo mezcla atributos de Tezcatlipoca con los de Huitzilopochtli; pero, qué le vamos a hacer, es la descripción más completa de que disponemos.

2. Refiriéndose a la plataforma superior del Templo Mayor, Cortés dice: «Hay tres salas dentro de esta gran mezquita, donde están los principales ídolos, de maravillosa grandeza y altura, y de muchas labores y figuras esculpidas, así en la cantería como en el maderamiento y dentro de estas salas están otras capillas que las puertas por do entran a ellas son muy pequeñas, y en ellas asimismo no tienen claridad alguna, y allí no están sino aquellos religiosos, y no todos, y dentro de éstas están los bultos y figuras de los ídolos, aunque, como he dicho, de fuera hay también muchos». *Segunda relación,* pp. 52-53. Si bien es cierto que todos los autores que vinieron a continuación mencionan que las casetas eran dos, una dedicada a Huitzilopochtli y la otra a Tláloc, el caso es que Cortés, durante los casi seis meses que estuvo alojado en el palacio de Axayácatl, lo primero que vería a la salida del sol sería la silueta del Templo Mayor recortada a contraluz. Y en cuanto a la descripción del interior de las casetas es el único en hacerlo, ya que entraría en ellas en numerosas ocasiones para asistir a misa en los días en que éste estuvo convertido en lugar de culto. Y algo a no pasarse por alto es que esto lo está diciendo el 30 de octubre de 1520, cuando apenas iban transcurridos cuatro meses de la salida de México, con la memoria fresca, mientras que los relatos de Andrés de Tapia, Bernal y de los demás que vinieron a continuación fueron redactados muchos años después. Acerca de la conversión del Templo Mayor en iglesia cristiana, este último agrega el siguiente testimonio: «Y puesto nuestro altar apartado de sus malditos ídolos y la imagen de Nuestra Señora y una cruz, y con mucha devoción, y todos dando gracias a Dios, dijo misa cantada el padre de la Merced, y ayudaron a la misa el clérigo Juan Díaz y muchos de nuestros soldados. Y allí mandó poner nuestro capitán a un soldado viejo para que tuviese guarda en ello, y rogó a Montezuma que mandase a los papas que no tocasen en ello, salvo para barrer y quemar incienso y

poner candelas de cera ardiendo de noche y día, y enramarlo y poner flores» (*op. cit.*, cap. CVII, p. 208).

3. Acerca de la fabricación de velas Bernal cuenta: «y también se les mostró a hacer candelas de la cera de la tierra, y se les mandó que con aquellas candelas siempre tuviesen ardiendo delante del altar, porque hasta entonces no sabían aprovecharse de la cera" (*op. cit.*, cap. LII, p. 89).

4. Andrés de Tapia dice haber contado las calaveras junto con Gonzalo de Umbría habiendo encontrado que eran ciento treinta y seis mil. La cifra, por supuesto, está exagerada fuera de toda proporción (p. 583). En el Museo del Templo Mayor se conservan seis cráneos de los que se encontraban en el gigantesco *Tzompantli*, y también en Tlaxcala, en el Museo Regional existe un *Tzompantli* en el cual los cráneos allí ensartados tienen nombre y apellido. Se trata de los españoles sacrificados en Calpulalpan, entre quienes figuraban Morla y Juan Yuste y algunos tlaxcaltecas entre los cuales se contaba un hijo de Maxixcatzin.

5. Se ha hablado mucho del baño de Motecuhzoma. Bernal menciona que lo hacía una vez al día, por la tarde, dato que corrobora Francisco de Aguilar. Este último es el único de los testigos presenciales que tuvo a bien describir cómo se llevaba a cabo. El ritual era curiosísimo: «Su ropa nadie la tomaba en las manos, sino con otras mantas la envolvían en otras, y eran llevadas con mucha reverencia y veneración. Al tiempo de lavar venía un señor con cántaros de agua, que le echaba encima, y luego tomaba agua con la boca y metía los dedos, y se los fregaba; y luego estaba otro con unas toallas grandes, muy delgadas, que le echaba encima de sus brazos y muslos, y se limpiaba con mucha autoridad y las tomaba sin ninguno de aquellos mirarle a la cara». Francisco de Aguilar, *Relación breve*, p. 81. Díaz del Castillo, *op. cit.*, cap. XCI, p. 166.

6. Motecuhzoma era el rey por voluntad del emperador. Cortés, *Segunda relación*, p. 45.

7. En Cervantes de Salazar (t. I, cap. XXX, p. 357) leemos que «había una ramería de mujeres públicas que ganaban en el Tlatelulco, cada una en una pecesuela como botica; serían las casas más de cuatrocientas y así las mujeres». Torquemada repite la información: «Ordenó que luego se deshiciese una Ramería de Mujeres Públicas, que ganaban cada una en una Peçeçuela, que serían más de cuatrocientas» (t. I, lib. IV, cap. LIII, p. 464).

8. «[...] y especialmente quería mucho a un Fulano de Peña, con el cual, burlándose muchas veces, le tomaba el bonete de la cabeza, y echándoselo de la azotea abaxo, gustaba mucho de verle baxar por él y luego le daba una joya. Amó muy de veras a éste, como adelante diré, y si la desgracia de la muerte deste gran príncipe no sucediera, le hiciera muy rico, porque era muy a su contento, tanto que todas las veces que le veía, aunque fuese delante de Cortés, se sonreía y alegraba.» Cervantes de Salazar, *Crónica*, t. I, cap. XXVIII, p. 350. Torquemada, *Monarquía*, t. I, pp. 461-463.

9. «Y no lo hubo bien dicho, cuando en *hamaquillas* de redes, como ánimas pecadoras, los arrebataron muchos indios de los que trabajaban en la fortaleza, que los llevaron a cuestas y en cuatro días dan con ellos cerca de México, que de noche y de día, con indios de remuda caminaban». Bernal, *op. cit.*, cap. CXI, p. 215. El carpintero Diego Ramírez corrobora: «metiéronlos en

unas hamacas e con yndios el dicho Sandoval los envió a esta ciudad al dicho D. Fernando Cortés y con ellos venía el dicho Pero de Solís que era alguacil». *Sumario de la Residencia tomada a D. Fernando Cortés*, paleografiado del original por el licenciado Ignacio López Rayón, Tipografía de Vicente García Torres, 1853, t. II, p. 412.

10. Cortés apunta que: «Montezuma oía con muestras de buena voluntad las cosas de nuestra fe, e pidió ser bautizado, e se defirió su bautismo hasta la Pascua Florida, por hacerse con toda solemnidad». AGI, CDIAO, t. XXVII, pp. 446-461, citado por Martínez, *Documentos*, t. II, p. 241.

11. El caso Pinelo tiene unas connotaciones importantísimas, pues pone de manifiesto hechos que conviene poner de relieve; el relato más completo proviene de Jerónimo de Aguilar, quien cuenta que al tener conocimiento Motecuhzoma de la llegada de Narváez preguntó a Cortés «que qué gente eran, que si eran todos de un señor e que el dicho D. Fernando Cortés dixo que todos eran de un señor, pero que era una gente vizcaínos [de baja condición] e que no los enviaba el emperador acá sino que ellos se venían desmandados e que el dicho Motezuma dixo que si el quería que él los echaría de la tierra pero pues que él quería ir que él le daría la gente que le pedía e todo lo que oviere menester e que para ello mandaría a ciertos principales que con él fuesen para que en los puertos tomasen gente que le ayudase e que desta manera el dicho D. Fernando Cortés aderezó su camino e juntó la más gente que pudo e estando junta vido este testigo que el dicho D. Fernando Cortés les fizo jurar que todos le siguieran como a su capitán e que no le desamparasen e que así se partió desta ciudad e que antes de que partiese supo que un Pinelo se avía ido al dicho Narváez a le avisar de la manera de la tierra e que el dicho D. Fernando Cortés mandó a este testigo que hablase a los dichos indios de esta dicha ciudad a al dicho Motezuma para que mandase ir e traerle aquel español e que este testigo se lo dixo al dicho Motezuma e que el dicho Motezuma dixo que no osarían los indios tomarle porque llevaba una ballesta e que el dicho D. Fernando Cortés mandó a este testigo que dixese al dicho Motezuma que mandase a los indios que lo matasen e que se lo truxesen muerto e que después, yendo el dicho D. Fernando Cortés camino de dicho puerto e yendo este testigo con él vido que que junto a Tepeaca salieron los indios desta dicha ciudad al dicho D. Fernando Cortés e le dixeron como traían el dicho español muerto que si le quería ver e que el dicho D. Fernando Cortés les dixo que lo truxesen e que adonde estava e que los dichos indios le mostraron e dixeron que lo tenían allí junto e el dicho D. Fernando Cortés dixo que no lo quería ver sino que lo desviasen de allí e que eran muy buenos e lo habían hecho muy bien e que este testigo dixo a los dichos indios que enterrasen al dicho español». *Sumario de la residencia a Cortés*, t. II, pp. 184-185. Aquí tenemos relatado al detalle el caso de Pinedo o Pinelo por alguien que lo conoce bien. Pero antes de entrar a analizar lo que aquí se dice procede destacar que Aguilar está haciendo de lado a su compañera Malintzin, pues ¿cómo podría comunicarse con Motecuhzoma y los demás indios si él no hablaba náhuatl? Hecha esta salvedad y dejando al muerto enterrado en Tepeaca, vayamos a lo que aquí hay de fondo. Lo importante a destacar es que Motecuhzoma se ofreció ocuparse él de echar de la tierra a Narváez y a los

suyos, planteamiento que Cortés declinó. En aquellos días en que se encontraba tan fuerte políticamente le hubiera resultado más sencillo formar un ejército integrado por mexicas, tlaxcaltecas y huejotzincas y lanzarlo contra los recién llegados. Pero está claro que quiso evitar una guerra de indios contra españoles. Hubiera sido una carnicería y existía el riesgo de que la situación se le fuera de control. Por ello prefirió ocuparse personalmente del asunto; en cuanto a los principales que le facilitó Motecuhzoma eran un puñado que iban un poco como rehenes y otro poco para facilitarle que se le diesen aprovisionamientos por donde pasaba. Éste es un rasgo de Cortés al que no se le ha prestado la atención debida.

12. «No había otra guarda sino Marina, la lengua, y Joan de Ortega, paje de Cortés»; Cervantes de Salazar, *Crónica,* t.II, cap. LXXXVI, p. 22.

13. Acerca de los ensalmadores, de aquellos que curaban imponiendo las manos y musitando oraciones, Francisco de Aguilar cuenta: «Recogidos los españoles en sus aposentos, había muchos heridos, y aquí milagrosamente Nuestro Señor obró, porque dos italianos, con ensalmos y un poco de aceite y lana [de] Escocia, sanaba en tres o cuatro días, y el que esto escribe pasó por ello, porque estando muy herido, con aquellos ensalmos fue en breve curado» (*Relación,* p. 87). Bernal manifiesta: «cuando en la noche nos departía curábamos nuestras heridas con quemárnoslas con aceite, y un soldado que se decía Juan Catalán, que nos las santiguaba y ensalmaba, y verdaderamente digo hallábamos que Nuestro Señor Jesucristo era servido darnos esfuerzo, demás de las muchas mercedes que cada día nos hacía, y de presto sanaban; y heridos y entrapajados habíamos de pelear desde en la mañana hasta la noche; que si los heridos se quedaban en el real sin salir a los combates, no hubiera de cada capitanía veinte hombres sanos para salir; pero nuestros amigos los de Tlaxcala, desde que veían que aquel hombre que dicho tengo nos santiguaba todos los heridos y descalabrados, iban a él, y eran tantos, que en todo el día harto tenía que curar» (*op. cit.,* cap. CLI, p. 339). Cervantes de Salazar cuenta que «una mujer española que se decía Isabel Rodríguez, lo mejor que ella podía les ataba las heridas y se las santiguaba "en el nombre del Padre y del Hijo e del Espíritu Sancto, un solo Dios verdadero, el cual te cure y sane", y esto no lo hacía arriba de dos veces, e muchas veces no más de una, e acontecía que aunque estuviesen pasados los muslos, iban sanos otro día a pelear». *Crónica,* t. II, cap. CLXV, p. 203. Al autor de estas líneas le merecen el mayor respeto lo que dicen estos autores acerca de los ensalmadores, ya que en varias ocasiones tuvo oportunidad de presenciar operaciones de Pachita, la famosa taumaturga muerta hace pocos años. Si Pachita llegaba a curar o no es otra cosa. Lo asombroso es cómo contenía la sangre y las cicatrizaciones portentosas de un día para otro.

14. «Y Cortés todavía porfiaba a que se las diésemos, y como era capitán general, húbose de hacer lo que mandó, que yo les di un caballo que tenía ya escondido, ensillado y enfrenado, y dos espadas, y tres puñales, y una daga; y otros muchos de nuestros soldados dieron también otros caballos y armas»; Díaz del Castillo, *op. cit.,* cap. CXXIV, p. 243.

15. En sus escritos Cortés nunca menciona a Blas Botello de Puerto Plata, un hidalgo montañés que no sabemos de bien a bien qué lo llevó a

ingresar en las filas de su ejército. Bernal habla de él en términos derogatorios, burlándose sobre todo de haber fallado en su pronóstico de salir con vida durante la huida de México, pero reconoce el ascendiente que tenía entre los individuos de tropa, quienes le reconocían poseer poderes ocultos e inclusive tener pacto diabólico. Francisco de Aguilar es el cronista que mayor espacio dedica a sus artes adivinatorias y al ascendiente que tuvo en el ejército, al grado de que fue él quien precipitó la salida al agitar el ejército (*Relación breve*, pp. 88-89); «Y además de esto estaba con nosotros un soldado que se decía Botello, al parecer muy hombre de bien y latino, y había estado en Roma, y decían que era nigromántico, otros decían que tenía familiar, algunos le llamaban astrólogo; y este Botello había dicho cuatro días había que hallaba por sus suertes o astrologías que si aquella noche que venía no salíamos de México, que si más aguardábamos, que ninguno saldría con la vida, y aún había dicho otras veces que Cortés había de tener muchos trabajos o había de ser desposeído de su ser y honra, y que después había de volver a ser gran señor, e ilustre, de muchas rentas, y decía otras muchas cosas». Díaz Castillo, *op. cit.*, cap. CXXVIII, p. 255.

16. Bernardino Vázquez de Tapia fue uno de los ciento treinta españoles que quedaron con Alvarado cuando Cortés marchó contra Narváez, y en la residencia contra éste se pronunció en contra suya, y cuando declara en torno al pasaje relacionado con la matanza del Templo Mayor su testimonio resulta muy interesante ya que habla con conocimiento de causa, puesto que participó en los sucesos que reseña; un aspecto que refiere y que ha pasado inadvertido por los cronistas es el de que al dar comienzo los festejos del mes tóxcatl, «ciertos señores llegaron al dicho Pedro Dalvarado e le dixeron que dezía Motunzuma que tuviese por bien que subiesen a Uichilobos en una torre donde solía estar por que lo había quitado de allí D. Hernando e puesto a nuestra Señora e quel dicho Alvarado se enojó e los hizo echar de allí e los dichos yndios dixeron que pues que le pesaba e no era contento que no le subirían.» Como se recordará, Cortés retiró a Huitzilopochtli y Tláloc y convirtió el Templo Mayor en iglesia cristiana, por lo que Alvarado se encontraba imposibilitado de acceder a lo que le solicitaban, pues de haberlo hecho hubiera significado dar marcha atrás en todo lo realizado en los cinco meses que iban transcurridos desde el apresamiento de Motecuhzoma y sobre todo, cuando ya éste y todos los caciques principales habían prestado el juramento de vasallaje al rey de España. Alvarado, prestando oídos a lo que le decían los tlaxcaltecas recelaba de que la fiesta fuera una cobertura para atacar a los españoles, y para aclarar esa situación trajo al palacio de Axayácatl unos indios y les «hizo dar tormento para que dixesen si se querían alzar e vido este testigo como al uno de ellos que fue el primero que atormentaron le ponían unos leños de encina llenos de brasa sobre la barriga para que dixese cuando habían de dar la guerra, el cual no dixo cosa alguna hasta que muerto le echaron por el azotea abaxo e que tomó otro indio de los mismos e otros señores muchachos parientes de Motunzuma e con los tormentos dixceron lo que el quería e también que tenían una lengua [intérprete] que se dezía Francisco, indio natural de Guatasta que se llevó de esta tierra cuando vino Grijalva que dezía lo que el mismo quería que dixese que era de esta manera, que le dezían

di Francisco dizen que no han de dar guerra de aquí a diez días e que no respondía otra cosa que sino sí señor e que luego el dicho Alvarado se determinó de ir a la mezquita mayor a matarlos». Vázquez de Tapia, *op. cit.*, apéndice II, pp. 110-111.

17. Bernal habla de lo receptivo que se encontraba Motecuhzoma a la indoctrinación: «Y volviendo a nuestra plática, unas veces le daban a entender las cosas tocantes a nuestra santa fe, y se lo decía el fraile con el paje Orteguilla, que parecía que le entraban ya algunas razones en el corazón, pues las escuchaba con atención mejor que al principio» (cap. C, p. 197). Según este autor, al producirse la lucha en la ciudad Motecuhzoma habría hecho retirar la imagen de la Virgen que se encontraba en lo alto del Templo Mayor para ponerla a salvo de cualquier profanación: «y quiso Nuestro Señor que llegamos adonde solíamos tener la imagen de Nuestra Señora, y no la hallamos, que pareció, según supimos que el gran Montezuma tenía devoción en ella, y la mandó guardar» (cap. CXXVI, p. 251).

18. «Sucedió que así como descubrió un poco la cara Moteczuma para hablar, lo cual sería a las ocho o nueve del día, que vino entre otras piedras que venían desmandadas una redonda como una pelota, la cual dio a Moteczuma, estando entre los dos metido, [Cortés y el comendador Leonel de Cervantes] entre las sienes, y cayó.» Aguilar, *Relación breve,* p. 88.

19. «[...] y porque de todos los de mi compañía fui requerido muchas veces que me saliese.» Cortés, *Segunda relación*, p. 68.

La huida de México

1. La estimación acerca del número de los que retrocedieron fluctúa mucho. Francisco de Aguilar dice que «serían hasta cuarenta» (*Relación,* p. 91); Cervantes de Salazar dice que «llegaron al tercer ojo que era el postrero; pero del segundo se volvieron a la ciudad más de cien españoles; subiéronse al *cu*, pensando hacerse fuertes y defenderse, no considerando que habían de perecer de hambre» (*Crónica*, t. II, cap. CXXI, p. 57), y Torquemada apunta: «y ciento que se volvieron a la torre del Templo, adonde se hicieron fuertes tres días» (*Monarquía indiana*, t. I, p. 503).

2. Torquemada escribe: «No pudo Cortés tener las lágrimas», aunque sin precisar en qué momento ocurrió eso, ni dónde se encontraba (*Monarquía*, t. I, p. 503). El antecedente del Árbol de la Noche Triste lo encontramos en William H. Prescott, *Historia de la Conquista de México*, introducción de Juan Miralles, Madrid, Papeles del Tiempo, A. Machado Libros, 2004, p. 386.

3. Acerca del pescado fresco sacado del Golfo que se servía en la mesa de Motecuhzoma, el primer autor en citar esta especie es Prescott, *op. cit.*, p. 286.

4. «[…] preguntó si estaba allí Martín López; dixéronle que sí, holgóse mucho, porque era el que había de hacer los bergantines para volver sobre México, y por su persona era valiente y cuerdo» (Cervantes de Salazar, *Crónica*, t. II, p. 58). «Preguntó por Martín López, halló que estaba allí, y holgó de ello; y también de que no se hubiesen perdido Jerónimo de Aguilar ni Marina» (Torquemada, *Monarquía*, t. I, p. 503).

5. Andrés de Tapia declaró: «y vido al dicho don Hernando luego como venía peleando dentro de un gran golpe de indios que sobre él venían, y él peleando con ellos y herido en una mano, y atada la rienda del caballo a la muñeca del brazo" (AGI, *Justicia*, leg. 223.2, ff. 309v, fragmentos. Paleografió Miguel González Zamora, lo reproduce Martínez, *Documentos*, t. II, p. 355).

6. «Tornemos a decir cómo quedaron en las puentes muertos así los hijos e hijas de Montezuma como los prisioneros que traíamos, y el Cacamatzin, señor de Tezcuco, y otros reyes de provincias», Bernal, *op. cit.*, cap. CXXVII, p. 258.

7. *Ibid.*, cap. CXXVIII, p. 260. Francisco López de Gómara, *op. cit.*, t. II, p. 207, dice que murieron «cuatrocientos cincuenta españoles, cuatro mil indios amigos, cuarenta y seis caballos, y creo que todos los prisioneros».

8. «Y con cuatro hombres de la villa, vinieron tres de la mar, que todos fueron siete, y venía por capitán de ellos un soldado que se decía Lencero, cuya fue la venta que ahora se dice de Lencero.» Díaz del Castillo, *op. cit.*, cap. CXXIX, p. 263.

9. Castigo a los de Tepeaca. Cortés, *Segunda relación*, p. 73.

10. Al término de la campaña de Tepeaca Cortés fundó allí una villa española a la que impuso el nombre de Segura de la Frontera, y en la cual a través de Juan Ochoa de Lejalde promovió una serie de actuaciones notariales claramente encaminadas a culpar a Narváez y a Velásquez por la pérdida de vidas y del quinto real durante la Noche Triste. La primera de estas actuaciones se desarrolló del 20 de agosto al 3 de septiembre de 1520; la segunda del 4 al 28 de septiembre, y hubo una tercera el 4 de octubre del mismo año de 1520. Se trata de unas diligencias muy pormenorizadas y repetitivas, en las cuales declaran tirios y troyanos, o sea, amigos y enemigos de Cortés, por lo que tienen el valor de poner en claro algunos aspectos fundamentales para el conocimiento de lo ocurrido en aquellos días. Entre los puntos más importantes figura, en primer término, la declaración reiterada de Cortés en el sentido de que hasta el último momento se resistía a abandonar la ciudad, pues contaba con revertir la situación a través de todos los notables que tenía en su poder «que antes lo sacarían hecho pedazos que salir de la ciudad». O sea que tácitamente se admite que hubo un momento en que se le fue de la mano el control del ejército y hubo de acceder a las demandas de sus capitanes (el efecto Botello). Otro aspecto muy importante es que ninguno de los declarantes mencione que Motecuhzoma les hubiese exigido que se fuesen de la tierra y que para ello Martín López estuviese construyendo los navíos necesarios. Se menciona, eso sí, que había un navío en construcción para enviar a España el real quinto; y algo en lo que se enfatiza es que encontrándose el país tranquilo la aparición de Narváez vino a perturbar la paz: «que estando toda la tierra pacífica e sojuzgada e puesta debajo del dominio e señorío de Sus Altezas, e sirviendo los indios della muy bien e con mucha voluntad en todo lo que les mandaban, en nombre de Sus Altezas, e estando el dicho señor capitán general en la dicha ciudad de Tenustitán, entendiendo en otras cosas que convenían a servicio de Sus Altezas e a la buena población e pacificación desta tierra, e queriendo ir a descubrir muchas tierras otras de que tenía noticia, muy más ricas, especialmente las minas de la plata, que segund la muestra, se

tienen por muy ricas, de que Sus Altezas fueran muy servidos e su corona real aumentada, vino a su noticia que era venido al puerto de San Juan, que se dice de Chalchicueca, una armada de trece navíos, con mucha gente de pie e de caballo e artillería e munición». [AGN, *Hospital de Jesús*. G.R.G. Conway, *La Noche Triste, Documentos*, Segura de la Frontera, en Nueva España, año de MDXX, paleografía de Agustín Millares Carlo, México, Antigua Librería Robredo de José Porrúa e Hijos, 1943, doc. II, pp. 39-82 (selección). Lo reproduce Martínez, *Documentos*, t. I, pp. 114-147.]

11. Marina esclarece la confusión ante la sospecha de traición por parte de los de Huejotzingo. Cortés, *Segunda relación*, p. 74.

12. Motolinía advierte que el nombre del cacique era Michuachapanco, el cual corrompió Cortés para transformarlo en Pánuco (*Tratados*, t. I, p. 46).

13. «[...] pero él los perdonaba»; Cortés, *Tercera relación*, p. 92.

14. Acerca del abandono de Texcoco sin ofrecer resistencia, el antiguo conquistador fray Francisco de Aguilar brinda la versión siguiente: «Habiéndose rehecho el dicho capitán Cortés de gente venida de las islas, como arriba está dicho, caminó con su gente la vía de México y llegó y entró en la gran ciudad de Tetzcoco, la cual ciudad y señorío era tan grande como el señorío de México. Podría tener más de ochenta o cien mil casas, y el dicho capitán y españoles se aposentaron allí en los aposentos grandes y muy hermosos, y patios que en la dicha ciudad había, en la cual se entró sin haber guerra de la una parte ni de la otra, y fue causa porque el señor de ella que se llamaba Cohuanacotzin y su hermano capitán general que se decía Ixtlilxóchitl estaban hechos fuertes en México, y lo mismo los valientes hombres de esta ciudad, a cuya causa no hubo quién diese guerra» (*Relación*, p. 95). Este párrafo es singularmente importante, pues pone de relieve algo que generalmente se suele pasar por alto: las disensiones que más tarde surgirían entre los defensores, que motivarían que, por haberse enemistado con Cuauhtémoc, el príncipe texcocano Ixtlilxóchitl se saliese de la ciudad con sus hombres para pasarse al bando español.

15. Como la versión tradicional que nos han enseñado en la escuela va en el sentido de que los habitantes de Tenochtitlan, como un solo hombre, estarían detrás de Cuauhtémoc, estamos conscientes de que a muchos causará sorpresa escuchar que en la cúspide de la clase dirigente hubo divisiones. Mientras unos seguían a Cuauhtémoc, otros favorecían la idea de ir al encuentro de Cortés y llegar a un entendimiento con él. Después de todo, tenían la experiencia de los seis meses de convivencia pacífica que les había tocado vivir bajo Motecuhzoma como gobernante vasallo del rey de España. Aquí nos limitaremos a reproducir lo que aparece escrito en el manuscrito que conocemos como *Anónimo de Tlatelolco,* al que ya se ha hecho mención: «Cuando él [Cortés] se fue a situar a Tetzcoco fue cuando comenzaron a matarse unos con otros los de Tenochtitlan. En el año 3-Casa [mataron] a sus príncipes el Cihuacóatl Tzihuacpopocatzin y a Cipatzin Tecuecuenotzin. Mataron también a los hijos de Motecuhzoma, Axayaca y Xoxopehuáloc. Esto más: cuando fueron vencidos los tenochcas se pusieron a pleitear unos con otros y se mataron unos a otros. Ésta es la razón por que fueron matados estos principales: conmovían al pueblo para que se juntaran maíz blanco, gallinas;

huevos, para que dieran tributo a aquéllos [los españoles]. Fueron sacerdotes, capitanes, hermanos mayores los que hicieron estas muertes. Pero los principales jefes se enojaron porque habían sido muertos aquellos principales [....]. Por dos días hay combate en Huitzilan. Fue cuando se mataron unos a otros los de Tenochtitlan. Se dijeron: "¿Dónde están nuestros jefes? ¿Tal vez una sola vez han venido a disparar? ¿Tal vez han hecho acciones de varones?". Apresuradamente vinieron a coger a cuatro: por delante iban los que mataron. Mataron a Cuauhnochtli, capitán de Tlacatecco; a Cuapan, capitán de Huitznáhuac [los dos], sacerdotes, al sacerdote de Amantlan, y al sacerdote de Tlalocan. De modo tal, por segunda vez, se hicieron daño a sí mismos los de Tenochtiltlan al matarse unos a otros». No está por demás recordar que el original está en náhuatl, escrito siete años después de la Conquista, el cual se encuentra registrado como Ms. 22 de la Biblioteca de París (Sahagún, *Anónimo de Tlatelolco*, t. IV, pp. 172-173).

Comienza el asedio

1. El padre Juan Díaz era hombre anciano, según lo refiere el obispo Zumárraga en carta dirigida al Emperador desde Valladolid en 1533, al referirse a las circunstancias en torno a la ejecución de Cristóbal de Angulo: «y mandé al dicho Juan Díaz, clérigo anciano y honrado, que lo oyese en penitencia y le encaminase a salvación al dicho Cristóbal de Angulo con el cual estuvo en la cárcel dicho confesor oyéndole de confesión largamente, no lo desamparó hasta la hora que expiró, que aún a la horca estuvo con él». Joaquín García Icazbalceta, *Don fray Juan de Zumárraga, primer obispo y arzobispo de México*, t. III, edición de Rafael Aguayo Spencer y Antonio Castro Leal, México, Porrúa, 1968, p. 21.

2. «Las obras hidráulicas de mayor rango construidas a principios del siglo XVI en la zona lacustre [de las que tenemos noticia] son las seis albarradas o albarradones de diferentes dimensiones: la albarrada de Nezahualcóyotl, llamada también de los indios; la de Ahuízotl, posteriormente denominada de San Lázaro; la de Mexicaltzingo al sur, así como las albarradas de Iztapalapa, Cuitláhuac y de Xochimilco.» Perla Valle, *op. cit.*, p. 28.

3. Vinieron a verlo los hijos del cacique de Chalco. Cortés, *Tercera relación*, pp. 95-96. Bernal, *op. cit.*, cap. CXXXIX, p. 294.

4. «[...] y un mozo mío, como vio que con cosa del mundo no habría más placer que con saber la venida de la nao y del socorro que traía aunque la tierra no estaba segura, de noche se salió y vino a Tesuico; de que nos espantamos mucho haber llegado vivo, y hubimos mucho placer con las nuevas, porque teníamos extrema necesidad de socorro» (Cortés, *Tercera relación*, p. 97).

5. Cortés señala que la salida de Texcoco fue el 5 de abril de 1521 (*Tercera relación*, p. 103).

6. Cortés, *Tercera relación*, p. 104. Parte del arbolado se mantiene hoy día en el conjunto que rodea al hotel Oaxtepec, donde antes funcionaba el Centro Vacacional del IMSS.

7. «[...] a la sed no hay ley», Díaz del Castillo, *op. cit.*, cap. CXLV, pp. 317-318.

8. Cortés narra el incidente con las siguientes palabras: «Y como andábamos revueltos con ellos y había muy gran prisa, el caballo en que yo iba se dejó caer de cansado; y como algunos de los contrarios me vieron a pie revolvieron sobre mí, y yo con la lanza comencéme a defender de ellos; y un indio de los de Tascaltécatl, como me vio en necesidad, llegóse a me ayudar, y él y un mozo mío que luego llegó levantamos el caballo». *Tercera relación*, p. 106. Bernal lo cuenta así: «Y Cortés que se halló en aquella gran prisa, y el caballo en que iba que era muy bueno, castaño oscuro, que le llamaban El Romo, o de muy gordo o de cansado, como estaba holgado, desmayó el caballo, y los contrarios mexicanos, como eran muchos, echaron mano a Cortés y le derribaron del caballo; otros dijeron que por fuerza lo derrocaron; sea por lo uno o por lo otro, en aquel instante llegaron muchos más guerreros mexicanos para si pudieran apañarle vivo, y como aquellos vieron unos tlaxcaltecas y un soldado muy esforzado que se decía Cristóbal de Olea, natural de Castilla la Vieja, de tierra de Medina del Campo, de presto llegaron y a buenas cuchilladas y estocadas hicieron lugar, y tornó Cortés a cabalgar, aunque bien herido en la cabeza, y quedó Olea muy mal herido de tres cuchilladas» (*op. cit.*, cap. CXLV, pp. 318-319). Bernal parece confundir esta situación con otra, posterior, en que Olea salvó la vida de Cortés a costa de la suya. Como vemos, el propio Cortés es claro al decir que fue un tlaxcalteca el que primero vino en su ayuda. Este lance Cervantes de Salazar lo cuenta de la manera siguiente: «los caballos andaban ya fatigados de tal manera que el de Cortés, como trabajaba más, andando de acá para allá, no pudiendo sufrir el trabajo, se dexó caer en el suelo. Cortés se apeó con gran presteza, y tomando la lanza con ambas manos, la jugó de manera que no menos mal hacía con el regatón que con el hierro. Defendiéndose desta manera un rato de muchos que le tenían rodeado, llegó allí un tlaxcalteca con su espada y rodela, que no supo por dónde entró. Díjole: "No tengas miedo, que yo soy tlaxcalteca". Ayudóle luego a levantar el caballo, que estaba ya algo alentado, e a subir en él a Cortés. Acudió luego un criado suyo, y tras él muchos españoles. Miró Cortés en el indio, que le pareció bien alto y muy valiente. Revolvió Cortés con los compañeros sobre los enemigos; dioles tanta priesa que desampararon el campo [...]. Otro día por la mañana cabalgó Cortés, buscó con gran cuidado por sí y por las lenguas aquel indio que le había ayudado, para honrarle y favorecerle, agradeciéndole lo que por él, en tan gran peligro, había hecho, y después de haberle buscado con toda la diligencia posible, ni entre los vivos ni entre los muertos lo pudo hallar, porque llevarle preso los indios no lo acostumbraban. Creyó, según Cortés era devoto de Sant Pedro, que en aquella aflicción y trance le socorrió e ayudó en figura de tlaxcalteca. Duróle a Cortés el cuidado hartos días de saber de aquel indio, y jamás pudo saber nada más de lo que presumió». *Crónica,* t. II, cap. XCIV, p. 154.

9. Cortés habla en plural, pero sin precisar el número de indios muertos de sed (*Tercera relación*, p. 105); Bernal señala que los muertos fueron un español y un indio (*op. cit.*, cap. CXLV, p. 317).

1. Defecciones al bando español de Ixtlilxóchitl y los señores de Xochimilco y Tláhuac, en Aguilar, *Relación breve*, p. 96.

2. En cuanto la Audiencia de Santo Domingo tuvo conocimiento de que Diego Velásquez planeaba enviar una expedición contra Cortés al mando de Pánfilo de Narváez, los oidores justamente alarmados ante la perspectiva de un enfrentamiento entre españoles en tierra extraña, enviaron al oidor Lucas Vázquez de Ayllón para hacer desistir a Velásquez de ese propósito. Al no conseguirlo, el oidor en su propio barco se hizo a la vela adelantándose a Narvaéz, con la esperanza de hacer valer su autoridad interponiéndose entre ambos y evitar así el choque: «Junto con la dicha armada me partí para las dichas tierras nuevas, y tocamos en la isla de Cozumel, por recoger ciertos españoles que en ella estaban de la dicha armada, que había dejado un navío della que aportó a la dicha isla, habiéndose despartido del armada al tiempo que venían al puerto de la Trinidad. Y en aquella isla había muy poquitos indios naturales, porque la mayor parte se habían muerto de viruelas que los indios de la dicha isla Fernandina, que con los españoles fueron, les habían pegado». (*Cartas y relaciones de Hernán Cortés al emperador Carlos V*, colegidas e ilustradas por don Pascual de Gayangos, París, Imprenta Central de los Ferrocarriles, 1866, t. I, p. 42). El informe del oidor Vázquez de Ayllón está fechado el 30 de agosto de 1520, por lo que constituye la primera noticia que llegaría a la Corte acerca de lo que estaba ocurriendo, y por lo que apunta, se desprende que la viruela habría sido llevada por las expediciones precedentes que recalaron en la isla: la de Grijalva o la de Cortés; por otro lado, a renglón seguido el oidor incluye un párrafo que no tiene desperdicio: «De ellí seguimos el viaje por toda la costa de la isla de Yucatán, de la banda del norte, hasta llegar al fin de la dicha isla, que es muy junta con la otra tierra que llaman de Ulúa, que a lo que se cree e allá se pudo comprender es tierra firme, y junta con la que Juan Díaz de Solís y Vicente Yáñez decubrieron». Por lo que se advierte, de tiempo atrás las aguas del Golfo ya habrían sido surcadas por navegantes españoles, nada menos que por el antiguo capitán de la *Niña*, y el futuro descubridor del Río de la Plata.

3. Desafío en Acolman; Cortés dice: «y yo envié una persona para ello, que los reprendió y apaciguó», (*Tercera relación*, pp. 110-111); Bernal escribe: «y fuimos a dormir a un pueblo sujeto a Tezcuco otras veces por mi memorado, que se dice Aculma, y pareció ser Cristóbal de Olid envió adelante [a] aquel pueblo a tomar posada, y tenía puesto en cada casa por señal ramos verdes encima de las azoteas, y cuando llegamos con Pedro de Alvarado no hallamos dónde posar, y sobre ello ya habíamos echado mano de las armas los de nuestra capitanía contra los de Cristóbal de Olid, y aún los capitanes desafiados, y no faltaron caballeros de entrambas partes que se metieron entre nosotros y se pacificó algo el ruido, y no tanto que todavía estábamos todos resabiados. Y desde allí lo hicieron saber a Cortés, y luego envió en posta a fray Pedro Melgarejo y al capitán Luis Marín y escribió a los capitanes y a todos nosotros reprendiéndonos por la cuestión, y como llegaron nos hicieron amigos; mas desde allí adelante no se llevaron bien los capitanes, que fueron Pedro de Alvarado y Cristóbal de Olid» (Díaz del Castillo, *op. cit.*, cap. CL, p. 333).

4. Al término de la contienda Cortés escribió que el asedio se inició el 30 de mayo, habiendo durado el sitio setenta y cinco días, ya que la toma de la ciudad ocurrió el 13 de agosto (*Tercera relación,* p. 136).

5. Acerca de Ixtlilxóchitl dice Cortés que «es de edad de veinte y tres o veinte y cuatro años, muy esforzado, amado y temido de todos, envióle por capitán [Tecocolzin] y llegó al real de la calzada con más de treinta mil hombres de guerra» (*Tercera relación,* pp. 116-117). Esa mención marca la aparición en escena del príncipe texcocano luego de cambiar de bando; aunque Alva Ixtlilxóchitl dice: «Cortés ya que llegaba cerca de Tezcuco, le salieron a recibir algunos caballeros, y entre ellos el infante Ixtlilxóchitl». *Vid.* Fernando de Alva Ixtlilxóchitl, *Obras históricas*, t. I, edición, estudio introductorio y un apéndice documental por Edmundo O'Gorman, México, Universidad Nacional Autónoma de México, Instituto de Investigaciones Históricas, 1975, p. 455.

6. El conquistador Bernardino Vázquez de Tapia habla en estos términos de una epidemia de sarampión: «En esta sazón vino una pestilencia de sarampión, y vínoles tan recia y tan cruel, que creo murió más de la cuarta parte de la gente de indios que había en toda la tierra, la cual mucho nos ayudó para hacer la guerra y fue causa que mucho más presto se acabase, porque, como he dicho, en esta pestilencia murió gran cantidad de hombres y gente de guerra y muchos Señores y Capitanes y valientes hombres, con los cuales habíamos de pelear y tenerlos por enemigos; y milagrosamente Nuestro Señor los mató y nos los quitó delante». (*Relación de méritos y servicios del conquistador Bernardino Vázquez de Tapia, vecino y regidor de esta gran ciudad de Tenustitlan*, estudio y notas de Jorge Gurría Lacroix, México, Universidad Nacional Autónoma de México, Dirección General de Publicaciones, 1972, p. 46). Se ha puesto tanto el acento en la viruela que suele pasarse por alto la llegada del sarampión, que igualmente causó estragos inmensos. Lo que no deja de llamar la atención es el hecho de que ninguno de los españoles contrajese alguno de estos males. Si bien es cierto que tenían mayores resistencias, no se hallaban inmunizados. En España tanto viruela como el sarampión continuaron causando muchas muertes, como ejemplo disponemos del caso del príncipe D. Diego, hijo de Felipe II, que murió de viruela, y el siglo XVII fue para España terrible por la llegada de nuevas epidemias que se sumaron a estos males, causando un notorio descenso de la población. Un caso notorio fue la muerte del rey Luis I en el siglo XVIII, quien sucumbió víctima de la viruela.

7. El tecolote de quetzal. Sahagún, *op. cit.*, t. IV, pp. 158-159.

8. «Y como yo estaba muy metido en socorrer a los que se ahogaban, no miraba ni me acordaba del daño que podía recibir; y ya me venían a asir ciertos indios de los enemigos, y me llevaran, si no fuera por un capitán de cincuenta hombres que yo traía siempre conmigo, y por un mancebo de su compañía, el cual, después de Dios, me dio la vida; y por dármela como valiente hombre, perdió allí la suya. [...] Y aquel capitán que estaba conmigo, que se dice Antonio de Quiñones, díjome: "Vamos de aquí y salvemos vuestra persona, pues sabéis que sin ella ninguno de nosotros puede escapar"; y no podía acabar conmigo que me fuese de allí. Y como esto vio, asióme de los brazos para que diésemos la vuelta» (Cortés, *Tercera relación*, p. 123). Cervantes de Salazar ofrece el relato siguiente: «Fuéronse los enemigos por todas par-

tes acercando tanto a Cortés, que ciertos de ellos le echaron mano, diciendo a voces "¡Malinche, Malinche!", e cierto, le llevaran vivo, como él confiesa en su Relación, si no fuera por un criado suyo, hombre muy valiente, que se decía Francisco de Olea, que de una cuchillada cortó las manos a un indio que le tenía asido, el cual luego, por darle la vida, perdió allí la suya. Ayudó también (según dice Motolinea), un indio tlaxcalteca que se llamaba Baptista, hombre muy esforzado, que después fue buen cristiano [...]. Viendo, pues, Cortés, que habían muerto a Olea e a los que le habían librado, se quiso echar al agua a pelear, y Antonio de Quiñones, Capitán de su guarda de cincuenta hombres, le abrazó y por fuerza le volvió atrás, diciendo: "Yo tengo de dar cuenta de vos, Cortés, y no de otro". Respondióle Cortés: "Déxame Quiñones: ¿Dónde puedo yo morir mejor que con los míos, que por darme a mí la vida la perdieron ellos? ¿No veis cómo estos perros matan a los nuestros?" Replicóle Quiñones: "No se puede remediar eso, perdiendo vos la vida; salvemos vuestra persona, pues sabéis que sin ella ninguno de nosotros puede escapar"» (*Crónica,* t. II, cap. CLIV, p. 197). Queda claro que fue en esta ocasión cuando Cristóbal de Olea le salvó la vida y no en Xochimilco.

9. Cortés dice «en este desbarato mataron los contrarios treinta y cinco o cuarenta españoles, y más de mil indios nuestros amigos, e hirieron más de veinte cristianos, y yo salí herido en una pierna» (*Tercera relación,* p. 124; Díaz del Castillo, *op. cit.,* cap. CLII, pp. 348-349).

10. Cortés concede todo el crédito a Chichimecatecutli y describe pormenorizadamente la forma en que tendió la celada. *Tercera relación,* pp. 125-126; Cervantes de Salazar, *op. cit.,* t. II, cap. CLXII, p. 205.

Prisión de Cuauhtémoc

1. «[...] y que él mandará a México y a sus provincias como antes». Díaz del Castillo, *op. cit.,* cap. CLVI, p. 368.

2. El oidor Alonso de Zorita nos dice que Juan Cano, el tercer marido español de Tecuichpo, escribió una *Relación de la Nueva España,* «que yo he visto de mano», o sea, un libro que circuló manuscrito y que no llegó a nuestros días (Zorita, *Relación,* t. II, p. 413). En este texto leyó que Tecuichpo, al momento de su matrimonio con Cuauhtémoc, tenía diez años (p. 588).

3. Torquemada asigna una duración de cuarenta días al reinado de Cuitláhuac, quien sucumbió víctima de la epidemia (*Monarquía,* t. I, lib. IV, cap. LXXIV, p. 572), Chimalpain asegura que gobernó ochenta (*Las ocho relaciones,* p. 155). Cortés en la *Segunda relación,* de 30 de octubre de 1520, al reseñar la toma de Huaquechula dice que por un prisionero se enteró de que Cuitláhuac era quien se encontraba al frente del gobierno de Tenochtitlan (p. 78). Por tanto, hasta ese momento su reinado podría andar próximo a los cuatro meses.

4. La referencia a un efímero monarca que pudo haber existido entre Cuitláhuac y Cuauhtémoc es como sigue: «Ya se ha dicho cómo los de la ciudad de México echaron de ella a Cortés y fue la comunidad que se levantó viendo preso a su rey y señor y que Cortés no lo trataba como solía y acor-

dábanse de los principales de la Costa de Almería que así se le había puesto el nombre y cómo después de haber aperreado los hizo quemar vivos y de lo que hizo en Cholula y de lo que Pedro de Alvarado había hecho cuando mató en México tantos hijos de señores sin causa ni culpa alguna y de las grandes riquezas que Moctençuma había dado a Cortés y a los demás y recibídolos en su tierra y en su casa y que sin dar él ocasión para ello lo había preso de que todos se tenían por muy agraviados y cada día lo trataban y platicaban especialmente los Papas que todos eran hijos de grandes señores y el más principal que se decía Guatemuza [Cuauhtémoc] primo y cuñado [yerno] de Mocteçumaçim y tenido en mucho y un hermano de Moctençuma señor de Yztlapalapa que se decía [421v] Cuitlauaçi y otros muchos señores acordaron de enviar por el principal heredero que se decía Axayaxaçi que estaba en Xilotepec que es en una provincia que Moctençuma tenía por recámara y sus padres y abuelos y a éste ni a su madre ni a otra hermana suya no los habían visto los españoles y la madre de éstos era la mujer legítima de Moctençuma y conforme a sus leyes y costumbres habían de heredar los hijos de esta mujer porque aunque tenía muchas mujeres una sola era la legítima y con aquélla cuando se casaban hacían ciertas ceremonias y no con las otras y aquélla era señora hija de Auicoçi [Ahuízotl], señor que fue de México venida pues esta mujer con su hijo e hija a México luego *fue jurado por rey* conforme a sus leyes y los más señores de la tierra se hallaron allí como solían y luego Axayacaçi quiso saber la muerte de su padre y castigar a los que se habían levantado contra él y contra el amistad y obediencia que habían dado al emperador y en su nombre a Cortés como su capitán general y recogió mucho oro para lo enviar a Cortés a Tepeaca donde estaba y seguir lo que su padre siguió en la amistad y servicio de Su Majestad y muchos de sus deudos fueron del mismo parecer sabido esto por los Papas y por Guatemuzi no les pareció bien porque como estos Papas [422] cada día hablaban con el diablo, a quien servían y adoraban y tenían por su dios, y la comunidad estaba muy alterada por lo que habían hecho y en haber muerto a su rey y señor y a muchos hijos y deudos suyos estando Axayacaçin determinado de ir a ver a Cortés a Tepeaca y llevarle gran cantidad de oro y así se lo había enviado a decir con los mensajeros y Cortés no los creyó antes pensó que eran espías de México y estando Axayacaçin con muchos señores y teniendo juntas las riquezas que había de llevar a Cortés vino Guatemuçi [Cuauhtémoc] con gente una noche y los tomaron a traición estando seguros y descuidados de ello y mataron a Axayacaçin y a otros muchos señores y principales sus deudos y con esto estaba toda la ciudad con gran confusión en ver tan grande mal como se había hecho y luego Guatemuçi papa se cortó el cabello que era señal de no querer estar más en aquella religión de sus ídolos y de se querer casar y tomó la hija de Moctençuma, hermana del muerto, que era de hasta diez años por mujer, y se hicieron las ceremonias que con las mujeres legítimas se solían hacer conforme a sus [422v] leyes y usos y luego se intituló señor de México y así lo mandó pregonar públicamente; ésta fue después *casada con Juan Cano* natural de Cáceres después que se ganó la guerra y tuvo en ella cinco hijos» (Zorita, *Relación de la Nueva España,* t. II, pp. 587-588).

5. «[...] y se dio pregón y se hizo bando para que los cercados fuesen libres y saliesen de aquel rincón» (Torquemada, *Monarquía*, t. I, lib. IV, cap. CI, p. 571). «El Marqués con pregón público lo mandó: que so pena de la vida, que todos pusiesen en libertad a todos cuantos mexicanos tuviesen en su poder, así hombres como mujeres» (Durán, *Historia*, t. II, p. 569).

6. «Y también se apoderan, escogen entre las mujeres, las blancas [*sic*], las de piel trigueña, las de trigueño cuerpo. Y algunas mujeres a la hora del saqueo, se untaron de lodo la cara u se pusieron como ropa andrajos.» (Sahagún, *op. cit.*, t. IV, p. 162.)

7. En recuerdo de los españoles muertos por los indios, el lugar recibiría el nombre de Matanzas, mismo que conserva en la actualidad. Díaz del Castillo, *op. cit.*, cap. VIII, p. 16.

8. «María de Estrada. La cual con una espada y una rodela en las manos hizo hechos maravillosos.» (Torquemada, *Monarquía*, t. I, p. 554.)

9. Beatriz Palacios y Beatriz Bermúdez de Velasco. (Cervantes de Salazar, *Crónica*, t. II, pp. 208-212.)

10. Caltzonzi. *Memoria de los servicios que había hecho Nuño de Guzmán, desde que fue nombrado Gobernador de Pánuco en 1525*, estudio y notas por Manuel Carrera Stampa, México, José Porrúa e hijos Sucs., 1955, p. 63.

11. Los caciques obsequiaban tabaco a Malintzin (AGI, CDIAO, t. XXVII, pp. 199-300. Lo reproduce Martínez, *Documentos*, t. II, p. 167).

12. Tabaco en polvo para aspirarlo. Sahagún, *Anónimo*, t. IV, p. 170.

13. «[...] y a los demás les señorío de tierras y gente, en que se mantuviesen, aunque no tanto como ellos tenían, ni que pudiesen ofender con ellos en algún tiempo; y he trabajado siempre de honrarlos y favorecerlos.» (Cortés, *Cuarta relación*, p. 165.)

14. Argüelles, Guridi y Alcocer propusieron la abolición de la esclavitud en las Cortes de Cádiz de 1812, pero no prosperó la iniciativa. En México quedó abrogada por el bando de Hidalgo dado en Guadalajara el 6 de diciembre de 1810. Durante la Primera República Española (1873) volvió a plantearse la supresión de la esclavitud en Cuba, pero prevalecieron los intereses azucareros por lo que tampoco prosperó la iniciativa. En Estados Unidos el tema de la esclavitud daría lugar a la guerra de Secesión (1860-1865), y en conexión con ello sería en 1886 cuando quedase abrogada en Cuba.

La voz de Malintzin

1. Sahagún, *Anónimo*, t. IV, pp. 182-183.

2. Juan de Salcedo fue testigo ocular del tormento: «dijo que lo vido y se halló presente a ello». AGI, *Justicia*, leg. 224, 1, ff. 660v-772. Fragmentos. Paleografió Miguel González Zamora. Lo reproduce Martínez, *Documentos*, t. II, pp. 381-382. Luis Marín dijo «que porque este testigo vido dar el dicho tormento al dicho Guatinuca e a otros principales e señores; que sabe e vido quel dicho tormento se dio a pedimento e requerimento del dicho Julián de Alderete, teniente de Su Majestad que a la sazón era, porque decía y era público, quel dicho Guatinuca sabía del oro y tesoro de México, e los dichos

señores principales. E questo sabe porque lo vido e se halló presente». Martínez, *Documentos*, t. II, p. 329. Bernal también parece haberse hallado presente (*op. cit.*, cap. CLVII, pp. 374-375).

3. «¿Acaso estoy en un deleite o baño?», Gómara, *Historia*, t. II, p. 275.

4. Herrera, el cronista de la Corona parafrasea a Gómara. Sin embargo, se pone de manifiesto un error al decir que ese caballero innominado murió en el suplicio, cuando sabemos que el compañero de tormento de Cuauhtémoc fue Telepanquétzal, señor de Tacuba, quien sobrevivió para morir ahorcado años más tarde en Izancanac. Antonio de Herrera, *Historia general de los hechos de los castellanos en las Islas y Tierra Firme de el Mar Océano,* prólogo de J. Natalicio González, Buenos Aires, Guarania, 1945, t. IV, p. 97.

5. Enrique Santibáñez, *Historia nacional de México*, México, Compañía Nacional Editora Aguilas, 1928, p. 137; José Vasconcelos, *Breve historia de México,* México, Botas, 1937, p. 162.

6. «[...] que los palacios y casas los hiciesen nuevamente.» (Díaz del Castillo, *op. cit.*, cap. CLVII, p. 374.)

7. Cuauhtémoc ordenó a los indios que trabajasen en la construcción de la nueva ciudad (Díaz del Castillo, *op. cit.*, cap. CLXVIII, p. 437).

8. «El undécimo señor de Tenochtitlan se dijo Quauhtémoc, y gobernó a los de México cuatro años». Sahagún, *Historia general*, t. II, p. 285. «Entonces murió el señor don Hernando de Alvarado Cuauhtemoctzin, *tlatohuani* de Tenochtitlan, que gobernó durante cuatro años». Domingo Chimalpain, *Las ocho relaciones y el memorial de Colhuacan,* paleografía y traducción Rafael Tena, Consejo Nacional para la Cultura y las Artes (Cien de México), 1998, t. II, p. 167.

9. «[...] con gente de nuestros amigos y algunos principales y naturales de Temixtitan.» Cortés, *Tercera relación*, p. 138.

10. Refiriéndose a Tlacotzin, Cortés dice: «tornéle a dar el mismo cargo que antes tenía». *Cuarta relación*, pp. 164-165.

11. Juan Axayaca, hermano de Motecuhzoma es una figura rigurosamente histórica caída en el olvido, cuyo rescate lo debemos a su yerno Pablo Nazareo, a través de las cartas que dirigió a Felipe II y a la reina Isabel de Valois. La correspondencia aparece en *La nobleza indígena del centro de México después de la Conquista*, recopilación a cargo de Emma Pérez-Rocha y Rafael Tena, México, Instituto Nacional de Antropología e Historia, 2000. Las cartas son tres: la primera dirigida a Felipe II, de 11 de febrero de 1561 (pp. 227-233); la segunda, de 12 de febrero de 1561, dirigida a la Reina (pp. 235-243), y la tercera de 17 de marzo de 1566, dirigida igualmente a Felipe II (pp. 333-367). Pablo Nazareo es un retórico que escribe en latín en tono muy ampuloso, y según refiere, se encuentra casado con doña María Oceloxotzin, hija del referido Axayaca y sobrina por tanto de Motecuhzoma. El latín lo aprendió en el Colegio de la Santa Cruz de Tlatelolco, del cual llegó a ser rector (p. 230). Tradujo al náhuatl los evangelios y «las epístolas que se leen en la iglesia a todo lo largo del año». En la segunda carta dirigida a la Reina, que firman conjuntamente Juan Axayaca (que se identifica como hermano de Motecuhzoma), el propio Nazareo y las esposas de ambos, el primero destaca su participación junto con su sobrino Cuauhtémoc en «pacificar estas provincias y la ciudad

de México» (llamaban *pacificar* a conquistar y colocar bajo dominio español). En la última de estas tres cartas existen unos pasajes que prueban la veracidad de lo dicho por Juan Axayaca como es ése en que pide que se le dé «mucho más que los cien pesos de plata que la Real Audiencia de esta Nueva España nos otorgó en el nombre de vuestra sacra y católica Majestad en el año pasado de 1565 para remedio de nuestra extrema necesidad» (p. 339). En otra parte dice que además de la «merced que el virrey de vuestra y católica Majestad don Luis de Velasco otorgó a nuestro padre don Juan Axayaca, hermano del señor Moteucçuma» (pp. 362-363). Estos pasajes constituyen una prueba de que las autoridades españolas reconocían la colaboración prestada a Cortés por este hermano de Motecuhzoma, quien hubiera sido candidato para sucederlo en el trono de no haber sido porque huyó con los españoles durante la Noche Triste. Esta correspondencia pone de relieve algo que se ha venido pasando por alto. Me refiero a la división tan grande en la clase dirigente indígena, que permitió a Cortés aprisionar a Motecuhzoma y durante seis meses, hasta la llegada de Narváez, gobernar no sólo los territorios dominados por los mexicas, sino otros más que fueron sumándose por invitación de sus respectivos gobernantes. Y todo ello sin perder un solo soldado español. La historiografía oficial ha satanizado con el estigma de la traición a La Malinche, a Motecuhzoma y a los caciques tlaxcaltecas, pasando por alto a toda una pléyade de notables que tenían poder o detentaban mando, sin cuya colaboración (o al menos aceptación) la empresa de Cortés no hubiera sido posible. Como puntas del iceberg aparecen algunos nombres, y es así como nos enteramos de que los hijos de Motecuhzoma Axayaca, Xoxopehuáloc, Axocapatzin fueron muertos por favorecer el entendimiento con los españoles (Chimalpopoca murió durante la huida, lo cual comprueba el dato ofrecido por Nazareo (p. 343), quien señala que fueron cuatro los hijos de Motecuhzoma que murieron). Casos más significados fueron los de los príncipes texcocanos. En primer término Ixtlilxóchitl y Tecocoltzin, así como los señores de Tláhuac y Xochimilco, cuyos nombres ignoramos. Ésos son algunos de los pocos que conocemos, pero indudablemente fueron muchos más. A nadie se le ocurriría formular a Cuauhtémoc el cargo de haber sido un colaboracionista, pero es evidente que por obra de encontrarse privado de libertad, aún contra su voluntad, hubo de plegarse a las exigencias de Cortés y colaborar con él, tal como asegura Juan Axayaca (la participación de guerreros mexicas en la conquista de Pánuco, emprendida a los dos meses y medio de la caída de Tenochtitlan hubiera sido impensable de no haber sido éste quien diera las órdenes, y lo mismo puede decirse del magno proyecto de la construcción de la ciudad). Otro autor, aunque considerablemente más tardío que habla de la colaboración de Cuauhtémoc para las conquistas de Cortés es Fernando de Alva Ixtlilxóchitl, tataranieto del príncipe texocano. *Vid.* Fernando de Alva Ixtlilxóchitl, *Obras históricas.* «Los españoles que habían quedado en Pánuco y especialmente cierta cantidad de ellos que eran de la parte de Garay hicieron tantas insolencias a los de Pánuco que les fue forzoso a rebelarse, no pudiendo sufrir a los españoles, y así mataron a más de cuatrocientos de ellos, y como tuviese Cortés aviso de esto, pidió a Ixtlilxsúchitl socorro de gente y al rey Quauhtémoc, el cual ya sus vasallos habían convalecido, y cada uno de ellos dio más de quince mil hombres de guerra» (p. 486). «Cortés [...] dijo a los señores que mandasen a sus vasallos le diesen socorro para que fuesen con Alvarado a sujetarlos. Quauhtémoc y Ixtlilxóchitl, que ya tenían apercibidos a sus vasallos, juntaron veinte mil hombres de guerra, y muy expertos en la milicia y tierras de la costa, enviando cada uno de ellos su general con diez mil hombres de guerra, los cuales fueron con Alvarado, y llevaba más de trescientos españoles» (p. 487).

La amante frente a la esposa

1. El desvanecimiento de Catalina ocurrió visitando la huerta de Juan Garrido, el primero en haber plantado trigo en México. Su casa se encontraba donde hoy se alza el edificio de Mascarones. Siendo de raza negra Garrido tenía a su vez esclavos negros. Fue un hombre muy emprendedor; el primero en plantar trigo en México. AGI, *Justicia*, leg. 224, p. I, f. 789v.

2. Marina traduce el mensaje que Cortés envía a los de Pánuco por conducto de los diez caciques (Díaz del Castillo, *op. cit.*, cap. CLVIII, p. 382).

El nacimiento de Martín

1. *Boletín de la Real Academia de la Historia*, t. XXI, Madrid, Establecimiento Tipográfico de Fortanet, Impresor de la Real Academia de la Historia, 1892, pp. 201-202.

2. No es posible establecer con precisión la fecha del nacimiento de Luis Cortés Hermosilla. En 1541 éste presentó las pruebas para obtener el ingreso a la Orden de Calatrava, y entre los testigos figuran Gonzalo Diez, vecino de Trujillo y dos antiguos conquistadores que lo conocían muy bien: «Andrés de Tapia, natural de Medellín y vecino de México; y Alonso de Villanueva, vecino y Regidor de la misma ciudad. Expuso el primero que don Luis tendría a la sazón diecinueve o veinte años, y los tres estuvieron acordes en que la madre del pretendiente había tenido por nombre doña Leonor de Hermosillo». Manuel Romero de Terreros, *Hernán Cortés, Sus hijos y nietos, caballeros de las órdenes militares*, segunda edición, corregida y aumentada, México, Antigua Librería Robredo de José Porrúa e Hijos, 1944, pp. 17-18. En este expediente (núm. 655) se observan dos cosas. La primera es que se le ha cambiado el nombre a la madre que de Elvira o Antonia Hermosilla como se le menciona en otras partes, aquí pasa a llamarse Leonor de Hermosillo. Y lo segundo es que si en 1541 Luis tendría entre diecinueve y veinte años resultaría que habría nacido entre 1521 y 1522, con lo cual vendría a ser el primogénito, que no es el caso. Podemos estar seguros de que la primogenitura corresponde a Martín con base en las razones siguientes: la primera es el nombre. En España existía la costumbre de imponer al hijo mayor el nombre del abuelo. Está la bula de legitimación papal, en la que Martín aparece mencionado en primer término. Y un documento que deja el asunto en claro es el instrumento de establecimiento del mayorazgo, donde Cortés establece el orden en que han de heredarlo sus hijos naturales a falta de herederos legítimos. En este

instrumento, lo mismo que en el testamento, Martín aparece mencionado antes que Luis. Una cosa que sí parece quedar clara es que existiría muy poca diferencia de edades entre ambos, lo cual nos habla de que Cortés después de la relación con Marina pasó casi inmediatamente a la de Hermosilla o Hermosillo, si no es que incluso las dos estuvieron embarazadas al mismo tiempo. Un argumento más para desechar que su relación con Marina fuera la historia de un gran amor.

Los misioneros

1. Motolinia pudo tratar a Marina en dos periodos: el primero sería de la segunda quincena de junio de 1524 en que él junto con los otros once misioneros llegaron a Texcoco y ella figuró en la comitiva que salió a darles la bienvenida, al 14 de octubre del mismo año en que ella partió rumbo a Las Hibueras, un periodo muy breve por cierto. La segunda época en que pudo hacerlo sería a su retorno, de finales de mayo de 1526 hasta su muerte, ocurrida en cualquier momento entre la segunda mitad de 1528 y primeros días de enero de 1529.

2. Pedro Mártir de Anglería, *Décadas,* t. II, p. 720.

3. Respecto a Olid, Bernal apunta: «que si fuera tañ sabio y prudente como era de esforzado y valiente por su persona así a pie como a caballo, fuera extremado varón, más no era para mandar, sino para ser mandado, y era de edad de hasta de treinta y seis años, y natural de cerca de Baeza o Linares, y su presencia y altor era de buen cuerpo, muy membrudo y grande espalda, bien entallado, y era algo rubio, y tenía muy buena presencia en el rostro, y traía en el bezo de abajo siempre como hendido a manera de grieta; en la plática hablaba algo gordo y espantoso, y era de buena conversación, y tenía otras buenas condiciones de ser franco; y era al principio, cuando estaba en México, gran servidor de Cortés, sino que esta ambición de mandar y no ser mandado lo cegó, y con los malos consejeros, y también como fue criado en casa de Diego Velásquez cuando mozo, y fue lengua de la isla de Cuba, reconocióle el pan que en su casa comió; más obligado era a Cortés que no a Diego Velásquez». *Op. cit.,* cap. CLXV, pp. 416-417. Agrega que se encontraba casado con Felipa de Araoz o Arauz, una bella portuguesa, con quien tenía una hija y que, supuestamente, habría abreviado la expedición de conquista cuando anduvo por Michoacán para estar con ella, ya que por aquellos días había hecho su arribo a México. Díaz del Castillo, *op. cit.,* cap. CCV, p. 560; «La bella Felipa», *op. cit.,* cap. CLVII, p.p. 377-378, cap. CLX, p. 395 y cap. CLXXIII, p. 457.

4. La carta en que Cortés asegura al emperador que aguardará dos meses antes de tomar una resolución acerca de si emprende o no la marcha para castigar a Olid está firmada el 15 de octubre de 1524 (pp. 181-182) el mismo día en que se ponía en marcha, por lo que aquí miente lisa y llanamente. Eran momentos en que se encontraba en el cenit de su carrera y por lo mismo nunca le pasaría por las mientes que algún día pudiese ser llamado a rendir cuentas. Por cierto, éste fue un desacato que Carlos V le pasó por alto.

5. El 1 de diciembre de 1517 Cortés otorgó un poder amplísimo a su primo Francisco Altamirano confiándole todos sus bienes. Este documento se presta a conjeturar que lo hizo en momentos en que pensaba ausentarse de Cuba y actuó movido por algo urgente que traía entre manos, pues el primo ni siquiera se encontraba en la isla. En el documento se manifiesta como alcalde de la villa de Santiago y presenta la peculiaridad de que no dedica una sola línea a su esposa Catalina (CDIAO, t. XXXV, pp. 487-500). Lo publica Rodrigo Martínez Baracs, *Cartas y memorias* (1511-1539), Alonso de Zuazo, Cien de México, CONACULTA, México, 2000, pp. 175-181.

6. A pesar de que Alonso de Estrada no figura en la lista de bastardos conocidos de Fernando el Católico, existen fundadas razones para suponer que sí lo fue, al menos es lo que se desprende del estudio realizado por el distinguido historiador D. Francisco Fernández del Castillo, quien al respecto dice: «No obstante lo mucho que figuró don Alonso y el importante cargo que tuvo de Oficial Real Tesorero –expedido en Valladolid a 25 de octubre de 1522 y después Gobernador de la Nueva España, ninguno de sus biógrafos habla de quiénes fueron sus padres; pero por una información que encontré referente a cierto litigio que tuvo un bisnieto suyo, de la que tomo muchos de los datos que acá transcribo, dice que en Ciudad Real y en Almagro era voz pública y se tenía como cosa indudable que don Alonso era el resultado de un pecadillo amoroso del Rey don Fernando el Católico y cierta dama de la familia de los Estradas, una de las más ilustres del reino, coincidiendo esta información con los datos que da Bethencourt en su copioso libro sobre genealogías, diciendo que en varias informaciones hizo la familia valer su ascendencia real para sus títulos y pruebas en las órdenes de caballería y que el Católico Monarca hubo a Alonso en una Señora principal de Ciudad Real cuando pasó a Andalucía, posiblemente en 1482, y es el único autor que recuerdo yo trata de esto además del manuscrito mencionado y que en parte ve la luz por vez primera» (Alonso de Estrada, su familia, por D. Francisco Fernández del Castillo, Memorias de la Academia Mexicana de la Historia, t. I, núm. 4, octubre-noviembre de 1942).

Matrimonio con Jaramillo

1. La lectura del testamento de Cortés depara una sorpresa: la aparición de Leonor Pizarro, antigua amante y madre de Catalina, de quien ya teníamos noticia, pues su nombre aparece en la bula de legitimación papal (1528) junto con sus medio hermanos Martín y Luis, hijos de Marina y de la española Elvira o Antonia Hermosilla (no existe certeza en cuanto a su nombre). No deja de sorprender que ambas mujeres sean unas desconocidas. Lo peculiar en este caso es que los indicios apuntan en el sentido de que se tratase de la hija predilecta. Al menos es por la que más parece preocuparse (en el testamento se le menciona en trece ocasiones, más que cualquiera de los otros hijos, incluido el mayorazgo don Martín, y el nombre de Leonor Pizarro figura con mayor frecuencia que el de la marquesa doña Juana de Zúñiga, su segunda esposa). Se diría que, más que tratarse de otra amante y de una hija más,

fuera la «otra familia» de Cortés. La aparición de Leonor Pizarro en el testamento es algo que no sorprendería a doña Juana, por tratarse de una relación que vendría de antiguo y que ella conocería muy bien, pues al redactar el documento de establecimiento de mayorazgo, en él ya aparece mencionado que Catalina se encontraba en poder de la marquesa, o sea, que vivía en su casa. Además, en el testamento incluye una cláusula ordenando al heredero que «tenga cuidado especial de procurar que la dicha doña Catalina, su hermana, [le recalca el vínculo] case como convenga a la honra de la casa y el bien y el honor de la dicha doña Catalina». Se trataría de una relación a la luz del día, que a la marquesa no le quedó otro remedio que apechugar. Pero en esa relación hay algo especial que destacar, y ellos es que anda de por medio el marido de Leonor, que no es otro que su viejo amigo Juan de Salcedo. Y como parecería que se tratara de un curioso *ménage à trois*, bueno será ocuparse de ello. Es conocido que la amistad vendría de antiguo, y como éste era el financiero que lo respaldaba, desconociéndose cómo pudo amasar tamaña fortuna (lo probable es que haya sido a la sombra de Cortés). En apariencia, su relación con el matrimonio discurrió por cauces tranquilos. Cuando se asista a la lectura del testamento, se verá que Salcedo tuvo encomendada la administración de los bienes de Catalina, la cual desempeñó satisfactoriamente. Eso es todo lo que aparece por escrito. Y aunque no hay nada que hable de que entre Cortés y la madre de Catalina haya existido una gran pasión, en cambio, por la forma en que se refiere a ella da la impresión de que se trata de una persona con la que estuvo especialmente cercano. Para la fecha en que redactó el testamento Leonor había enviudado, y lo notable del caso es que, a siete años de distancia de haber abandonado México, mantiene muy vivo su recuerdo, como lo atestigua la relación de cabezas de ganado con el hierro de Catalina que se facilitaron a algunos amigos suyos, disponiendo que se abonen a ésta y a su madre los adeudos. Un ejemplo de ello es una de las cláusulas, en la que aclara: «todas las vacas que están en Matalcingo son de la dicha doña Catalina, mi hija, y de la dicha Leonor de Pizarro, y más todas las yeguas y potros que están en Tlaltizapan, con una señal que es una C grande en el anca». *Testamento de Hernán Cortés*, descubierto y anotado por el P. Mariano Cuevas, S.J., México, 1925. *Testamento de Hernán Cortés*, primera edición facsimilar del original del Archivo del Protocolo de Sevilla, por P. Mariano Cuevas, S.J., México, 1930. Testamento y Codicilo en Hernán Cortés, *Cartas y documentos,* introducción de Mario Hernández Sánchez Barba, profesor de la Universidad de Madrid, México, Porrúa, 1963, pp. 554-577.

2. Acerca del matrimonio de Marina, Díaz del Castillo, *op. cit.,* cap. XXXVII, p. 62, menciona: «Creo que aquí se casó Juan Jaramillo con Marina, estando borracho. "Culparon" a Cortés, que lo consintió teniendo hijos en ella» (Gómara, *op. cit.,* t. II, p. 321). Se advierte un error de información en este autor al emplear la palabra hijos en plural, lo que viene a constituir una más de las tantas evidencias de que no llegó a conocer a Cortés.

3. Biografía de Malintzin, en Díaz del Castillo, *op. cit.,* cap. XXXVII, pp. 61-62.

4. Acerca de la brújula, Cortés, *Quinta relación*, p. 199.

5. Cortés, *Quinta relación*, p. 191; Díaz del Castillo, *op. cit.*, cap. CLXXV, p. 464.

6. Cortés, *Quinta relación,* p. 195. Este puente hizo época y es al que ya antes nos hemos referido: Fernández de Oviedo, *Historia general y natural de las Indias,* t. III, p. 421.

7. Bernal refiere: «pasado el río de Chipilapa era muy cenagoso y atollaban los caballos hasta las cinchas, y había muy grandes sapos» (cap. CLXXV, p. 463). «Dejemos de contar del gran trabajo del hacer de la puente y de el hambre pasada, y diré cómo obra de una legua adelante dimos en las ciénegas, muy malas, por mí memoradas. Y eran de tal manera, que no se aprovechaban poner maderos, ni ramas, ni hacer otra manera de remedios para poder pasar los caballos, que atollaban todo el cuerpo sumido en las grandes ciénegas, que creímos no escapar ninguno de ellos sino que todos quedaran allí muertos. Y todavía porfiamos a ir adelante, porque estaba obra de medio tiro de ballesta tierra firme y buen camino, que como iban los caballos, y se hizo un callejón por la ciénega de lodo y agua, que pasaron sin tanto trabajo, puesto que iban a veces medio a nado entre aquella ciénega y el agua.» (cap. CLXXVI, p. 468).

Muerte de Cuauhtémoc

1. «Dios te la demande»; Díaz del Castillo, *op.cit.*, cap. CLXXVII, p. 470.

2. Fray Juan Varillas, confesor de Cuauhtémoc; Clavijero, Francisco Javier, *Historia antigua de México.* En nota al pie de la página 417 este autor señala que en el libro de Bernal se menciona el nombre del mercedario fray Juan Varillas como el sacerdote que confesó y absolvió a Cuauhtémoc; sobre este punto procede advertir al lector que en las ediciones actuales de la *Historia Verdadera* no encontrará mencionado a este religioso. Su nombre apareció en la edición sacada de prensa en Madrid en 1632 por el P. Alonso Remón, el cual según lo manifiesta el P. Carmelo Sáenz de Santa María, en su *Edición Crítica de la Historia Verdadera*, obedecería a una interpolación realizada por el también mercedario fray Gabriel de Adarzo y Santander, que dice: «...franciscos y el mercenario (*sic* por mercedario) fueron esforzándolos; los fue confesando fray Juan el Mercenario, que sabía, como dicho he, algo de la lengua». Instituto Gonzalo Fernández de Oviedo, CSIC, vol. II (suplemento), Madrid, 1982, pp. 53-54 Hay que tener presente que al hablar de los religiosos que participaron en la expedición Bernal menciona a «un clérigo y dos frailes franciscos» (cap. CLXXIV); los franciscanos fueron fray Juan Tecto y fray Juan de Ayora, y queda abierta la posibilidad de que el clérigo cuyo nombre no menciona fuese fray Juan Varillas.

3. Ocho ahorcados; Torquemada, *Monarquía,* t. I, cap. CIV, pp. 575-576. En realidad los ahorcados fueron dos, Cuauhtémoc y Tetlepanquétzal; Cortés, *Quinta relación,* p. 198. En cuanto a la muerte de Coanacoh el testimonio más truculento es el que procede de Fernando Alva Ixtlilxóchitl, quien al respecto dice: «tres horas antes del día fue llamando los reyes por su orden sin que uno supiese del otro ni nadie, porque no se alborotasen y corriese riesgo Cortés y los suyos; los fue ahorcando de uno en uno, primero el rey Quauhtémoc y luego a Tetlepanquezatzin y a los demás, y el postrero fue

Cohuanacochtzin; mas Ixtlilxúchitl que a esta ocasión fue avisado que los reyes estaban ahorcados y que a su hermano lo estaban ahorcando, salió de presto del aposento y empezó a dar voces y apellidar su ejército contra Cortés y los suyos, lo cual, visto por Cortés en el aprieto enque estaban él y los suyos, y no hallando otro remedio, llegó de presto y cortó el cordel con que estaba colgado Cohuanacochtzin, que ya estaba boqueando, y empezó a rogar a Ixtlilxúchitl que lo oyese que le quería dar la razón por qué había hecho aquello. (Alva Ixtlilxóchitl, *op. cit.*, pp. 502-503). Tetlepanquétzal es el hombre de las dos muertes; los cronistas han creado tal confusión que sin advertirlo lo matan dos veces. El enredo se origina en el libro de Gómara, cuando éste menciona que «Cuahutimoccín le miró con ira y, lo trató vilmente como persona muelle y de poco, diciendo si estaba él en algún deleite o baño». Antonio de Herrera, el cronista de la Corona, en sus *Décadas* refiere el caso copiando a Gómara casi a la letra: el caballero muere en el tormento y Cuauhtémoc le habría dicho que tampoco él estaba en un deleite. (t. IV, p. 97). A continuación viene Torquemada, quien de igual manera repite lo mismo que los anteriores. (*Monarquía*, t. I., p. 574). Las tres historias tienen en común que el nombre del compañero de suplicio de Cuauhtémoc queda en el anonimato y que éste habría muerto. Así las cosas, abrimos el libro de Bernal, y leemos: «acordaron los oficiales de la Real Hacienda de dar tormento a Guatemuz y al señor de Tacuba, que era su primo y gran privado». Al decir el señor de Tacuba, ya sabemos que se está refiriendo a Tetlepanquétzal, aunque no lo mencione por nombre. Pero resulta que no muere en el tormento, y éste es un punto en el que parece estar muy bien informado, pues a pesar de que no lo dice, por la manera como describe los hechos, todos los indicios apuntan en el sentido de que fue testigo presencial: «y el señor de Tacuba dijo que él tenía tenía en unas sus casas suyas, que estaban en Tacuba obra de cuatro leguas, ciertas cosas de oro, y que le llevasen allá y diría adónde estaba enterrado y lo daría; y fue Pedro de Alvarado y seis soldados, y yo fui en su compañía, y cuando llegamos dijo el cacique que por morirse en el camino había dicho aquello y que le matasen, que no tenía oro ni joyas ningunas, y así nos volvimos sin ello». (pp. 374-375). De este modo nos está indicando que participó en los hechos: por un lado identifica al innominado caballero, y por otra indica que no murió en el tormento, lo cual hace sentido, pues de no haber sobrevivido no hubiera habido lugar a que Cortés lo ahorcara en Izancánac. Aclarado esto vamos a un punto que llama la atención: Bernal que tan puntilloso se encuentra frente a Gómara y que le enmienda la página cada vez que descubre algo que sus ojos es inexacto (generalmente cuestiones de poca entidad), esta vez no salta para oponer un desmentido a la muerte en el tormento del soberano de Tacuba; él conoció perfectamente a Tetlepanquétzal pero por lo visto había olvidado su nombre cuando escribía, por lo que se refiere a él como el soberano de Tacuba, pero, ¿al leer su nombre en el libro de Gómara no le sirvió para refrescarle la memoria? Y, ¿qué decir de ese tercer personaje que éste agrega en su relato? Era de esperarse que saltara destacando el error, pero por lo visto ya no tenía muy claras las cosas cuando escribía (su libro abunda en errores de mucho bulto); Cortés, por su parte, es muy claro al señalar que los ahorcados fueron dos únicamente: Cuauhtémoc y Tetlepanquétzal.

4. «yo también les hice entender que así era la verdad, y que en aquella aguja y carta de marear veía yo y sabía y se me descubrían todas las cosas»; Cortés, *Quinta relación*, p. 199.

5. *Ordenanza del señor Cuauhtémoc*, estudio Perla Valle, paleografía y traducción del náhuatl Rafael Tena, edición Ciudad de México. La conjetura de que la *Ordenanza* venga a hacer las veces de la actualización de un desaparecido códice de mediados del siglo XV la debo a una amable explicación del maestro don Rafael Tena.

6. Cuauhtémoc a caballo, Torquemada, fray Juan de, *Monarquía*, t. I, lib. IV, p. 576.

7. Mártir de Anglería, Pedro, *Octava Década*, t. II, p. 679.

8. Tlacotzin a caballo; Chimalpain, *Las ocho relaciones y el memorial de Colhuacán*, Conaculta, Cien de México, t. II, p. 169.

9. Díaz del Castillo, Bernal, *op. cit.*, cap. CLXXVIII, p. 471.

10. Cortés, Hernán, *Quinta relación*, p. 209.

11. Navío del mercader; Cortés, Hernán, *Quinta relación*, p. 210.

12. Fray Jerónimo de Mendieta da otra versión acerca de la muerte de fray Juan Tecto, afirmando que éste durante el viaje a Las Hibueras se encontraba tan débil, que se recostó en el tronco de un árbol y expiró; Mendieta, fray Jerónimo de, *Historia Eclesiástica Indiana*, obra escrita a finales del siglo XVI, segunda edición facsimilar, y primera con los dibujos originales del códice, Porrúa, México, 1971, p. 607; Cortés, en cambio, en su *Quinta relación* fechada el 3 de septiembre de 1526, o sea considerablemente más próxima a los sucesos que relata, afirma que murieron ahogados (p. 223).

13. Carta de Suazo; Díaz del Castillo, Bernal, *op. cit.*, cap. CLXXXV, p. 490.

14. Y a esta causa cesó mi ida a Nicaragua; Cortés, Hernán, *Quinta relación*, p. 228.

Nacimiento de María

1. A la segunda pregunta Juan de Limpias declaró: «que se halló este testigo a su velación y durante su matrimonio [el de Marina y Jaramillo] estuvo en las guerras, y en la mar parió la dicha doña Marina una hija que dicen al presente ser la dicha doña María y que este testigo por tal la tiene». AGI, *Patronato*, 56, N, 3, R 4/1/105.

2. Acerca de la travesía, Cortés dice: «A 25 días del mes de abril de 1526 años hice mi camino por la mar con aquellos tres navíos, y traje tan buen tiempo que en cuatro días llegué hasta ciento y cincuenta leguas del puerto de Chalchicueca, y allí me dio un vendaval muy recio, que no me dejó pasar adelante. Creyendo que amansaría, me tuve a la mar un día y una noche, y fue tanto el tiempo que me deshacía los navíos, y fue forzado a arribar a la isla de Cuba, y en seis días tomé el puerto de La Habana» (*Quinta relación*, p. 229).

3. «Otro día, que fue de San Juan, como despaché este mensajero, llegó otro, estando corriendo ciertos toros y en regocijo de cañas y otras fiestas, y me trajo una carta del dicho juez y otra de vuestra sacra majestad, por las cuales supe a lo que venía.» Cortés, *Quinta relación*, p. 230. Otra alusión a corridas

de toros y juegos de cañas la encontramos en Bernal al reseñar los festejos celebrados en México con motivo de la entrevista ocurrida en Aigües Mortes entre Carlos V y Francisco I: «Dejemos las cenas y banquetes, y diré que para otro día hubo toros y juegos de cañas, y dieron al marqués un cañazo en un empeine del pie, de que estuvo malo y cojeaba.» *Op. cit.*, cap. CCI, p. 548. La fiesta de los toros es herencia de los moros, quienes la practicaban alanceando toros montados a caballo, y de idéntica forma continuaba practicándose en los días de Cortés. Era un ejercicio propio para caballeros, como un antecedente del rejoneo. Los toros de la ganadería de Atenco descienden de aquellos traídos por orden de Cortés.

4. La carta de Cortés a su padre acerca del tigre publicada en Cuevas, *Cartas y otros documentos*, doc. VI, pp. 37-38, reproducida por Martínez, *Documentos*, t. I, p. 480. Acerca del gusto de Cortés por los tigres, Bernal cuenta: «y digamos de su buen viaje que llevaron nuestros procuradores después de partir del puerto de la Veracruz, que fue en veinte días del mes de diciembre de mil quinientos veintidós años, y con buen viaje desembocaron por el canal de la Bahama, y en el camino se le soltaron dos tigres de los tres que llevaban, e hirieron a unos marineros, y acordaron de matar al que quedaba porque era muy bravo». *Op. cit.*, cap. CLIX, p. 388. En cuanto a aquel cuyo envío anunció a su padre se desconoce qué suerte corrió.

5. Díaz del Castillo, *op. cit.*, cap. CXCII, p. 509. Orduña, en cambio, dio fe de no haberse presentado ninguna acusación en contra suya. AGI, CDIAO, t. XXVI, pp. 223-226. Citado por Martínez, *Documentos*, t. II, p. 14.

6. «Yo me ofrezco a descubrir por aquí toda la Especiería y otras islas, si hubiere [¿arca?] de Maluco y Malaca y la China [...]. Porque yo me ofrezco, con el dicho aditamento, de enviar a ellas tal armada, o ir yo con mi persona, por manera que las sojuzgue y pueble y haga en ellas fortalezas, y las bastezca de pertrechos y artillería de tal manera, que a todos los príncipes de aquellas partes y aún a otros, se puedan defender». Cortés, *Quinta relación*, p. 235.

7. En la *Cuarta relación*, Cortés dice al emperador: «torno a suplicar a vuestra majestad, porque de ello será muy servido, mande enviar su provisión a la Casa de Contratación de Sevilla para que cada navío traiga cierta cantidad de plantas, y que no pueda salir sin ellas, porque será mucha causa para la población y perpetuación de ella» (p. 172).

8. «En la cuarta disertación se dijo, hablando de Doña Marina, que la historia no vuelve a hacer mención de ella desde la expedición de Cortés a las Hibueras, y que probablemente pasaría el resto de sus días con su marido Jaramillo, en el repartimiento de éste. El exámen más prolijo que desde entonces he hecho del libro primero de actas de cabildo, me ha procurado noticias posteriores a aquella época acerca de esta muger, que hizo un papel tan importante en nuestra historia. Su marido Juan Jaramillo, fue comandante de uno de los bergantines en el sitio de Mégico; después fue muchas veces individuo del ayuntamiento, apoderado de éste para representar a la ciudad de Mégico en las juntas a que concurrían los apoderados de las demás poblaciones de la Nueva-España, y su primer alférez real. Su casa estaba en alguna de las calles que salen a la de Santo Domingo, pues en el cabildo de

5 de junio de 1528 se determina el solar que en aquel día se le dio a Juan de la Torre, diciendo que estaba "en la calle de Santo Domingo, linde de una parte con casas de Bartolomé de Perales, y de la otra parte con la calle real, donde vive Juan Jaramillo", como se ve por el cabildo de 27 de Octubre de 1527. Además del terreno que se le dio para casa de placer junto a Chapultepec, tuvo otro solar para huerta en la calzada de San Cosme, y en 20 de julio de 1528 se le hizo merced "de una huerta cercada con ciertos árboles, que solía ser de Moctezuma, que que es en los términos de esta ciudad sobre Coyoacán, que linda con el río que viene de Atlapulco, en que haga huerta o viña y edifique lo que quisiere", y como tanto el mismo Jaramillo como su muger tenían repartimiento, se deduce de todo que Doña Marina vivió en Mégico llena de riqueza y comodidades, y disfrutando toda consideración de que gozaba su marido, que era cuanto podía tener en aquellos tiempos uno de los principales vecinos». (Alamán, Lucas, *Disertaciones*, t. II, Colección de grandes Autores Mexicanos bajo la dirección de D. Carlos Pereyra, Editorial Jus, México, 1942, pp. 251-252).

La separación

1. En el ya antes mencionado Pliego de Instrucciones al mayordomo Santa Cruz figuran estas otras cláusulas: «Ítem daréis al hospital desta ciudad de Tenustitan diez fanegas de maíz cada mes y un puerco que sea bueno y darles heis dos docenas de colchas de las de Cuernavaca y cient toldillos de los que de allí traen cada un año de los que yo estuviere absente, para las camas de los pobres y tenéis mucho cuidado de saber si se cumplen en el dicho hospital las dos conmemoraciones que son obligados a hacer cada un año: la una por los difuntos que murieron en esa ciudad y la otra por Catalina Xuárez, que en gloria sean». (AGI, *Papeles de Justicia de Indias*, Autos entre partes presentados y no vistos en el Consejo de Indias, Audiencia de México, est. 47, caja 3, leg. 1/23. Cuevas, *Cartas y otros documentos*, doc. VIII, pp. 41-47, lo reproduce Martínez, *Documentos*, t. I, p. 488). Acerca de la llegada a España, su primo el licenciado Núñez menciona que llegó a la Corte «por el mes de mayo del año de veinte e ocho». Lucas Alamán señala: «El terreno del lado opuesto del bosque, que creo ser el que ahora pertenece al rancho de Anzures, anexo a la hacienda de la Teja, fue propiedad de la célebre doña Marina y de su marido, a quienes se concedió por el ayuntamiento en 14 de marzo de 1528, por el acuerdo siguiente: «Este día los dichos señores hicieron merced a Juan Jaramillo y a doña Marina, su muger, de un sitio para hacer una casa de placer y huerta y tener sus ovejas, en la arboleda que está junto a la pared de Chapultepec a la mano derecha, que tenga doscientos y cincuenta pasos en cuadro, como le fuere señalado por los diputados, con tanto que el agua que tomare para ello de Chapultepec, que no sea de la fuente, y sea sin perjuicio de tercero y mandárosle dar el título de ello» (*Disertaciones*, t. I, p. 249). Más adelante el citado autor agrega el que vendría a ser el último dato en que se le menciona viva: «En la cuarta disertación se dijo, hablando de doña Marina, que la historia no vuelve a hacer mención de ella desde la expedición a

Las Hibueras, y que probablemente pasaría el resto de sus días con su marido Jaramillo, en el repartimiento de éste. El examen más prolijo que desde entonces he hecho del libro primero de Actas de Cabildo, me ha procurado noticias posteriores a aquella época acerca de esta mujer, que hizo un papel tan importante en nuestra historia. Su marido, Juan Jaramillo, fue comandante de uno de los bergantines en el sitio de Mégico; después fue muchas veces individuo del ayuntamiento, apoderado de éste para representar a la ciudad de Mégico en las juntas a que concurrían los apoderados de las demás poblaciones de la Nueva España, y su primer alférez real. Su casa estaba en alguna de las calles que salen a la de Santo Domingo, pues en el cabildo de 5 de junio de 1528 se determina el solar que en aquel día se le dio a Juan de la Torre, diciendo que estaba "en la calle de Santo Domingo, linde de una parte con casas de Bartolomé de Perales, y de la otra parte con la calle real, donde vive Juan Jaramillo", y esta calle se llamaba "de Jaramillo", como se ve por el cabildo de 17 de octubre de 1527. Además del terreno que se le dio para huerta en la calzada de San Cosme, y en 20 de julio de 1528 se le hizo merced "de una huerta cercada con ciertos árboles, que solía ser Moctezuma, que es en términos de esta ciudad sobre Cuyoacan, que linda con el río que viene de Atlapulco, en que haga huerta o viña y edifique lo que quisiere", y como tanto el mismo Jaramillo como su muger tenían repartimiento, se deduce de todo que doña Marina vivió en Mégico llena de riqueza y comodidades, y disfrutando toda la consideración de que gozaba su marido, que era cuanto podía tener en aquellos tiempos uno de los más principales vecinos» (*Disertaciones*, t. II, pp. 251-252).

2. Alamán, Lucas, *Disertaciones*, t. II, pp. 249-252. El Libro de Actas de Cabildo se conserva en el Archivo Histórico del Gobierno del Distrito Federal. El acuerdo referido se encuentra paleografiado y editado en Primer Libro de Actas.- 1524-1529.- Actas de Cabildo de la Ciudad de México, edición del Municipio Libre, publicada por su propietario y Director Ignacio Bejarano, México, 1889, pp. 162-163.

3. Gómara apunta: «Hizo el emperador muy buena acogida a Hernán Cortés, y hasta le fue a visitar a su posada, para honrarle más, estando enfermo y desahuciado de los médicos» (t. II, p. 360). Este autor viene a ser la única fuente que habla de ese grave percance de salud. No aclara la naturaleza de la dolencia.

4. Además de la milicia existían otras formas de acceder a la hidalguía, como fueron los llamados hidalgos de *gotera*. Éstos eran los que obtenían la carta de ejecutoria por establecer su residencia en algunos valles de Cantabria que revestían peligro. Estaban los de *solar conocido*, que eran los que poseían casa. Los hidalgos *de bragueta* eran aquellos que habían tenido siete hijos varones. Eran tiempos en que eran necesarios hombres para empuñar la lanza.

5. Un escudero como yo. Cortés, *Quinta relación*, p. 234. Las Casas en una parte asevera que Cortés era bachiller en Leyes, y en otra, lo llama «un pobrecillo escudero». Una cosa no excluía a la otra (*Historia de las Indias*, t. III, lib. III, cap. CXV, p. 223).

6. «Tenía Diego Velásquez dos secretarios: uno, este Hernando Cortés, y otro, Andrés de Duero, tamaño como un codo, pero cuerdo y muy callado

y escribía bien. Cortés le hacía ventaja en ser latino, solamente porque había estudiado Leyes en Salamanca y era en ellas bachiller; en lo demás, era hablador y decía gracias, y más dado a comunicar con otros que Duero, y así no tan dispuesto para ser secretario.» Las Casas, *Historia*, t. II, lib. III, cap. XXVII, p. 528.

7. Bula de legitimación, 16 abril 1529, AGN, *Archivo del Hospital de Jesús*, leg. 1. Alamán, *Disertaciones*, apéndice segundo, pp. 26-36. *Cedulario cortesiano*, pp. 333-336.

8. Título de marqués, AGN, *Vínculos*, vol. 227, exp. 3, ff. 16v-29. Puga, *Cedulario*, ff. 66r-67r. *Cedulario cortesiano*, doc. 32, pp. 125-132.

9. Existe una escritura redactada el 29 de enero de 1529, en la que al enumerar a los presentes en el velorio de Catalina se menciona a «la mujer de Jaramillo, ya difunta». Ésta viene a hacer las veces de acta de defunción. *Sumario de la Residencia*, t. I, pp. 159-167, reproducido por Martínez, *Documentos*, t. II, p. 53.

10. En el Libro de Actas aparece consignado que el 8 de agosto de 1530 el Cabildo que había concedido a Jaramillo el honor de llevar el pendón el día de San Hipólito (aniversario de la toma de Tenochtitlan), a causa de haberse ausentado, lo castigó retirándole para siempre la oportunidad de portarlo. Lo anterior ha dado pábulo para que algunos historiadores concluyan que lo hizo por respeto a la memoria de su mujer. Podría ser. Pero la conjetura no es definitiva, y es así que vemos primero que el 28 de julio de 1531 el Cabildo ordena que sea el comendador Diego Hernández de Proaño, alguacil mayor, quien lo saque cada año, y el 9 de agosto del siguiente año de 1532 se establece que el regidor que saque el pendón percibirá un salario de 25 pesos oro, suma por demás elevada, lo que ya da qué pensar en que no se trataba precisamente de un honor, y que quien recibía la designación incurría en gastos.

11. En el pliego de instrucciones que Cortés deja a su mayordomo Francisco de Santa Cruz el 6 de marzo de 1528, poco antes de viajar a España por primera vez, al encargar que no debe descuidarse el sostenimiento del hospital de la Concepción (hoy llamado Hospital de Jesús) que él creó para la atención de enfermos pobres, incluye la disposición de que no se olviden las misas que deben celebrarse anualmente: «la una por los difuntos que murieron en esa ciudad y la otra por Catalina Xuárez, que en gloria sean». AGI, *Papeles de Justicia de Indias*, *Autos entre partes presentados y vistos en el Consejo de Indias*, *Audiencia de México*, est. 47, caja 3, leg. 1/23. Cuevas, *Cartas y otros documentos*, doc., VIII, pp. 41-47. Lo reproduce Martínez, *Documentos*, t. I, p. 488. En el testamento Catalina ya no aparece mencionada, por lo que este viene a ser el único documento en el que la recuerda.

El apóstol Santiago cabalga en México

1. Bernardino Vázquez de Tapia, *Relación*, p. 29. Andrés de Tapia, *Relación*, p. 29. Este autor siempre da a Cortés el tratamiento de marqués, título que le fue conferido en 1529, con lo que queda claro que está escribiendo después de esa fecha. Gómara lo tuvo como informante suyo, por lo que su

libro es posterior. Bernal apunta con sorna que quizá como pecador no fue digno de presenciar el hecho milagroso. Resulta interesante observar lo que afirma en el sentido de que en la época inmediatamente posterior a la batalla nunca se habló entre conquistadores de que hubiese ocurrido un hecho sobrenatural (Díaz del Castillo, *op. cit.,* cap. XXXIV, p. 56).

2. La leyenda acerca de la fundación de Querétaro, de acuerdo con la crónica de los franciscanos, es como sigue: el 25 de julio de 1531, día del apóstol Santiago, los habitantes de la Cañada habían decidido hacer la paz con los indios cristianizados a quienes comandaban Conin (quien en el bautismo pasó a llamarse Fernando de Tapia) y Nicolás de San Luis Montañez mediante un simulacro de batalla cuerpo a cuerpo, sin emplear armas, que se escenificaría en la colina del Sangremal. Pero en el calor de la contienda los ánimos se exacerbaron y ésta pronto derivó en lucha a muerte. Al ver que llevaban la peor parte, los indios cristianos invocaron la ayuda del apóstol Santiago, y al punto se vieron hechos portentosos: el cielo se oscureció, se vieron estrellas, una cruz luminosa brilló, y apareció el Señor Santiago galopando en su caballo blanco y sembrando el pánico en las filas de los gentiles, quienes al momento se rindieron. En memoria de ese hecho se contruyó allí el convento franciscano de la Santa Cruz.

3. Capitulaciones del virrey Velasco con la ciudad de Tlaxcala, facsimilar tomado de Velásquez, Primo Feliciano, *Colección de documentos para la historia de San Luis Potosí,* archivo histórico del estado, San Luis Potosí, 1986 (edición facsimilar de 1897).

4. Secretaría de Educación Pública, *Cedulario heráldico de conquistadores de la Nueva España,* México, Publicaciones del Museo Nacional, 1933, índice cronológico, pp. 4-5 s/n.

5. *Revista de Indias,* Madrid, Consejo Superior de Investigaciones Científicas, Instituto «Gonzalo Fernández de Oviedo», año XXXVIII, julio-diciembre 1978, núms. 153-154, p. 667.

6. Cervantes de Salazar, *Crónica,* t. I, pp. 199-200 y t. II, p. 44. Quien nos habla es un humanista de altos vuelos, que en España fue secretario latino del cardenal Loaisa, presidente del Consejo de Indias, y fue entonces cuando conoció a un Cortés ya viejo, y como nos dice en su *Crónica,* en una ocasión le tocó escuchar de labios suyos un episodio de la Conquista. Este autor, poseedor de una sólida cultura humanista, participó en el acto fundacional de la Real y Pontificia Universidad. Corrió a cargo el discurso inaugural, el cual pronunció en latín. Durante muchos años ocupó la cátedra de Retórica y permaneció vinculado a esa casa de estudios, de la cual llegó a ser rector. Alcanzó a conocer a medio centenar de conquistadores, varios de los cuales le refirieron sus experiencias proporcionándole relaciones por escrito en algunos casos. Cervantes de Salazar fue el primer cronista de la ciudad de México, y lo que no deja de llamar la atención es que siendo canónigo nunca aluda a apariciones de la Virgen de Guadalupe, tal como lo hace con el apóstol Santiago. Domingo Chimalpain, ese indígena que escribía en náhuatl y de quien lo único que sabemos es que era el custodio de la iglesia de San Antonio Abad, en sus *Relaciones* escribe refiriéndose al año de 1556: «También en este año se apareció nuestra madre Santa María de Guadalupe en el Tepeyácac». Por lo

que afirma se desprende que con anterioridad a ese año no habría culto guadalupano, siendo en cambio el apóstol Santiago quien ocupaba el lugar central en la devoción popular (Domingo Chimalpain, *Las ocho relaciones y el Memorial de Colhuacan*, paleografía y traducción de Rafael Tena, México, Consejo Nacional para la Cultura y las Artes, 1998, t. II, p. 211).

7. No deja de llamar la atención el silencio respecto a la Virgen de Guadalupe que observa el franciscano fray Jerónimo de Mendieta en su descomunal *Historia eclesiástica indiana*, obra concluida en 1596. No la menciona una sola vez. *Vid.* Miguel León-Portilla, *Tonantzin Guadalupe, Pensamiento náhuatl y mensaje cristiano en el "Nican mopohua"*, México, El Colegio Nacional/ Fondo de Cultura Económica, 2000.

8. Carta del deán Chico de Molina en AGI, *Papeles de Simancas, Libro de cartas*, est. 60, caja 4, leg. 1. Del Paso y Troncoso, *Epistolario de Nueva España*, t. IX, pp. 109-118.

9. La devoción por la Virgen de Guadalupe, en Díaz del Castillo, *op. cit.*, cap. CL, p. 337 y cap. CCX, p. 583.

10. Tlatelolco fue nombrado Santiago Tlateloco; Santiago de Querétaro y Santiago Mezquititlán, en el mismo estado; Santiaguito de Velásquez en Jalisco; Santiago Ixcuintla, Santiago de Pochotitán y Santiago de los Pinos, en Nayarit; Santiago de Comanito, en Sinaloa; Santiago Papasquiaro, en Durango; Santiago Tequixquiac, Santiago Tetlapayac y Santiago Tianguistenco, en el Estado de México; Santiago en Manzanillo, Colima; Santiago Tangamandapio, en Michoacán; Santiago Tepextla, en Guerrero; Santiago Pinotepa Nacional, Santiago Yucuyachi, Santiago Cacalostepec, Santiago Apoala, Santiago Amatlán, Santiago Juxtlahuaca, Santiago Yosondua, Santiago Sochiltepec, Santiago Textiltlán, Santiago Minas, Santiago Yaitepec, Santiago Jocotepec, Santiago Lalopa, Santiago Zoochila, Santiago Jalahuy, Santiago Atitlán, Santiago Matatlán, Santiago Malacatepec, Santiago Quiavicuzas, Santiago Lachiguri, Nuevo Santiago Tutla, Santiago Ixcuintepec, Santiago Laollaga y Santiago Ixcaltepec, en Oaxaca.

11. Muñoz Camargo, *Historia*, p. 213.

La muerte

1. Pasó un Juan Jaramillo, capitán que fue de un bergantín cuando estábamos sobre México. Fue persona prominente y murió de su muerte. Díaz del Castillo, *op. cit.*, cap. CCV, p. 562.

2. El *Lienzo de Tlaxcala* es una de las pictografías que, no obstante la pérdida del original, ha sido más reproducida desde el siglo XVIII hasta el XIX. Todas las copias existentes y las que se sabe que se hicieron fueron tomadas del original del ayuntamiento de Tlaxcala. La más importante es la que en 1773 pintó el maestro Juan Manuel Yllanes, según la leyenda que tiene la obra al final: Yllanes, pintor oficial del ayuntamiento tlaxcalteca, la terminó y firmó el 20 de noviembre de aquel año (México, edición privada de Cartón y Papel, SA de CV, octubre de 1983). Esta edición se ha hecho utilizando las láminas de la realizada por Alfredo Chavero en 1892.

3. El original del Manuscrito de Glasgow se encuentra en la Biblioteca de la Universidad de Glasgow, Escocia. Forma parte de la Colección Hunter. Este manuscrito fue de la Real Librería de Felipe II; de allí salió y no se tiene noticia de cómo llegó a manos del médico William Hunter, quien lo adquirió poco antes de morir en 1783. Llegó a la citada biblioteca por donación. *Ibid.*, p. 44.

4. Vázquez de Tapia, *Relación*, p. 29.

5. Bernal, cap. LXXXIII, p. 146.

6. Mandaba absolutamente entre los indios de toda la Nueva España. Bernal, *op. cit.*, cap. XXXVII, p. 62.

7. Andrés de Monajaraz declaró que: «oyó decir públicamente quel dicho D. Fernando Cortés se echava carnalmente con Marina la Lengua e con una fija suya e que en todo el tiempo que governó no fizo iglesia ni monasterio» (*Sumario de la Residencia*, t. II, p. 70). El bachiller Alonso Pérez declaró: «se ha dicho públicamente quel dicho D. Fernando Cortés se ha echado carnalmente con dos hermanas fijas de Motezuma e con Marina la Lengua e con una fija suya e demás desto vido este testigo dos o tres indios ahorcados en Coyoacán en un árbol dentro dela casa del dicho D. Fernando Cortés e oyó decir este testigo públicamente quel dicho D. Fernando Cortés los había mandado ahorcar porque se avían echado con la dicha Marina», (*Sumario*, t. II, pp. 101-102). Jerónimo de Aguilar declaró que: «oyó decir públicamente a muchas personas que se echó carnalmente con Marina la Lengua e hubo en ella un fijo e que así mismo se echó carnalmente con una sobrina suya, que no se acuerda cómo se llama, que cree que se llamaba doña Catalina, e así mismo sabe e vido este testigo quel dicho don Fernando Cortés tenía en su casa muchas fijas de señores, que todas o las más de ellas eran primas e parientas dentro del cuarto grado, e oyó decir públicamente a muchas personas que no se acuerda que se echaba con ellas o con las más de ellas» (*Sumario*, t. II, pp. 196-197).

8. Ya en su día, don Manuel Orozco y Berra observó que al momento de ser entregada a Cortés era una mujer hecha. Al respecto escribió: «Existiendo tal hija, la edad de doña Marina, al caer en poder de los castellanos, debía pasar con mucho de treinta años; es decir, estaba en el completo desarrollo mujeril» (*Historia antigua y de la Conquista de México*, t. IV, p. 106).

9. Doña Mencía (Durán, *Historia de las Indias*, t. I, p. 292), Matlalcueye (Sahagún, *Historia General*, t. III, p. 350), Matlalcueye (Muñoz Camargo, *Historia de Tlaxcala*, p. 172).

10. Alamán, *Disertaciones*, t. I, p. 181.

Su descendencia

1. Carta a Felipe II de Martín Cortés, segundo marqués del Valle, recomendando a su hermano, publicada por Paso y Troncoso, *Epistolario*, t. XI, pp. 56-57.

2. Suárez de Peralta, Juan, *La conjuración de Martín Cortés*, selección y prólogo de Agustín Yáñez, Imprenta Universitaria, México, 1945, p. 74.

3. Durante el viaje a Las Hibueras al casarse con Jaramillo, Cortés dio a Marina las encomiendas de Oluta y Jaltipan, las cuales le fueron retiradas en su ausencia por los oficiales reales al dárseles por muertos. Con el propósito

de recobrarlas, su hija María y su esposo Luis de Quesada, promovieron el 16 de mayo de 1542 ante Jerónimo Ruiz de la Mota, alcalde ordinario, la apertura de una probanza para que se reconocieran los méritos de doña Marina. La demanda no prosperó, y pasados unos años, cuando doña María se enteró de que su padre, casado en segundas nupcias con doña Beatriz de Andrada, dejaba a ésta las dos terceras partes de la encomienda de Jilotepec, lo cual era contrario a la ley, inició una segunda probanza en 1547. Con la autorización de su marido, doña María otorgó poder a los licenciados Pedro de Cárdenas y Hernando Caballero para que la representasen ante el rey y el Consejo de Indias. Es en esta probanza donde se asienta que Cortés entregó la encomienda de Jilotepec conjuntamente a Jaramillo y doña Marina, y en ella manifiesta doña Marina que su padre, aunque llevaba veinte años de vida marital con Beatriz de Andrada, no había tenido hijos con ella. Tal afirmación, hecha en 1547, nos llevaría a que doña Marina habría muerto en 1527, lo cual sabemos que no es cierto, puesto que en marzo de 1528 estaba viva. La hija no es un buen testigo, pues no recordaría a su madre, que murió cuando ella tenía dos años. Por este dato se desprende que al enviudar Jaramillo no habría perdido tiempo en volver a casarse (publica documento Mariano G. Somonte, *Doña Marina, «La Malinche»*, México, 1969, pp. 141-144).

Tiempo de Memoria

La historia de Dios en las Indias
Elsa Cecilia Frost

Yo, el francés
El sinarquismo, el cardenismo y la iglesia
La Revolución Mexicana
Jean Meyer

Hernán Cortés
Inventor de México
Juan Miralles

Un corazón adicto
La vida de Ramón López Velarde
Guillermo Sheridan

Encrucijadas chiapanecas
Juan Pedro Viqueira